普通高等教育“十二五”规划教材（高职高专教育）

工厂电气控制技术

主　编　胡彦伦　陈忠平

副主编　许泓泉　刘月华　曾　智　王燕英

编　写　谭　勇　徐　刚　唐业文

主　审　邱丽芳

中国电力出版社
CHINA ELECTRIC POWER PRESS

内 容 提 要

本书为普通高等教育“十二五”规划教材（高职高专教育），是以“项目”为载体，采用“任务驱动方式”编写的，即以实际的工作任务为驱动，将传统教材中的知识点分解在每个真实项目中，实现“做中学、做中教”的职业教育理念。全书由16个项目组成，即三相异步电动机的正转控制线路；三相异步电动机正反转控制线路；顺序控制、多地与多条件控制线路；位置控制与自动往返控制线路；三相异步电动机减压启动控制线路；多速异步电动机控制线路；三相异步电动机制动控制线路；绕线转子三相异步电动机控制线路；直流电动机基本控制线路；电动机其他控制线路；CA6140型车床电气控制线路；M7130型平面磨床电气控制线路；Z3050型摇臂钻床电气控制线路；X62W型卧式万能铣床电气控制线路；T68型卧式镗床电气控制线路；机床电气控制系统设计。这16个项目的教学内容覆盖全部基本知识及专业技能，以必需、够用为度，强调基本技能的训练，以增加学生的实践动手能力。

本书既可作为高等职业学校、高等专科学校、成人高校、继续教育学院、民办高校开设的数控技术、电气自动化技术、机电一体化技术等专业教材，又可供有关工程技术人员使用参考，还可作为相关从业人员的自学教材。

图书在版编目（CIP）数据

工厂电气控制技术/胡彦伦，陈忠平主编．—北京：中国电力出版社，2014.1

普通高等教育“十二五”规划教材．高职高专教育

ISBN 978-7-5123-5149-3

Ⅰ.①工… Ⅱ.①胡… ②陈… Ⅲ.①工厂—电气控制—高等职业教育—教材 Ⅳ.①TM571.2

中国版本图书馆CIP数据核字（2013）第261306号

中国电力出版社出版、发行

（北京市东城区北京站西街19号 100005 http://www.cepp.sgcc.com.cn）

汇鑫印务有限公司印刷

各地新华书店经售

*

2014年1月第一版 2014年1月北京第一次印刷

787毫米×1092毫米 16开本 18.5印张 452千字

定价 **34.00** 元

前　言

电气控制技术是以各类电动机为动力的传动装置与系统为对象，以实现生产过程自动化为目的的控制技术。电气控制系统是其中的主干部分，在国民经济各行业中的许多部门得到广泛应用，是实现工业生产自动化的重要技术手段。

随着电气控制技术的不断发展，从事电气工作的技术人员不断增加，熟悉和掌握工厂常用电气控制电路的工作原理和常见故障的处理方法，是每个电工必须具备的基本功。为了满足电工技术初学人员和希望掌握电工专业技能社会人员的学习要求，各工科院校的相关专业普遍开设了电气控制这门课程。

"工厂电气控制技术"是数控技术、电气自动化技术、机电一体化技术等专业中一门实践性很强的专业课。本课程主要介绍机械制造过程中所用生产设备的电气控制原理、线路、设计方法等有关知识。通过本课程的学习，学生应达到下列基本要求：

（1）熟悉常用控制电器的结构、工作原理、用途、型号，并能正确选用。

（2）熟悉电气控制线路的基本环节，对一般电气控制线路具有独立分析能力。

（3）初步具备对不太复杂的电气控制系统进行改造和设计的能力。

（4）初步具备对一般继电—接触器控制线路的故障分析与检查能力。

为满足本课程的教学要求，编者特编写本书。在编写过程中注重内容的取舍，使本书具有以下四个特点。

（1）采用项目导向、任务驱动的编写模式，将理论与实践有机地结合起来，通俗易懂。

（2）把元器件分散到每个学习任务中去进行教学，使学生对元器件的学习更具有针对性。

（3）把项目教学法与一体化教学法有机结合，充分体现了"做中学"的教学思路。同时，通过一体化教学评价体系，学生作为教学主体参与教学效果的评价，使教学效果评价更科学。

（4）通过项目的实施及学生对所学知识展示环节，培养学生观察、思考、动手、分析和总结问题的良好习惯，树立认真、细致的学习态度，增强自主探究和团结合作的良好意识，有利于培养学生的综合素质。

参加本书编写的有湖南衡阳技师学院胡彦伦、许泓泉、刘月华、曾智、王燕英、谭勇、徐刚、唐业文及湖南工程职业技术学院陈忠平，由胡彦伦、陈忠平统稿并任主编。全书由湖南工业职业技术学院邱丽芳教授主审。在本书编写过程中，得到了衡阳技师学院电气工程系尹南宁主任、周文武副主任的大力支持与帮助，这里一并表示衷心感谢！另外，文中机床控制线路部分有些电器元件型号较旧，但为了与实际控制线路相一致，文中不做修改。由于时间有限，书中难免存在不足与疏漏，敬请广大读者给予批评指正。

编 者

2013 年 8 月

目　录

项目一　三相异步电动机的正转控制线路

知识目标

（1）掌握熔断器、低压断路器、交流接触器、按钮等电器元件的型号含义、电路与文字符号、检测与使用方法；

（2）能正确分析三相交流异步电动机的点动、连续正转、点动与连续混合控制电路的原理图；

（3）能正确识读电气控制线路的布置图和接线图；

（4）了解电气控制线路明线布线的工艺要求。

技能目标

（1）了解安全、文明生产知识；

（2）会使用万用表等仪表；

（3）会正确安装三相异步电动机的点动、连续正转、点动与连续混合控制电路；

（4）初步了解继电器控制线路安装、调试的步骤及方法。

素养目标

（1）了解电力拖动控制系统的构成及应用领域；

（2）小组共同完成任务，培养团队合作精神。

通过该项目的实施，掌握电气控制线路的特点、组成及生产应用领域，培养学生观察、思考、动手、分析和总结问题的良好习惯，树立认真、细致的学习态度，增强自主探究和团队合作的良好意识。

任务一　低压电器基本知识

在经济建设和国民生活中，电能的应用越来越广泛，实现工业、农业、国防和科学技术的现代化，更离不开电气化控制。为了安全可靠地使用电能，电路中必须装有对电路或非电对象起切换、调节、检测、控制和保护作用的电气设备，这些设备称为电器。根据工作电压的不同，电器可分为低压电器和高压电器两大类。我国现行标准是将工作在交流额定电压1200V、直流额定电压1500V以下的电气控制线路中的设备称为低压电器。

随着科学技术的飞速发展，工业自动化程度的不断提高，供电系统容量的不断扩大，低压电器的使用范围日益广泛、品种规格不断增加、产品的更新换代速度加快。

一、常用低压电器的分类

低压电器的种类繁多、功能多样、用途广泛、结构各异，按其结构用途及所控制的对象不同，有多种不同的分类方法。

1. 按用途进行分类

按用途不同，低压电器可分为低压配电电器和低压控制电器两类。

低压配电电器主要用在低压电网或动力装置中，对电路和设备进行保护及用来通断、转换电源或负载，如刀开关、转换开关、断路器和熔断器等。配电电器的主要技术要求是断流能力强、限流效果好，在系统发生故障时能保证动作准确、工作可靠，并且还要有足够的热稳定性和动稳定性。

低压控制电器主要用在低压电力拖动系统中，对电动机的运行进行控制、调节、检测与保护，如接触器、启动器和各种控制继电器等。控制电器的主要技术要求是操作频率高、寿命长，并有相应的转换能力。

2. 按操作方式进行分类

按操作方式的不同，低压电器可分为自动电器和手动电器。

自动电器主要通过电器本身参数的变化或外来信号的作用（如电磁、压缩空气等），自动完成接通、分断、启动、换向和停止等动作，常用的自动电器有接触器、继电器等。

手动电器主要依靠外力（如手控）直接操作来进行接通、分断、启动、换向和停止等动作。常用的手动电器有刀开关、转换开关和主令电器等。

3. 按执行机构进行分类

按执行机构不同，可将低压电器分为有触头电器和无触头电器。

有触头电器具有可分离的动触头和静触头，利用触头的接触和分离来实现电路的通断控制。

无触头电器没有可分离的触头，主要利用半导体元器件的开关效应来实现电路的通断控制。

另外，低压电器按工作条件还可划分为一般工业电器、船用电器、化工电器、矿用电器、牵引电器及航空电器等。

二、低压电器的型号及含义

我国对 12 大类的低压电器按规定编制型号，这 12 大类电器有刀开关和转换开关、熔断器、断路器、控制器、接触器、启动器、控制继电器、主令电器、电阻器、变阻器、调整器、电磁铁。

低压电器型号由类组代号、设计代号、基本规格代号和辅助规格代号等部分组成，每一级代号后面可根据需要加设派生代号，其型号含义如图 1-1 所示。

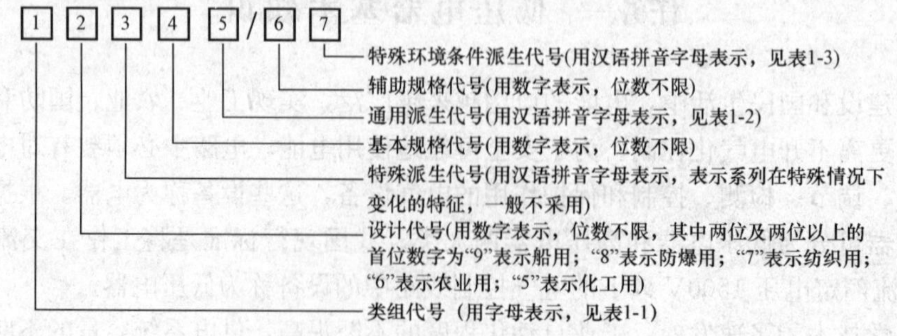

图 1-1 低压电器的型号含义

表 1-1　**低压电器类组代号**

主代号	分组代号／名称	A	B	C	D	G	H	J	K	L	M	P	Q	R	S	T	U	W	X	Y	Z
H	刀开关和转换开关				刀开关		封闭式负荷开关		开启式负荷开关					熔断器式刀开关	刀形转换开关				其他		组合开关
R	熔断器			插入式			汇流排式			螺旋式	封闭管式				快速	有填料管式			限流	其他	
D	自动开关										灭磁				快速			框架式	限流	其他	塑料外壳式
K	控制器					鼓形						平面				凸轮				其他	
C	接触器					高压		交流				中频			时间	通用				其他	直流
Q	启动器	按钮式		磁力				减压							手动		油浸		星三角	其他	综合
J	控制继电器									电流				热	时间	通用		温度		其他	中间
L	主令电器	按钮						接近开关	主令控制器						主令开关	足踏开关	旋钮	万能转换开关	行程开关	其他	
Z	电阻器		板形元件	冲片元件	铁铬铝带形元件	管形元件									烧结元件	铸铁元件			电阻器	其他	
B	变阻器			旋臂式						励磁		频敏	启动		石墨	启动调速	油浸启动	液体启动	滑线式	其他	
T	调整器				电压																
M	电磁铁												牵引					起重		液压	制动
A	其他	保护器	插销	灯			接线盒			电铃											

类组代号包括类别代号和组别代号，用汉语拼音大写字母表示，代表低压电器元件所属的类别以及在同一类电器中所属的级别，见表1-1。设计代号用数字表示，表示同类低压电器元件的不同设计序号。基本规格代号用数字表示，表示同一系列产品中不同的规格品种。辅助规格代号用数字表示，表示同一系列、同一规格产品中有某种区别的不同产品。特殊环境条件派生代号加注在产品全型号后面。

类组代号与设计代号的组合表示产品的系列，一般称为电器的系列代号。同一系列电器的用途、工作原理和结构基本相同，而规格、容量则根据需要可以有许多种。例如：JR16是热继电器的系列号，同属这一系列的热继电器的结构、工作原理都相同，但其热元件的额定电流从零点几安培到几十安培，共有十几种规格。其中辅助规格代号为3D的表示有三相热元件，装有差动式断相保护装置，因此能对三相异步电动机实现过载和断相保护功能。低压电器通用派生代号和特殊环境条件派生代号的意义见表1-2和表1-3。

表1-2　　低压电器产品型号通用派生代号

派生字母	含　义	派生字母	含　义
A，B，C，D，…	结构设计稍有改进或变化	P	电磁复位、防滴式、单相、两个电源、电压
J	交流、防溅式	K	保护式、带缓冲装置
Z	直流、自动复位、防振、重任务	H	开启式
W	无灭弧装置、无极性	M	密封式、灭弧、母线式
N	可逆	Q	防尘式、手牵式
S	有联锁机构、手动复位、防水式、三相、三个电源、双线圈	L	电流
		F	高返回、带分励脱扣

表1-3　　低压电器产品型号特殊环境条件派生代号

派生字母	含　义	派生字母	含　义
T	按湿热带监视措施制造	G	高原
TH	湿热带	H	船用
TA	干热带	Y	化工防腐用

任务二　低　压　开　关

低压开关在控制线路中主要实现电气隔离及电路的转换、接通和分断，许多机床控制线路的电源开关和局部照明线路都是通过低压开关进行控制，有时用低压开关直接控制小容量电动机的启动、停止、正转和反转。

低压开关一般为手动低压电器，主要是通过手动操作或其他外力来实现开关触头的接通和分断，常用的低压开关主要有刀开关、组合开关和低压断路器等。

一、刀开关概述

1. 刀开关用途与结构

刀开关旧称为闸刀开关，是结构最简单、应用最广泛的一种手动低压电器，主要用作电源隔离，也可用来不频繁地接通和分断容量较小的低压配电线路。它主要由绝缘底板、静插座、手柄、触头和铰链支座等部分组成，如图 1-2 所示。由于切断电源时会产生电弧，安装刀开关时，闭合接通状态时手柄应朝上，不得倒装或横装。倒装时手柄有可能因自动下滑而引起误合闸，造成人身安全事故。安装方向正确，可使作用在电弧上的电动力和热空气上升的方向一致，电弧被迅速拉长而熄灭。否则电弧不易熄灭，严重时会使触头及刀片烧伤，甚至造成极间短路。

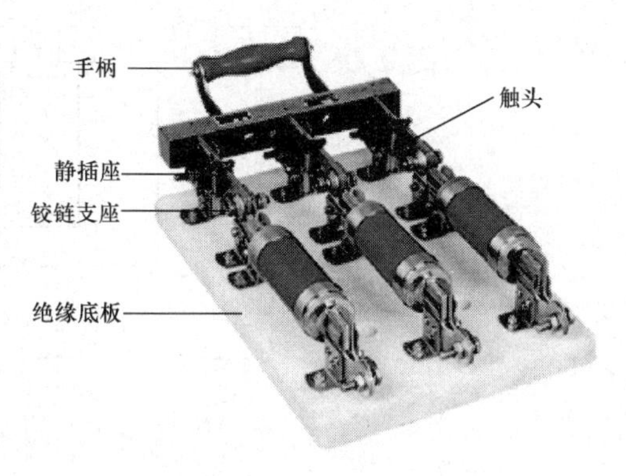

图 1-2　刀开关的结构

接线时应将电源进线接在上端，负载接在熔断器下端，这样拉闸后刀片与电源隔离，可防止意外事故发生。

2. 刀开关的符号与型号含义

按照极数的多少，刀开关可分为单极、双极、三极。刀开关的图形符号如图 1-3 所示。

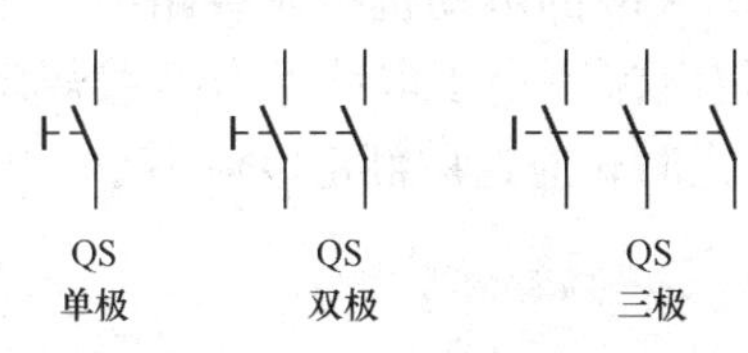

图 1-3　刀开关的图形符号

刀开关的主要类型有：大电流刀开关、负荷开关、熔断器式刀开关。常用的产品有 HD11～HD14 系列和 HS11～HS13 系列刀开关；HK1～HK2 系列为开启式负荷开关；HH3、HH4 系列为封闭式负荷开关；HR3、HR5 系列为熔断器式刀开关。常用刀开关如图 1-4 所示。

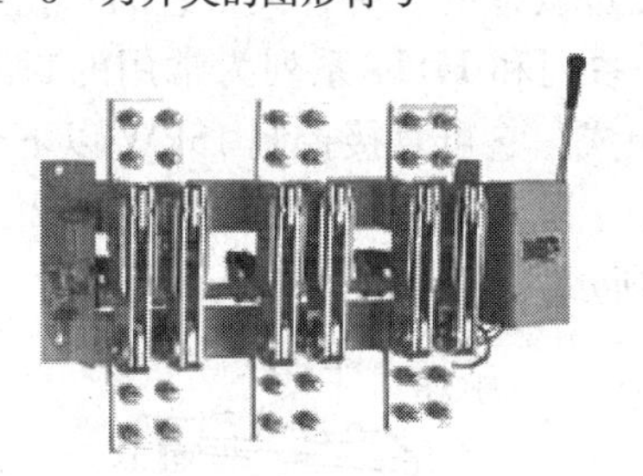
HD13系列大电流刀开关

HS11系列开启式刀开关

HK2系列开启式负荷开关

HR3系列熔断器式刀开关

HR5系列熔断器式刀开关

HH3系列封闭式负荷开关

图 1-4　常用刀开关

刀开关型号及含义如图 1-5 所示。

二、负荷开关

1. 开启式负荷开关

开启式负荷开关又称为瓷底胶盖刀开关，生产中常用的是 HK 系列开启式负荷开关，

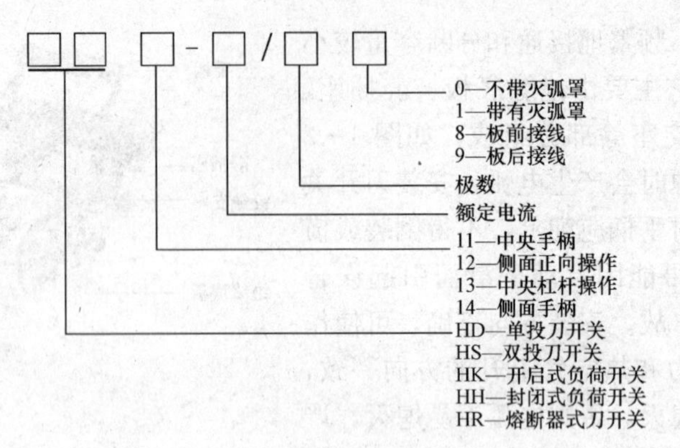

图 1-5 刀开关型号及含义

适用于照明、电热设备及小容量电动机控制线路中。

HK 系列开启式负荷开关由刀开关和熔断器组合而成，开关的瓷底座上有进线座、静触头、熔体、出线座和带瓷质手柄的刀式动触头，上面盖有胶盖以防止操作时触及带电体或分断时产生的电弧飞出伤人。在一般的照明电路和功率小于 5.5kW 的电动机控制线路中广泛采用 HK 系列刀开关。用于照明时，应选用 HK 系列中额定电流不小于电路所有负载额定电流之和的两极开关；用于控制三相电动机的直接启动和停止时，应选用额定电流不小于电动机额定电流 3 倍的三极开关。

2. 封闭式负荷开关

封闭式负荷开关是在开启式负荷开关的基础上改进设计的一种开关，它的外壳用铸铁或薄钢板冲压而成，因此又将其称为铁壳开关。HH3 系列和 HH4 系列为常用的封闭式负荷开关，它主要由刀开关、熔断器、操作机构和外壳组成，它可直接控制 15kW 以下交流电动机的启动和停止。控制电动机时应选用额定电流不小于电动机额定电流 3 倍的封闭式负荷开关。开启式和封闭式负荷开关结构示意图如图 1-6 所示。

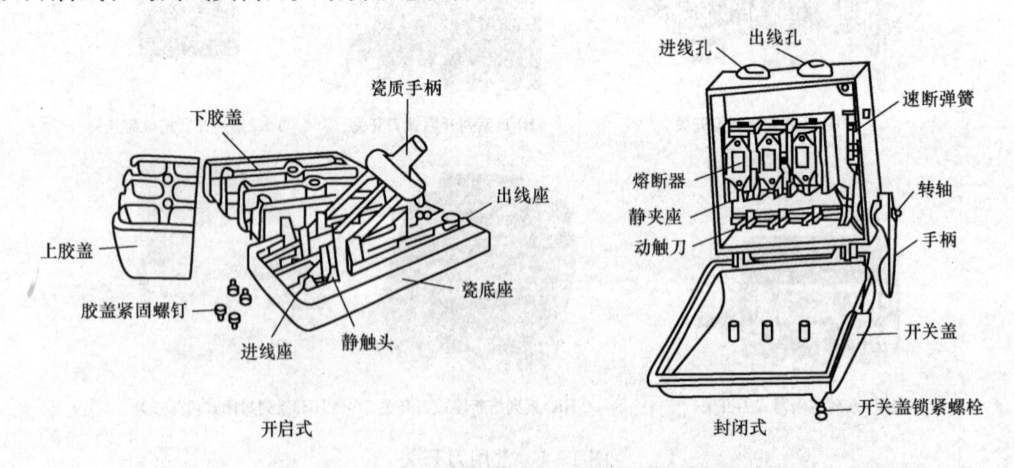

图 1-6 开启式和封闭式负荷开关结构示意图

3. 熔断器式刀开关

熔断器式刀开关是 RT0 系列有填料熔断器和刀开关的组合电器，具有 RT0 有填料熔断器和刀开关的基本性能：在电路正常供电的情况下，接通和切断电源由刀开关来担任；当线路或用电设备过载或短路时，熔断器式刀开关的熔体熔断，及时切断故障电流。前操作前检修的熔断器式刀开关，中央有供检修和更换熔断器的门，主要供 BDL 配电屏上安装；前操作后检修的熔断器式开关主要供 BSL 配电屏上安装；侧操作前检修的熔断器式刀开关可以制成封闭的动力配电箱。

额定电流 600A 及以下的熔断器式刀开关带有安全挡板，并装灭弧室。灭弧室是由酚醛布板和钢板冲制件铆合而成的。

熔断器式刀开关的熔断器固定在带弹簧、锁板的绝缘横梁上，在正常运行时，保证熔断器不脱扣，而当熔体因线路故障而熔断后，只需要按下锁板便可以很方便地更换熔体。

三、组合开关

1. 组合开关的用途

组合开关又称为转换开关，具有体积小、触头对数多、接线方式灵活、操作方便等特点，在电气设备中一般用于不频繁地接通和分断电路、接通电源和负载以及控制 5kW 以下的小容量异步电动机启停、正反转和 Y-△启动等。

2. 组合开关的结构

组合开关由动触头、静触头、转轴、手柄、弹簧、凸轮及绝缘垫板、接线端子等部分组成，如图 1-7 所示。组合开关内部有 3 对动、静触头：3 对静触头分别叠装于多层绝缘壳内，各自附有连接线路的接线柱；3 个动触头互相绝缘，与各自的静触头对应，套在共同的绝缘杆上，绝缘杆的一端装有操作手柄。手柄转动时带动转轴，动触头随转轴一起转动 90°，与静触头脱离，电路断开。

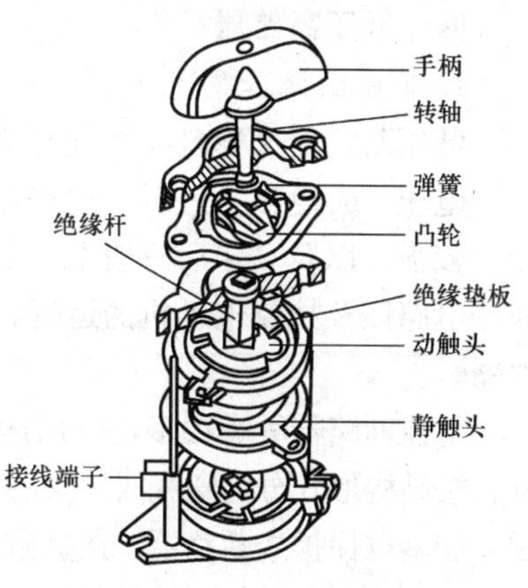

图 1-7　组合开关内部结构

3. 组合开关的型号含义及符号

组合开关有 HZ1、HZ2、HZ3、HZ4、HZ5、HZ10 和 HZ15 等系列产品，其中 HZ10 系列是我国统一设计产品，具有性能可靠、结构简单、组合性强、使用寿命长等特点，目前在生产中得到广泛应用。同样，组合开关也有单极、两极和三极之分，其图形符号和文字符号如图 1-8 所示。HZ15 系列是在 HZ10 系列的基础上改进组装而成的，组合开关的型号含义如图 1-9 所示。

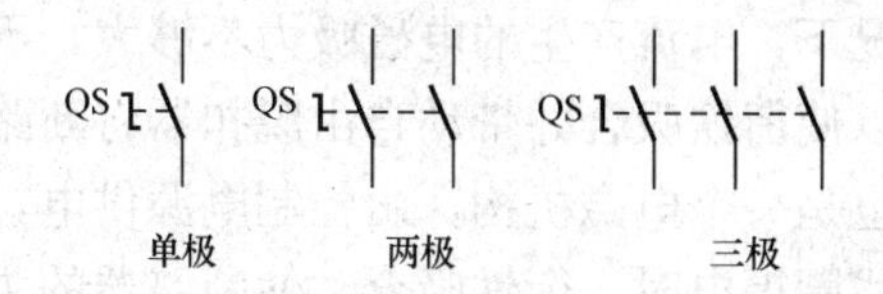

图 1-8　组合开关的图形符号和文字符号

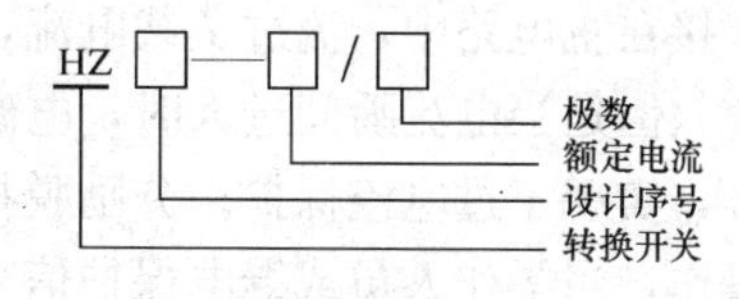

图 1-9　组合开关的型号含义

4. 组合开关的选用原则

选用组合开关时，应根据电源种类、电压等级、所需触头数量、接线方式和负载容量等因素选择合适的组合开关。

（1）用于照明或电热电路时，组合开关的额定电流应等于或大于被控电路中各负载电流的总和。

(2) 使用组合开关控制 5kW 以下小容量异步电动机时，其额定电流一般为电动机额定电流的 1.5～2.5 倍，通断次数小于 15～20 次/h。

(3) 用组合开关控制电动机的正反转时，在从正转切换到反转的过程中，必须先经过停止位置，待电动机停止后才能切换。

5. 组合开关使用注意事项

(1) HZ10 系列组合开关应安装在控制箱或壳体内，其操作手柄最好安装在控制箱的前面或侧面，开关断开状态时操作手柄应处在水平位置。

(2) 若需要在箱内操作，最好将组合开关安装在箱内上方便于操作的地方，若附近有其他电器，则需要采取隔离措施或绝缘措施。

(3) 组合开关的通断能力较低，不能用来分断故障电流，当操作频率过高或负载功率因数较低时，应降低开关的容量使用，以延长其使用寿命。

四、低压断路器

1. 低压断路器概述

低压断路器又称自动空气开关或自动空气断路器，是一种既有手动开关作用又能自动进行欠电压、失电压、过载和短路保护的开关电器。由于它具有可以操作、动作值可调、分断能力较强，以及动作后一般不需要更换零部件等优点，在正常条件下可用于不频繁地接通和断开电路以及控制电动机的运行，因此它是低压配电网络和电力拖动系统中常用的一种低压电器。

低压断路器种类很多，按用途分有保护电动机用、保护配电线路用及保护照明线路用几种。按结构形式分为塑壳式（又称装置式）、框架式（又称万能式）、限流式、直流快速式、灭磁式和漏电保护式断路器。按极数分为单极、双极、三极和四极断路器，其中四极断路器主要用于交流 50Hz，额定电压 400V 及以下，额定电流 100～630A 三相五线制系统中，它将用户和电源完全断开以确保安全，解决了其他断路器不可克服的中性线电流不为零的弊端。

2. 低压断路器结构及原理

低压断路器由主触头及灭弧装置、各种脱扣器、自由脱扣器和操作机构等部分组成。其中主触头是断路器的执行器件，用来接通和分断主电路，为提高分断能力，主触头上装有灭弧装置。脱扣器是断路器的感知元件，当电路发生故障时，相应的脱扣器检测到故障信号，经自由脱扣器使断路器的主触头分断，从而保护电路。脱扣器包括过电流脱扣器、分励脱扣器、热脱扣器、欠电压脱扣器。过电流脱扣器实质上是一个带有电流线圈的电磁机构，电流线圈串接在主电路中，流过负载电流，正常情况下，电流产生的电磁吸力不够大，不能使衔铁吸合，但是当电流瞬间过大时，电磁吸力足以使衔铁吸合并带动自由脱扣器将断路器主触头断开，实现了过电流保护。分励脱扣器实质也是一个电磁机构，由控制电源供电，用于远距离操作，当操作人员或继电保护信号使电磁线圈得电时，衔铁吸合，使断路器的主触头断开。热脱扣器由热元件、双金属片组成，双金属片热元件串接在主电路中，当负载过载达到一定值时，热元件发热量增加，由于温度升高，双金属受热弯曲并带动自由脱扣机构动作，使断路器主触头断开，达到过载保护目的。同样，欠电压脱扣器也是一个带有电压线圈的电磁机构，其线圈并接在主电路中，当主电路电压消失或降到一定值时，电磁吸力不足以将衔铁吸合，衔铁顶板推动自由脱扣机构动作，断路器主触头断开，达到欠电压保护的目的。

低压断路器的图形符号如图 1-10 所示，其工作原理如图 1-11 所示，使用时断路器的三对主触头串联在被控制的三相电路中。当按下接触按钮时，外力使锁扣克服分断弹簧的斥力，保持主触头的闭合状态，开关处于接通状态。当开关接通电源后，电磁脱扣器、热脱扣器及欠电压脱扣器若无异常反应，开关运行正常。当线路发生短路或严重过载电流时，短路电流超过瞬时脱扣整定电流值，过电流脱扣器3的衔铁吸合，三对主触头同时分断，切断负载电源。当线路发生一般性过载时，过载电流虽不能使电磁脱扣器动作，但能使热脱扣器5产生一定热量，促使双金属片受热向上弯曲，将主触头分断，切断电源。当线路电压正常时欠电压脱扣器6产生足够的吸力，克服分断弹簧8的作用将衔铁吸合，主触头闭合。当线路上电压全部消失或电压下降至某一数值时，欠电压脱扣器吸力消失或减小，衔铁被分断弹簧8拉开并撞击杠杆，主电路电源被分断。同样的道理，在无电源电压或电压过低时，断路器也不能接通电源。需手动分断电路时，只需按下分断按钮即可。

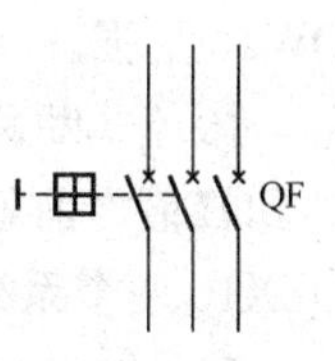

图1-10　低压断路器的图形符号

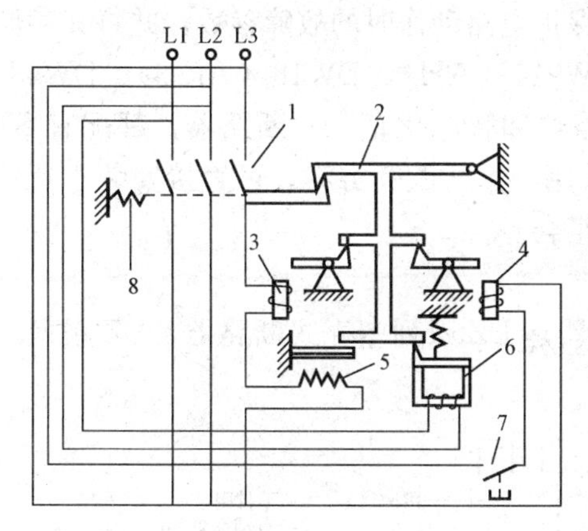

图1-11　低压断路器的工作原理

1—主触头；2—自由脱扣机构；3—过电流脱扣器；4—分励脱扣器；5—热脱扣器；6—欠电压脱扣器；7—停止按钮；8—分断弹簧

3. 低压断路器的类别

低压断路器按结构形式分主要有塑料外壳式（简称塑壳式，又称装置式）、框架式（又称万能式或开启式）、限流式、直流快速式等。

塑壳式断路器用绝缘塑料制成外壳，内装触头系统、灭弧室及脱扣器等，可手动或电动（对大容量断路器而言）合闸。这种断路器有较高的分断能力和动稳定性，有较完善的选择性保护功能，广泛用于配电网络的保护和电动机、照明电路及电热器等控制系统中。目前常用的有DZ15、DZ20、DZX19和C45N（目前已升级为C65N）等系列产品。DZ15系列断路器是全国统一设计的系列产品，适用于交流50Hz或60Hz、电压500V及以下、电流40～100A的电路中作为配电、电动机和照明电路的过载或短路保护，也可作线路不频繁转换和电动机不频繁启动用。C45N（C65N）系列断路器具有体积小、分断能力强、限流性能好、操作轻便，型号规格齐全、可以方便地在单极结构基础上组合成两极、三极、四极断路器的优点，广泛使用在60A及以下的民用照明支干线及支路中（多用于住宅用户的进线开关及商场照明支路开关）。DZ20系列断路器适用额定电压500V以下的交流和直流220V以下的场合，在额定电流为100～1250A的电路中作为配电、线路及电源设备的过载、短路和欠电压保护。

框架式断路器主要由触头系统、操作机构、过电流脱扣器、分励脱扣器及欠电压脱扣器、附件及框架等部分组成，全部组件进行绝缘后装于框架式结构的底座中。框架式断路器具有较高的短路电流分断能力和较高的动稳定性，适用于交流50Hz、额定电压380V的配电网络中作为配电干线的主保护。目前我国常用的有DW15、ME、AE、AH等系列框架式低压断路器。其中DW15系列断路器是我国自行研制生产的，全系列具有1000、1500、2500和4000A等多个型号。ME、AE、AH等系列断路器是利用引进技术生产的，它们的规格型号较为齐全（ME开关电流等级为630～5000A，共13个等级），额定分断能力较

DW15更强。

限流式断路器利用短路电流产生巨大的吸力，使触头迅速断开，能在交流短路电流尚未达到峰值之前就把故障电路切断，用于短路电流相当大的电路中，其主要型号有DWX15和DZX10两个系列。

直流快速式断路器具有快速电磁铁和强有力的灭弧装置，最快动作时间可在0.02s以内，用作半导体整流器件和整流装置的保护，其主要型号有DS系列。

目前国内还生产了智能化断路器，有框架式和塑壳式两种。框架式智能化断路器主要用作智能化自动配电系统中的主断路器，塑壳式智能化断路器主要用于配电网络中分配电能和作为线路及电源设备的控制与保护，也可用作三相笼型异步电动机的控制。智能化断路器的特征是采用了以微处理器或单片机为核心的智能控制器（智能脱扣器），它不仅具备普通断路器的各种保护功能，同时还具备实时显示电路中的各种电气参数（电流、电压、功率、功率因数等），对电路进行在线监视、自行调节、测量、试验、自诊断、通信等功能，能够对各种保护功能的动作参数进行显示、设定和修改，保护电路动作时的故障参数，并将其存储在存储器中以便查询。国内DW45、DW40、DW914（AH）、DW18（AE-S）、DW48、DW19（3WE）、DW17（ME）等智能化框架式断路器和智能化塑壳式断路器，都配有ST系列智能控制器及配套附件，ST系列智能控制器采用积木式配套方案，可直接安装于断路器本体中，无需重复二次接线，并可多种方案任意组合。

4. 低压断路器的型号含义及选用

目前，在电力拖动控制系统中常用的低压断路器是DZ系列塑壳式断路器，DZ系列断路器的型号含义如图1-12所示。

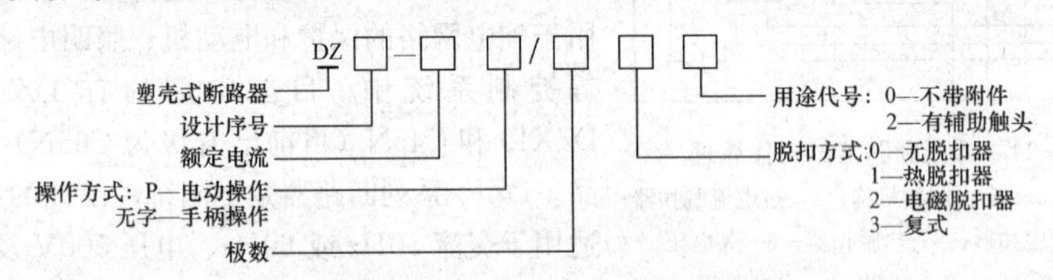

图1-12 DZ系列断路器的型号含义

在选用低压断路器时，要遵循以下原则：

1）根据线路保护要求确定断路器的类型和保护形式，从而确定选用框架式、装置式、限流式还是其他形式的低压断路器。

2）断路器的额定电压应等于或大于被保护线路的额定电压。

3）断路器欠电压脱扣器额定电压应等于被保护线路的额定电压。

4）断路器的额定电流及过电流脱扣器的额定电流应大于或等于被保护线路的计算电流。

5）断路器的极限分断能力应大于线路最大短路电流的有效值。

6）配电线路中的上、下级断路器的保护特性应协调配合，下级的保护特性应位于上级保护特性的下方且不相交。

7）断路器的长延时脱扣电流应小于导线允许的持续电流。

8）断路器用于电动机控制时，电磁脱扣器瞬时脱扣额定电流为电动机启动电流的1.7倍。

任务三　主 令 电 器

在控制系统中，主令电器是一种专门用来发送命令或信号，从而直接或间接对生产过程或程序进行控制的电器。主令电器在电气控制系统中应用广泛，通常用来控制电动机的启动、停止、调速及制动等。主令电器的种类繁多，按其作用的不同可分为按钮、行程开关、接近开关、万能转换控制器、主令控制器等，其型号含义如图 1-13 所示。

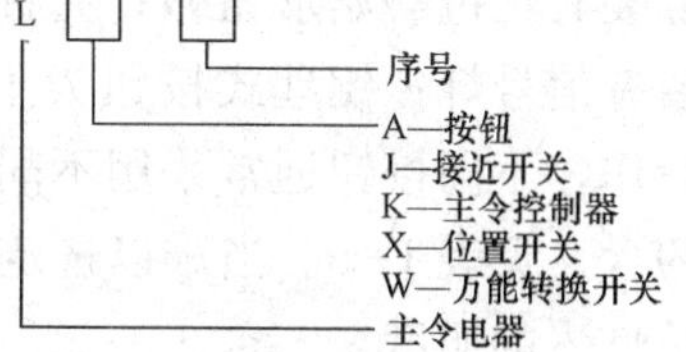

图 1-13　主令电器的型号含义

一、按钮

按钮是一种通过人体某一部分施加力而接通或分断小电流电路的主令电器，其结构简单，应用广泛，部分按钮的外形如图 1-14 所示。

图 1-14　部分按钮的外形

1. 按钮的型号含义

按钮的种类很多，按其结构形式来分有开启式、保护式、防水式、紧急式、旋转式、钥匙式、光标式等。开启式按钮适用于嵌装在操作面板上；保护式按钮带保护外壳，可防止内部零件受机械损伤或人偶然触及带电部分；防水式按钮具有密封外壳，可防止雨水浸入；紧急式按钮可在紧急情况下切断电源；旋转式按钮通过旋转旋钮的位置实现通断操作；钥匙式按钮依靠钥匙的旋转才能实现接通或分断，可防止误操作，只供专人操作；光标式按钮内装有信号灯，兼作信号指示。按钮的型号含义如图 1-15 所示。

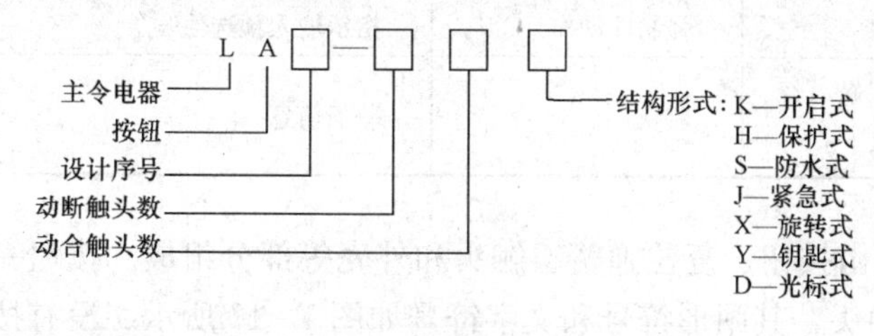

图 1-15　按钮的型号含义

目前在电气控制领域中，常用的按钮有 LA18、LA19、LA20 等系列。其中 LA18 系列采用积木式拼接装配基座，触头数目可按需要拼装成 2 动合 2 动断，也可拼装成 1 动合 1 动断至 6 动合 6 动断的形式，其结构形式有旋转式、紧急式、钥匙式。LA19 系列类似于 LA18 系列，但只有 1 对动合和 1 对动断触头，该系列包括在按钮内装信号灯的光标式按钮。LA20 系列与 LA18、LA19 系列相似，它除有光标式按钮外，还有由两个或三个元件组合为一体的开启式和保护式按钮，具有 1 动合 1 动断、2 动合 2 动断和 3 动合 3 动断这三种按钮。

2. 按钮的结构、符号

按钮的结构形式有多种，各适用于不同的场合：紧急式按钮用来进行紧急操作，按钮上装有红色蘑菇形钮帽；光标式按钮用作信号显示和发出控制信号，在透明的按钮盒内装有信号灯；钥匙式按钮为了安全，需用钥匙插入方可旋动操作等。为了区分，避免误操作，不同按钮通常采用不同的颜色和符号标志。按钮颜色的含义见表 1-4，指示灯颜色的含义见表 1-5。当难以选定适当的颜色时，应使用白色。急停按钮操作钮帽不能依赖于其灯光的照度。

表 1-4 按钮颜色的含义

颜色	含义	说明	应用举例
红色	紧急	危险或紧急情况下操作	急停
黄色	异常	异常情况时操作	干预、制止异常情况 干预、重新启动中断了的自动循环
绿色	安全	安全情况或为正常情况准备时操作	启动/接通
蓝色	强制性	要求强制动作情况下操作	复位功能
白色	未定义	除急停以外一般功能的控制	启动/接通 停止/断开
灰色			启动/接通 停止/断开
黑色			启动/接通 停止/断开

表 1-5 指示灯颜色的含义

颜色	含义	说明	操作者的动作	应用举例
红色	紧急	危险情况	立即动作处理危险情况，如急停操作	电压/行程/压力/温度等参数超过安全极限
黄色	异常	异常情况 紧急临界情况	监视或干预	电压/行程/压力/温度等参数超过正常限值保护器件脱扣
绿色	正常	正常情况	任选	各参数在正常工作范围内
蓝色	强制性	指示操作者需要动作	强制性动作	指示输入预选值
白色	未定义	其他情况，可用于红、黄、绿、蓝色的应用有疑问的情况下	监视	一般信息

按钮内部结构如图 1-16 所示，它由按钮、复位弹簧、触头和外壳等部分组成。按钮一般为复合式，即同时具有动合和动断触头，其图形符号和文字符号如图 1-17 所示。没有按下按钮时，其动合触头是断开的，而动断静触头与动触头接通使动断触头处于闭合状态；当按钮按下时，动触头先与动断静触头断开，然后再与动合静触头接通使动合触头处于闭合状态；当松开按钮时，在复位弹簧的作用下，动合触头断开，动断触头复位。

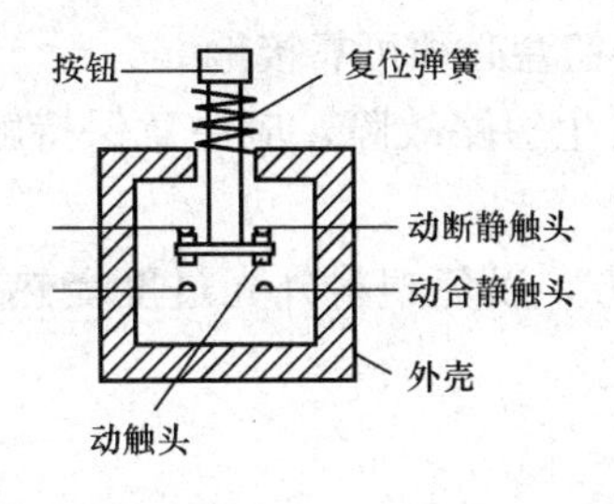

图 1-16　按钮内部结构示意图

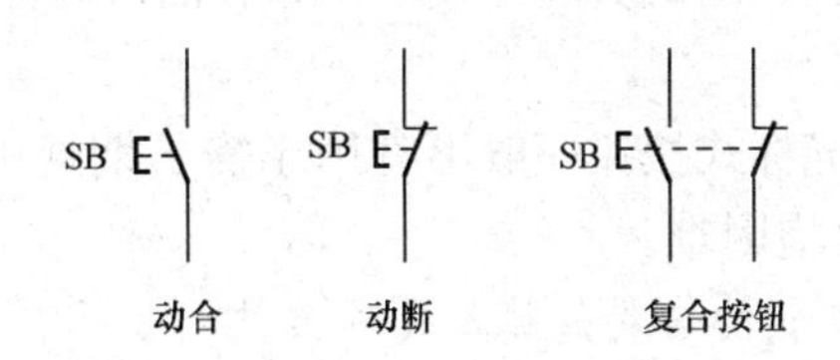

图 1-17　按钮的图形符号和文字符号

3. 按钮的选用

按钮的型号很多，LA10 系列按钮的主要技术数据见表 1-6。

表 1-6　LA10 系列按钮的主要技术数据

型号	形式	触头数量		额定电压、电流和控制容量	按钮个数	按钮颜色
		动合	动断			
LA10—1K	开启式	1	1	电压：AC 380V/DC 220V 电流：5A 容量：AC 300V・A/DC 60W	1	或黑、或绿、或红
LA10—2K	开启式	2	2		2	黑、红或绿、红
LA10—3K	开启式	3	3		3	黑、绿、红
LA10—1H	保护式	1	1		1	或黑、或绿、或红
LA10—2H	保护式	2	2		2	黑、红或绿、红
LA10—3H	保护式	3	3		3	黑、绿、红
LA10—1S	防水式	1	1		1	或黑、或绿、或红
LA10—2S	防水式	2	2		2	黑、红或绿、红
LA10—3S	防水式	3	3		3	黑、绿、红
LA10—1F	防腐式	1	1		1	或黑、或绿、或红
LA10—2F	防腐式	2	2		2	黑、红或绿、红
LA10—3F	防腐式	3	3		3	黑、绿、红

1）根据使用场合和具体用途选择按钮的种类。例如：嵌装在操作面板上的按钮可选用开启式；需要显示工作状态的选用光标式；需要防止无关人员误操作的重要场合宜用钥匙式；在有腐蚀性气体的场合要用防腐式。

2）根据工作状态指示和工作情况要求，选择按钮或指示灯的颜色。例如：启动按钮可选用白色、灰色或黑色，优先选用白色，也可用绿色；急停按钮要选用红色。停止按钮可选用黑色、灰色或白色，优先选用黑色，也可以选用红色。

3）根据控制电路的需要选择按钮的数量。如单个按钮、双联按钮、三联按钮等。

4. 按钮的安装与使用

1）按钮安装在面板上时，应布置整齐，排列合理，如根据电动机启动的先后顺序，从上到下或从左至右排列。其中，急停按钮要装在便于操作的地方，且其按钮帽要高于（凸出）安装面板。

2）同一机床运动部件有几种不同的工作状态时（如上与下、左与右、松与紧、前与后），应使每一对相反状态的按钮装在一组。

3）按钮的安装应牢固，安装按钮的金属板或金属按钮盒必须可靠接地。

4）按钮的触头间距较小，如有油污等异物时极易发生短路故障，应注意保持触头间的清洁。

5）光标式按钮一般不宜用于需长期通电显示的地方，以免塑料外壳过度受热而变形，使更换灯泡困难。

5. 按钮的常见故障及处理方法

按钮的常见故障及处理方法见表 1-7。

表 1-7 按钮的常见故障及处理方法

故障现象	可能原因	处理方法
触头接触不良	触头烧坏	修整触头或更换按钮
	触头表面有污垢	清洁触头表面
	触头弹簧失效	更换弹簧或按钮
触头间短路	塑料受热变形导致接线螺钉相碰短路	查明发热原因并排除故障，更换按钮
	异物或油污在触头间形成通路	清洁按钮内部

二、万能转换开关

1. 万能转换开关的功能

万能转换开关简称转换开关，主要用于各种控制电路的转换、电压表及电流表的换相、测量、控制、配电设备的远距离控制以及高压断路器操动机构的分闸和合闸控制，也可作为伺服电动机变速及换向控制用。由于它触头挡数多、换接线路多，能够对多种和多数量电路实现转换并且用途广泛，因此常被称为“万能”转换开关。

转换开关是一种多挡式、控制多回路的主令电器，它由多组相同结构的触头组件叠装而成。常用的转换开关有 LW2、LW5、LW6、LW8、LW12、LW15 等系列，其外形如图 1-18 所示。

图 1-18 转换开关的外形

2. 转换开关的型号含义、符号及工作原理

LW2 系列主要有普通式、钥匙式、信号灯式、自复式、定位式和自复信号灯式等。LW5 系列又分为 16 个子系列。转换开关按手柄形式可分为旋钮、普通手柄、带定位可取出

钥匙和带信号灯指示等。按定位形式分为自复式和定位式，定位角度（手柄操作位置的角度）分 30°、45°、60°、90°等多种。

自复式是指扳动手柄置于某一位置后，当手松开后手柄会自动返回原位。定位式是指当手扳动手柄于某一位置，当手松开后手柄就停留在该位置上。

LW5 系列转换开关主要用于交流 50Hz、电压 500V 和直流电压 440V 以下电路中作电气控制转换之用，也可用于电压 380V、功率 5.5kW 及以下的三相笼型异步电动机的直接控制。而 LW6 系列转换开关只能控制 2.2kW 及以下的小容量电动机。不同系列的转换开关其型号含义也有较大的差别，LW5 系列转换开关型号含义如图 1-19 所示。

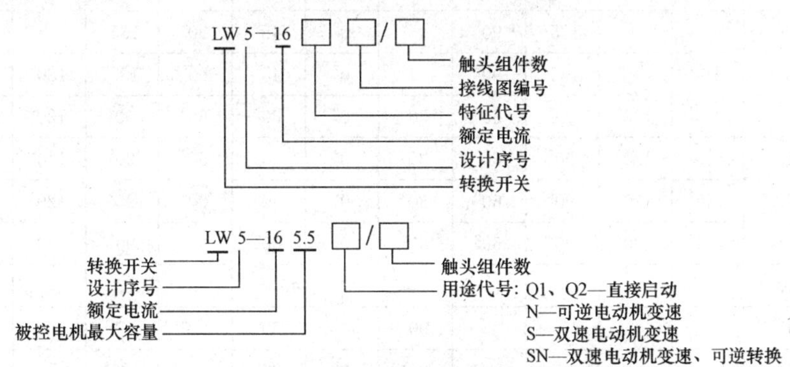

图 1-19　LW5 系列转换开关型号含义

转换开关主要由接触系统、操作机构、转轴、手柄、定位机构等部件组成。接触系统由许多接触元件组成，每一接触元件有 4 个触头，可以控制两个回路，其结构如图 1-20 所示。具有一定形状的塑料凸轮固定在方形轴上，和静触头相连的接线头上连接被控制器所控制的线圈导线，桥形动触头固定于导电支杆上。通过手柄使凸轮的方形轴转动一定的角度，使凸轮的突出部分推压导电支杆并带动桥形动触头运动，于是触头被接通（或者由于弹簧力的作用而使触头断开）。每节的凸轮设计成不同的形状，通过不同节的组合，就可以获得多个回路触头接通、断开的任意次序，从而达到多回路控制的目的。LW5 系列转换开关操作手柄能够转动的角度与特征代号具有一定的关系，见表 1-8。

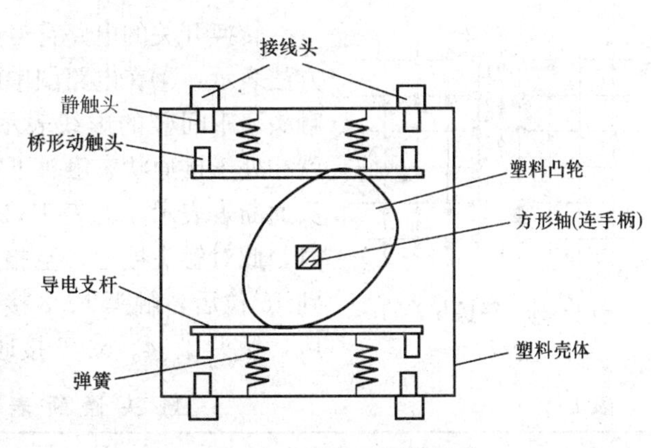

图 1-20　转换开关的结构

表 1-8　LW5 系列转换开关操作手柄能够转动的角度与特征代号的关系

操作方式	特征代号	操作手柄											
		左					0°	右					
自复式	A						0°	←45°					
	B					45°→	0°	←45°					

续表

操作方式	特征代号	操作手柄											
		左					0°	右					
定位式	C						0°	45°					
	D					45°	0°	45°					
	E					45°	0°	45°	90°				
	F				90°	45°	0°	45°	90°				
	G				90°	45°	0°	45°	90°	135°			
	H			135°	90°	45°	0°	45°	90°	135°			
	I			135°	90°	45°	0°	45°	90°	135°	180°		
	J		120°	90°	60°	30°	0°	30°	60°	90°	120°		
	K		120°	90°	60°	30°	0°	30°	60°	90°	120°	150°	
	L	150°	120°	90°	60°	30°	0°	30°	60°	90°	120°	150°	
	M	150°	120°	90°	60°	30°	0°	30°	60°	90°	120°	150°	180°
	N					45°		45°					
	P					90°	0°	90°	90°				
	Q					90°	0°	90°	90°	180°			

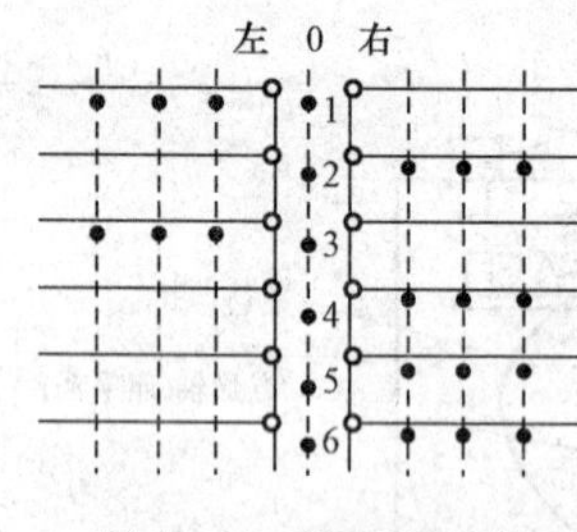

图 1-21 转换开关的电路符号

转换开关的电路符号如图 1-21 所示，触头通断情况有两种方法表示：①在电路图中画虚线和圆点。图中“-∘∘-”代表一对触头，中间竖的虚线表示手柄位置。当手柄置于某一位置时，就在处于接通状态触头下方的虚线上标注黑点“•”。②使用触头通断表表示，见表 1-9。表中“×”表示手柄转动到该位置时，此对触头接通，空格表示断开。如手柄从 0°位置向左转动到 45°位后，触头 1、3 接通；当手柄从 0°位置向右转动到 45°位后，触头 2、4、5、6 接通，其余依此类推。

表 1-9 触头通断表

触点号	左			0°	右		
	135°	90°	45°		45°	90°	135°
1	×	×	×	×			
2				×	×	×	×
3	×	×	×	×			
4				×	×	×	×
5				×	×	×	×
6				×	×	×	×

3. 转换开关的选用

选择转换开关时，要考虑两大方面的问题：①控制电动机时，应先知道电动机的内部接线方式，根据内部接线方式、接线指示牌及所需转换开关通、断次序表，画出电动机接线图，且电动机的接线图应与转换开关的实际接法相符；其次根据电动机的功率及电流大小选择合适的转换开关型号；②控制其他电气设备时，考虑转换开关的额定电压和电流的大小及触头数目即可。

4. 转换开关的安装与使用

1）转换开关的安装位置应与其他电器元件或机床的金属部件有一定的间隙，以免在通断过程中因电弧喷出而发生对地短路故障。

2）转换开关一般应水平安装在平板上，但可以倾斜或垂直安装。

3）转换开关的通断能力不高，当用来直接控制电动机时，要合理估算其容量。若用于控制电动机的正反转，则只能在电动机停止后方可反向启动。

4）转换开关本身不带保护，使用时必须与其他电器配合使用。

5）当转换开关有故障时，必须立即切断电源，检查有无妨碍可动部分正常转动的故障，弹簧有无变形或失效、触头工作状态和触头状况是否正常等。

任务四　熔　断　器

熔断器俗称保险器或保险丝，是低压配电网络和电力拖动中主要起短路保护作用的电器。它具有结构简单、使用方便、价格低廉等优点，但是容易受到周围温度的影响，工作不稳定。使用时将熔断器串联在被保护的电路中，当电路为正常电流时熔断器熔体温度较低，若电路发生严重过载或短路时，熔体温度会急剧上升使熔体熔断而自动断开电路，起到保护作用。

一、熔断器的结构、符号、原理与主要技术参数

1. 熔断器的结构与工作原理

熔断器主要由熔体、安装熔体的熔管和导电部件组成，如图 1-22 所示。熔体是熔断器的主要组成部分，通常做成丝状、片状或栅状，它既是感知元件又是执行元件。熔体的材料通常有两种：①由铅、铅锡合金或锌等低熔点材料制成，多用于小电流电路；②由银、铜等较高熔点的金属制成，多用于大电流电路。

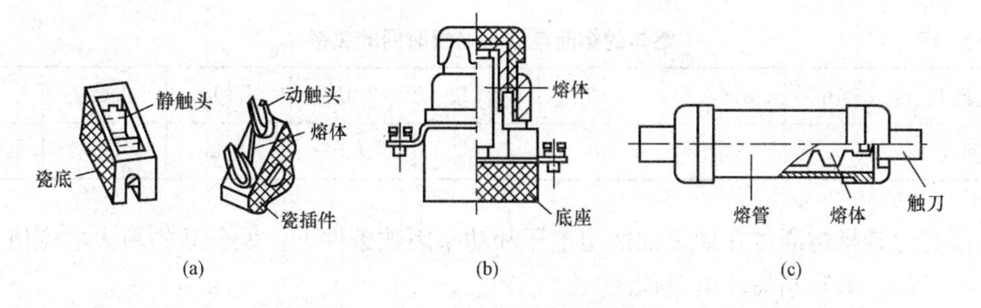

图 1-22　熔断器结构示意图

(a) 瓷插式；(b) 有填料螺旋式；(c) 无填料密封管式

熔管是熔体的保护外壳，由陶瓷、绝缘钢板或玻璃纤维等耐热材料制成，在熔体熔断时兼有灭弧作用。

通过熔断器熔体的电流小于或等于熔体的额定电流时，熔体长时间通电不熔断。当电路发生严重过载时，熔体在较短的时间内熔断；当电路发生短路故障时，熔体在瞬间熔断。熔体的这个特性称为保护特性，其保护特性曲线如图 1-23 所示。由于熔体的保护特性表示的是流过熔体的电流与熔体熔断时间的关系，因此又称其为“电流—时间特性”曲线或“安—秒特性”曲线。图中 I_{min} 是最小熔化电流（或称临界电流），I_N 为熔体额定电流，I_{min} 与 I_N 之比称为熔断器的熔化系数。

当熔体采用低熔点的金属材料时，熔体熔化所需热量少，熔化系数小，有利于过载保护，但是低熔点金属材料电阻率较大，熔体截面积大，不利于灭弧；若熔体采用高熔点金属材料，熔体熔化所需热量大，熔化系数大，不利于过载保护，但是其电阻率较小，熔体截面积小，有利于灭弧。所以，对于小电流电路，可采用由铅、铅锡合金或锌等低熔点材料制成的熔体；对于大电流电路，需使用由银、铜等较高熔点金属材料制成的熔体。

2. 熔断器的电气符号及主要技术参数

熔断器的电气符号如图 1-24 所示，其技术参数主要有额定电压、额定电流、分断能力和熔断电流。

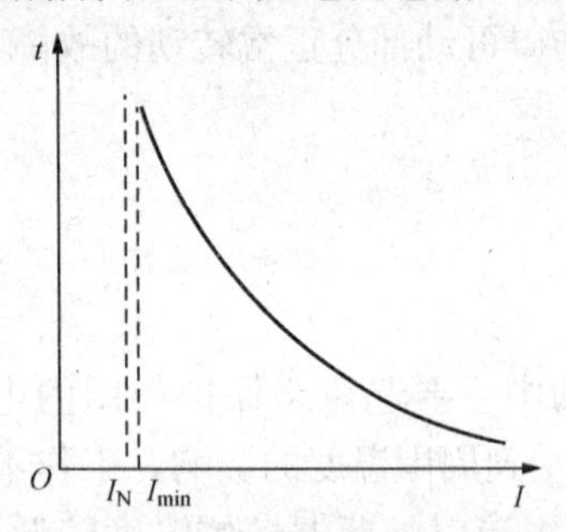

图 1-23 熔断器的保护特性曲线

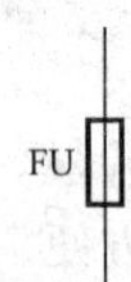

图 1-24 熔断器的电气符号

额定电压是指能保证熔断器长期工作和分断后能够承受的电压，其值一般大于或等于要保护电气设备的额定电压。若电气设备的实际工作电压大于熔断器额定电压，熔体熔断时可能会发生较大电弧，造成事故。

额定电流 I_N 是指熔断器长时间工作而熔体不熔断的电流值。熔断电流是指通过熔体并使其熔化的最小电流，熔断电流通常是额定电流的两倍。一般达到熔断电流时，熔体在30～40s 内熔断；达到 9～10 倍额定电流时熔体瞬间熔断，此时熔断器不宜作过载保护元件用。一般熔体的熔断电流 I_S 与熔断时间 t 的关系见表 1-10。

表 1-10 熔体的熔断电流与熔断时间的关系

熔断电流 I_S	$1.25I_N$	$1.6I_N$	$2.0I_N$	$2.5I_N$	$3.0I_N$	$4.0I_N$	$8.0I_N$	$10I_N$
熔断时间 t(s)	∞	3600	40	8	4.5	2.5	1	0.4

分断能力是指熔断器在规定的额定电压和功率因数条件下，能分断的最大电流值。电路中最大电流值一般是指短路电流值。

二、常用低压熔断器

熔断器的种类较多，根据适用电压的不同可分为高压熔断器和低压熔断器；根据保护对象的不同可分为保护用熔断器和一般电气设备用的熔断器、保护电压互感器的熔断器、保护电力电容器的熔断器、保护半导体器件的熔断器、保护电动机的熔断器和保护家用电器的熔断器等；根据结构的不同可分为半封闭瓷插式、螺旋式、无填料密封管式和有填料密封管式熔断器。常见熔断器的外形如图 1 - 25 所示，熔断器的型号含义如图 1 - 26 所示。

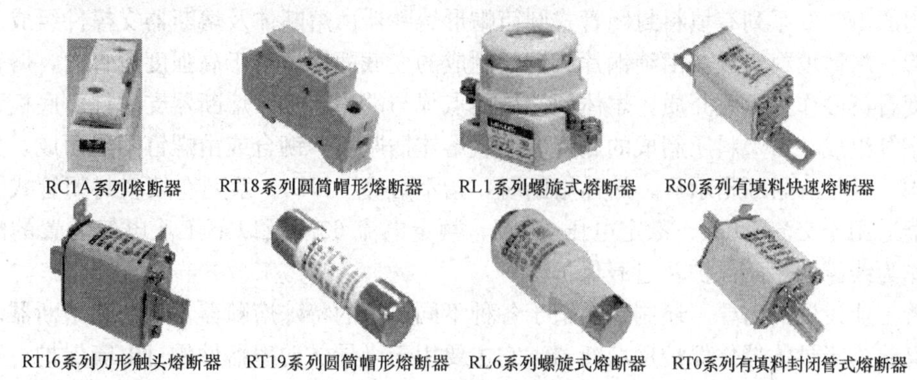

图 1 - 25　常见熔断器的外形

1. 瓷插式熔断器

常用的 RC1A 系列熔断器为半封闭瓷插式，具有结构简单的优点，它由瓷座、瓷盖、动触头、静触头及熔丝五部分组成。RC1A 系列熔断器主要用于交流 50Hz、额定电压 380V 及以下、额定电流 200A 及以下的低压线路或分支电路中，作为电气设备的短路保护及一定程度的过载保护。

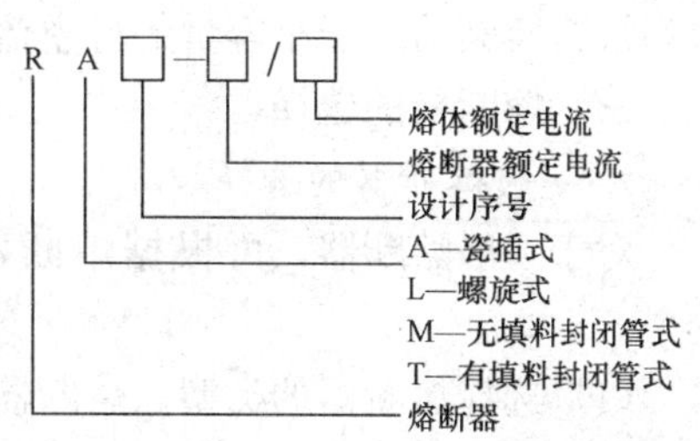

图 1 - 26　熔断器的型号含义

2. 螺旋式熔断器

常用的 RL1 系列螺旋式熔断器主要由瓷帽、熔管、瓷套、上下接线柱和瓷座组成。熔管内的熔丝周围填充着石英砂以增强灭弧性能，因此 RL1 系列又属于有填料封闭管式熔断器。熔丝焊在瓷管两端的金属盖上，其中一端有一个标有不同颜色的熔断指示器，熔丝熔断时，熔断指示器自动脱落。RL1 系列螺旋式熔断器多用于机床电气控制线路中作短路保护。

3. 无填料封闭管式熔断器

常用的 RM10 系列无填料封闭管式熔断器主要由熔管、熔体、插座等部分组成。该系列熔断器的熔管采用钢纸管做成，两端为黄铜制成的可拆式管帽，若熔体熔断时，钢纸管内壁在电弧热量的作用下产生高压气体，使电弧迅速熄灭。而熔体则采用变截面锌片做成，当电路发生短路故障时，锌片几处狭窄部位同时熔断，形成较大空隙，容易灭弧。RM10 系列无填料封闭管式熔断器适用于交流 50Hz、额定电压 380V 或直流额定电压 440V 以下，电流在 600A 以下等级的低压电力网络、配电设备中作短路保护，也可兼顾过载保护。

4. 有填料封闭管式熔断器

常用的 RT0 系列有填料封闭管式熔断器主要由熔管、底座、夹头、夹座等部分组成，其熔管采用高频电工陶瓷制成；熔体是两片网状紫铜片，中间用锡桥连接。熔体周围填满石英砂，当电路发生短路或过载故障时，电弧在石英砂颗粒的窄缝中受到强烈的去游离作用而熄灭，起到灭弧作用。RT0 系列有填料封闭管式熔断器广泛使用于具有高短路电流的电力网络或配电装置中，作电缆、导线及电气设备（如电动机及变压器）的短路保护及电缆、导线的过载保护。

5. 有填料封闭管式圆筒帽形熔断器

常用的NG30系列有填料封闭管式圆筒帽形熔断器由熔断体及熔断器支撑件组成。熔断体由熔管、熔体填料组成，由纯铜片或铜丝制成的变截面熔体装于高强度熔管内，熔管内充满高纯度石英砂作为灭弧介质，熔体两端采用点焊与端帽连接。熔断器支撑件由底板、载熔体、插座等组成，由塑料压制成的底板装上载熔体插座后，铆合或由螺钉固定而成，为半封闭式结构，且带有熔断指示灯，熔体熔断时，指示灯亮。NG30系列有填料封闭管式圆筒帽形熔断器适用于交流50Hz、额定电压380V、额定电流63A及以下工业电气装置的配电线路中，作为线路的短路保护及过载保护。

随着工业发展的需要，还制造出适于各种不同要求的特殊熔断器，如快速熔断器。快速熔断器又称为半导体器件保护用熔断器，它主要用于半导体功率器件的过电流保护。半导体器件由于过载能力很低，只能在较短的时间内承受较大的过载电流，因此要求短路保护元件应具有快速熔断的特性。目前常用的半导体保护性熔断器有NGT型和RS0、RS3系列快速熔断器以及RS21、RS22系列螺旋式快速熔断器。RS0系列快速熔断器用于大容量的硅整流器件的过载和短路保护；RS3系列快速熔断器用于晶体管的过载和短路保护；RS21、RS22系列快速熔断器用于小容量的硅整流器件和晶闸管的过载和短路保护。

三、熔断器的选择

1. 一般熔断器的选择

对于一般熔断器，可根据熔断器类型、额定电压、额定电流及熔体的额定电流进行选择。

（1）选择熔断器的类型。熔断器类型应根据电路要求、使用场合及安装条件来选择，其保护特性应与被保护对象的过载能力相匹配。对于容量较小的照明电路和电动机控制线路，一般是考虑它们的过载保护，可选用熔体熔化系数小的熔断器；对于容量较大的照明和电动机电路，除过载保护外，还应考虑短路时的分断短路电流能力，若短路电流较小时，可选用低分断能力的熔断器，若短路电流较大时，可选用高分断能力的RL1系列熔断器，若短路电流相当大时，可选用有限流作用的RT12系列熔断器。

（2）选择熔断器的额定电压和额定电流。熔断器的额定电压应大于或等于线路的工作电压，额定电流应大于或等于所装熔体的额定电流。

（3）选择熔断器熔体的额定电流。

1）对于照明线路或电热设备等没有冲击电流的负载，应该选择熔体的额定电流等于或稍大于负载的额定电流，即

$$I_{RN} \geqslant I_N$$

式中 I_{RN}——熔体额定电流（A）；

I_N——负载额定电流（A）。

2）对于长期工作的单台电动机，要考虑电动机启动时不应熔断，这时选

$$I_{RN} \geqslant (1.5 \sim 2.5) I_N$$

轻载时系数取1.5，重载时系数取2.5。

3）对于频繁启动的单台电动机，应在频繁启动时熔体不熔断，这时选

$$I_{RN} \geqslant (3 \sim 3.5) I_N$$

4）对于多台电动机长期共用一个熔断器，熔体额定电流为

$$I_{RN} \geqslant (1.5 \sim 2.5) I_{NMmax} + \sum I_{NM}$$

式中　I_{NMmax}——容量最大电动机的额定电流（A）；

$\sum I_{NM}$——除容量最大电动机外，其余电动机的额定电流之和（A）。

5）在配电系统多级熔断器保护中，为防止越级熔断，使上、下级熔断器间有良好的配合，选用熔断器时应使上一级（干线）熔断器的熔体额定电流比下一级（支线）的熔体额定电流大1～2个级差。

2. 快速熔断器的选择

（1）快速熔断器额定电压的选择。快速熔断器额定电压应大于电源电压，且小于所保护电路晶闸管或整流二极管的反向峰值电压 U_F，因为快速熔断器分断电流的瞬间，最高电弧电压可达电源电压的1.5～2倍。因此，整流二极管或晶闸管的反向峰值电压必须大于最高电弧电压才能安全工作。即

$$U_F \geqslant K_I U_{RE}$$

式中　U_F——整流二极管或晶闸管的反向峰值电压（V）；

U_{RE}——快速熔断器额定电压（V）；

K_I——安全系数，一般取1.5～2。

（2）快速熔断器额定电流的选择。快速熔断器的额定电流是以有效值表示的，而整流二极管和晶闸管的额定电流是用平均值表示的。当快速熔断器接入交流侧，熔体的额定电流为

$$I_{RN} \geqslant K_I I_{Zmax}$$

式中　I_{Zmax}——最大整流电流（A）；

K_I——与整流电路形式及导电情况有关的系数。

当快速熔断器接入整流桥臂时，熔体额定电流为

$$I_{RN} \geqslant 1.5 I_{GN}$$

式中　I_{GN}——整流二极管或晶闸管的额定电流（A）。

四、熔断器的安装规则与更换熔体时的注意事项

1. 熔断器的安装规则

1）安装前要检查熔断器的型号、额定电压、额定电流、额定分断能力等参数是否符合规定要求。

2）安装时应使熔断器与底座触刀接触良好，避免因接触不良而造成温升过高，以引起熔断器误动作和损伤周围的电器元件。

3）安装螺旋式熔断器时，应将电源进线接在瓷座的下接线端子上，出线接在螺纹壳的上接线端子上。

4）安装熔丝时，熔丝应沿螺栓顺时针方向弯曲，压在垫圈下，以保证接触良好，同时不能使熔丝受到机械损伤，以免减小熔丝的截面积，产生局部发热而造成误动作。

5）熔断器安装位置及相互间距应便于更换熔体。有熔断指示的熔芯，指示器端应安装在便于观察的一侧。在运行中应经常注意检查熔断器的指示器，以便及时发现电路运行情况。若发现瓷座有沥青类物质流出，则表明熔断器接触不良，温升过高，应及时处理。

2. 更换熔体的注意事项

1）更换熔体时，必须切断电源，防止触电，并要按原规格型号进行更换，安装熔体时

不能损伤表面，也不能把螺钉旋得过紧。

2）工业用熔断器应由专职人员更换，更换时要切断电源，并检查熔体的额定值是否与保护设备相匹配。更换后要用万用表检查熔断器各部分接触是否良好。

3）安装新熔体前，要检查熔体熔断的原因，未确定熔断原因时不要拆换熔体。

4）更换熔体时，要检查熔管内部的烧伤情况，如有严重烧伤，应同时更换熔管或熔断器。瓷熔管损坏时，不允许用其他材质管代替。更换有填料式熔断器的熔体时，更换后要注意填满填充材料。

五、熔断器的常见故障现象、可能原因及处理方法

熔断器的常见故障现象、可能原因及处理方法见表 1-11。

表 1-11 熔断器的常见故障现象、可能原因及处理方法

故障现象	可能原因	处理方法
电动机启动瞬间，熔体熔断	熔体电流等级或规格选择太小	更换较大电流等级的熔体
	电动机侧短路或接地	检查短路或接地故障并予以排除
	熔体安装时被损坏	更换熔体
熔丝未熔断但电路不能接通	熔体两端或接线端接触不良	清理并旋紧接线端
	熔断器的螺帽盖未装紧	把熔断器的螺帽盖装紧
熔断器过热	导线与刀开关、熔断器接线端压接不实、导线表面氧化、接触不良	处理表面的氧化物，并将相关电器的接线压实
	铝导线直接接在铜接线桩上，由于电化腐蚀现象，使接触电阻增大，出现过热现象	采取相关措施，禁止直接将铝导线压接在铜接线桩上

任务五 电磁式低压电器

一、电磁式低压电器的结构

大部分低压控制系统中都使用了电磁式低压电器，各类电磁式低压电器的工作原理和构造基本相同，通常都由电磁机构和执行部分——触头系统组成。

1. 电磁机构

电磁式低压电器的电磁机构是将电磁能转换成机械能，产生电磁吸力带动触头动作的部件，它由吸引线圈、铁芯和衔铁三部分组成，常用电磁机构内部示意图如图 1-27 所示。吸引线圈将电能转换为磁能，产生磁通，衔铁在电磁吸力的作用下产生机械位移与铁芯吸合。

吸引线圈根据输入电流的不同分为直流线圈和交流线圈两种：直流线圈须通入直流电，交流线圈须通入交流电。

电磁机构工作时，吸引线圈产生的磁通 Φ 作用于衔铁，产生电磁吸力，并使衔铁产生机械位移。衔铁复位时复位弹簧将衔铁拉回原位，所以衔铁与铁芯吸合时，电磁铁的吸力 F 要大于复位弹簧的拉力。

对于交流线圈而言，由于线圈是绕在铁芯（硅钢片）上，除线圈发热外，铁芯会产生涡

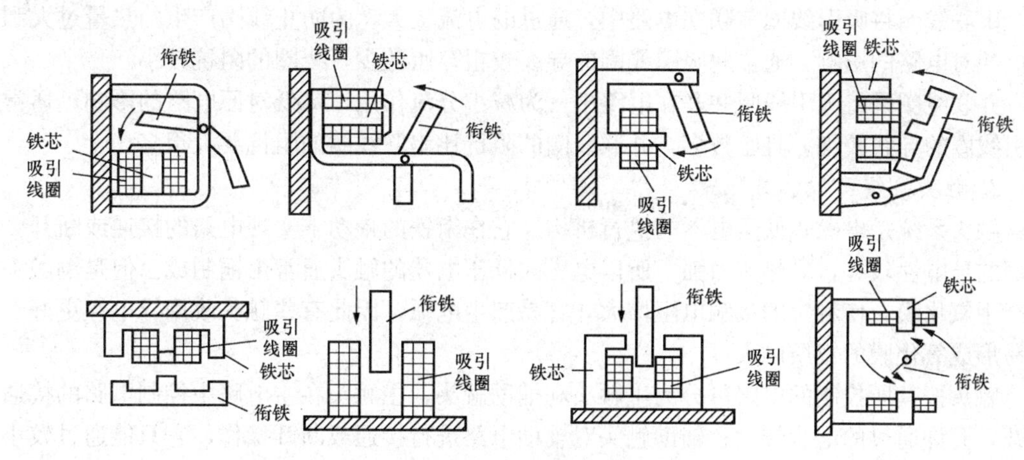

图 1-27　常用电磁机构内部示意图

流和磁滞损耗，使铁芯也发热。为了改善线圈和铁芯散热情况，通常在铁芯和线圈之间留有散热间隙，称为气隙。由于交流电磁线圈的电流 I 与气隙 δ 成正比，所以在线圈通电而衔铁尚未闭合时，电流可能达到额定电流的 5～6 倍。如果衔铁卡住不能吸合，或频繁操作，线圈可能因过热而烧毁，所以在可靠性要求较高或操作频繁的场合，一般不采用交流电磁机构。

当线圈中通入交流电时，铁芯中出现交变的磁通，时而最大时而为零，这样在衔铁与固定铁芯间因吸引力变化而产生振动和噪声。当铁芯与衔铁上面加上短路环后，磁通被分成大小相近、相位相差 90°电角度的两相磁通 $\boldsymbol{\Phi}_2$ 和 $\boldsymbol{\Phi}_1$，如图 1-28 所示。根据电磁感应定律可知，由 $\boldsymbol{\Phi}_2$ 和 $\boldsymbol{\Phi}_1$ 产生的吸力 $\boldsymbol{F}_2$ 和 $\boldsymbol{F}_1$ 也有相位差，作用在磁铁上的力为 $\boldsymbol{F}_1+\boldsymbol{F}_2$，此电磁吸力较为平坦，在线圈通电期间电磁吸力始终大于复位弹簧的反作用力，使铁芯牢牢吸合而消除了振动和噪声。

在直流电磁机构中，铁芯不会产生涡流和磁滞损耗，因此铁芯不发热，只有线圈发热。电磁吸力 F 与气隙 δ 的二次方成反比，所以衔铁闭合前后电磁吸力变化较大，但由于电磁线圈中的电流不变，所以直流电磁机构适用于动作频繁的场合。但是直流电磁机构的通电线圈在断电时，由于磁通的急剧变化，线圈中会产生很大感应电动势，很容易使线圈烧毁，所以在线圈的两端要并联一个放电回路。放电回路中的电阻值为线圈直流电阻值的 5～6 倍，如图 1-29 所示。

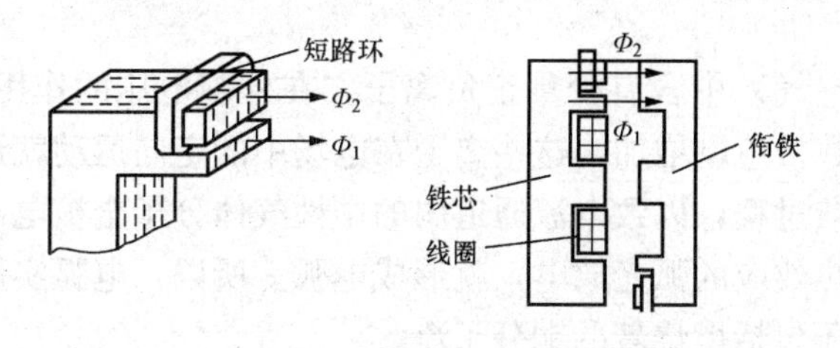

图 1-28　交流电磁铁的短路环

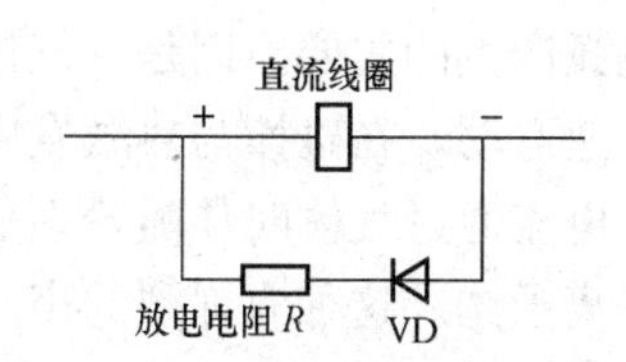

图 1-29　直流线圈的放电回路

另外根据吸引线圈在电路中的连接方式不同，将其分为串联线圈（又称电流线圈）和并联线圈（又称电压线圈）。

串联线圈将吸引线圈串联在电路中，通过的电流较大。为防止线圈产生的热量过大和其他损耗对电路的影响，通常此吸引线圈的导线较粗，匝数少，线圈的阻抗较小。

并联线圈是将吸引线圈并联在电路中，为减小分流作用，降低对原电路的影响，通常此吸引线圈的导线较细，且匝数多，并联线圈的阻抗比串联线圈的阻抗要大很多。

2. 触头系统

触头系统是电磁式低压电器的执行机构，它在衔铁的带动下实现电路的接通或断开。由于铜的导电性较好，导热能力强，所以电磁式低压电器的触头通常由铜制成。但是铜触头容易产生氧化膜，使触头的接触电阻增大，容易产生电弧，因此有些触头改用导电性更好、且不易形成氧化膜的银质触头。

触头按其所控制的电路可分为主触头和辅助触头，主触头在主电路中控制电路的接通或断开，允许通过的电流较大；辅助触头对辅助电路进行接通或断开操作，它只能通过较小的电流，一般不超过 5A。

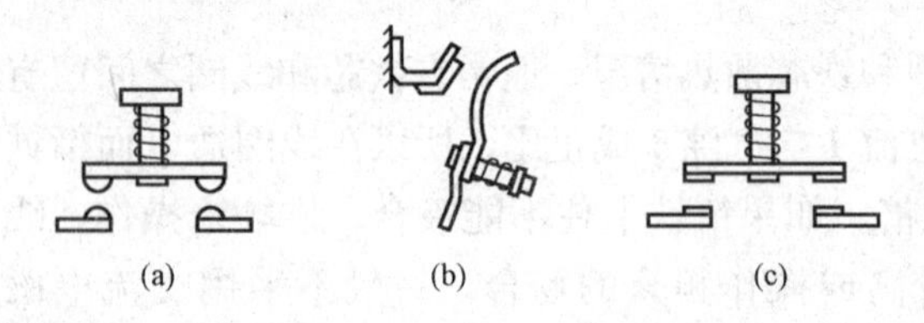

图 1-30 触头的接触形式示意图

(a) 点接触型；(b) 线接触型；(c) 面接触型

触头按其接触形式的不同分为点接触型、线接触型和面接触型，如图 1-30 所示。点接触型触头由两个半球形或一个半球形与一个平面接触形成，常用于小电流的电器中，如接触器的辅助触头和继电器触头。线接触型的接触区是一条线，并且在接通或断开过程中有一个滚动摩擦的过程，适用于通电次数多、电流大的场合，如接触器的主触头。面接触型触头由两个平面型触头构成，多用于大容量接触器的主触头。

触头按其形状的不同分为桥式触头和指形触头。桥式触头的两个触头串于同一电路中，电路的接通或断开由两个触头同时完成，桥式触头一般是点接触型和面接触型；指形触头在分断或闭合时产生滚动摩擦，能去掉触头表面的氧化膜，从而减小触头的接触电阻，还可缓冲触头闭合时的撞击能量，改善触头的电气性能，指形触头一般是线接触型。

二、电弧的产生与灭弧方法

1. 电弧的产生

在通电状态下，当动、静触头（电压不小于 10～20V）在即将接触或者即将分开时就会在间隙内产生放电现象。如果电流小，就会发生火花放电，如果电流大于 80～100mA，就会发生弧光放电，也就是电弧，其特点是外部有白炽弧光，内部有很高的温度和密度很大的电流。

电弧产生的主要原因是：气体（或空气）中含有少量正负离子，在外施电压的作用下，离子加速运动，在碰撞与热激发中离子数目急剧增加，这些离子在电场中的定向运动就形成电流。电流通过气体时伴随着强烈的发热过程，以致电流通道内的中性气体分子全被电离而形成等离子体。这种有强烈的声、光和热效应的弧光放电，就形成电弧。所以，电弧实质上就是一种能导电的电子、离子流，其中还包括燃烧着的铜分子流。

2. 电弧的危害

电弧所产生的危害比较严重，其温度高达数千摄氏度，轻则损坏设备，重则可以产生爆炸，酿成火灾，威胁生命和财产的安全。特别是在石油、电力行业中，更需要额外的注意，由于行业的特殊性，更容易造成事故，甚至是人员的伤亡。

在电力行业中，开关电器会产生电弧，因为其温度高达数千摄氏度，能烧坏触头，甚至导致触头熔焊。如果不采取适当的措施，不能让电弧立即熄灭，就可能烧伤操作人员，烧毁设备，甚至酿成火灾。因此，有触头的电器应考虑其灭弧问题，尤其是高压配电方面更要注意。一旦由于带负荷拉闸操作失误，或者是在开关箱内有异物（导电体），拉出开关箱的时候，异物瞬间接通了两极又分开，从而出现电弧，产生爆炸现象，炸伤、烧伤操作人员。

3. 灭弧的方法

为了灭弧，常采用的方法有：①迅速拉大电弧的长度，使触头间隙增加，降低电场强度，同时又使散热面积增大，降低了电弧温度，使自由电子和空穴复合的运动加强，从而容易将电弧熄灭。②用电磁力使电弧在冷却介质中运动，带走电弧热量，降低弧柱周围的温度。③将电弧挤入绝缘壁组成的窄缝中进行细分冷却。常用的灭弧方法有以下几种：

（1）电动力灭弧。桥式触头分断时，在左右两个弧隙中产生两个彼此串联的电弧，电弧电流在两电弧之间产生磁场，如图 1-31 所示。根据左手定则可知，电弧电流在电动力 **F** 的作用下，使电弧向外运动并拉长，在拉长的过程中电弧遇到空气迅速冷却，从而迅速熄灭。

（2）磁吹灭弧。借助电弧与弧隙磁场相互作用而产生的电磁力实现灭弧的装置，称为磁吹灭弧装置，如图 1-32 所示。在触头电路中串入吹弧线圈，该线圈产生的磁场由导磁夹板引向触头周围。磁吹线圈产生的磁场与电弧电流产生的磁场相互叠加，并且这两个磁场在电弧下方，其方向相反，因此电弧下方的磁场强于上方的磁场。在下方磁场的作用下，电弧受力的方向为 **F** 所指的方向，在 **F** 的作用下，电弧被吹离触头，经引弧角进入灭弧罩，使电弧熄灭。磁吹灭弧是利用电流本身进行灭弧，所以电弧电流越大，灭弧能力也越强，磁吹灭弧在直流电器中被广泛应用。

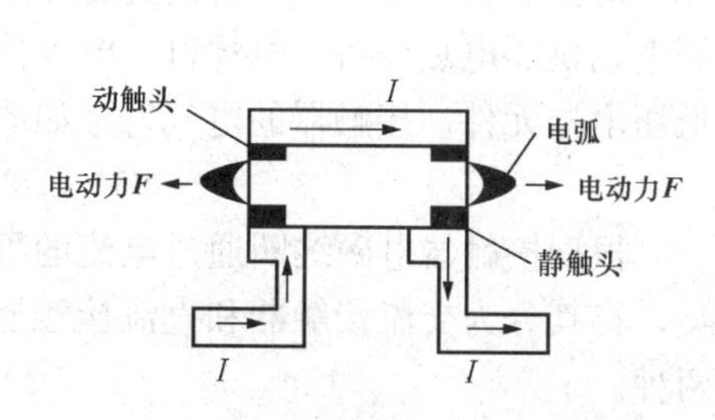

图 1-31　电动力灭弧示意图

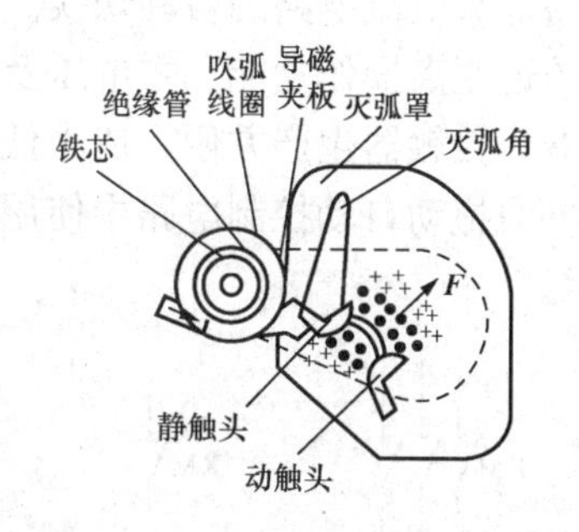

图 1-32　磁吹灭弧装置示意图

（3）灭弧栅灭弧。灭弧栅装置如图 1-33 所示，灭弧栅由外镀薄钢片和石棉绝缘板组成，它们彼此之间相互绝缘，片间距离为 2～3mm，这些金属片被称为栅片，安装在触头上方的灭弧罩内。当触头断开时，在触头之间产生电弧，电弧电流产生磁场，钢片磁阻比空气磁阻小得多，使磁通非常稀疏，而灭弧栅处的磁通非常密集，磁场将电弧拉入灭弧罩内。当电弧被拉入灭弧栅内后，被分割成很多段短弧，而栅片就是这些短弧的电极。每两片灭弧栅片之间都有 150～250V 的绝缘强度，使整个灭弧栅的绝缘强度大大加强，以致外加电压无法维持电弧，使电弧迅速熄灭。除此之外，栅片还能吸收电弧热量，使电弧迅速冷却而熄灭。由于栅片对交流电弧的灭弧更有效，因此在交流电器中通常采用栅片灭弧。

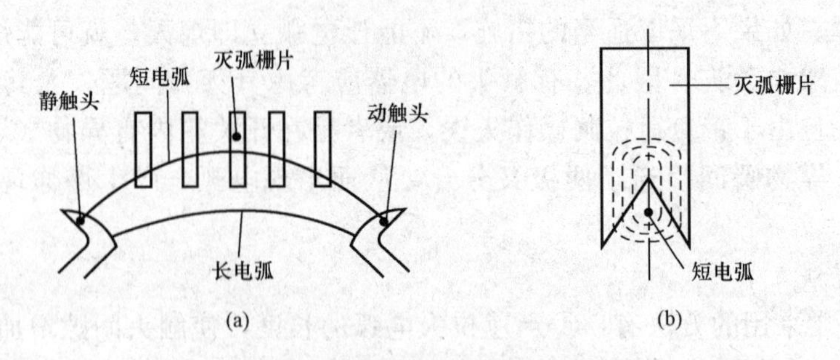

图 1-33　栅片灭弧示意图

(a) 栅片灭弧原理图；(b) 电弧进入栅片

（4）灭弧罩灭弧。比灭弧栅灭弧更简单的方法是利用陶土和石棉水泥做成能耐高温的灭弧罩来灭弧。灭弧罩内有一个或数个纵缝，缝的下部宽上部窄。当触头断开时，电弧在电动力的作用下进入缝内，窄缝将弧柱分成若干直径较小的电弧，同时可将电弧直径压缩，使电弧同缝壁紧密接触，加强冷却和去游离作用，使电弧迅速熄灭。

常见的电磁式低压电器有接触器、电流继电器、电压继电器、时间继电器、中间继电器等。

任务六　接　触　器

一、交流接触器的用途、符号及型号含义

接触器是一种自动的电磁式开关，用于远距离频繁地接通或断开交、直流主电路、大容量控制电路等大电流电路的自动切换。在功能上接触器除能自动切换电路外，还具有手动开关所缺乏的远距离操作功能和零电压及欠电压保护功能，但没有自动开关所具有的过载和短路保护功能。接触器生产方便，成本低，主要用于控制电动机、电热设备、电焊机、电容器组等，是电力拖动自动控制电路中使用最广泛的一种低压电器元件。接触器的电气符号如图 1-34 所示。

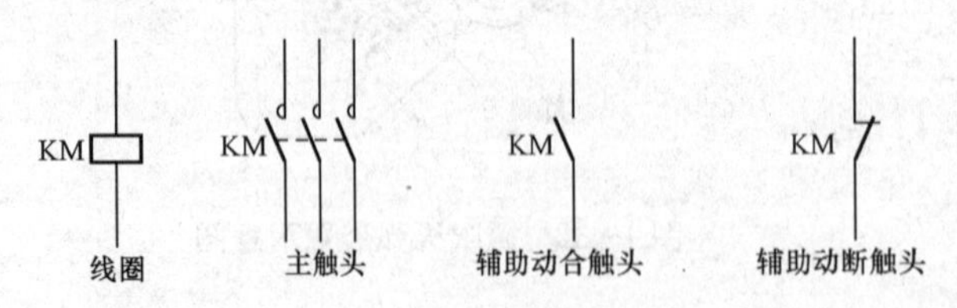

图 1-34　接触器的电气符号

根据接触器电磁线圈通过电流的种类，将其分为交流接触器和直流接触器两种。

交流接触器是一种电气控制中频繁接通和分断电路及交流电动机的电器，主要用作控制交流电动机的启动、停止、正反转、调速，并可与热继电器或其他适当的保护装置组合，保护电动机可能发生的过载或断相，也可用于控制其他电力负载，如电热器、电照明、电焊机、电容器组等。交流接触器外形如图 1-35 所示。

交流接触器的种类很多，如电磁式交流接触器、真空式接触器和固体接触器。目前常用的电磁式交流接触器有 CJ20、CJ40 等系列产品，其型号含义如图 1-36 所示。

图 1-35　交流接触器外形

二、电磁式交流接触器

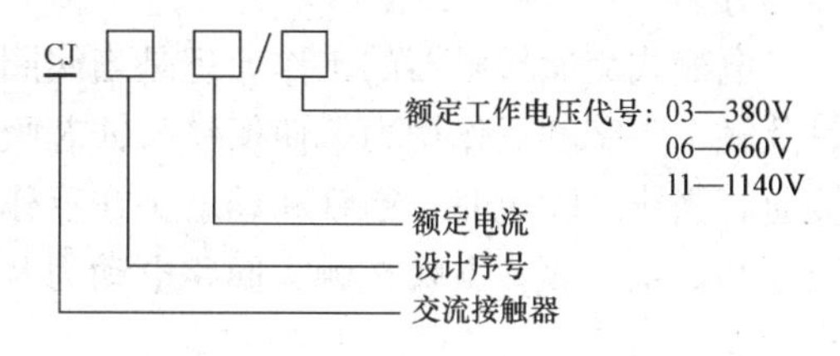

图 1-36　交流接触器的型号含义

电磁式交流接触器的内部结构如图 1-37 所示，它主要由电磁机构、触头系统、灭弧装置等部分组成。

1. 电磁式交流接触器的电磁机构

电磁机构是将电磁能转换成机械能，操纵触头闭合或断开的机构，是接触器的重要组成部分，它主要由吸引线圈、铁芯和衔铁三部分组成。由于交流接触器的线圈通交流电，在铁芯中存在磁滞和涡流损耗，会引起铁芯发热。为减少工作过程中交变磁场在铁芯中产生的涡流及磁滞损耗，避免铁芯过热，交流接触器的铁芯和衔铁一般用 E 形硅钢片叠压制成。同时为了减小机械振动和噪声，在静铁芯端面上装上短路环。为增大铁芯的散热面积，并防止线圈与铁芯直接接触而受热烧毁，交流接触器的线圈一般做成粗而短的圆筒形。

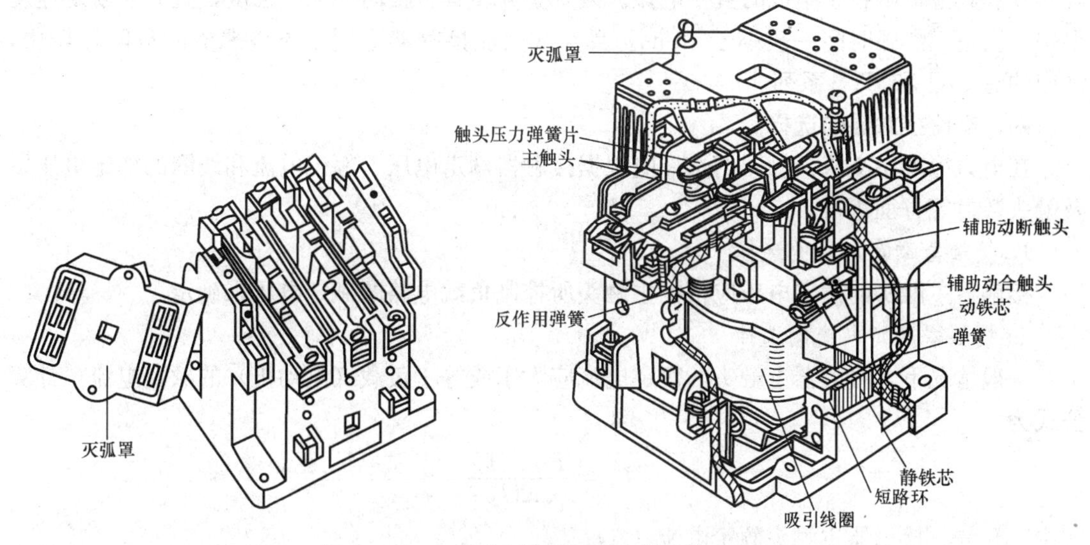

图 1-37　电磁式交流接触器内部结构示意图

2. 电磁式交流接触器的触头

触头是接触器的执行部分，由银钨合金制成，具有良好的导电性和耐高温烧蚀性，它包括主触头和辅助触头。主触头一般由 3 对接触面较大的动合触头组成，其作用是接通和分断主电路，控制较大的电流。而辅助触头一般有两对动合和两对动断触头，它连接在通断电流较小的控制电路中。交流接触器的触头有点接触型、面接触型和线接触型三种，其中绝大多数交流接触器采用面接触型的触头系统。

3. 电磁式交流接触器的灭弧装置

灭弧装置用来保证触头断开电路时，产生的电弧能够可靠熄灭，以减少电弧对触头的损伤。为了迅速熄灭断开时的电弧，通常接触器都装有灭弧装置，一般采用半封式纵缝陶土灭弧罩，并配有强磁吹弧回路。

4. 电磁式交流接触器的其他部分

除了上述三大组成部分外，电磁式交流接触器还有绝缘外壳、弹簧、短路环、传动机构等部分。

电磁式交流接触器的工作原理是当线圈通电时产生磁场，电磁机构的吸力克服反作用弹簧及触头弹簧的反作用力，使衔铁与铁芯吸合，动断触头断开，动合触头的动触头和静触头接通。当线圈断电时，衔铁和动触头在反作用力作用下复位，动断触头复位闭合，动合触头断开并产生电弧，电弧在触头回路电动力及气动力的驱动下，在灭弧室中受到强烈冷却去游离而熄灭。

交流接触器广泛用于控制电路的通断。它利用主触头来控制负载的通断电，用辅助触头来执行控制指令，小型的接触器也经常作为中间继电器配合主电路使用。

三、真空式接触器

真空接触器以真空为灭弧介质，其主触点密封在特制的真空灭弧管内。当操作线圈通电时，衔铁吸合，在触头弹簧和真空管自闭力的作用下触头闭合；操作线圈断电时，反作用力弹簧克服真空管自闭力使衔铁释放，触头断开。接触器分断电流时，触头间隙中会形成由金属蒸气和其他带电粒子组成的真空电弧。因真空介质具有很高的绝缘强度，且介质恢复速度很快，真空中燃弧时间一般小于 10ms。真空式交流接触器适用于条件恶劣的危险环境中，常用的有 CKJ 和 EVS 系列。

四、交流接触器的选择

在电力拖动中交流接触器的选择应根据接触器额定电压、额定电流和线圈的额定电压以及触头数目等方面进行。

1. 接触器额定电压的选择

接触器主触头的额定电压应根据主触头所控制负载电路的额定电压来确定。

2. 接触器额定电流的选择

一般情况下，接触器主触头的额定电流应大于或等于负载（电动机）的额定电流，计算公式为

$$I_N = \frac{P_N \times 10^3}{KU_N}$$

式中 I_N——接触器主触头额定电流（A）；

K——经验系数，一般取 1～1.4；

P_N——被控电动机额定功率（kW）；

U_N——被控电动机额定线电压（V）。

当接触器用于电动机频繁启动、制动或正反转的场合时，一般可将其额定电流降一个等

级来使用。

3. 接触器线圈额定电压的选择

接触器线圈的额定电压应等于控制电路的电源电压。为保证安全，一般接触器线圈选用110V或127V，并由控制变压器供电。但如果控制电路比较简单，所用接触器的数量较少时，为省去控制变压器，接触器线圈额定电压可选用380V或220V。

4. 接触器触头数目

在三相交流系统中一般选用三极接触器，即三对动合主触头，当需要同时控制中性线时，则选用四极交流接触器。在单相交流系统中则常用两极或三极接触器。

五、交流接触器的常见故障现象、可能原因及处理方法

交流接触器在使用中，由于质量或使用时间的积累，难免会出现各种故障，现将交流接触器的常见故障现象、可能原因及处理方法列于表1-12中。

表1-12　交流接触器的常见故障现象、可能原因及处理方法

故障现象	可能原因	处理方法
接触器不释放或释放缓慢	触头弹簧压力过小	调整触头弹簧压力
	触头熔焊	排除熔焊故障，更换触头
	机械可动部分卡住，转轴生锈或歪斜	排除卡阻现象，更换受损零件
	反作用力弹簧损坏	更换反作用力弹簧
	铁芯端面有油污或异物	清洁铁芯端面
	铁芯剩磁过大	退磁或更换铁芯
	安装位置不正确	重新安装到合适位置
	线圈电压不足	调整线圈电压到合适值
	E形铁芯寿命到期，剩磁过大	更换E形铁芯
电磁铁噪声过大	电源电压过低	调整电源电压到合适值
	弹簧反作用力过大	调整弹簧压力
	短路环断裂或脱落	更换短路环
	铁芯端面有污垢	清洁铁芯端面
	电磁系统歪斜、使铁芯与衔铁吸合不好	调整机械部分位置
	铁芯端面过度磨损	更换铁芯
触头烧伤或熔焊	某触头接触不良或压接螺钉松动，使电动机缺相运行，振动和噪声增大	立即停车检修
	触头压力过小	调整触头弹簧压力
	触头表面有金属颗粒等异物	清理触头表面颗粒及异物
	操作频率过高或工作电流过大	调换容量合适的接触器
	触头断开能力不够	更换接触器
	长期过载使用	更换合适的接触器
	环境温度过高或散热不好	降低接触器容量使用
	触头的超程过小	调整超程或更换触头
	负载侧短路，触头的断开容量不够大	改用容量较大的接触器

续表

故障现象	可能原因	处理方法
通电后不能吸合	线圈断开或烧坏	修理或更换线圈
	动铁芯或机械部分卡住	调整零件位置，消除卡阻现象
	转轴生锈或歪斜	除锈、涂润滑油或更换零件
	操作回路电源容量不足	增加电源容量
	弹簧反作用力过大	调整弹簧反作用力
吸不上或吸合不良	电源电压过低或波动过大	调整电源电压
	线圈断线、配线错误及触头接触不良	更换线圈、检查线路、修理控制触头
	线圈额定电压与使用条件不符	更换线圈
	衔铁机械可动部分被卡住	清除卡阻因素
	触头弹簧压力过大	按要求调整触头参数
线圈过热或烧坏	电源电压过高或过低	调整电源电压到合适值
	线圈额定电压与电源电压不符	更换线圈或接触器
	操作频率过高	选择合适的接触器
	线圈由于机械损伤或附有导电灰尘而造成匝间短路	排除匝间短路故障、更换线圈并保持清洁
	环境温度过高	改变安装位置或改善散热措施
	空气潮湿或含有腐蚀性气体	采取防潮、防腐蚀措施
相间短路	可逆运转的接触器联锁不可靠，导致两个接触器同时接通而造成相间短路	查电气与机械联锁装置
	接触器动作过快，发生电弧短路	更换动作时间较长的接触器
	尘埃或油污破坏绝缘	经常清理使之保持清洁
	零件损坏	更换损坏零件

任务七 继 电 器

一、继电器的作用、结构与分类

继电器是一种根据某种物理量的变化，接通或断开小电流电路，实现自动控制和保护电力拖动装置的电器。通常在自动控制线路中，继电器接在控制电路中，通过控制接触器线圈的得电与失电，来对主电路进行控制，实现用较小的电流去控制较大电流。

继电器在电气控制中的作用有：①扩大电气控制范围。例如，多触头继电器控制信号达到某一定值时，可以根据触头组的不同形式，同时换接、开断、接通多路电路。②小电流控制较大电流。例如，灵敏型继电器、中间继电器等，用一个很微小的控制量，可以控制很大功率的电路。③对控制信号进行综合。例如，当多个控制信号按规定的形式输入多线圈继电器时，经过比较综合，达到预定的控制效果。④自动、遥控、监测控制线路。例如，自动装置上的继电器与其他电器一起，可以组成程序控制线路，从而实现自动化运行。因此继电器在电路中起着自动调节、安全保护、转换电路等作用，与接触器相比，它具有触头分断能力小、结构简单、体积小、质量轻、反应灵敏等特点。

继电器一般由检测机构、中间机构和执行机构三大部分组成。检测机构把检测到的外界电量或非电量信号传递给中间机构。中间机构对信号的变化进行判断、转换、放大等。当输入信号变化达到一定值时，中间机构便驱使执行机构动作，从而接通或断开某部分电路，使其控制的电路状态发生变化，以达到控制和保护的目的。

继电器的种类很多，按照用途的不同分为控制继电器和保护继电器；按输入信号的不同分为电压继电器、中间继电器、电流继电器、时间继电器、压力继电器、温度继电器和速度继电器等；按输出形式的不同可分为有触头继电器和无触头继电器；按工作原理的不同分为电磁式继电器、电动式继电器、感应式继电器、晶体管式继电器和热继电器等。下面介绍几种常用的继电器。

二、电磁式继电器

电磁式继电器是应用较早、较广泛的一类继电器，其结构及工作原理与接触器大体相同。电磁式继电器的内部结构如图 1-38 所示。它由电磁系统（含电磁线圈、衔铁、铁芯等）、触头系统和反力弹簧等组成，由于继电器的触头均接在控制电路中，流过触头的电流比较小（一般 5A 以下），所以不需要灭弧装置。

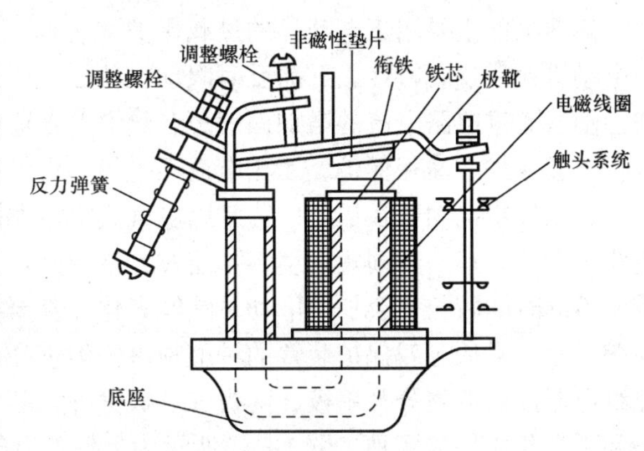

图 1-38　电磁式继电器内部结构示意图

按电磁线圈电流的类型电磁式继电器分为直流电磁式继电器和交流电磁式继电器；按在电路中的连接方式分为电流继电器、电压继电器和中间继电器等。电磁式继电器型号含义如图 1-39 所示。

电磁式继电器的图形、文字符号（以电压继电器为例）如图 1-40 所示。

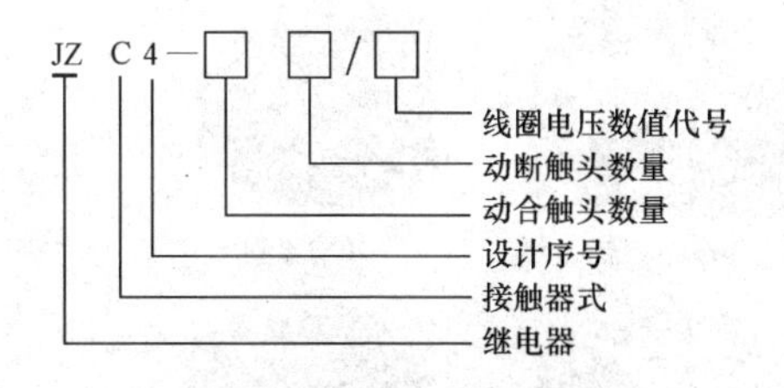

图 1-39　电磁式继电器型号含义

图 1-40　电磁式电压继电器的图形、文字符号

电磁式电压继电器是常用的电磁继电器，它并联在电路中，依据线圈两端电压大小而接通或断开电路。这种继电器线圈的导线细、匝数多、阻抗大。按吸合电压相对额定电压大小可分为过电压继电器和欠电压继电器。

1. 过电压继电器

在电路中过电压继电器用于过电压保护。当线圈为额定电压时，衔铁不吸合，只有当线圈电压高于其额定电压一定值时，衔铁才吸合，相应触头动作；当线圈电压低于继电器释放电压时，衔铁返回释放状态，相应触头也返回到原始状态。

由于直流电路一般不会出现过电压现象，因此没有直流过电压继电器，只有交流过电压继电器。交流过电压继电器在电压为额定值的1.05～1.2倍时，实现电路的过电压保护。

2. 欠电压继电器

欠电压继电器，在电路中用于欠电压保护。当线圈电压低于额定电压时，衔铁就吸合，而当线圈电压很低时衔铁才释放。直流欠电压继电器在电压为额定电压的30％～50％时衔铁吸合，吸合电压为额定电压的7％～20％时衔铁才释放。交流欠电压继电器在吸合电压为额定电压的60％～85％时衔铁吸合，吸合电压为额定电压的10％～35％时衔铁才释放。

零电压继电器是当电压降到额定值的5％～20％时才动作，切断电路实现欠电压或零电压保护。

三、热继电器

1. 热继电器的用途

热继电器主要用于电动机的过载保护，它是一种利用电流热效应原理工作的电器，具有与电动机允许过载特性相近的反时限动作特征。所谓的反时限动作，是指电器的延时动作时间会随着通过电路电流的增加而缩短。热继电器通常与接触器配合使用，对三相异步电动机进行过载保护、断相保护、三相电流不平衡的保护及其他电气设备发热状态的保护控制。

三相异步电动机在运行中，常因电气或机械原因引起过电流（过载和断相）现象。如过电流不严重，持续时间短，绕组不超过允许温升，这种过电流是允许的；如果过电流情况严重，持续时间较长，会加快电动机绝缘老化，甚至会烧毁电动机。因此，电动机应设置过载保护装置。常用过载保护装置的种类很多，但使用最多、最普遍的是双金属片式热继电器。热继电器按极数划分为单极、两极和三极三种，其中双金属片式热继电器分为三相带断相保护和不带断相保护两种。图1-41所示为目前在电气控制线路中常用的热继电器外形，它们均为双金属片式。每一个系列的热继电器一般只能和相适应系列的接触器配合使用，如JR36系列热继电器与CJT1系列接触器配套使用，JR20系列热继电器与CJ20系列接触器配套使用，JRS2系列热继电器与3TB、3TF系列接触器配套使用。

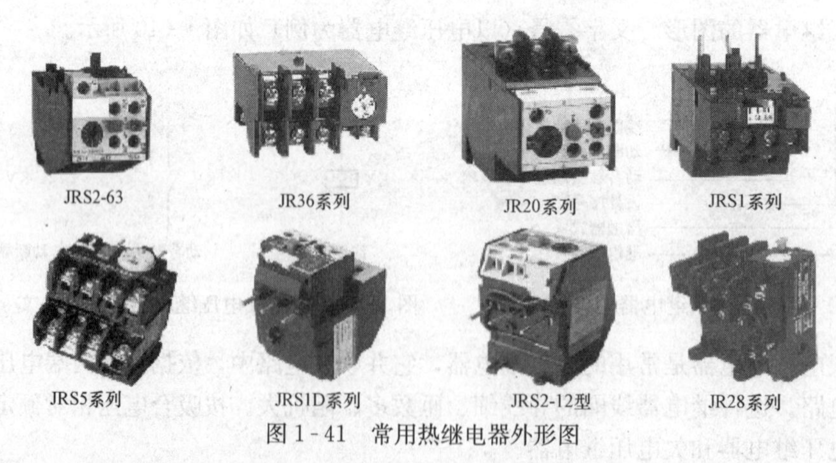

图1-41 常用热继电器外形图

2. 热继电器的结构及工作原理

图1-42（a）所示是双金属片式热继电器的结构示意图，图1-42（b）所示是其图形符号。由图可见，热继电器主要由双金属片、热元件、复位按钮、传动杆、拉簧、调节旋钮、复位螺钉、触头和接线端子等组成。

双金属片是将两种热膨胀系数不同的金属用机械方法使之形成一体的金属片，这两种热膨胀系数不同的金属片紧密地贴合在一起，当电流流过时，双金属片发热向膨胀系数小的一侧弯曲，弯曲产生位移足够大就会带动触头动作。

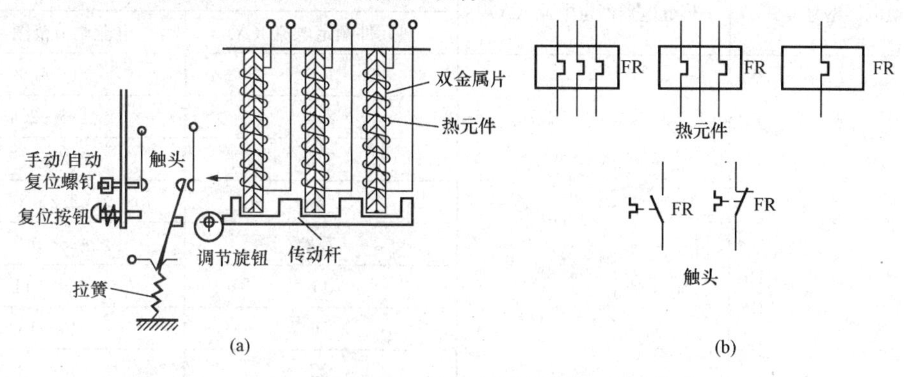

图 1-42 双金属片热继电器结构示意图及图形符号

(a) 结构示意图；(b) 图形符号

热元件串接于电动机的定子绕组电路中，通过热元件的电流就是电动机的工作电流。当电动机正常运行时，其工作电流通过热元件产生的热量不足以使双金属片变形而产生触头动作。当电动机发生过电流且超过整定值时，经过一定时间后，双金属片因大量发热发生弯曲，带动触头动作，通过控制电路切断电动机的工作电源。同时，热元件也因失电而逐渐降温，经过一段时间的冷却，双金属片恢复到原来状态。

热继电器动作电流的调节是通过旋转调节旋钮来实现的。旋转调节旋钮可以改变传动杆和动触头之间的传动距离，距离越长动作电流就越大，反之动作电流就越小。复位方式有自动复位和手动复位两种，将复位螺钉旋入，使动合的静触头向动触头靠近，在双金属片冷却后动触头也返回，为自动复位方式。如将复位螺钉旋出，触头不能自动复位，此时为手动复位方式。在手动复位方式下，需在双金属片恢复初始状态时按下复位按钮才能使触头复位。

3. 热继电器的型号含义

常用 JR36 系列热继电器的型号含义如图 1-43 所示。

JR36 系列热继电器是在 JR16 系列基础上改进设计的，是 JR16 系列的替代产品，其外形尺寸和安装尺寸与 JR16 系列完全一致。JR36 系列热继电器具有断相保护、温度补偿、自动与手动复位等功能，动作可靠，适用于交流 50Hz、电压 660V（或 690V）、电流 0.25～160A 的电路中，对长期或间断长期工作的交流电动机的过载与断相保护。JR36 系列热继电器的主要技术数据见表 1-13。

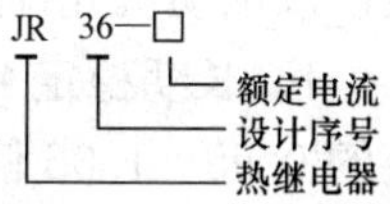

JR 36—□

额定电流

设计序号

热继电器

图 1-43 JR36 系列热继电器的型号含义

表 1-13 JR36 系列热继电器的主要技术数据

热继电器型号	热继电器额定电流（A）	热元件等级	
		热元件额定电流（A）	电流调节范围（A）
JR36—20	20	0.35	0.25～0.35
		0.5	0.32～0.5
		0.72	0.45～0.72
		1.1	0.68～1.1

续表

热继电器型号	热继电器额定电流（A）	热元件等级	
		热元件额定电流（A）	电流调节范围（A）
JR36—20	20	1.6	1～1.6
		2.4	1.5～2.4
		3.5	2.2～3.5
		5	3.2～5
		7.2	4.5～7.2
		11	6.8～11
		16	10～16
		22	14～22
JR36—32	32	16	10～16
		22	14～22
		32	20～32
JR36—63	63	22	14～20
		32	20～32
		45	28～45
		63	40～63
JR36—160	160	63	40～63
		85	53～85
		120	75～120
		160	100～160

4. 热继电器的选用

热继电器的保护对象是电动机，故选用时应了解电动机的性能参数、启动情况、负载性质以及电动机允许过载能力等。

1）长期稳定工作的电动机，可按电动机的额定电流选用热继电器。取热继电器整定电流的0.95～1.05倍或中间值等于电动机额定电流。

2）应考虑电动机的启动电流和启动时间，电动机的全压启动电流一般为额定电流的4～7倍。对于不频繁启动、连续运行的电动机，在启动时间不超过6s的情况下，可按电动机的额定电流选用热继电器。

【例1-1】 某机床电动机的型号为Y132M1—6，定子绕组为△接法，额定功率为10kW，额定电流为23.5A，额定电压为380V，要对该电动机进行过载保护，试选用热继电器的型号、规格。

解： 根据电动机额定电流23.5A，查表1-13可知，可选用额定电流为32A的热继电器，其整定电流可取电动机的额定电流23.5A，热元件的电流等级选32A，其调节范围为20～32A，由于电动机的定子绕组采用△接法，应选用带断相保护装置的热继电器。因此，可选用型号为JR36—32的热继电器，热元件的额定电流选用32A。

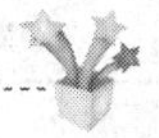

提示

热继电器是由双金属片受热膨胀的热惯性及由传动机构传递信号的，因此具有惰性，即热继电器从电动机过载到触头动作需要一定的时间，也就是说，即使电动机严重过载甚至短路，热继电器也不会瞬时动作，因此热继电器在电气控制电路中不能作短路保护用。但也正是这个热惯性和惰性，保证了热继电器在电动机启动或短时过载不会动作，从而满足了电动机的运行稳定性要求。

思考：熔断器和热继电器都是保护电器，两者能否相互代用？为什么？

5. 热继电器的安装

1）热继电器必须按照产品说明书中规定的方式安装，安装处的环境温度应与所控电动机处环境温度基本相同。当与其他电器安装在一起时，应注意将热继电器安装在其他电器下方，以免其动作特性受到其他电器发热的影响。

2）安装时，应清除触头表面尘污，以免因接触电阻过大或电路不通而影响热继电器的动作性能。

3）热继电器出线端的连接导线，可参照表1-14进行选用。这是因为导线的粗细与材料会影响热元件端连接处传导到外部的热量：导线过细，轴向导热性差，热继电器可能提前动作；反之，导线过粗，轴向导热快，热继电器可能滞后动作。

表1-14　热继电器连接导线选用表

热继电器额定电流（A）	连接导线面积（mm^2）	连接导线种类
10	2.5	单股铜芯塑料线
20	4	单股铜芯塑料线
60	16	多股铜芯橡皮线

6. 热继电器的常见故障及处理方法

热继电器的常见故障及处理方法见表1-15。

表1-15　热继电器的常见故障及处理方法

故障现象	故障原因	处理方法
热元件烧断	负载短路，电流过大	排除故障，更换热继电器
	操作频率过高或型号规格选择不当	更换合适参数的热继电器
热继电器不动作	热继电器的额定电流选用不合适	按保护容量合理选用热继电器
	整定值偏大	合理调整整定电流值
	动作触头接触不良	消除触头接触不良因素
	热元件烧断或脱扣	更换热继电器
	动作机构卡阻	消除卡阻因素或更换
	导板脱出	重新放入导板并调试
热继电器动作不稳定，时快时慢	热继电器内部机构某些部件松动	紧固松动部件
	在检修中弯曲了双金属片	用两倍电流预试几次或将双金属片拆下来进行热处理以去除内应力
	通电电流波动太大，或接线螺钉松动	检查电源电压或拧紧接线螺钉

续表

故障现象	故 障 原 因	处 理 方 法
热继电器动作太快	整定值偏小	根据负载电流合理调整整定值
	电动机启动时间过长	按启动时间要求，选择具有合适可能返回时间的热继电器或在启动过程中将热继电器短接
	连接导线太细	选用标准导线
	操作频率过高	更换合适型号的热继电器
	使用场合有强烈冲击和振动	采取防振动措施或选用带防冲击振动的热继电器
	可逆转换频繁	改用其他保护方式
	安装热继电器处与电动机所处环境温差太大	按两地温差情况配置适当的热继电器
主电路不通	热元件烧断	更换热元件或热继电器
	接线螺钉松动	紧固接线螺钉
控制电路不通	触头烧坏或动触片弹性消失	更换触头或热继电器
	可调整式旋钮转在不合适的位置	调整旋钮或螺钉
	热继电器动作后未复位	按动复位按钮

四、固态继电器

固态继电器（Solid State Relays，SSR）是一种全部由固态电子组成的无触点通断电子开关器件，它利用半导体器件（如开关晶体管、双向晶闸管等）的开关特性，来达到无触头、无火花地接通和断开电路的目的，因此又被称为“无触头开关”。固态继电器为四端有源器件，其中两个端子为输入控制端，另外两端为输出受控端。为实现输入与输出之间的电气隔离，固态继电器中采用了耐高压的专业光耦合器。当施加输入信号后，其触头为导通状态；无信号时，其触头呈阻断状态。整个器件无可动部件及触头，可实现常用电磁继电器一样的功能。固态继电器的封装形式也与传统电磁继电器基本相同，如图 1-44 所示，它于 20 世纪 70 年代问世，由于无触头工作特性，固态继电器在许多领域的电气控制及计算机控制方面得到日益广泛的应用。

图 1-44　固态继电器外形图

固态继电器由输入电路、隔离（耦合）电路和输出电路三部分组成。输入电路根据输入电压的不同，可分为直流输入电路、交流输入电路和交直流输入电路三种。有些输入电路还具有与 TTL/CMOS 兼容、正负逻辑控制和反相等功能。固态继电器的输入与输出电路的隔离和耦合方式有光电耦合和变压器耦合两种。固态继电器的输出电路也可分为直流输出电路、交流输出电路和交直流输出电路等形式。交流输出时，通常使用两个晶闸管或一个双向晶闸管，直流输出时可使用双极性器件或功率场效应晶体管。固态继电器按使用场合可以分成交流型和直流型两大类，它们分别在交流或直流电源上作为负载的开关，不能混用。下面以交流型固态继电器为例来说明它的工作原理。

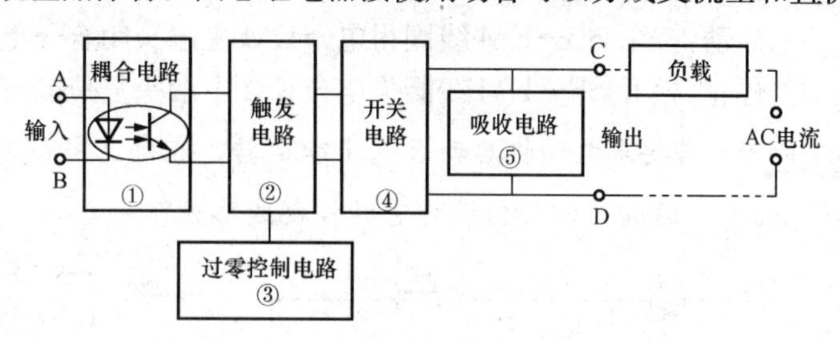

图 1-45　交流型固态继电器工作原理框图

图 1-45 所示为交流型固态继电器的工作原理框图，图中的部件①～④构成交流型固态继电器的主体。从整体上看，固态继电器只有两个输入端（A 和 B）及两个输出端（C 和 D），是一种四端器件。工作时只要在 A、B 上加上一定的控制信号，就可以控制 C、D 两端之间的“通”和“断”，实现“开关”的功能。其中耦合电路的功能是为 A、B 端输入的控制信号提供一个输入/输出端之间的通道，触发电路用来产生适合要求的触发信号，驱动开关电路④工作。过零控制电路用来抑制开关电路产生的射频干扰或尖峰。

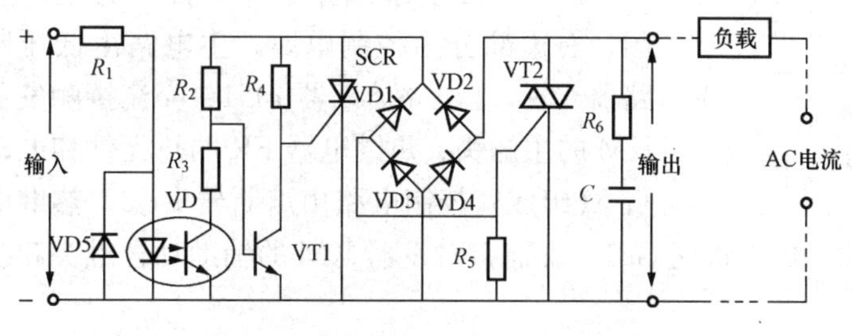

图 1-46　交流型固态继电器原理图

直流型固态继电器与交流型固态继电器相比，无过零控制电路，也不必设置吸收电路，开关器件一般用大功率开关晶体管。图 1-46 所示为典型的交流型固态继电器原理图。

任务八　三相异步电动机正转控制线路

一、点动控制线路

1. 三相交流异步电动机点动控制线路原理图

三相交流异步电动机点动控制线路原理图如图 1-47 所示，该线路由按钮、接触器来控制电动机运转，是最简单的正转控制线路。

点动控制线路中，低压断路器 QF 作电源隔离开关，熔断器 FU1、FU2 分别做主电路、控制电路的短路保护；按钮 SB 控制接触器 KM 的线圈得电、失电；接触器 KM 的主触头控制电动机 M 的启动与停止。

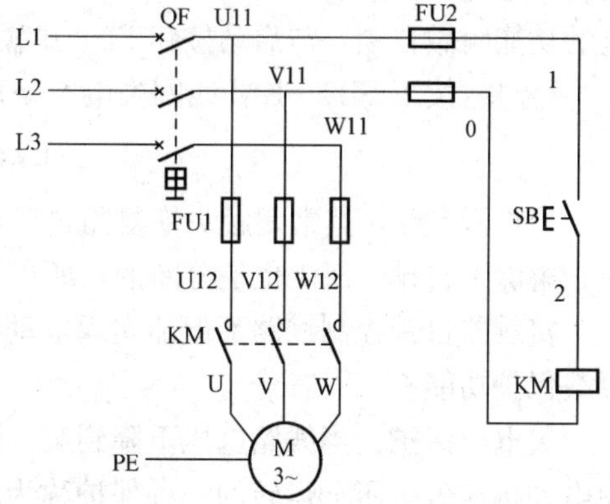

图 1-47　点动控制线路原理图

2. 电路工作原理分析

所谓点动控制是指按下按钮，电动机就得电运转；松开按钮，电动机就失电停转。这种控制方法常用于电动葫芦的起重电动机控制、车床刀架快速移动控制和立式摇臂钻床摇臂升降的控制等。

点动控制线路的工作原理分析如下。

先合上低压断路器 QF：

启动：按下 SB→KM 线圈得电→KM 主触头闭合→电动 M 得电点动运行；

停止：松开 SB→KM 线圈失电→KM 主触头复位断开→电动 M 断电停车。

思考：*若要求电动机启动后能连续运转，点动正转线路显然不能满足要求。为了实现电动机的连续运转，该如何设计它的控制线路呢？*

二、接触器自锁正转控制线路

1. 接触器自锁正转控制线路原理图

三相笼型异步电动机的接触器自锁正转控制线路原理图如图 1-48 所示，这是一种连续运转最常用、最简单的控制线路，可实现电动机的启动、停止和自动控制及远距离控制、频繁操作等。

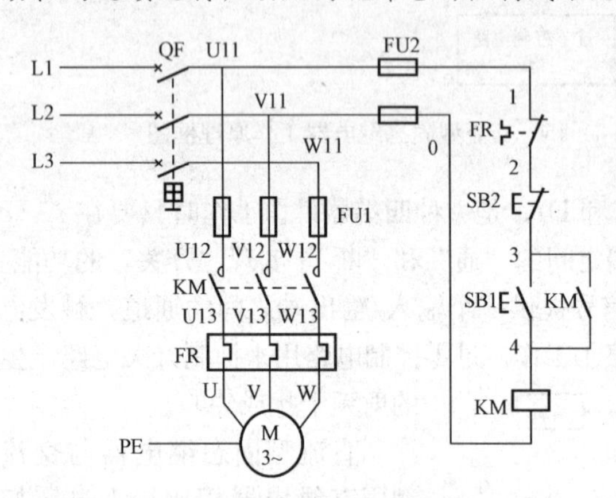

图 1-48 接触器自锁正转控制线路原理图

图 1-48 所示电路的左边部分为主电路图，右边部分为控制电路。主电路由低压断路器 QF、主电路熔断器 FU1、交流接触发器 KM 的主触头、热继电器 FR 的热元件和电动机 M 组成；控制电路由熔断器 FU2、热继电器 FR 的动断触头、停止按钮 SB2、启动按钮 SB1、交流接触发器 KM 的辅助动合触头和线圈构成。

2. 接触器自锁正转控制线路工作原理分析

先合上低压断路器 QF。

启动：按下 SB1→KM 线圈得电→KM 主触头闭合→电动机启动连续运转
（KM 线圈得电→KM 辅助动合触头闭合→电动机启动连续运转）

当松开启动按钮 SB1，其常开触头复位断开后，因为接触器 KM 的辅助动合触头闭合时已将 SB1 短接，控制电路仍保持接通，所以接触器 KM 线圈继续得电，电动机 M 实现连续运转。这种当松开启动按钮 SB1 后，接触器 KM 通过自己的辅助动断触头而使线圈保持得电的功能叫做自锁，与启动按钮 SB1 并联起自锁作用的辅助触头叫自锁触头。

停止：按下 SB2→KM 线圈失电→KM 主触头分断→电动机 M 失电停转
（KM 线圈失电→KM 辅助动合触头分断→电动机 M 失电停转）

当松开 SB2，其常闭触头恢复闭合后，因接触器 KM 的自锁触头在切断控制电路时已分断，解除了自锁，SB1 也是分断的，所以接触器 KM 不能得电，电动机 M 会断电停转。

接触器自锁控制线路不但能实现电动机的连续运转，而且还具有欠电压、失电压保护和过载保护功能。

欠电压保护：当线路电压下降到某一数值时，电动机能自动断开电源停止运转，从而避免电动机在欠电压下运转的一种保护称为欠电压保护。采用接触器自锁控制线路就可以避免电动机欠电压运转。因为当线路电压下降到一定值（一般指低于额定电压的 85%）时，接触器线圈两端的电压也同样下降到此值，此时接触器线圈磁通减弱，产生的电磁吸力减小。当电磁吸力减小到小于反作用力弹簧拉力时，动铁芯（衔铁）被迫释放，主触头、自锁触头同时分断，自动切断主电路和控制电路，电动机失电停转，从而达到了欠电压保护的目的。

失电压保护：当电动机在正常运行时，由于外界某种原因引起突然断电时，能自动切断电动机电源，重新来电时，保证电动机不能自行启动的一种保护称为失电压保护，也叫做零电压保护。接触器自锁控制线路也可实现失电压保护。因为接触器自锁触头和主触头在电源断电时已经断开，使控制电路和主电路都不能接通，所以在电源恢复供电时，电动机就不会自行启动运转，保证了人身和设备的安全。

过载保护：当电动机在工作时，负载增大、堵转或其他因素，使得电动机工作电流增大（比额定值要大，但又小于短路电流），称为过载。电动机如果长时间过载，则容易烧毁，因此，当过载延续一定时间后，控制电路中热继电器的动断触头断开，接触 KM 线圈失电，自动断开电动机电源。

三、连续与点动的综合控制

连续和点动的综合控制电路如图 1-49 所示，其主电路与图 1-48 所示的主电路相同。图 1-49（a）是利用手动开关 SA 进行连续与点动控制的控制电路。当手动开关 SA 断开时，按下 SB1，电动机进行点动运行；当手动开关 SA 闭合时，若按下 SB1，KM 线圈得电，形成自锁，对电动进行连续控制。

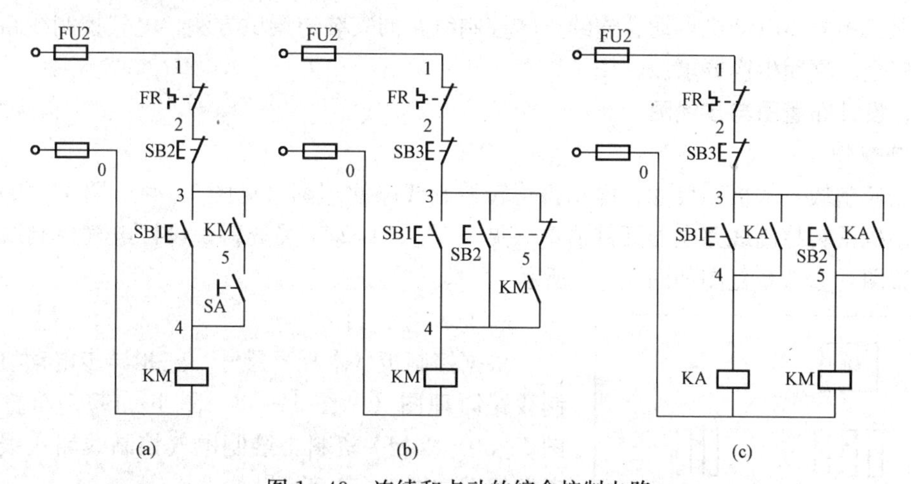

图 1-49　连续和点动的综合控制电路

图 1-49（b）使用复合按钮 SB2 来实现点动控制。在初始状态下，按下按钮 SB1，KM 线圈得电，KM 主触头闭合，电动机得电启动，同时 KM 辅助动合触头闭合形成自锁，电动机连续运转。若想电动机停止工作，只需按下停止按钮 SB3 即可；若需要点动控制时，在初始状态下，只需按下复合开关 SB2 即可。当按下 SB2 时，KM 线圈得电，KM 主触头闭合，电动机启动，同时 KM 的辅助动合触头闭合，但由于 SB2 的动断触头断开，因此断开了 KM 自锁回路，电动机只能进行点动控制。

当松开复合按钮 SB2 后，若 SB2 的动断触头先闭合，动合触头后断开，则 KM 自锁回路便会接通，使 KM 线圈继续保持得电状态，电动机仍然维持运转，这样点动控制变成了连续控制，在电气控制中称这种情况为“触头竞争”。触头竞争是触头在过渡状态下的一种特殊现象，因为电器触头状态的变化不是瞬间完成的，需要一定的时间，导致动合和动断触头动作有先后之别，在吸合和释放过程中，继电器的动合触头和动断触头存在一个同时动作的特殊过程。因此在设计电路时，如果忽视了上述触头的动态过程，就可能会导致破坏电路执行正常工作程序的触头竞争现象发生，使电路设计初衷不能实现。如果已存在这样的竞争，则一定要从电器设计和选择方面来消除，如电路上采用延时继电器等。

图1-49（c）采用了中间继电器KA实现连续与点动控制。当按下按钮SB1时，中间继电器线圈得电，KA两对动合触头闭合，其中与SB1并联的KA动合触头闭合实现自锁，使KA线圈继续保持通电状态，另一对KA动合触头闭合使KM线圈得电，对电动机进行连续控制。电动机在连续运行状态时，按下停止按钮SB3，KA线圈失电，使KM线圈失电，KM主触头释放，电动机停止运转。在初始状态下，若想进行点动控制，只需按下SB2按钮即可。

任务九 三相异步电动机正转控制线路的安装与调试

一、安装任务、目的与要求

1. 安装任务

1）三相异步电动机点动控制线路的安装；

2）三相异步电动机连续正转控制线路的安装。

2. 目的与要求

掌握三相异步电动机点动、连续正转控制线路的安装与调试方法，电气控制线路布线要求，及安全、文明生产要求。

二、设计布置图与接线图

1. 布置图

根据控制板（木板）尺寸、电动机正转控制线路原理图（见图1-48、图1-49）、三相异步电动机正转控制线路电器元件清单（见表1-16）等相关资料，设计电气控制线路电器元件布置图，参考布置图如图1-50所示。

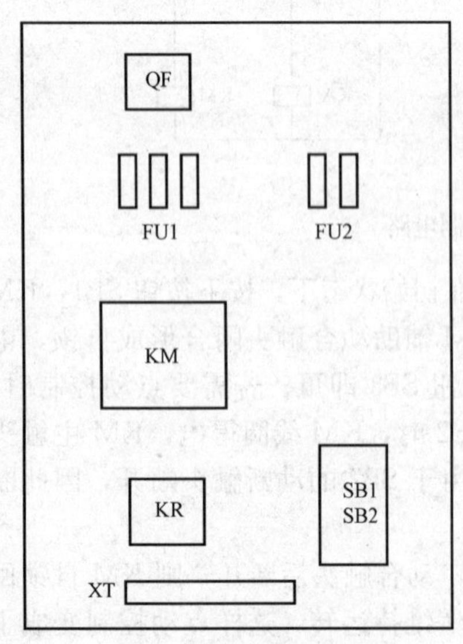

图1-50 参考布置图

2. 电路接线图

根据控制板（木板）尺寸、三相异步电动机正转控制线路原理图（见图1-48、图1-49）、布置图（见图1-50）等相关资料，绘制电气控制线路接线图。参考接线图如图1-51所示。

三、工具、仪表及器材

（1）工具。测电笔、大小螺钉旋具、尖嘴钳、剥线钳、电工刀等。

（2）仪表。兆欧表、钳形电流表、万用表。

（3）器材。

1）控制板一块（长×宽×高：600mm×460mm×18mm）。

2）导线规格：主电路采用BV $2.5mm^2$ 和BVR $2.5mm^2$ 蓝色导线；控制电路采用BV $1.5mm^2$ 红色导

线；按钮线采用 BVR 0.75mm² 红色导线；接地线采用 BVR 1.5mm² 黄绿双色线。导线的数量根据具体情况确定。

3）固定用螺钉和编码套管根据实际需要准备。

4）电器元件清单见表 1-16。

表 1-16　三相异步电动机正转控制线路电器元件清单

代号	名称	型号	规　格	数量
M	三相异步电动机	Y112M—4	4kW、380V、△接法、8.8A、1440r/min	1
QF	低压断路器	HZ10—25/3	三极、额定电流 25A	1
FU1	螺旋式熔断器	RL—60/25	500V、60A、配熔体额定电流 25A	3
FU2	螺旋式熔断器	RL—15/2	500V、15A、配熔体额定电流 2A	2
KM	交流接触器	CJX1—12	12A、线圈额定电压 380V	1
SB1～SB3	按钮	LA10—3H	保护式、按钮个数 3 个	1
XT	端子板	JX—1015	10A、15 节、380V	1
FR	热继电器	NR4—12.5	三极、12.5A、整定电流 8.8A	1

四、安装步骤和工艺要求

（1）识读点动、连续正转控制线路，如图 1-48、图 1-49 所示，明确线路所用电器元件及作用，熟悉线路的工作原理。

（2）按表 1-16 配齐电器元件，并进行校验。

1）电器元件的技术数据（如型号、规格、额定电压、额定电流、极数等）应完整并符合要求，外观无损伤，备件、附件齐全完好。

2）电器元件的电磁机构动作是否灵活，有无衔铁卡阻等不正常现象。用万用表检测电磁线圈的通断以及各触头的分合情况。

3）接触器线圈额定电压与电源电压是否一致。

4）对电动机的质量进行常规检查。

（3）在控制板上按布置图安装电器元件，并贴上醒目的文字符号。工艺要求如下：

1）低压断路器、熔断器的受电端子应安装在控制板的外侧，并以螺旋式熔断器的受电端为底座的中心端。

2）各元件的安装位置要整齐、匀称，间距合理，便于接线和更换元件。

3）紧固各元件时用力要均匀，紧固的程度要适当。在紧固熔断器、接触器等易碎裂元件时，应用手按住元件一边轻轻摇动，一边用螺钉旋具轮换旋紧对角线上的螺钉，直到手摇不动后再适当旋紧即可。

（4）按接线图的走线方法进行板前明线布线和套编码套管。

（5）根据电路原理图检查控制板布线的正确性。

（6）安装电动机。

（7）连接电动机、按钮和金属外壳的保护接地线。

（8）连接电源、电动机等控制板外部的导线。

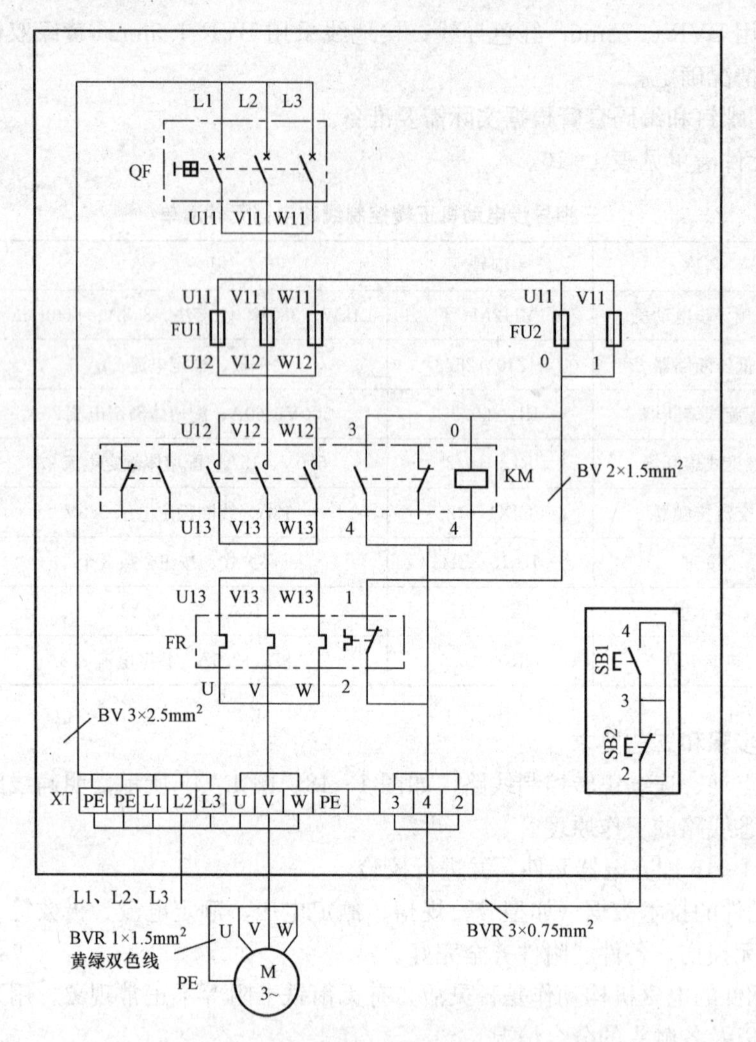

图 1-51 连续正转控制线路参考接线图

(9) 自检。

1) 按电路原理图或电气接线图从电源端开始，逐段核对接线及接线端子处连接是否正确，有无漏接、错接之处。检查导线接点是否符合要求，压接是否牢固。注意保证接触良好，以免在负载运行时产生闪弧现象。检查主电路时，可以以手动代替受电线圈励磁吸合时的情况进行检查。

2) 用万用表检查控制线路的通断情况：用万用表（R×100 挡）表笔分别搭在接线图U11、V11线端上（也可搭在0号线与1号线两处），这时万用表读数应为无穷大；按下SB时万用表读数应为接触器线圈的直流电阻阻值，若阻值为无穷大或接近0，则说明电路有故障，应检查排除。

3) 用兆欧表检查线路的绝缘电阻，绝缘电阻值不得小于0.5MΩ。

(10) 通电试车。接电前必须征得教师同意，并由教师接通电源和进行现场监护。通电试车步骤如下：

1) 合上电源开关QS后，用万用表或测电笔检查主、控制电路的熔体是否完好，但不得对线路接线是否正确进行带电检查。

2）点动控制电路按下按钮 SB 时，应短时点动，以观察线路和电动机有无异常现象。

3）试车成功率以通电后第一次按下按钮计算。

4）如果出现故障，应独立进行检修，若需要带电检查时，必须有教师在现场监护。检修完毕再次试车，也应有教师监护，并做好时间记录。

5）任务内容应在规定时间内完成。

（11）注意事项。

1）不能触摸带电部件，严格遵守“先接线，再检查、清理，后通电，先接电路部分后接电源部分；先接控制电路，后接主电路，再接其他电路；先断电源后拆线”的操作程序。

2）接线时，必须先接负载端，后接电源端；先接接地端，后接三相电源相线。

3）发现异常现象（如发响、发热、焦臭）时，应立即切断电源，保护现场，报告指导教师。

4）电动机必须安放平稳，电动机及按钮金属外壳必须可靠接地。接至电动机的导线必须穿在导线管内加以保护，或采取坚韧的四芯橡皮护套线进行临时通电校验。

5）电源进线应接在螺旋式熔断器底座中心端上，出线应接在连接螺纹外壳的接线桩上。

6）按钮内接线时，用力不能过猛，以防螺钉打滑。

五、效果评价

按表 1 - 17 完成效果评价。

表 1 - 17　　任务完成效果评分标准

项目内容	配分	评分标准		得分
器材准备	5	（1）不清楚电器元件的功能及作用	扣 2 分	
		（2）不能正确选用电器元件	扣 3 分	
工具、仪表的使用	5	（1）不会正确使用工具	扣 2 分	
		（2）不能正确使用仪表	扣 3 分	
装前检查	10	（1）电动机质量检查	每漏一处扣 2 分	
		（2）电器元件漏检或错检	每处扣 2 分	
安装元件	15	（1）不按布置图安装电器元件	每个扣 2 分	
		（2）电器元件安装不牢固	每个扣 2 分	
		（3）安装电器元件时漏装木螺钉	每个扣 1 分	
		（4）电器元件安装不整齐、不匀称、不合理	每个扣 2 分	
		（5）损坏电器元件	扣 15 分	
布线	30	（1）不按电路图或接线图接线	扣 5～10 分	
		（2）布线不符合要求：主电路	每根扣 3 分	
		控制电路	每根扣 2 分	
		（3）接点松动、露铜过长、压绝缘层、反圈等	每个扣 1 分	
		（4）损伤导线绝缘或线芯	每根扣 5 分	
		（5）漏套或套错编码套管（教师要求）	每处扣 2 分	
		（6）漏接接地线	扣 10 分	

续表

项目内容	配分	评分标准				得分
通电试车	35	(1) 热继电器未整定或整定错误 (2) 熔体规格配错 (3) 第一次试车不成功 第二次试车不成功 第三次试车不成功			扣5分 每处扣5分 扣10分 扣20分 扣30分	
安全文明生产	违反安全文明生产规程、小组团队协作精神不强				扣5~40分	
定额时间	4h，每超时5min以内以扣5分计算，此项最多扣分不超过40分					
开始时间		结束时间		实际时间		总成绩
备注						

任务十 验收、展示、总结与评价

一、验收

各小组施工结束通电试车、评分后，进行验收。先在组内由小组成员验收，如验收还存在有问题，再进行解决，直至验收通过。小组验收通过后，交由教师验收。

二、分组展示

以小组形式每组派出学生代表上台分别进行汇报、展示，通过演示文稿、现场作品演示、展板、海报、录像等形式，向全班展示、汇报学习成果。学生在进行展示时重点讲解小组分工情况，在学习和施工过程中存在的困难和解决方案，对作品的介绍及操作演示等方面。

每组在展示过程中和展示完后，教师和全体学生可提相关的问题，由展示人员或该组成员进行回答讲解，促进大家相互交流。

三、评价

各小组展示完成后，根据表1-18分别进行自我评价、小组评价和教师评价，以对该学习活动进行归纳总结，找出学习过程中的优点和今后要努力的地方。

表1-18 学习效果评价表

序号	项目	自我评价			小组评价			教师评价		
		10~8	7~6	5~1	10~8	7~6	5~1	10~8	7~6	5~1
1	学习兴趣									
2	任务明确程度									
3	现场勘查效果									
4	学习主动性									
5	承担工作表现									
6	协作精神									

续表

序号	项目	自我评价			小组评价			教师评价		
		10～8	7～6	5～1	10～8	7～6	5～1	10～8	7～6	5～1
7	时间观念									
8	质量成本意识									
9	工艺规范程度									
10	创新能力									
总　评										
备　注										

四、教师点评与答疑

1. 点评

教师针对这次学习活动的过程及展示情况进行点评，以鼓励为主。

1）找出各组的优点进行点评，表扬学习活动中表现突出的个人或小组。

2）指出展示过程中存在的缺点，以及改进、提高的方法。

3）指出整个任务完成过程中出现的亮点和不足，为今后的学习提供帮助。

2. 答疑

在学生整个学习实施过程中，各学习小组都可能会遇到一些问题和困难，教师根据学生在展示时所提出的问题和疑点，先让全班同学一起来讨论问题的答案或解决的方法，如果不能解决，再由教师来进行分析讲解，让学生掌握相关知识。

思考与练习

1. 什么是电器？什么是低压电器？
2. 按操作方式的不同，低压电器可分为哪几类？
3. 刀开关主要有哪几类？
4. 组合开关是否可以分断故障电流？
5. 如何选用低压断路器？
6. 什么是主令电器？它分为哪几类？
7. 行程开关和接近开关有什么区别？
8. 什么是电弧？它有什么危害？
9. 常用的灭弧方法有哪几种？
10. 如何选用熔断器？
11. 交流接触器的短路环断裂或脱落后，在工作时会出现什么现象？
12. 直流接触器与交流接触器在结构上有什么区别？
13. 中间继电器能否作为接触器使用？
14. 热继电器是否可用于短路保护？

项目二　三相异步电动机正反转控制线路

知识目标

（1）掌握倒顺开关的型号含义、电路符号、检测方法；
（2）掌握三相异步电动机实现正反转的方法及工作原理；
（3）了解绘制控制线路原理图的方法与要求。

技能目标

（1）会拆装与使用倒顺开关；
（2）会正确安装与检修按钮、接触器双重联锁正反转控制线路；
（3）了解电气控制线路的调试与检修方法及步骤。

素养目标

通过三相电动机正反转控制线路的学习，了解生产机械的一般控制要求，加深对电气控制系统的理解。通过项目的实施，增长学生的见识，激发学生学习电气控制技术的兴趣，培养学生自主、合作的学习习惯。

任务一　三相异步电动机正反转控制线路分析

思考：在实际生产中，机床的工作台经常需要前进与后退；钻床摇臂的上升与下降；电梯的上升与下降。连续运转电路能否满足这些生产机械的控制要求？为什么？

一、倒顺开关

倒顺开关属于转换开关，它的作用是接通、断开电源或负载，可以实现电动机正转或反转，目前主要应用在设备需正、反转的场合，如电动车、吊车、电梯、升降机等的正反转控制。

1. 倒顺开关的结构

开关由手柄、凸轮、触头组成，凸轮和触头装在防护外壳内，触头为桥式双断点，共5对，其中一对为正反转共用，另外两对控制电动机正转，剩余两对控制电动机反转。转动手柄，带动凸轮转动，使触头接通或分断，其外形图与接线图如图2-1所示。

倒顺开关有三个位置，中间一个是分断状态，两侧开关控制电动机的正反转。

2. 倒顺开关的使用条件

1）海拔高度不超过2000m。

2）周围空气温度－5～40℃，24h内平均温度不超过35℃。

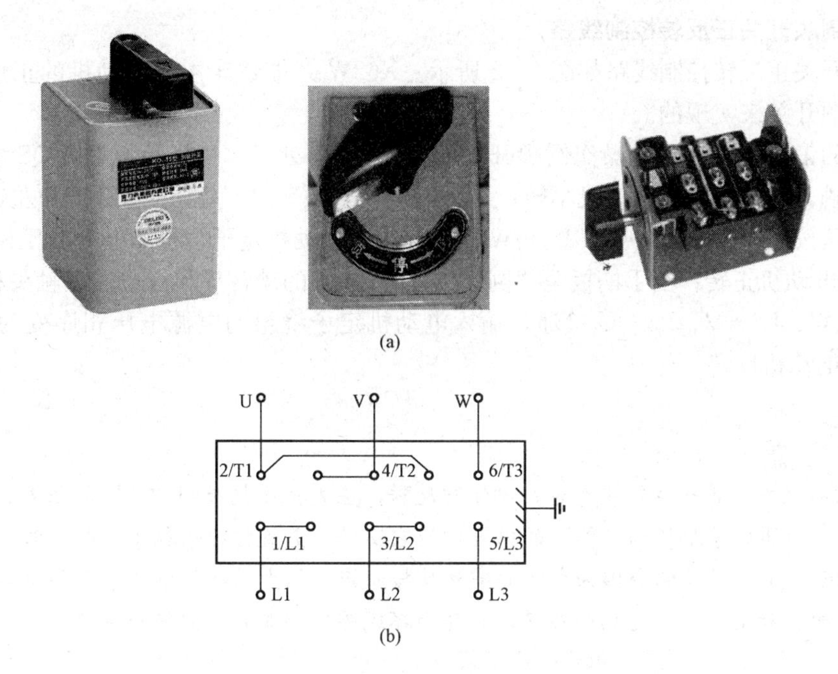

图 2-1　倒顺开关的外形与接线图
(a) 外形图；(b) 接线图

3）在 40℃时天气相对湿度不超过 50%，在较低温度下可以有较高的相对湿度，最湿月的月平均最低温度不超过 25℃，该月的月平均最大相对湿度不超过 90%，并考虑因温度变化产生的凝露。

4）安装时与垂直面的倾斜度不超过±5°。

5）安装在无爆炸危险的介质中，且介质中无足以腐蚀金属和破坏绝缘的气体及导电尘埃存在。

6）在有防雨雪设备及没有充满水蒸气的场合，且无显著摇动、冲击和振动。

3. 倒顺开关使用时的注意事项

1）电动机及倒顺开关的外壳必须可靠接地，必须将接地线接到倒顺开关的接地螺钉上，切忌接在开关的罩壳上。

2）倒顺开关的进线和出线切不能接错，接线时，应看清开关接线端标记，并将 L1、L2、L3 接电源，U、V、W 接电动机，否则会造成两相电源短路。

3）倒顺开关的操作顺序要正确，在正反转切换时，要有一个暂停的过程。

4）倒顺开关正反转控制电路只适用于小容量电动机的正反转控制。

5）倒顺开关长时间工作会使触头磨损、弹簧疲劳，致使动触头与静触头接触不良。若触头轻度磨损，可改变静触头的弧度使动、静触头接触良好，若磨损严重应更换新的触头。

6）倒顺开关接线时，一定要将开关的结构搞清楚，以免造成相间短路。

正转控制线路只能使电动机朝一个方向旋转，带动生产机械的运动部件朝一个方向运动。要满足生产机械运动部件能向正、反两个方向运动，就要求电动机能实现正反转控制。

二、倒顺开关正反转控制线路

倒顺开关正反转控制线路如图 2-2 所示。X62W 万能铣床主轴电动机的正反转控制就是通过倒顺开关来实现的。

线路的工作原理如下：操作倒顺开关 QS，当手柄处于“停”位置时，QS 的动、静触头都不接触，电路不通，电动机不转；当手柄扳至“顺”时，QS 的动触头和左边的静触头接触，电路按 L1—U、L2—V、L3—W 接通，输入电动机定子绕组的电源电压相序为 L1—L2—L3，电动机正转；当手柄扳至“倒”位置时，QS 的动触头和右边的静触头相接触，电路按 L1—W、L2—V、L3—U 接通，输入电动机定子绕组的电源电压相序变为 L3—L2—L1，此时电动机反转。

当电动机处于正转运行状态时，要使它反转，应先把手柄扳到“停”的位置，使电动机先停转，然后再把手柄扳到“倒”的位置，使它反转。若直接把手柄由“顺”扳至“倒”的位置，电动机的定子绕组会因为电源的突然反接而产生很大的反接电流，易使电动机产生很大的机械冲击和定子绕组过热而损坏，且会损坏或缩短倒顺开关的使用寿命。

思考： 倒顺开关正反转控制线路的优点和缺点各是什么？能否用按钮、接触器代替倒顺开关来实现电动机正反转的自动控制？

三、接触器联锁正反转控制线路

倒顺开关正反转控制线路虽然使用电器元件少，线路比较简单，但它是一种手动控制线路，在频繁换向时，操作人员劳动强度大，操作安全性差，所以这种线路一般用于控制额定电流小于 10A、功率在 3kW 以下的小容量电动机。在实际生产应用中，更常用的是用按钮、接触器来实现电动机的正反转控制。

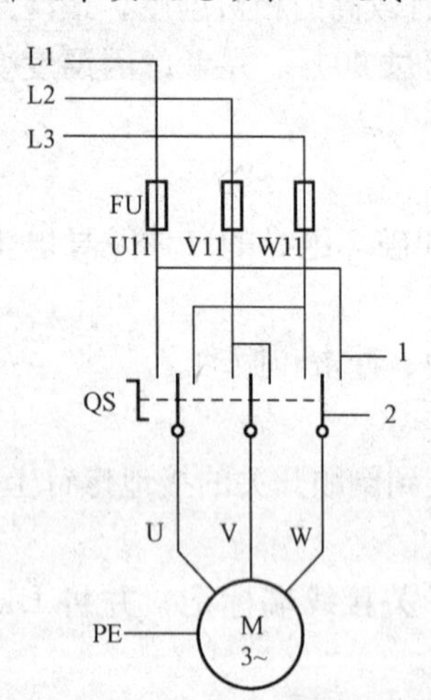

图 2-2 倒顺开关正反转控制线路图

1—静触头；2—动触头

1. 接触器联锁正反转控制线路原理图

图 2-3 所示为接触器联锁正反转控制线路。线路中采用了两个交流接触器，即正转用的接触器 KM1 和反转用的接触器 KM2，它们分别由正转启动按钮 SB1 和反转启动按钮 SB2 来控制。从主电路中可以看出，这两个接触器的主触头所接通的电源相序不同：KM1 按 L1—L2—L3 相序分别给电动机的 U、V、W 绕组供电，KM2 则按 L3—L2—L1 相序分别给电动机的 U、V、W 绕组供电。相应的控制电路有两条：一条是由按钮 SB1 和接触器 KM1 线圈等组成的正转控制电路；另一条是由按钮 SB2 和接触器 KM2 线圈等组成的反转控制电路。

2. 接触器联锁正反转控制线路工作原理分析

先按合上电源开关 QF。

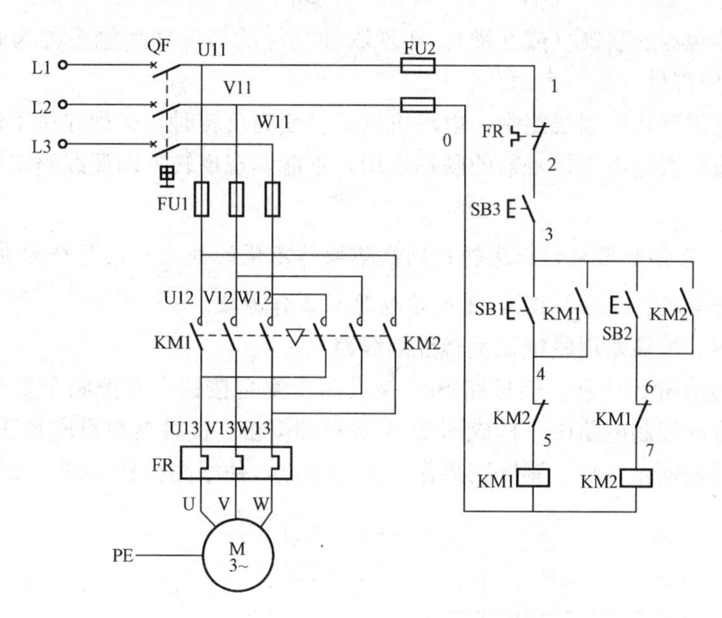

图 2-3　接触器联锁正反转控制线路

电动机正转启动：

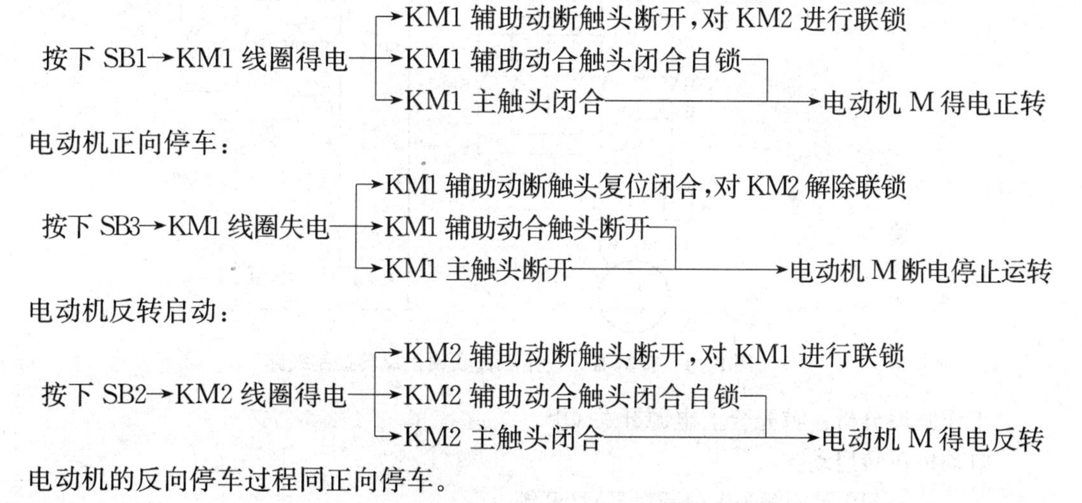

电动机的反向停车过程同正向停车。

思考： 1）分析完电路的工作原理，发现该线路有哪些优点和不足？

2）若接触器 KM1 和 KM2 的主触头同时闭合，会造成什么后果？应采取什么措施来避免？

注意

接触器 KM1 和 KM2 的主触头绝不允许同时闭合，否则将造成两相电源（L1 相和 L3 相）短路事故。为了避免两个接触器 KM1 和 KM2 同时得电动作，在正、反转控制电路中，分别串接了对方接触器的一对辅助动断触头。

当一个接触器得电动作时，其辅助动断触头使另一个接触器不能得电动作，这种相互制约的关系称为接触器的联锁（或互锁）。实现联锁功能的辅助动断触头称为联锁触头（或互锁触头），联锁用符号“▽”表示。

接触器联锁正反转控制线路中，电动机从正转变为反转时，必须先按下停止按钮，才能按反转启动按钮，否则由于接触器的联锁作用，不能实现反转。因此线路工作安全可靠，但操作不便。

思考：*怎样克服接触器联锁正反转控制线路操作不便的缺点？用复合按钮代替图 2-4 中的启动按钮能否实现？试分析图 2-4 所示电路的工作原理。*

四、接触器、按钮双重联锁正反转控制线路

如果把正转按钮 SB1 和反转按钮 SB2 换成两个复合按钮，并把两个复合按钮的常闭触头也串联在对方的控制电路中，构成图 2-4 所示的按钮和接触器双重联锁正反转控制线路，就能克服接触器联锁正反转控制线路操作不便的缺点，使线路操作方便，工作安全可靠。

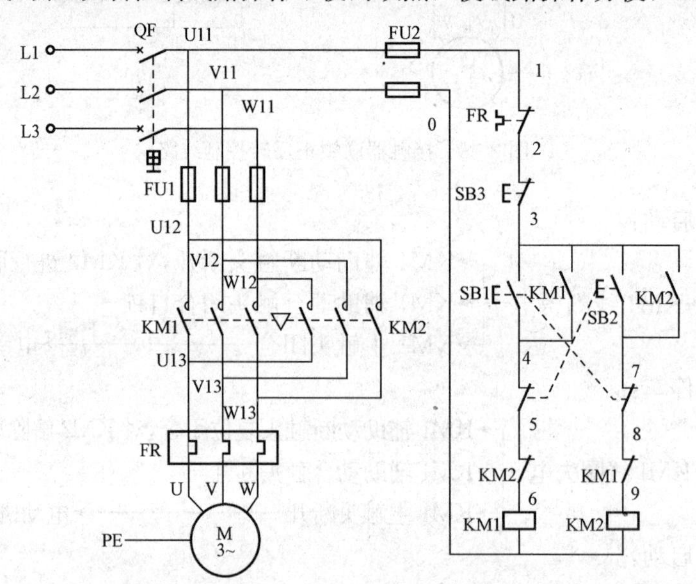

图 2-4 接触器、按钮双重联锁正反转控制线路

工作原理分析：首先合上电源开关 QF。

电动机正转启动：

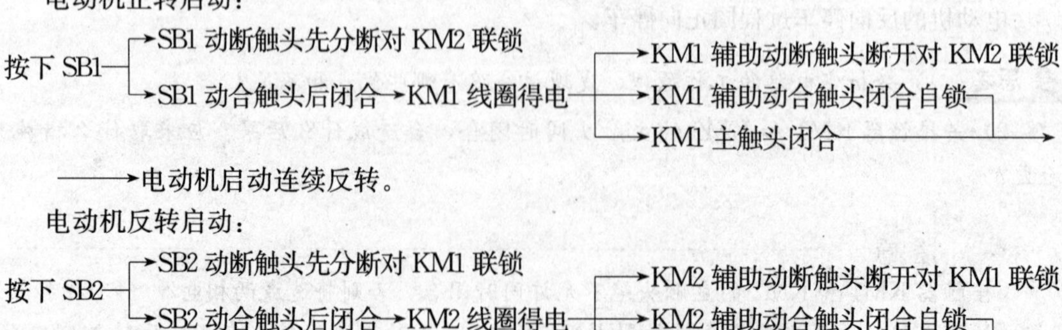

→电动机启动连续反转。

若要停止，按下 SB3，整个控制电路失电，所有接触器主触头分断，电动机断电停车。

五、电气原理图

电气原理图是根据生产机械运动形式对电气控制系统的要求，采用国家统一规定的电气图形符号和文字符号，按照电气设备和电器的工作顺序排列，全面表示控制装置、电路的基本构成和连接关系，而不考虑实际位置的一种图形，它能全面表达电气设备的用途、工作原理，是设备电气线路安装、调试及维修的重要依据。

在电气原理图中，电器元件不画实际的外形图，而采用国家统一规定的电气符号表示。电气符号包括图形符号和文字符号：图形符号是用来表示电气设备、电器元件的图形标记，文字符号是在相对应的图形符号旁标注的文字，用来区分不同的电器设备、电器元件或区分多个同类设备、电器元件，电气符号按国家标准绘制。

1. 电气原理图的组成

电气控制原理图（又称电路图），一般分为电源电路、主电路、辅助电路三部分。

电源电路：水平画出，三相交流电源相线 L1、L2、L3 自上而下画出，如有中性线 N 和保护接地线 PE 则依次画在相线之下，直流电源自上而下画“+”“－”。电源开关要水平画出。

主电路：是电气控制电路中大电流通过的部分，是电源向负载提供电能的电路，它主要由熔断器、接触器的主触头、热继电器的热元件以及电动机等组成。

辅助电路：一般包括控制主电路工作状态的控制电路，显示主电路工作状态的指示电路、提供机床设备局部照明的照明电路等。一般由主令电器的触头、接触器的线圈和辅助触头、继电器的线圈和触头、指示灯及照明灯等组成。通常，辅助电路通过的电流较小，一般不超过 5A。

2. 电气原理图绘制、识读规则

1）电路图中主电路画在图的左侧，其连接线路一般用粗实线绘制，但也可以用细实线；控制电路画在图的右侧，其连接线路用细实线绘制。

2）所使用的各电器元件必须按照现行国家标准规定的图形符号和文字符号进行绘制和标注。

3）各电器元件的导电部件，如线圈和触头的位置，应根据便于阅读和分析的原则来安排，绘制在它们完成作用的地方。例如，接触器、继电器的线圈和触头可以不画在一起。

4）所有电器的触头符号都应按没有通电或没有外力作用时的原始状态绘制。

5）电气原理图中，直接相连接通的十字交叉导线连接点要用黑圆点表示；无直接联系的十字交叉而不相连导线的连接点不画黑圆点，如图 2-5 所示。

6）图样应标注出各功能区域和检索区域。

7）根据需要可在电路图中各接触器或继电器线圈的下方，绘制出所对应的触头所在位置的位置符号图。

3. 电气控制线路和三相电气设备标记原则

1）线路采用字母、数字、符号及其组合标记。

2）三相交流电源采用 L1、L2、L3 标记，中性线采用 N 标记，接地线采用 PE 标记。

3）电源开关之后的三相交流电源主电路分别按 U、V、W 顺序标记。

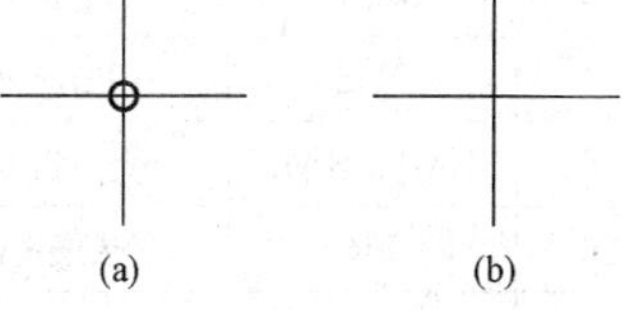

图 2-5　连接线的交叉连接与交叉跨越
(a) 交叉接通连接；(b) 交叉跨越

4）分级三相交流电源主电路采用三相文字代号 U、V、W 前加上阿拉伯数字 1、2、3 等来标记，如 1U、1V、1W 及 2U、2V、2W 等。

5）控制电路采用阿拉伯数字编号，一般由三位或三位以下的数字组成。

6）标记方法按“等电位”原则进行。

7）在垂直绘制的电路中，标号顺序一般由上至下编号；凡是被线圈、绕组、触头或电阻、电容等元件间隔的线段，都应标以不同的阿拉伯数字作为线路的区分标记。

任务二 接触器联锁正反转控制线路的安装与调试

一、制定工作计划

根据图 2-3 所示接触器联锁正反转控制线路图，做好电路安装准备工作。重点思考以下问题：

(1) 安装需要的器材有哪些？

(2) 安装的工作内容有哪些？小组具体的分工情况是什么样的？

(3) 根据现场了解所控制电动机的技术参数（如三相笼型异步电动机 Y112M—4 的技术参数：4kW、380V、8.8A、△接法、1440r/min）等资料，制定工作计划。

工作计划可以是表格的形式，也可以是流程图的形式或者文字描述的形式。

二、工具、仪表、器材清单

1. 工具

测电笔、大小螺钉旋具、尖嘴钳、斜口钳、剥线钳、电工刀等。

2. 仪表

兆欧表、钳形电流表、万用表。

3. 器材

根据图 2-3 所示接触器联锁正反转控制线路原理图，所需器材如下：

控制板一块（长×宽×高：550mm×520mm×22mm），导线规格：主电路采用 BV 2.5mm^2 塑料铜芯线，控制电路采用 BV 1.5mm^2 塑料铜芯线，接地线采用 BVR 1.5mm^2 黄绿双色塑料铜芯线，并且主电路与控制电路所用导线的颜色最好不一样，套码管、螺钉按需要而定。

根据任务要求和所选用电动机的型号参数，列举所需元件、材料清单见表 2-1。

表 2-1 接触器联锁正反转控制线路所需元件材料清单

序号	代号	名称	型号	规格参数	数量
1	M	三相电动机	Y112M—4	4kW、380V、8.8A、△接法、1440r/min	1
2	QF	低压断路器	DZ5—20/330	三极复合式脱扣器、380V、20A	1
3	FU1	熔断器	RL1—60/25	500V、60A、配熔体 25A	3
4	FU2	熔断器	RL1—15/2	500V、15A、配熔体 2A	2
5	KM1、KM2	交流接触器	CJX1—12	额定电流 12A、线圈额定电压 380V	2
6	FR	热继电器	NR4—12.5	三极、12.5A、整定电流 8.8A	1
7	SB1～SB3	按钮	LA10—3H	保护式、380V、5A、按钮数 3	1
8	XT	端子板	JX2—1015	380V、10A、15 节	1

三、设计电器元件布置图和接线图

1. 绘制电器元件布置图

根据正反转控制线路安装板的尺寸大小，尝试绘制电动机正反转电器元件布置图。

电器元件布置图（又称电器元件位置图）主要用来表明电气系统中所有电器元件的实际安装位置，为生产机械电气控制设备的制造、安装和维护提供必要的资料。一般情况下，电器元件布置图是与安装接线图组合在一起使用的。

电器元件布置图的绘制规则如下：

1）体积大和较重的电器元件应安装在控制板的下面，而发热元件应尽量安装在控制板的上面。

2）强电、弱电分开并注意屏蔽，防止外界干扰。

3）电器元件的布置应整齐、美观、对称。外形尺寸与结构类似的电器尽量安放在一起，以便于安装和配线。

4）需要经常维护、检修、调整的电器元件，安装位置不宜过高或过低。

5）电器元件布置不宜过密，若采用板前走线槽配线方式，应适当加大各排电器元件的间距，以利于布线和维护。

2. 根据现场材料绘制接线图

安装接线图（简称接线图）是用现行国家标准规定的电路图形符号，按各电器元件相对位置绘制的实际接线图。所表示的是各电器元件的相对位置和它们之间的电路连接情况。在绘制时，不但要画出控制柜内部各电器元件之间的连接方式，还要画出外部相关电器元件的连接方式。

接线图中的回路标号是电气设备之间、电器元件之间、导线与导线之间的连接标记，其文字符号和数字符号应与原理图中的标号一致。

接线图的绘制规则如下：

1）接线图中一般应标示出如下内容：电气设备和电器元件的相对位置、文字符号、端子号、导线号、导线类型、导线截面积、屏蔽和导线绞合等。

2）所有的电气设备和电器元件都应按其所在的实际位置绘制在图样上，且同一电器的各元件应根据其实际结构，使用与电路图相同的图形符号画在一起，并用点画线框上，其文字符号以及接线端子的编号应与电路原理图中的标注一致，以便对照检查线路。

3）接线图中的导线有单根导线、导线组（或线扎）、电缆等之分，可用连接线或中断线表示。凡导线走向相同的可以合并用线束来表示，到达接线端子板或电器元件的连接点时再分别画出。用线束表示导线组、电缆时，可用加粗的线条表示，在不引起误解的情况下，也可采用部分加粗。另外导线及管子的型号、根数和规格应标注清楚。

4）不在同一控制柜或配电屏上的电器元件必须通过端子排进行连接。各电器元件的文字符号及端子排的编号应与原理图相一致，并按原理图的连线进行接线。

5）接线图是依据原理图以及电气设备和电器元件的实际位置和安装情况绘制的，用来表示电气设备和电器元件的位置、配线和接线方式。

6）控制电路线号采用阿拉伯数字编号，标注方法按等电位原则进行，线号顺序一般由上而下、由左至右，每经过一个电器元件的接线桩，线号要依次递增。各个电器元件上凡需要接线的部件及接线桩都应绘出，且一定要标注端子线号。各端子线号必须与电气原理图上相应的线号一致。

在实际应用中，电路原理图、布置图和接线图应结合起来使用，称为电气控制图。电气控制图的分类及作用见表 2-2。

表 2-2 电气控制图的分类及作用

<table>
<tr><th colspan="2">电工用图</th><th>概　念</th><th>作　用</th><th>图中内容</th></tr>
<tr><td colspan="2">原理图</td><td>用国家统一规定的图形符号、文字符号和线条连接来表明各个电器元件的连接关系和电路工作原理的示意图，如图 2-3 所示</td><td>是分析电气控制原理、绘制及识读接线图和电器元件布置图的主要依据</td><td>电气控制线路中所包含的电器元件、设备、线路的组成及连接关系</td></tr>
<tr><td rowspan="2">施工图</td><td>电器元件布置图</td><td>根据电器元件在控制板上的实际安装位置，采用简化的外形符号（如方形等）而绘制的一种简图，如图 2-6（a）所示</td><td>主要用于电器元件的布置和安装</td><td>项目代号、端子号、导线号、导线类型、导线截面积等</td></tr>
<tr><td>接线图</td><td>用来表明电器设备或线路连接关系的简图，如图 2-6（b）所示</td><td>是安装接线、线路检查和线路维修的主要依据</td><td>电气线路中所含元器件及其排列位置，各元件之间的接线关系</td></tr>
</table>

三相异步电动机按钮接触器正反转控制线路电器元件布置图、参考接线图与实物图（供参考）如图 2-6 所示。

四、电路的安装与调试

1. 电路安装工艺要求

1）接触器安装应垂直于安装面，安装孔用螺钉应加弹簧垫圈和平垫圈。安装倾斜度不能超过 5°，否则会影响接触器的动作特性。接触器散热孔置于垂直方向向上，四周留有适当空间。安装和接线时，注意不要将螺钉、螺母或线头等杂物落入接触器内部，以防人为造成接触器不能正常工作或烧毁。

2）按电器元件布置图在控制板上安装电器元件，断路器、熔断器的受电端子应安装在控制板的外侧，并确保螺旋式熔断器的受电端为底座的中心端。

3）各元件的安装位置应整齐、匀称，间距合理，便于布线与元件的更换。

4）紧固各元件时，用力要均匀，紧固程度适当。在紧固熔断器、接触器等易碎元件时，应该用手按住元件一边轻轻摇动，一边用旋具轮换旋紧对角线上的螺钉，直到手摇不动后，再适当加紧些即可。

2. 板前明线布线工艺要求

布线时，应符合横平竖直、整齐、紧贴敷设面、走线合理及接点不得松动等要求。其原则是：

1）布线通道尽可能少，同时并行导线按主、控电路分类集中，单层密排，紧贴安装面。

2）同一平面的导线应高低一致，不能交叉。非交叉不可时，该根导线应在接线端子引出时就水平架空跨越，但必须走线合理、美观。

3）布线应横平竖直，分布均匀。变换走向时应垂直，转角为 90°。

4）布线时严禁损伤线芯和导线绝缘。

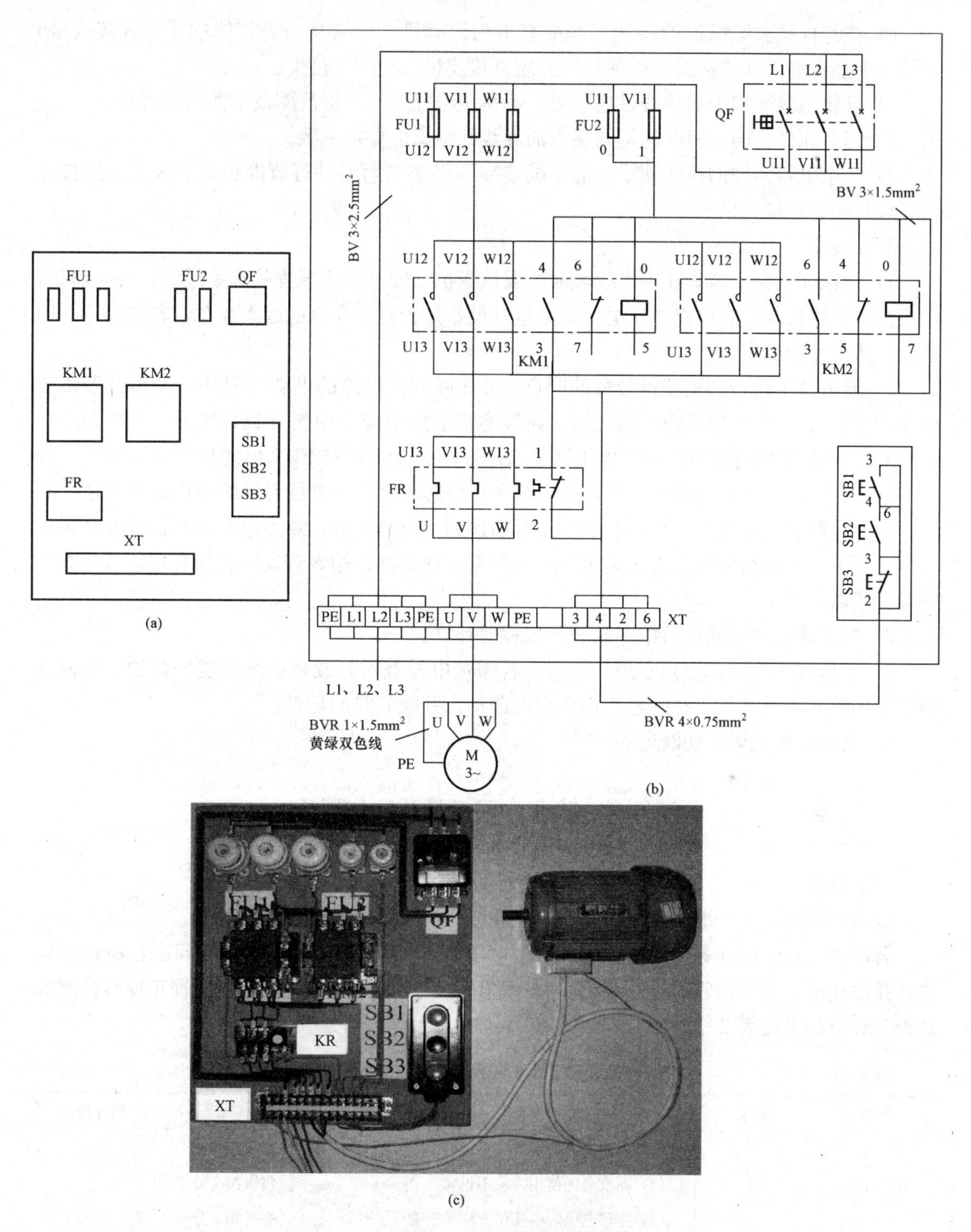

图 2-6　接触器联锁正反转控制线路图

(a) 电器元件布置图；(b) 三相异步电动机正反转控制线路参考接线图；(c) 接线实物图

5）布线顺序一般以接触器为中心，由里向外，由高至低，先控制电路，后主电路，以不妨碍后续布线为原则。

6）在每根剥去绝缘层的导线两端要套上编码套管。所有从一个接线端子（或接线桩）到另一个接线端子（或接线桩）的导线必须直接连接，中间无接头。

7）导线与接线端子或接线桩连接时，不得压绝缘层、不得反圈及不能露铜过长。

8）同一元件、同一回路的不同接点的导线间距离应保持一致。

9）一个电器元件的接线端子上的导线连接不得多于两根，每节接线端子板上的连接导线一般只允许连接一根。

3. 通电试车要求

1）为保证人身安全，在通电校验时，要认真执行安全操作规程的有关规定，一人监护，一人操作。校验前，应检查与通电有关的电气设备是否有不安全的因素存在，若查出应立即整改，然后才能试车。

2）通电试车前，必须征得教师的同意，并先断开主电路的电源（FU1 三个熔断器不装熔体即可），在控制电路工作正常之后，再接通主电路电源。由指导教师接通三相电源 L1、L2、L3，同时在现场监护。合上电源开关 QF 后，检查熔断器 FU2 出线端是否有电压。按下 SB1，观察接触器是否正常工作，是否符合线路功能要求，电器元件的动作是否灵活，有无卡阻及噪声过大等现象。待控制电路正常后接通主电路电源，观察电动机运行情况是否正常等，但不得对线路接线是否正确进行带电检查。观察过程中，若发现有异常现象，应立即停车，切断电源。

3）试车成功率以通电后第一次按下按钮时计算。

4）如出现故障后，应独立进行检修。若需带电检查时，教师必须在现场监护。检修完毕后，如需要再次试车，教师也应该在现场监护，并做好时间记录。

5）通电校验完毕，切断电源。

任务三　验收、展示、总结与评价

一、验收

设备完好的标准：电气系统设备完好，管线完好，性能灵敏，运行可靠。

各小组完成工作任务后，先在组内由小组成员验收，如验收还存在有问题，应进行解决，排除故障，直至验收通过。小组验收通过后，交由教师验收。接触器联锁正反转控制线路施工评分标准见表 2-3。

表 2-3　接触器联锁正反转控制线路施工评分标准

内容	配分	评分标准		扣分情况
仪表使用	10	(1) 万用表的使用方法不正确	每次扣 2 分	
		(2) 兆欧表的使用方法不正确	每次扣 2 分	
		(3) 钳形电流表的使用方法不正确	每次扣 2 分	
装前检查	10	(1) 电动机质量检查	每漏一处扣 5 分	
		(2) 电器元件漏查或错检	每处扣 1 分	
安装布线	40	(1) 电器元件布置不合理	扣 4 分	
		(2) 电器元件安装不牢固	每个扣 3 分	

续表

<table>
<tr><th>内容</th><th>配分</th><th colspan="4">评 分 标 准</th><th>扣分情况</th></tr>
<tr><td>安装布线</td><td>40</td><td colspan="3">（3）电器元件安装不整齐、不均匀、不合理
（4）损坏电器元件
（5）不按电路图接线
（6）走线不符合要求
（7）接点松动、露铜过长、压绝缘层、反圈等
（8）损伤导线绝缘层或线芯
（9）漏装或套错编码套管
（10）漏接接地线</td><td>每个扣 2 分
扣 5～20 分
每处扣 2 分
每根扣 1 分
每个扣 1 分
每根扣 3 分
每个扣 1 分
扣 8 分</td><td></td></tr>
<tr><td>通电试车</td><td>40</td><td colspan="3">（1）热继电器未整定或整定错误
（2）熔体规格选用不当
（3）KM1、KM2 不能联锁
（4）KM1、KM2 只有一个能动作
（5）第一次通电不成功
第二次通电不成功
第三次通电不成功</td><td>每只扣 5 分
扣 5 分
扣 15 分
扣 20 分
扣 10 分
扣 20 分
扣 35 分</td><td></td></tr>
<tr><td>安全文明生产</td><td colspan="4">（1）违反安全文明生产规程
（2）乱线敷设</td><td>扣 10～40 分
扣 20 分</td><td></td></tr>
<tr><td>定额时间</td><td colspan="4">5h，每超过 10min</td><td>扣 5 分</td><td></td></tr>
<tr><td>备注</td><td colspan="4">除定额时间外，各项内容的最高扣分不得超过配分分数</td><td>成绩</td><td></td></tr>
<tr><td>开始时间</td><td colspan="2"></td><td>结束时间</td><td></td><td>实际时间</td><td></td></tr>
</table>

思考：1. 明确工作任务时遇到了什么问题，怎样解决的？

2. 元件的学习和检测学习时遇到哪些问题，是怎样解决的？

3. 现场施工时遇到什么问题？验收时遇到什么问题？分别是怎样解决的？

二、分组展示

以小组形式每组派出代表上台分别进行汇报、展示，通过演示文稿、现场作品展示、展板、海报、录像等各种形式，向全班展示、汇报学习成果。在进行展示时重点讲解小组分工情况以及在学习和施工过程中存在的困难和解决的方案，和对作品的介绍及操作、演示、讲解。

三、评价

各小组展示完成后，分别进行自我评价、小组评价和教师评价，以对该学习活动进行归纳总结，找出学习过程中的优点和今后要努力的地方。学习效果评价表见表 2-4。

表 2-4 学习效果评价表

序号	项目	自我评价			小组评价			教师评价		
		10～8	7～6	5～1	10～8	7～6	5～1	10～8	7～6	5～1
1	理论学习效果									
2	学习态度									
3	现场勘查效果									
4	学习方法									
5	承担工作表现									
6	协作精神									
7	时间观念									
8	质量成本意识									
9	工艺规范程度									
10	创新能力									
各项得分情况										
总　评										
备　注										

四、教师点评与答疑

1. 点评

教师针对这次学习活动的过程及展示情况进行点评。

1）找出各组的优点进行点评，表扬学习活动中表现突出的学生；

2）指出展示过程中存在的不足，以及今后努力的方向。

2. 答疑

在整个学习实施过程中，各学习小组都会遇到一些问题和困难，教师根据学生在展示时所提出的问题和疑点，先让全班同学一起来讨论问题的答案或解决方法，如果全班学生都不能解决，再由教师进行讲解，让学生掌握相关的知识，促进学生之间、师生之间的交流。

1. 三相异步电动机的旋转方向是怎么改变的？

2. 用倒顺开关控制电动机正反转时，为什么不允许把手柄从“顺”的位置直接扳到“倒”的位置？

3. 什么是联锁控制？在三相交流异步电动机控制线路中，为什么必须要有联锁控制器？

4. 试设计具有点动功能的按钮、接触器双重联锁正反转控制线路，并简述其工作原理。

5. 某机床有两台电动机，一台是主轴电动机，要求具有正反转控制；另一台是冷却泵电动机，只要求正转控制；两台电动机要有短路、过载、欠电压、失电压保护，试设计其电气控制线路图。

6. 操作作业：完成按钮、接触器双重联锁正反转控制线路接线，并调试运行。其要求为：

（1）画出按钮、接触器双重联锁正反转控制线路的原理图、布置图、接线图；

（2）选择合适的元件，并列出元件明细表；

（3）按板前工艺要求进行布线；

（4）安装完后，先检查、再调试，然后通电试车。

项目三　顺序控制、多地与多条件控制线路

知识目标

（1）根据电路原理图，会分析顺序控制、多地与多条件控制电路的工作原理；
（2）掌握顺序控制的实现方法及其应用；
（3）掌握实现多地控制的方法及意义。

技能目标

（1）会正确安装与检修电动机的顺序控制线路；
（2）会正确安装与检修多地与多条件控制线路；
（3）学会控制线路的安装、调试与检修的一般步骤及方法。

素养目标

通过该项目的实施，理解顺序控制、多地与多条件控制在生产机械中的应用领域，理论联系实践，提高动手操作能力，养成自主学习的良好习惯。

任务一　时 间 继 电 器

一、时间继电器的符号及类型

在继电器控制系统中，通常需要有瞬时动作或者能够延时动作的继电器。时间继电器是指自得到动作信号起至触头动作或输出电路产生跳跃式改变有一定的延时时间的继电器。它广泛应用于需要按时间顺序进行控制的电气控制线路中，其电气符号如图 3-1 所示。

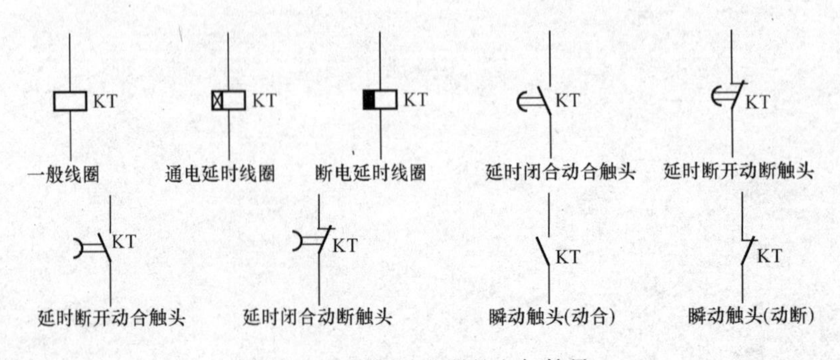

图 3-1　时间继电器的电气符号

时间继电器的种类较多，常用的有直流电磁式、空气阻尼式、电动式和晶体管式等，其

外形如图 3-2 所示。

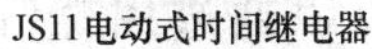
JS11电动式时间继电器

JS7-A系列时间继电器

空气阻尼式时间继电器

JS20系列时间继电器

图 3-2　时间继电器外形图

二、直流电磁式时间继电器

直流电磁式时间继电器的结构简单，只需在直流电磁式电压继电器的铁芯上增加一个阻尼铜套，就构成了时间继电器，其结构示意图如图 3-3 所示。它是利用电磁阻尼原理实现延时的：由电磁感应定律可知，在继电器线圈通断电过程中铜套内产生感生涡流，阻碍穿过铜套内的磁通变化，对原磁通起到了阻碍作用。当继电器通电时，由于衔铁处于释放位置，气隙大、磁阻大、磁通小，铜套阻尼作用相对也小，因此衔铁吸合时延时不显著，一般忽略不计。而当继电器断电时，磁通变化量大，铜套阻尼作用也大，衔铁延时释放而起到延时作用。因此，这种继电器仅用于断电延时。

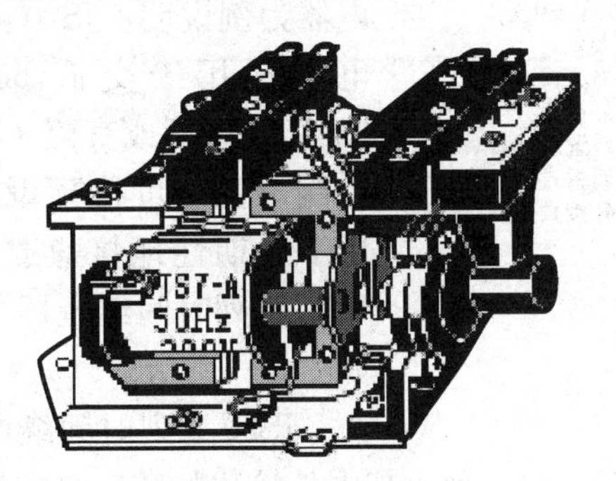

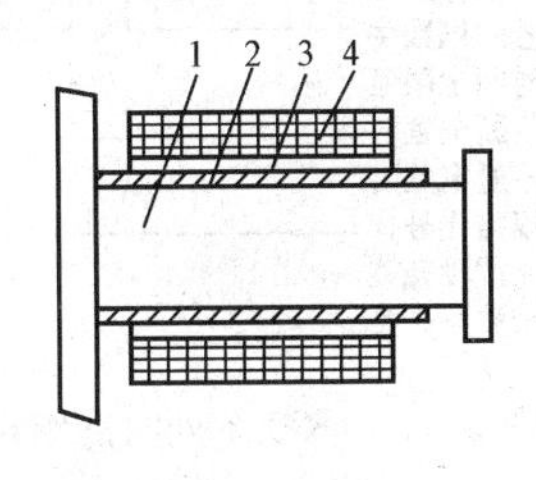

图 3-3　直流电磁式时间继电器的结构示意图

1—铁芯；2—阻尼铜套；3—绝缘层；4—线圈

三、空气阻尼式时间继电器

空气阻尼式时间继电器，是利用空气阻尼原理获得延时的。它由电磁系统、延时系统和触头三部分组成，其内部结构如图 3-4 所示。

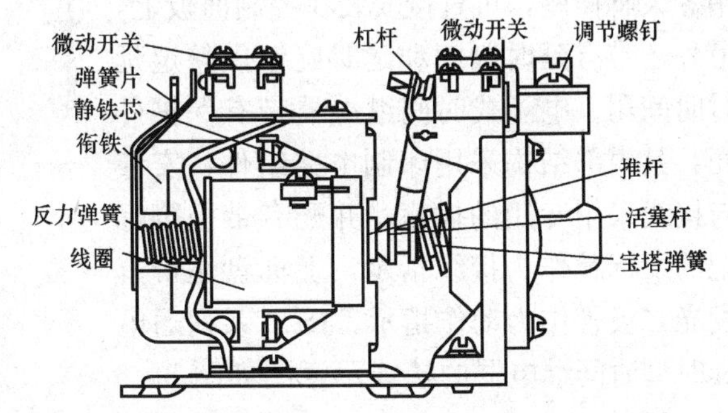

图 3-4　空气阻尼式时间继电器内部结构图

电磁系统为直动式双 E 形，触头系统使用 LX5 型微动开关，延时系统采用气囊式阻尼器。

电磁系统可以是直流的，也可以是交流的。这种时间既有由空气室中的气动机构带动的延时触头，也有由电磁机构直接带动的瞬动触头；既可以做成通电延时型，也可做成断电延时型。只要改变电磁系统的安装方向，便可实现两种不同延时方式的互换。当衔铁位于铁芯和延时系统之间时为通电延时；当铁芯位于衔铁和延时系统之间时为断电延时。

延时原理如下：当线圈通电时，衔铁被铁芯吸引而瞬时下移，瞬动触头动作。但是活塞杆和杠杆不能同时跟着衔铁一起下落，经过一定时间才能下降到一定位置，此时杠杆推动延时触头动作，使动断触头断开，动合触头闭合。从线圈通电到延时触头完成动作，这段时间就是继电器的延时时间。延时时间的长短可以通过用螺钉调节空气室进气孔的大小来改变。进气孔大，移动速度快，延时短；进气孔小，移动速度慢，延时较长。

四、电子式时间继电器

电子式时间继电器已是时间继电器的主流产品，它由晶体管或集成电路及电子元器件构成，也有采用单片机控制的时间继电器。电子式时间继电器具有延时范围广、精度高、体积小、耐冲击和耐振动、调节方便及寿命长等优点，所以发展很快，应用广泛。

电子式时间继电器按输出形式分为两种：有触头式和无触头式，前者用晶体管驱动小型电磁式继电器，后者采用晶体管或晶闸管直接输出控制信号；按结构分为阻容式和数字式两类；按延时方式分为通电延时型、断电延时型及带瞬动触头的通电延时型。

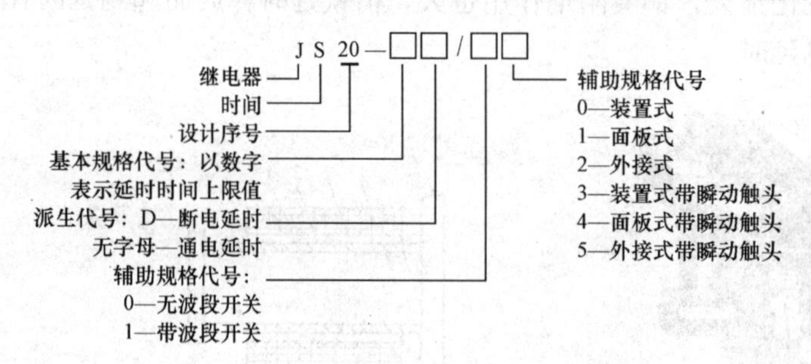

图 3-5　JS20 系列时间继电器的型号含义

现以常用的 JS20 系列时间继电器为例说明。JS20 系列时间继电器适用于交流 50Hz、电压 380V 及以下或直流 110V 以下的控制电路，可按预设时间延时，用于周期性地接通或断开电路。JS20 系列时间继电器的型号含义如图 3-5 所示。

JS20 系列时间继电器的外形如图 3-6（a）所示，有外接式、装置式和面板式三种。其中外接式的整定电位器可通过插座用导线接到所需要的控制面板上；装置式具有带接线端子的胶木底座；面板式采用 8 大脚插座，可直接安装在控制面板上，另外还带有延时刻度和延时旋钮供整定延时时间用。电子式时间继电器带有保护外壳，其内部结构采用印制电路组件，安装与接线采用专用的插座，并配有带插脚标记的下标牌作为接线指示，上标盘还带有发光二极管作为动作指示。JS20 系列通电延时型时间继电器的接线示意图如图 3-6（b）所示。

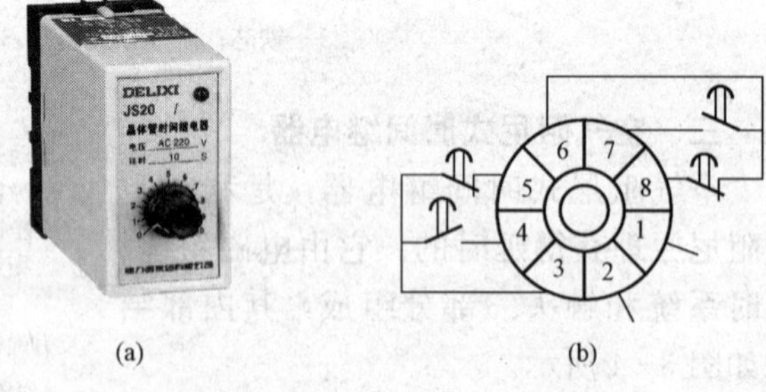

(a)　　(b)

图 3-6　JS20 系列时间继电器

（a）外形；（b）接线示意图

JS20 系列时间继电器的主要技术参数见表 3-1，额定电压及延时等级见表 3-2，输出容量见表 3-3。

表 3-1　　JS20 系列时间继电器的主要技术参数

型号	结构形式	延时整定元件位置	延时范围（s）	延时触头数量				瞬时触头数量		工作电压		功率损耗（W）	机械寿命（万次）
				通电延时		断电延时							
				动合	动断	动合	动断	动合	动断	交流	直流		
JS20—□/00	装置式	内接											
JS20—□/01	面板式	内接		2	2	—	—	—	—				
JS20—□/02	装置式	内接	0.1～300							36、110、127、220、380	24、48、110	≤5	1000
JS20—□/03	装置式	内接											
JS20—□/04	面板式	内接		1	1	—	—	1	1				
JS20—□/05	装置式	内接											
JS20—□/10	装置式	内接											
JS20—□/11	面板式	内接		2	2	—	—	—	—				
JS20—□/12	装置式	内接	0.1～3600										
JS20—□/13	装置式	内接											
JS20—□/14	面板式	内接		1	1	—	—	1	1	36、110、127、220、380	24、48、110	≤5	1000
JS20—□/15	装置式	内接											
JS20—□/00	装置式	内接											
JS20—□/01	面板式	内接	0.1～180	—	—	2	2	—	—				
JS20—□/02	装置式	内接											

表 3-2　　JS20 系列时间继电器的额定电压及延时等级

产品名称	额定工作电压（V）		延时等级（s）
	交流	直流	
通电延时时间继电器 瞬动延时时间继电器	36、110、127、220、380	24、48、110	1、5、10、30、60、120、180、240、300、600、900、…
断电延时时间继电器	36、110、127、220		1、5、10、30、60、120、180
脉动延时时间继电器	36、110、127、220	24	1/1、5/5、10/10、30/30、60/60、120/120、180/180

表 3-3　　JS20 系列时间继电器输出容量

电压（V）		接点电流（A）			电寿命（万次）
		阻性负载（cosφ=1）	感性负载（cosφ=0.3～0.4）		
			带瞬动触头	不带瞬动触头	
交流	220	5	3	2	
	380	2	1.5	1	10
直流	24	3	2	1	
	220	1	0.2	0.2	

五、时间继电器的选择与安装

1. 时间继电器的选择

1）根据系统的延时范围和精度选择时间继电器的类型和系列。在对延时精度要求不高的场合，可选用价格相对较低的JS7—A系列空气阻尼式时间继电器；对延时精度要求较高的场合，可选用电子式时间继电器。

2）根据控制电路的要求，选择采用通电延时型还是断电延时型的时间继电器，同时，还要考虑电路对瞬动触头的要求。

3）根据控制电路电压，选择时间继电器线圈的额定电压。

2. 时间继电器安装与使用

1）时间继电器应按说明书规定的方向安装。无论是通电延时型还是断电延时型，都必须使继电器在断电释放时衔铁的运动方向垂直向下。安装倾斜角度不得超过5°。

2）时间继电器的延时整定值，应预先在通电之前要整定好，并在试车时进行校正。

3）通电延时型和断电延时型时间继电器的延时时间都可在整定时间范围内任意调整。

4）时间继电器金属底板上的接地螺钉必须与接地线可靠连接。

5）使用时，应经常清除灰尘及油污，否则延时误差会增大。

任务二　三相异步电动机顺序控制线路

在装有多台电动机的生产机械上，各电动机所起的作用是不同的，有时需按一定的顺序启动或停止，才能保证操作过程的合理性和工作的安全可靠。例如，X62W型万能铣床要求主轴电动机启动后，进给电动机才能启动；M7120型平面磨床要求当砂轮电动机启动之后，才能启动冷却泵电动机。像这种要求几台电动机的启动或停止必须按一定的先后顺序来完成的控制方式，叫做电动机的顺序控制。

一、主电路实现顺序控制

主电路实现顺序控制线路图如图3-7所示。该线路的特点是电动机M2的主电路接在KM［见图3-7（a）］或KM1［见图3-7（b）］的主触头后面，只有电动机M1启动后，M2才能启动，即由主电路来实现两台电动机的顺序控制。

在图3-7（a）所示控制线路中，电动机M2是通过接插器X接在接触器KM主触头的下面，因此，只有当KM主触头闭合，电动机M1启动运转后，电动机M2才可能接通电源运转。M7120型平面磨床的砂轮电动机和冷却泵电动机就采用这种顺序控制线路。

在图3-7（b）所示线路中，电动机M1和M2分别通过接触器KM1和KM2来控制，接触器KM2的主触头接在接触器KM1主触头的下面，这样就保证了当KM1主触头闭合，电动机M1启动运转后，M2才可能接通电源运转。

以图3-7（b）为例进行分析。该线路的工作原理如下：

1. M1、M2的顺序启动

先合上电流开关QF→按下SB1→KM1线圈得电→KM1主触头闭合→电动机
　　　　　　　　　　　　　　　　　　　　　└→KM1自锁触头闭合自锁┘

M1启动连续运转→再按下SB2→

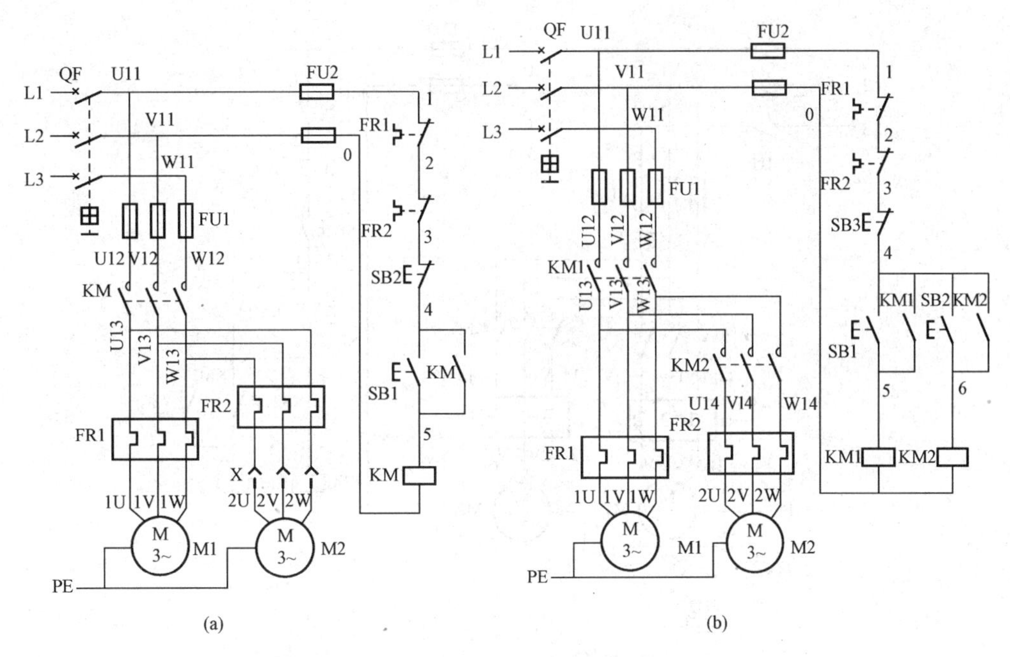

图 3-7　主电路实现顺序控制线路图

（a）主电路通过接插件实现顺序控制；（b）主电路通过接触器实现顺序控制

KM2 线圈得电→KM2 主触头闭合→电动机 M2 启动连续运转。

　　　　　　　→KM2 自锁触头闭合自锁

2. 电动机 M1、M2 同时停转

按下 SB3→控制电路失电→KM1、KM2 主触头分断→M1、M2 同时停转。

思考：能否通过控制电路来实现电动机的顺序控制？试一试能设计出几种形式的控制电路。

二、控制电路实现顺序控制

顺序控制主电路及几种控制电路如图 3-8 所示。

在图 3-8（b）所示电路中，电动机 M2 的控制电路先与接触器 KM1 的线圈并联后再与 KM1 的自锁触头串联，这样就保证了 M1 启动后 M2 才能启动的顺序控制要求，其工作原理与图 3-7（b）相似。

在图 3-8（c）所示控制电路中，在电动机 M2 的控制电路中串联了接触器 KM1 的动合辅助触头。显然，只要 M1 不启动，即使按下 SB21，由于 KM1 的辅助动合触头未闭合，KM2 线圈也不能得电，从而保证了 M1 启动后 M2 才能启动的控制要求。电路中停止按钮 SB12 控制两台电动机同时停止，SB22 控制 M2 的单独停止。

在图 3-8（d）所示控制电路，在图 3-8（c）所示控制电路的 SB12 两端并联了接触器 KM2 的辅助动合触头，从而实现 M1 启动后 M2 才能启动、而 M2 停止后 M1 才能停止的控制要求，即电动机 M1、M2 是顺序启动、逆序停止。

【例 3-1】　图 3-9 所示是三条传送带运送机示意图。其电气控制要求是：

1）启动顺序为 1 号、2 号、3 号，即顺序启动，以防止货物在传送带上堆积；

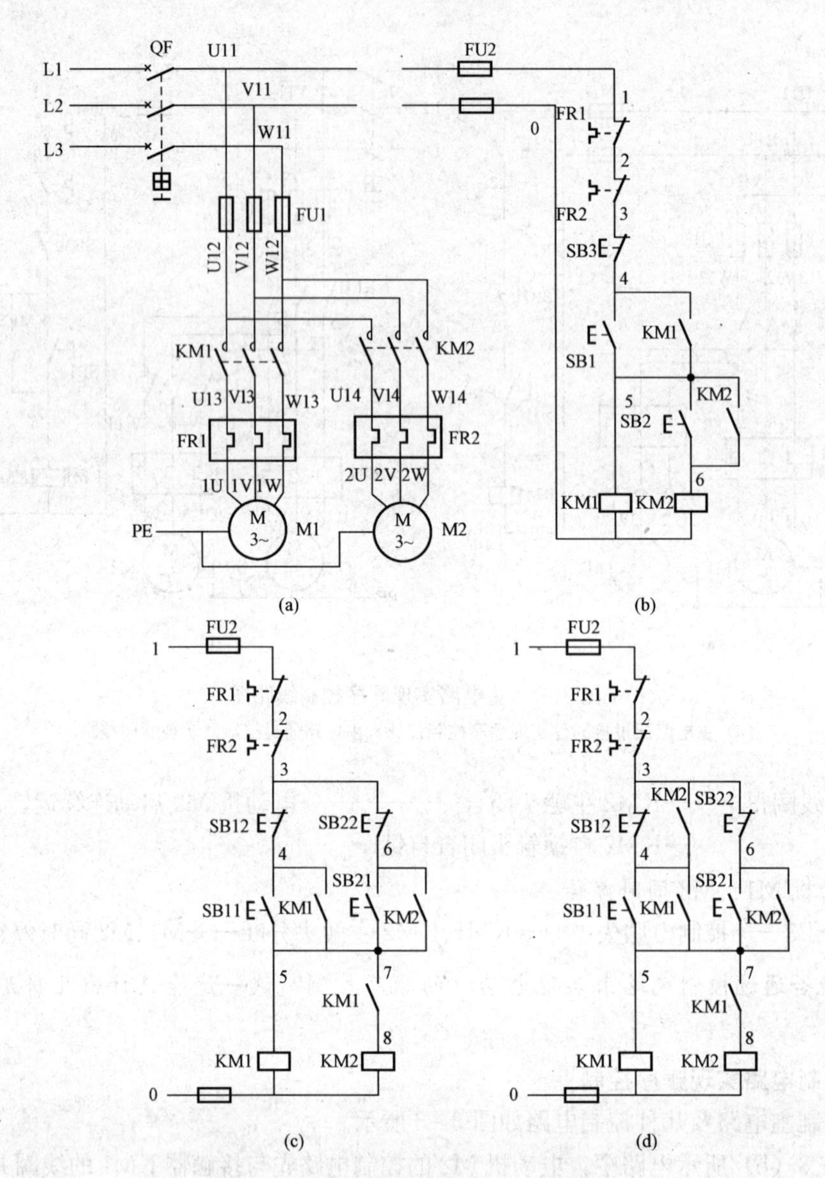

图 3-8 顺序控制主电路及几种控制电路

(a) 主电路；(b) 控制电路 1；(c) 控制电路 2；(d) 控制电路 3

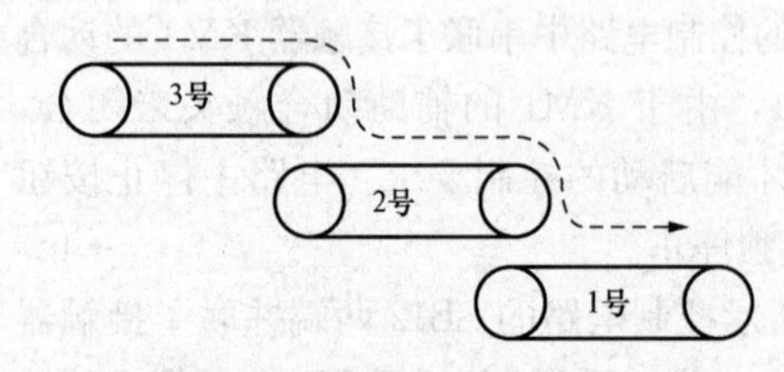

图 3-9 三条传送带运送机示意图

2）停止顺序为 3 号、2 号、1 号，即逆序停止，以保证停车后运送带上不残存货物；

3）当 1 号或 2 号出现故障停止时，3 号能随即停止，以免继续进料。

试画出三条传送带运送机的控制线路图，并叙述其工作原理。

解：能满足三条传送带运送机顺序启动、逆序停止控制要求的三条传送带运送机控制线路如图 3-10 所示。三台电动机都用熔断器和热继电器分别做短路和过载保护，三台中任何一台出现过载故障，三台电动机都会停车。线路的工作原理请读者自行分析。

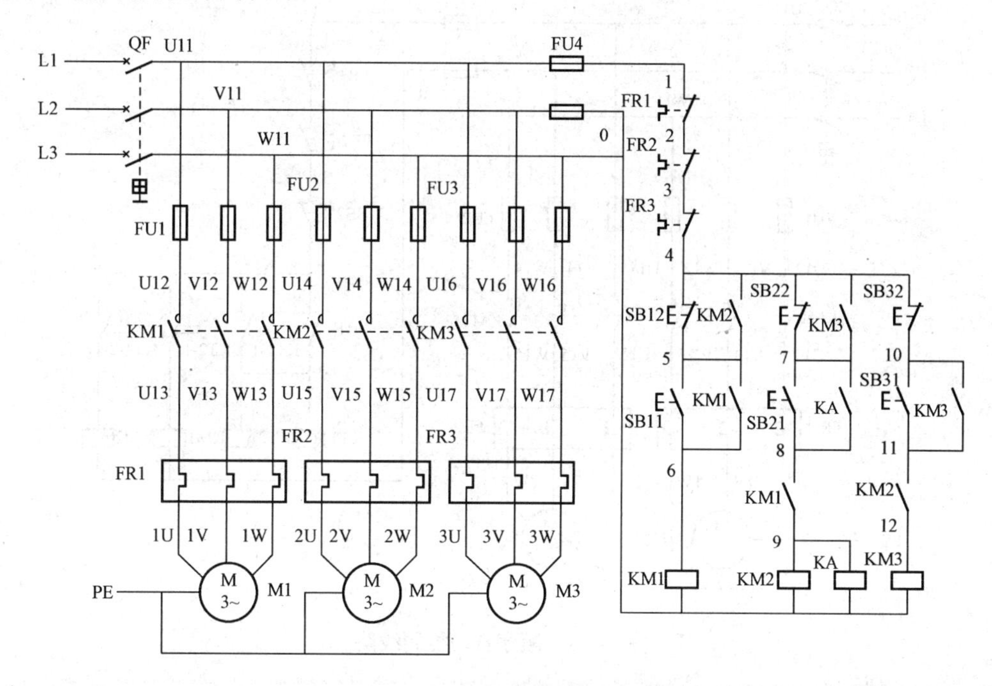

图 3 - 10　三条传送带运送机控制线路

思考：（1）若让图 3 - 10 所示控制线路实现 M1（1 号）、M2（2 号）、M3（3 号）顺序启动，应依次按下哪几个按钮？若让 M3（3 号）、M2（2 号）、M1（1 号）逆序停止，又应依次按下哪几个按钮？

（2）上面的几个电路，虽然能实现电动机的顺序控制，但是顺序控制是用按钮来实现的，操作起来麻烦，且延时时间完全是由人来进行控制，延时精度不高。为了保证延时时间的准确，应该怎么去设计三台电动机的顺序自动控制电路呢？

三、顺序自动控制线路

顺序自动控制线路如图 3 - 11 所示。

1. 电路工作原理分析

图 3 - 11 所示电路能实现顺序自动控制功能，其顺序自动控制时间可以通过调节两个时间继电器的整定时间来实现。电路的工作原理如下：

先合上低压断路器 QF。

按下 SB1 ┬→通电延时时间继电器 KT1 线圈得电→瞬动触头 KT1-1 闭合自锁 ①
　　　　 └→断电延时时间继电器 KT2 线圈得电→断电延时动合触头 KT2-1 闭合 ②

①→KM1 线圈得电→KM1 主触头闭合→电动机 M1 得电运转。

②→通电延时继电器 KT1 延时时间一到→通电延时动合触头 KT1-2 闭合→KM2 线圈得电，KM2 主触头闭合→电动机 M2 得电运转。

从而实现了两台电动机的启动顺序自动控制。

停车时的工作过程如下：

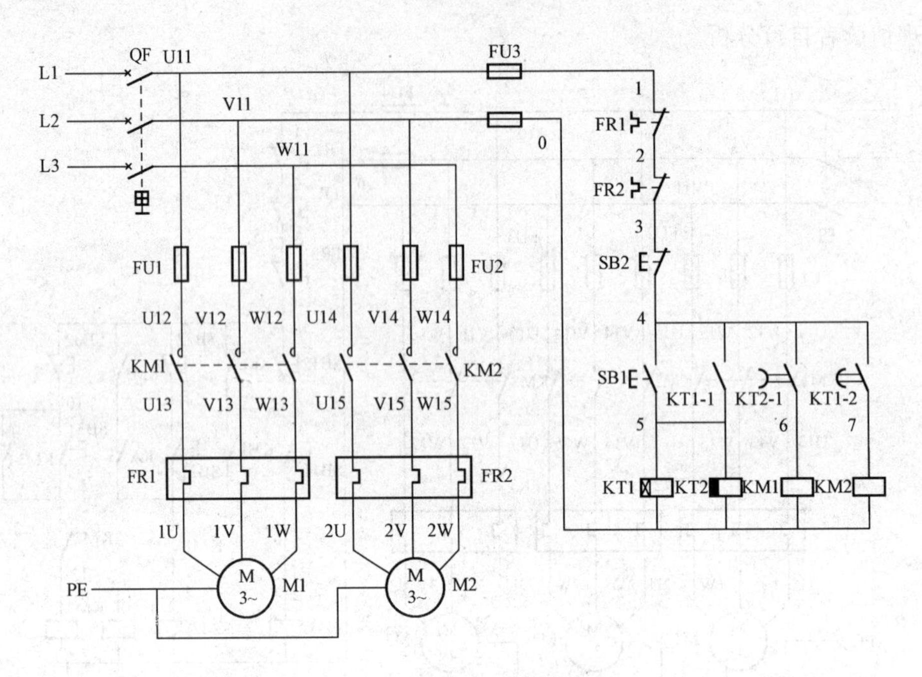

图 3-11 顺序自动控制线路

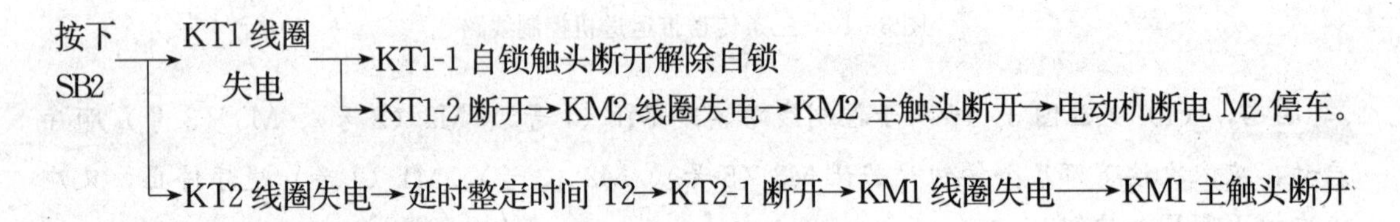

——→电动机 M1 断电停车。

从而实现了电动机 M1、M2 的逆序停车。

2. 常见故障及排除

（1）按下启动按钮 SB1，电动机 M1 启动工作，而电动机 M2 不能启动。故障可能原因及处理方法如下：

1）时间继电器 KT1 能吸合，但通电延时动合触头 KT1-2 因烧蚀或触头表面有污垢，使触点不能良好接触导通，造成接触器 KM2 不能吸合，电动机 M2 不能启动。处理方法：修复触头 KT1-2 或更换时间继电器 KT1。

2）交流接触器 KM2 线圈断开或其主触头不能导通。用万用表 R×100 挡测量 KM2 线圈电阻值，若阻值为无穷大，则线圈断路，可更换接触器 KM2，或者施加一个外力人为按下 KM2 使其主触头闭合：若电动机能启动运行，则 KM2 主触头能正常导通；若电动机 M2 不能运行，则 KM2 主触头不能正常接通（也可用万用表交流电压 500V 挡测量 KM2 主触头的进线与出线端的电压进行判断），可更换交流接触器 KM2。

（2）按下 SB1，M1 不工作，M2 经延时一段时间后自动运行，按下 SB2 时可停止运行。故障可能原因及解决办法如下：

1）断电延时时间继电器 KT2 线圈断路，不能得电，其触头 KT2-1 不能闭合，导致接触器 KM1 线圈不能通电，电动机 M1 不能得电运行。

2）时间继电器 KT2 能吸合，但其断电延时动合触点 KT2-1 因烧蚀或有污垢，虽然能闭合，但不能导通。可以更换触头 KT2-1 或更换时间继电器 KT2 来排除故障。

3）KM1 线圈开路或主触头不能接通，处理方法：更换接触器 KM1。

(3) 合上低压断路器 QF，电动机 M1 在未按下启动按钮的情况下自动运行，按下停止按钮 SB2 不能停车。故障原因及解决办法如下：

1）断电延时动合触头 KT2-1 因严重烧蚀粘连在一起，不能断开。可更换触头 KT2-1，也可更换时间继电器 KT2。

2）交流接触器 KM1 主触头熔焊连在一起不能分开。可更换交流接触器 KM1 来排除故障。

(4) 按下启动按钮 SB1，电动机 M1、M2 都能启动运行，但按下停止按钮 SB2 时，M1 能停止，而 M2 不能停止。故障原因及处理办法如下：

1）通电延时动合触点 KT1-2 因熔焊粘在一起不能分开。可更换触头或时间继电器。

2）交流接触器 KM2 主触头熔焊粘在一起不能分开。更换交流接触器 KM2。

(5) 按下启动按钮 SB1 后，M1 能运行，延时一段时间后又自动停机，而 M2 没有反应。

故障原因是通电延时时间继电器的瞬动触头 KT1-1 不能接通自锁，或 KT1 线圈断开，不能得电吸合，其通电延时动合触头 KT1-2 不能闭合接通交流接触器 KM2 线圈控制回路，KM2 不能吸合，M2 电动机不运行。而时间继电器 KT2 得电吸合，其断电延时动合触头 KT2-1 闭合，时间继电器 KT2 得电后，因 KT1-1 没有闭合自锁，所以 KT2 线圈又马上断电释放，使它的断电延时动合触头 KT2-1 闭合后，经延时断开，接触器 KM1 失电释放，电动机 M1 经延时后停止运行。可以通过更换通电延时时间继电器 KT1 排除故障。

任务三　多地与多条件控制线路分析

一、多地控制线路

在有些生产设备中，为了方便启、停操作，可在机器设备的多个地方装上启动与停车按钮，以便在多个不同地点随时操作机器，如 X62W 万能铣床主轴电动机的控制就是两地控制。能在两地或多地控制同一台电动机的控制方式叫做电动机的多地控制。

图 3-12 (a) 所示为两地控制且具有过载保护的电动机正转控制线路图。其中 SB11、SB12 为安装在甲地的启动按钮和停止按钮；SB21、SB22 为安装在乙地的启动按钮和停止按钮。该线路的特点是：两地的启动按钮 SB11、SB21 要并联接在一起，停止按钮 SB12、SB22 要串联接在一起，这样就可以分别在甲、乙两地启动和停止同一台电动机，达到操作方便的目的。

对三地或多地控制，只要把各地的启动按钮并联、停止按钮相串联就可以实现。

二、多条件控制线路

在某些生产机械设备上，为了保证操作安全，需要多个条件同时满足时，设备才能开始工作，这样的控制方式称为多条件控制。

多条件控制采用多组按钮或继电器触头来实现，这些按钮或触头连接的原则是：动合触头相串联，即逻辑与的关系；动断触头视具体情况要求可以并联或串联。在图 3-12

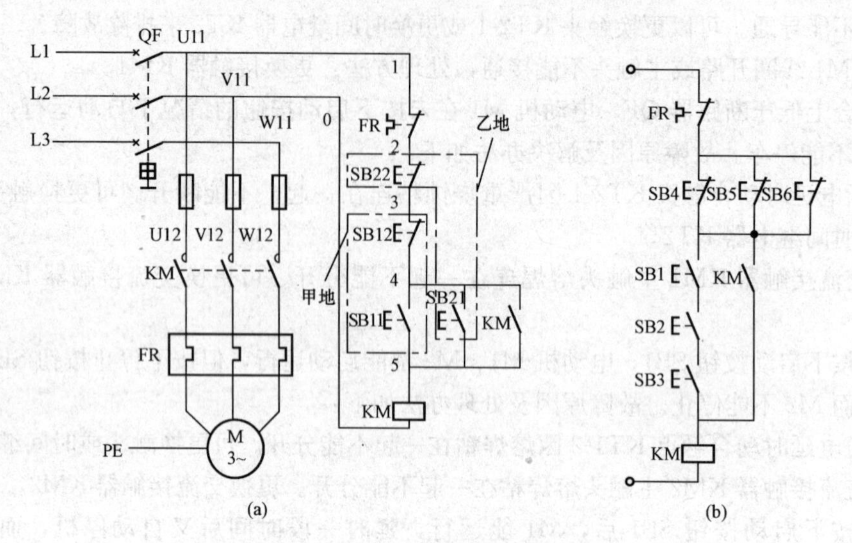

图 3-12　两地控制与多条件控制线路图

（a）两地控制线路；（b）多条件控制线路

（b）所示电路中，启动按钮 SB1、SB2、SB3 串联，表示必须多项条件同时满足时才能启动电动机 M；停止按钮 SB4、SB5、SB6 并联，表示多项条件必须同时满足时才能停止电动机 M，如果把按钮 SB4、SB5、SB6 串联，则只要某一个条件满足时就可以将电动机 M 停止。

任务四　识读电气原理图

一台机械生产设备，一般会附有电气框图、电器元件布置图、接线图、电气原理图等图样，统称为电气图。电气原理图一般由主电路、辅助电路两部分组成，辅助电路又由控制电路、指示电路和照明电路组成。在拿到电气原理图时，要如何去进行分析呢？下面，以某车床的电气控制线路原理图为例（见图 3-13），来说明电气原理图识读的方法。

一、看电气原理图的一般步骤

1. 详看图样说明

首先要仔细阅读图样的主标题栏和有关说明，如图样目录、技术说明、电器元件明细表、施工说明书等，结合已有的电工知识，对该电气原理图的类型、性质、作用有一个明确的认识，从整体上理解图样的概况和所要表述的重点。

2. 看概略图和框图

由于概略图和框图只是概略表示系统或部分系统的基本组成、相互关系及其主要特征，因此紧接着就要详细看电路图，才能搞清楚它们的工作原理。概略图和框图多采用单线图，只有某些 380V/220V 低压配电系统概略图才部分地采用多线图表示。

3. 分析电气原理图

电气原理图是电气图的核心，也是内容最丰富、最难读懂的电气图，它是用来说明整个电路的组成、工作原理，也是用来分析电路故障范围最重要的资料之一。看电气原理图首先要看有哪些图形符号和文字符号，了解电路原理图各组成部分的作用、分清主电

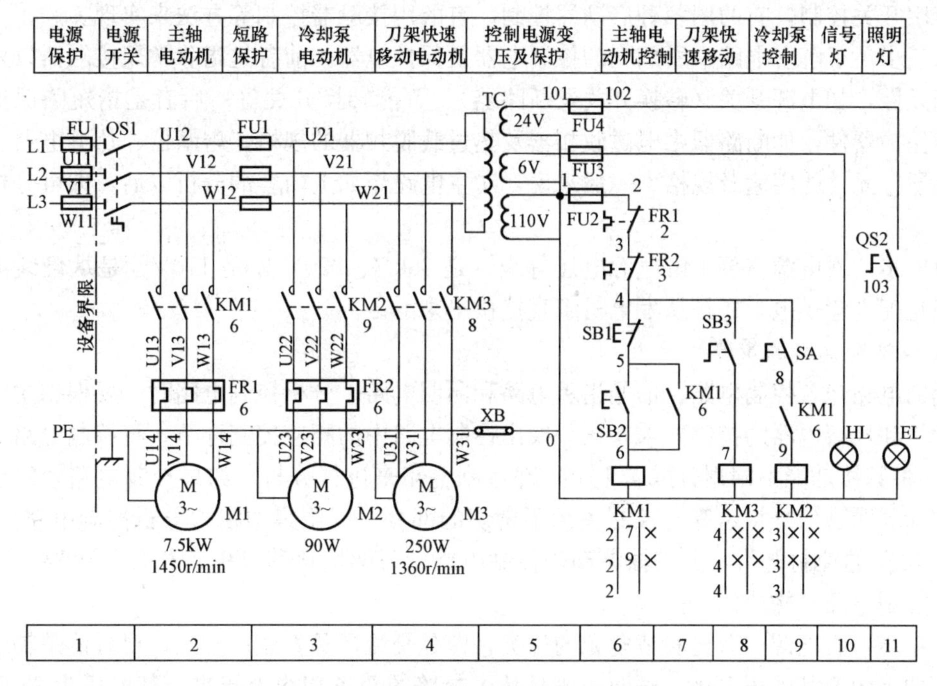

图 3-13　某车床电气控制线路原理图

路和辅助电路，交流回路和直流回路；其次，按照先看主电路，再看辅助电路的顺序进行分析。

图 3-13 中，从左至右依次为电源引入、主电路、控制电路电源部分、辅助电路，其中主电路由主轴电动机、短路保护、冷却泵电动机和刀架快速移动电动机几部分组成；辅助电路则由控制电路、指示电路和照明电路组成。

4. 电气原理图与接线图相互对照

接线图和电气原理图互相对照，可帮助看清楚接线图。识读接线图时，要根据端子标志、回路标号从电源端顺次查下去，搞清楚线路走向和电路的连接关系，搞清每条支路是怎样通过各个电器元件构成闭合回路的。

配电盘（柜）内、外电路相互连接必须通过接线端子板。一般来说，配电盘内有几号线，端子板上就会有几号线的接点，外部电路的几号线只要在端子板的同号接点上接出即可。因此，看接线图时，要把配电盘（柜）内、外电路导线的走向搞清楚，就必须注意搞清端子板的接线情况。

二、看电气原理图的方法

看电气控制电路图一般方法是先看主电路，再看辅助电路，并用辅助电路的回路去研究主电路的控制关系。

1. 看主电路的步骤

第一步：看清主电路中的用电设备。用电设备指消耗电能的用电器或电气设备，看图首先要看清楚有几个用电设备，包括它们的类别、用途、接线方式及一些不同要求等。

第二步：要弄清楚各用电设备是用什么电器元件控制的。控制电气设备的方法很多，有的直接用开关控制，有的用各种启动器控制，有的用接触器控制等方法来实现。

第三步：了解主电路中所用到的控制电器及保护电器。前者是指除常规接触器以外的其他控制元件，如电源开关（转换开关及断路器）、万能转换开关等；后者是指短路保护器件及过载保护器件，如断路器中电磁脱扣器及热过载脱扣器的规格，熔断器、热继电器及过电流继电器等元件的用途及规格。一般来说，对主电路作如上内容的分析以后，即可分析辅助电路。

第四步：看电源。要了解电源电压等级，是380V、220V还是110V，是从母线汇流排供电还是配电盘供电，还是从发电机组直接接出来的。

2. 看辅助电路的步骤

辅助电路包含控制电路、信号指示电路和照明电路。分析控制电路时，要根据主电路中各电动机和执行电器的控制要求，逐一找出控制电路中的相应控制环节，将控制电路“化整为零”，将其按功能不同划分成若干个局部控制电路来进行分析。如果控制电路较复杂，则可先排除照明、信号指示等与控制关系不密切的部分，以便集中精力分析控制电路。图3-13所示电路的控制电路，由主轴电动机控制电路、刀架快速移动电动机控制电路、冷却泵电动机控制电路等构成。

第一步：看电源。首先看清电源的种类，即是交流还是直流；其次，要看清楚辅助电路的电源的来向及其电压等级。电源一般是从主电路的两条相线上接来，其电压为380V。也有从主电路的一条相线和一条零线上接来，电压为单相220V；此外，还可以从专用隔离电源变压器接来，电压有140、127、110、36、6.3V等。辅助电路为直流时，直流电源可从整流器、发电机组或放大器上接来，其电压一般为24、12、6、4.5、3V等。辅助电路中的一切电器元件的线圈额定电压必须与辅助电路电源电压相一致。否则，电压低时电器元件不会动作；电压高时，则会把电器元件线圈烧坏。

第二步：了解控制电路中所采用的各种继电器、接触器的用途，如果采用了一些特殊结构的继电器，还应了解它们的动作原理。

第三步：根据辅助电路来研究主电路的动作情况。

分析了以上的内容后，结合主电路的要求，就可以分析辅助电路的动作过程。控制电路总是按动作顺序画在两条水平电源线或两条垂直电源线之间的。因此，也就可从左到右或从上到下来进行分析。对于复杂的辅助电路，整个辅助电路构成一条大回路，在这条大回路中又分成几条独立的小回路，每条小回路控制一个用电设备或一个动作。当某条小回路形成闭合回路有电流流过时，在回路中的电器元件（接触器或继电器）就会动作，把用电设备接入或切除电源。在辅助电路中一般是靠按钮或转换开关接通电路的，对于控制电路的分析必须随时结合主电路的动作要求来进行，只有全面了解主电路对控制电路的要求以后，才能真正掌握控制电路的动作原理。识图时不可孤立地看待各部分的动作原理，而应注意各个动作之间是否有互相制约的关系，如电动机正、反转之间应设有联锁等。

第四步：研究电器元件之间的相互关系。电路中的一切电器元件都不是孤立存在的，而是相互联系、相互制约的。这种互相控制的关系有时表现在一条回路中，有时表现在几条回路中。在图3-13所示电路中，交流接触器KM1在7区的辅助动合触头用于自锁，2区的主触头用于控制电动机M1电源的通断，9区的辅助动合触头用于对电动机M1、M2实现顺序控制。

第五步：研究其他电气设备和电器元件，如整流设备、照明灯等。

三、电气原理图的识图要点

（1）分析主电路。从主电路入手，根据每台电动机和执行电器的控制要求去分析各电动机和执行电器的控制内容，如电动机启动、转向控制、制动等基本控制环节。

（2）分析辅助电路。看辅助电路电源，弄清辅助电路中各电器元件的作用及其相互间的制约关系。

（3）分析联锁与保护环节。生产机械对于安全性、可靠性有很高的要求，实现这些要求，除了合理地选择拖动、控制方案以外，在控制线路中还设置了一系列电气保护和必要的电气联锁。

（4）分析特殊控制环节。在某些控制线路中，还设置了一些与主电路、控制电路关系不密切、相对独立的某些特殊环节。如产品计数装置、自动检测系统、晶闸管触发电路、自动调温装置等。这些部分往往自成一个小系统，其读图分析的方法可参照上述分析过程，并灵活运用所学过的电子技术、交流技术、自动控制系统、检测与转换技术等知识逐一分析。

（5）总体检查。经过“化整为零”，逐步分析了每一局部电路的工作原理以及各部分之间的控制关系之后，还必须用“集零为整”的方法，检查整个控制线路，看是否有遗漏。最后还要从整体角度去进一步检查和理解各控制环节之间的联系，以达到清楚地理解电路图中每一电器元件的作用、工作过程及主要参数。

任务五　顺序控制线路的安装与调试

一、制定施工计划

（1）施工准备包括哪些内容？施工的步骤是怎么样的？

（2）施工中要注意哪些安全事项？要采取哪些安全保护措施？

（3）小组如何具体分工，以确保任务按时、按质、按量的完成工作任务？制定出该项目的施工计划。

二、工具、仪表、器材清单

根据任务要求和所选用电动机的型号参数，参照图 3-8（c）所示电路［主电路如图 3-8（a）所示］，列举所需工具、仪表和器材清单，填入表 3-4 中。

表 3-4　　工具、仪表和器材清单

序号	名　称	型 号 规 格	数量
1			
2			
3			
4			

续表

序号	名 称	型 号 规 格	数量
5			
6			
7			
8			
9			
10			
11			
12			
13			
14			
15			
16			

三、设计电器元件布置图和接线图

根据顺序控制线路安装板的尺寸大小，绘制顺序控制线路电器元件布置图。其参考布置图如图 3-14 所示。

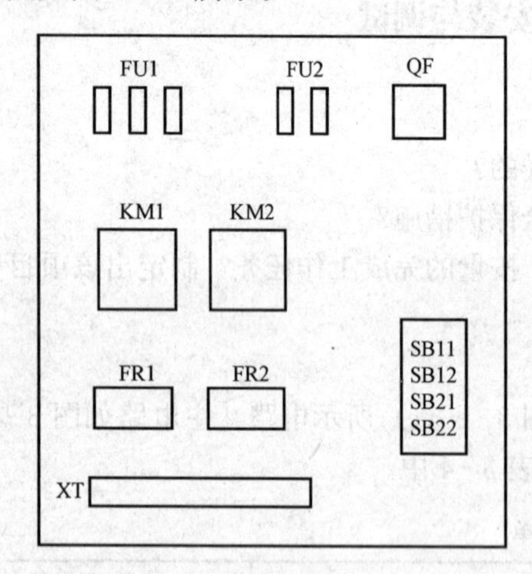

图 3-14 参考布置图

根据电气原理图与布置图绘制顺序控制线路的接线图，参考接线图如图 3-15 所示。

四、现场施工

(1) 按表 3-4 配齐所需的工具、仪表和器材，并检测电器元件的质量。

(2) 根据图 3-8 (c) 所示电路图、参考布置图及接线图，在安装板上安装电器元件，并贴上标签。

(3) 根据电路图、参考布置图、接线图在安装板上按图 3-8 (c) 进行板前工艺布线，并在导线端部套编码套管和冷压接线头。

(4) 安装电动机。

(5) 连接电动机和电器元件金属外壳的保护接地线。

(6) 连接控制板外部的导线。

(7) 组内相互检查。

(8) 教师检查。

(9) 交验检查无误后通电试车。

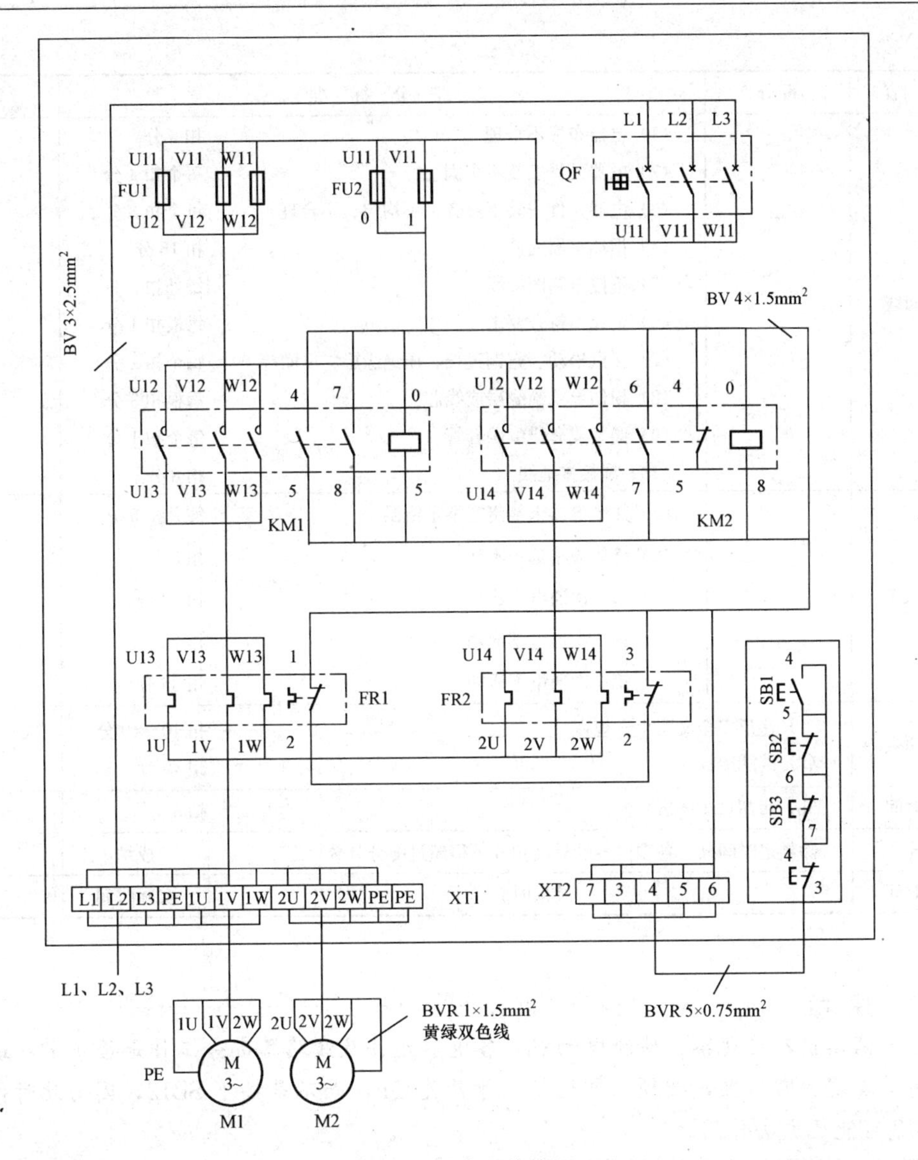

图 3 - 15　参考接线图

任务六　验收、展示、总结与评价

一、验收

各小组完成工作任务后，先在组内由小组成员验收，如验收还存在有问题，再进行解决，直至验收通过。小组验收通过后，交由教师验收，进行施工评分。施工评分表见表 3 - 5。

表 3 - 5　　**施 工 评 分 表**

项目内容	配分	评 分 标 准		得分
装前检查	15	（1）电动机质量检查	每漏一处扣 5 分	
		（2）电器元件漏查或错检	每处扣 1 分	

续表

项目内容	配分	评分标准	扣分	得分
安装布线	45	(1) 电器布置不合理 (2) 电器元件安装不牢固 (3) 电器元件安装不整齐、不均匀、不合理 (4) 损坏电器元件 (5) 不按电路图接线 (6) 走线不符合要求 (7) 接点松动、露铜过长、压绝缘层、反圈等 (8) 损伤导线绝缘层或线芯 (9) 漏装或套错编码套管 (10) 漏接接地线	扣5分 每个扣4分 每个扣3分 扣15分 每处扣2分 每根扣1分 每个扣1分 每根扣3分 每个扣1分 扣8分	
通电试车	40	(1) 热继电器未整定或整定错误 (2) 熔体规格选用不当 (3) 第一次通电不成功 第二次通电不成功 第三次通电不成功	每只扣5分 扣5分 扣10分 扣20分 扣35分	
安全文明生产	(1) 违反安全文明生产规程 (2) 乱线敷设		扣10～40分 扣20分	
定额时间	5h，每超过10min		扣5分	
备注	除额定时间外，各项内容的最高扣分不得超过配分分数		成绩	
开始时间		结束时间	实际时间	

通电试车前，应观察、检测电动机、各电器元件及线路各部分工作是否正常。通电试运行时若发现异常情况，必须立即切断电源开关QF，而不是按下SB12，因为此时停止按钮SB12可能已失去作用。

二、学生分组展示

以小组形式每组派出学生代表上台分别进行汇报、展示，通过演示文稿、现场作品演示讲解、展板、海报、录像等形式，向全班展示、汇报学习成果。学生在进行展示时重点讲解小组分工情况，在学习和施工过程中存在的困难和解决的方案，以及对作品进行介绍、演示等。

三、教学效果的评价（见表3-6）

表3-6　　教学效果评价表

序号	项目	自我评价			小组评价			教师评价		
		10～8	7～6	5～1	10～8	7～6	5～1	10～8	7～6	5～1
1	电路原理分析									
2	遵守纪律									
3	安全文明生产									

续表

序号	项目	自我评价			小组评价			教师评价		
		10～8	7～6	5～1	10～8	7～6	5～1	10～8	7～6	5～1
4	学习方法									
5	时间观念									
6	团队意识									
7	学习态度									
8	质量成本意识									
9	施工效果									
10	展示表现情况									
各项得分情况										
总体效果评价										
备　注										

四、教师点评与答疑

1. 点评

教师针对这次学习活动的过程及展示情况进行点评，以鼓励为主。

1）找出各组的优点进行点评，表扬学习活动中表现突出的个人或小组。

2）指出展示过程中存在的缺点，以及改进、提高的方法。

3）指出整个任务完成过程中出现的亮点和不足，为今后的学习提供帮助。

2. 答疑

在学生整个学习实施过程中，各学习小组都可能会遇到一些问题和困难，教师根据学生在展示时所提出的问题和疑点，先让全班同学一起来讨论问题的答案或解决的方法，如果不能解决，再由教师来进行分析讲解，让学生掌握相关知识。

思考与练习

1. 什么是顺序控制？举例说明生活中常见的顺序控制。

2. 什么是多地控制？举例说明生活中常见的多地控制。

3. 什么是多条件控制？举例说明生活中常见的多条件控制。

4. 某机床有两台电动机：一台是主轴电动机，要求具有正反转控制；另一台是冷却泵电动机，只要求正转控制；只有在主轴电动机启动后，冷却泵电动机才能启动，冷却泵电动机可以单独停车，主轴电动机停车时，冷却泵电动机必须停车；两台电动机要有短路、过载保护，试设计其电气控制线路图。

5. 试设计两地控制同一台电动机的正反转控制线路图。

6. 在图 3-11 所示电路中，若电动机 M1 能正常启动运行，电动机 M2 不能启动，试分析可能原因。

（1）对空气阻尼式时间继电器进行改装：

1）把通电延时空气阻尼式时间继电器改装成断电延时型时间继电器；

2）把断电延时空气阻尼式时间继电器改装成通电延时型时间继电器。

（2）参照图 3-12（a）所示电路，完成两地控制同一台电动机的电气控制线路的安装，并调试运行。其要求为：

1）画出电气控制线路的原理图、布置图、接线图；

2）选择合适的元件，并列出元件明细表；

3）按板前工艺要求进行布线；

4）安装完后，先检查、再调试，然后通电试车。

项目四　位置控制与自动往返控制线路

知识目标

（1）掌握行程开关、接近开关的型号含义、检测及选用方法；
（2）掌握根据位置控制线路原理图分析电路工作原理的方法；
（3）会分析自动往返控制线路工作原理；
（4）掌握位置控制的实现方法及应用；
（5）掌握位置控制的意义及实现位置控制的方法；
（6）掌握电气控制线路安装、调试与检修的步骤及方法。

技能目标

（1）会正确安装与检修位置控制线路；
（2）会正确安装与检修自动往返控制线路。

素养目标

（1）培养学生用理论指导实践操作，用实践检验理论的学习方法；
（2）增强小组合作的能力，培养学生的表达与沟通能力。

通过项目的实施，掌握位置控制在生产实际应用中的意义，加深对生产机械电气控制系统的了解，培养学生自主探究和团结合作的良好意识。

任务一　元件的学习

一、行程开关

1. 行程开关的作用与符号

行程开关是控制机械运行方向或行程长短的主令电器。如果将行程开关装于生产机械行程的终点处，当它与生产机械的运动部件发生碰撞时，行程开关发出控制信号，可对生产机械进行电气控制。这样的行程开关又称为限位开关，其电气符号如图 4-1 所示。

图 4-1　行程开关的电气符号

2. 行程开关的类型与型号含义

目前国内生产的行程开关有 JW 系列、LX 系列和 JLXK 系列等。行程开关的外形如图 4-2 所示。

电气控制系统中，常用的行程开关有 LX19 和 JLXK1

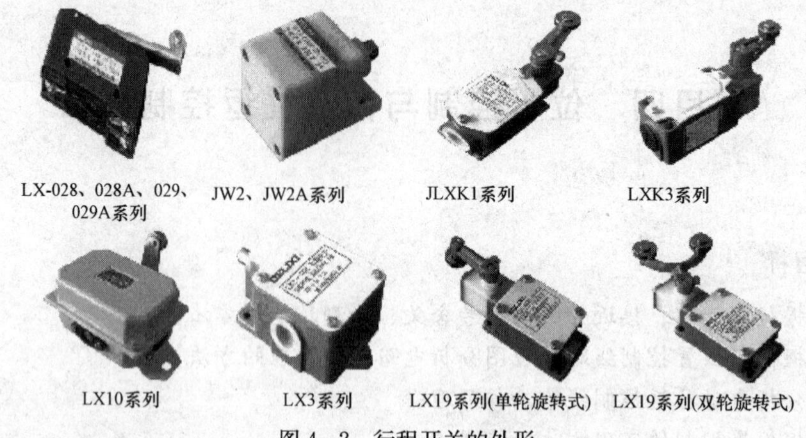

图 4-2 行程开关的外形

等系列行程开关。行程开关的型号含义如图 4-3 所示。

行程开关按其结构可分为直动式、滚轮式、微动式三种。直动式行程开关的动作原理与按钮相同，其结构简单，使用方便，经济性强，但是触头分合速度取决于生产机械的移动速度，当生产机械的移动速度低于 0.4m/min 时，触头分断速度太慢，容易被电弧烧伤。滚动式行程开关内部采用了盘形弹簧机构，能在很短的时间内使触头断开，减少了电弧对触头的烧蚀，适用于低速运行的生产机械。微动式行程开关是具有瞬时动作和微小行程的灵敏开关，适用于控制行程较小且作用力也很小的机械。行程开关的型号含义如图 4-3 所示。

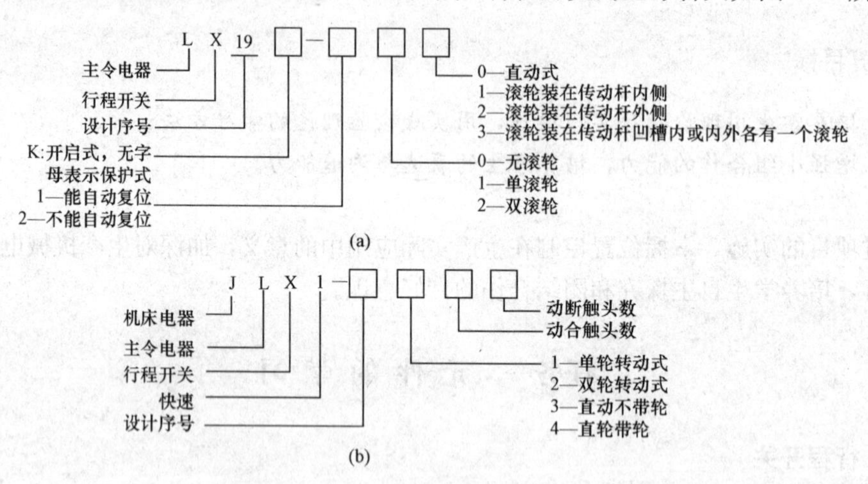

图 4-3 行程开关的型号含义

(a) LX 系列行程开关型号含义；(b) JLX 系列行程开关型号含义

3. 行程开关的技术参数与选用方法

行程开关的主要技术参数有型号、工作行程、额定电压及触头的电流容量等，在产品说明书中都有详细说明。选用时，主要根据动作要求、安装位置和触头数量进行选择。在使用时，安装的位置要准确，滚轮方向不能装反。

二、接近开关

1. 接近开关的特点

接近开关是一种非接触、无触头的行程开关。当检测到某一物体接近它的工作面并达到一定距离时，不论检测物体是运动还是静止的，接近开关都会自动发出物体接近的信号，以控制生产机械的位置或进行计数。

接近开关是一种感应型器件，与行程开关相比，接近开关具有动作可靠、无需机械碰撞、性能稳定、频率响应快、使用寿命长、能适应恶劣工作环境等优点。

2. 接近开关的种类

接近开关种类较多，按其工作原理可分为电感式接近开关、电容式接近开关、霍尔式接近开关、光电式接近开关、永磁及磁敏元件式接近开关。接近开关的外形如图 4 - 4 所示。

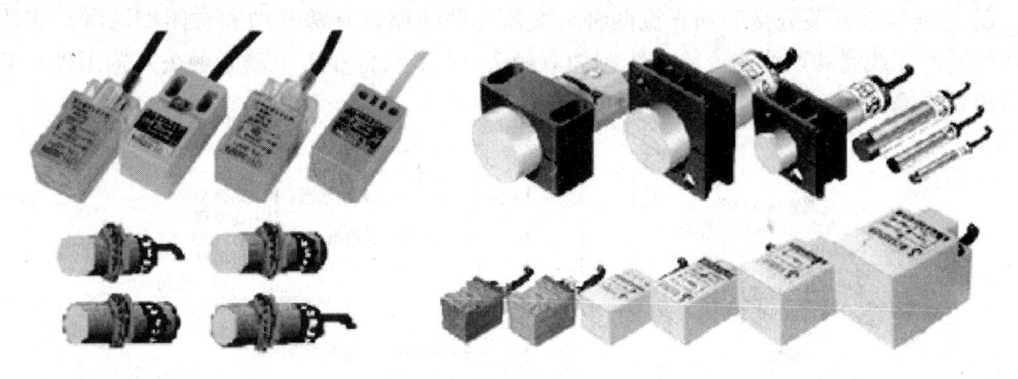

图 4 - 4　接近开关的外形

（1）电感式接近开关。电感式接近开关属于一种有开关量输出的位置传感器，它由 LC 高频振荡器和放大处理电路组成，利用金属物体在接近这个能产生电磁场的振荡感应头时，内部会产生涡流的原理工作。这种接近开关所能检测的物体必须是导电物体。

（2）电容式接近开关。电容式接近开关也是属于一种具有开关量输出的位置传感器，它的测量头通常是构成电容器的一个极板，而另一个极板是被检测物体本身，当被检测物体移向接近开关时，物体和接近开关的介电常数就会发生变化，使得和测量头相连的电路状态也随之发生变化，由此便可控制开关的接通和关断。这种接近开关的检测物体，并不限于导电体，也可以是绝缘的液体或粉状物体。在检测较低介电常数 ε 的物体时，可以顺时针调节多圈电位器（位于开关后部）来增加感应灵敏度，一般调节电位器可使电容式接近开关在 0.7～0.8Sn（Sn 为电容式接近开关的标准检测距离）的位置动作。

（3）霍尔式接近开关。霍尔式接近开关（简称霍尔开关）属于有源磁电转换器件，它是在霍尔效应原理的基础上，利用集成封装和组装工艺制作而成的。当磁性物件移近霍尔开关时，开关检测面上的霍尔元件因产生霍尔效应而使开关内部电路状态发生变化，由此识别附近有磁性物体存在，进而控制开关的通或断。

霍尔开关的输入量是以磁感应强度 B 来表征的，当 B 达到一定值（如 B_1）时，霍尔开关内部的触发器翻转，霍尔开关的输出电平状态也随之翻转。输出端一般采用晶体管，有 NPN、PNP、常开型、常闭型、锁存型（双极性）、双信号输出之分。

（4）光电式接近开关。可见光的波长是 380～780nm，波长为 780nm～1mm 的光线称为红外线。

光电式接近开关（又称光电传感器）一般是红外线光电式接近开关的简称，它利用被检测物体对红外光束的遮光或反射，由同步回路选通而检测物体的有无，其检测物体不限于导体，对所有能反射光线的物体均可检测。当有反光面（被检测物体）接近时，光电式接近开关接收到反射光后便有信号输出，由此便可“感知”有物体接近。

3. 接近开关的型号含义

接近开关产品较多，型号各异，例如 LXJ0 型、LJ—1 型、LJ—2 型、LJ—3 型、CJK 型、JKDX 型、JKS 型晶体管无触头接近开关以及 J 系列接近开关等，它们功能基本相同，外形有 M6～M34 圆柱形、方形、普通型、分离型、槽形等几种。接近开关型号含义如图 4-5 所示。

LJ 系列接近开关分交流和直流两种，交流为两线制，有常开型和常闭型两种。直流分为两线制、三线制和四线制。除四线制为双触头（1 个动合和 1 个动断触头）输出外，其余均为单触头输出（1 个动合或 1 个动断触头）。

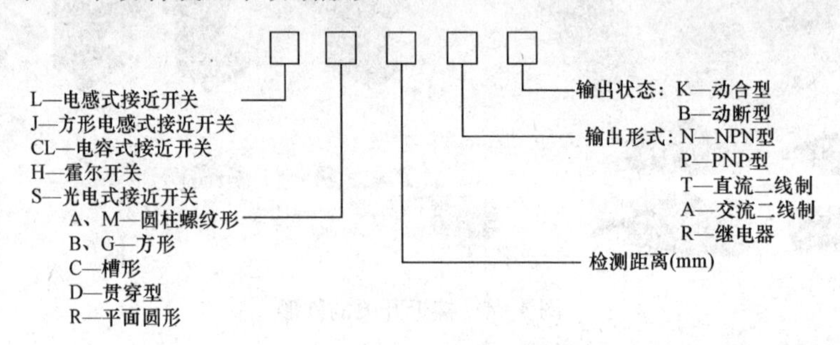

图 4-5 接近开关型号含义

任务二 位置控制与自动往返控制线路分析

在生产过程中，有时需控制一些生产机械运动部件的行程和位置，或限定某些运动部件在一定范围内自动循环往返。如在摇臂钻床摇臂上升和下降的位置控制、桥式起重机的高度控制，及各种自动或半自动控制机床设计中，经常会遇到机械运动部件需进行位置或自动循环控制的要求。

一、位置控制线路

位置开关是将机械信号转换成电气信号，以控制运动部件位置或行程的一种自动开关。位置控制是利用生产机械运动部件上的挡铁与位置开关进行碰撞，使位置开关的相关触头动作而控制生产机械运动部件的位置或行程，因此位置控制又称为行程控制或限位控制。

图 4-6 所示为位置控制线路图。从图 4-6 中可以看出，在行车的左、右两端安装了挡铁 1 和挡铁 2，工作台的两个端点分别安装了行程开关 SQ1 和 SQ2。通常将行程开关的动断触头分别串接在正转控制和反转控制电路中，当行车在运行过程中碰撞行程开关时，会停止运行，从而达到位置控制的目的。

合上低压断路器 QF 后，电路的工作原理分析如下。

1. 行车向左运行

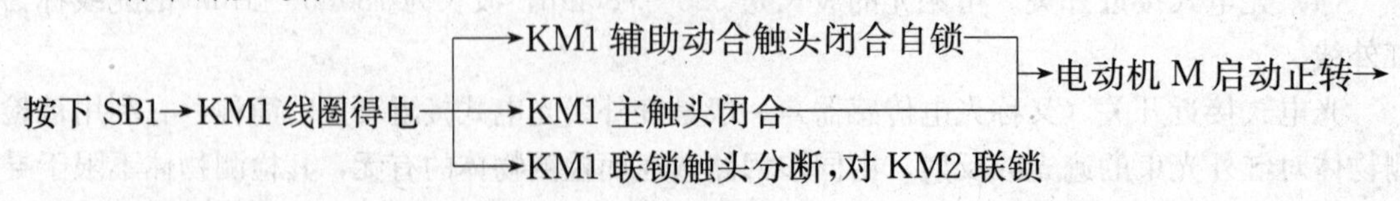

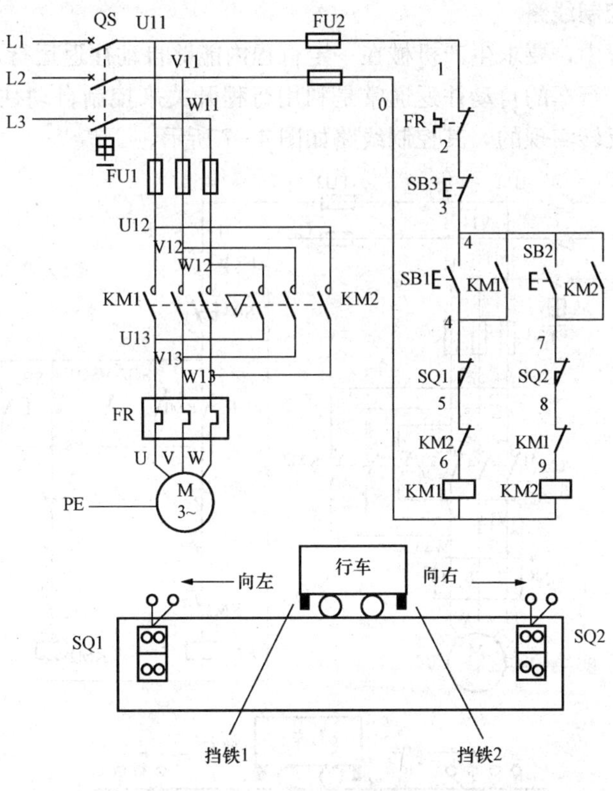

图 4-6　位置控制线路图

→行车左行→挡铁 1 碰撞行程开关 SQ1→SQ1 动断触头分断→KM1 线圈失电

→KM1 自锁触头断开，解除自锁 ┐
→KM1 主触头断开 ┘→电动机 M 断电停止运转→行车停止左行。
→KM1 联锁触头恢复闭合，解除联锁

此时，如果再按下 SB1，由于 SQ1 的动断触头已分断，接触器 KM1 线圈也不会得电，因此保证了行车不会超过 SQ1 所在的位置，从而实现了限位控制的功能。

2. 行车向右运动

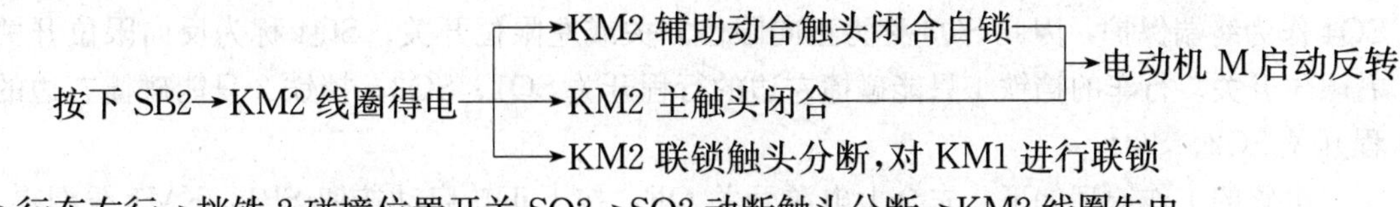
按下 SB2→KM2 线圈得电→KM2 辅助动合触头闭合自锁 ┐
→KM2 主触头闭合 ┘→电动机 M 启动反转
→KM2 联锁触头分断，对 KM1 进行联锁

→行车右行→挡铁 2 碰撞位置开关 SQ2→SQ2 动断触头分断→KM2 线圈失电

→KM2 自锁触头断开，解除自锁 ┐
→KM2 主触头断开 ┘→电动机 M 断电停止运转→行车停止右行。
→KM2 联锁触头恢复闭合，解除联锁

3. 行车的停车

在任何时候按下停止按钮 SB3→KM1、KM2 线圈都失电→解除自锁
→KM1、KM2 主触头断开→电动机 M 停转→行车停车。

二、自动往返控制线路

在某些生产过程中，要求生产机械在一定行程内能够自动往返运行，以便对工件连续加工，提高生产效率。行车的自动往返通常是利用行程开关来控制自动往复运动的相对位置，并控制电动机的正反转实现的，其控制线路如图 4-7 所示。

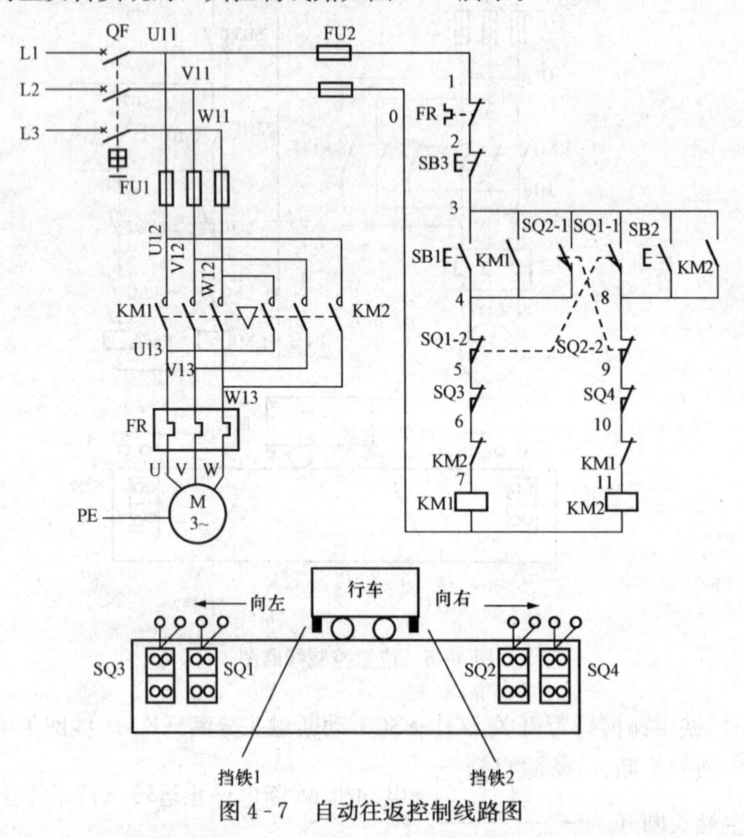

图 4-7 自动往返控制线路图

为使电动机的正反转与行车的向左或向右运动相配合，在控制线路中设置了 SQ1、SQ2、SQ3 和 SQ4 这四个行程开关，并将它们安装在工作台的相应位置。SQ1 和 SQ2 用来自动切换电动机的正反转以控制行车向左或向右运行，因此将 SQ1 称为正转反向行程开关；SQ2 称为反转正向行程开关。为防止工作台越过限定位置，在工作台的两端还安装 SQ3 和 SQ4 作为终端保护，因此 SQ3 称为正向限位开关或左限位开关；SQ4 称为反向限位开关或右限位开关。行车的挡铁 1 只能碰撞左边的行程开关 SQ1、SQ3；挡铁 2 只能碰撞右边的行程开关 SQ2、SQ4。

电路的工作原理如下：先合上电源开关 QF，按下正转启动按钮 SB1，KM1 线圈得电，KM1 辅助动合触头闭合，形成自锁；KM1 辅助动断触头断开，对 KM2 进行联锁；KM1 主触头闭合，电动机正转启动，行车向左运行。当行车向左运行到限定位置时，挡铁 1 碰撞左边行程开关 SQ1，SQ1-2 动断触头先断开，切断 KM1 线圈电源，使 KM1 线圈失电，触头释放，电动机停止向左运行，行程开关 SQ1-1 动合触头后闭合，使 KM2 线圈得电，KM2 辅助动断触头断开，对 KM1 进行联锁；KM2 主触头闭合，电动机反转启动，行车向右运行。当行车向右运行到限定位置时，挡铁 2 碰撞右边行程开关 SQ2，动断触头 SQ2-2 先断开，切断 KM2 线圈电源，使 KM2 线圈失电，触头复位，电动机停止向右运行，动合触头

SQ2-1 后闭合，使 KM1 线圈得电，电动机再次得电正转，行车又改为向左运行，实现了自动循环控制。电动机运行过程中，按下停止按钮 SB3 时，行车将停止运行。

若 SQ1（或 SQ2）失灵，则行车向左（或向右）碰撞 SQ3（或 SQ4）时，强行停止行车运行。启动行车时，如果行车已在工作台的最左端，则应按下 SB2 进行启动。

任务三　自动往返控制线路的安装与调试

一、施工准备

根据自动往返控制线路图（见图 4-7），熟悉电路的工作原理，并进行安装调试的准备。重点思考以下问题：

（1）施工准备包括哪些内容？如何选择元件的型号参数？

（2）为了确保行车工作安全可靠，该电路有哪些保护措施？分别是如果实现的？

（3）安装过程中，需要注意哪些问题？

（4）根据实际情况，制定出小组施工计划。

二、工具、仪表、器材清单

根据图 4-7 所示自动循环控制线路图，以及任务要求和所选用电动机的型号参数等相关资料，列举所需工具、仪表、元件与器材清单，分别见表 4-1、表 4-2。

表 4-1　工具与仪表

工具	测电笔、大小螺钉旋具、尖嘴钳、剥线钳、电工刀
仪表	万用表、兆欧表、钳形电流表

表 4-2　元件与器件清单

序号	名　称	型　号	规格	数量
1	三相异步电动机（M）	Y112M—4	4kW、380V、8.8A、△接法、1450r/min	1
2	低压断路器（QF）	DZ5—25/330	三极复合式脱扣器、380V、25A	1
3	熔断器（FU1）	RL1—60/25	熔断器电流 60A、熔体电流 25A	3
4	熔断器（FU2）	RL1—15/2	熔断器电流 15A、熔体电流 2A	2
5	交流接触器（KM1、KM2）	CJX1—12	12A、线圈电压 380V	2
6	热继电器（FR）	NR4—12.5	三极、12.5A、整定电流 8.8A	2
7	位置开关（SQ1～SQ4）	JLXK1—111	单轮旋转式	4
8	按钮（SB1～SB3）	LA10—3H	保护式三联按钮	1
9	端子板（XT）	JD0—1020	380V、10A、15 节	1
10	主电路导线	BVR—1.5	1.5mm²	若干
11	控制电路导线	BVR—1.0	1.0mm²	若干
12	按钮线	BVR—0.75	0.75mm²	若干
13	接地线	BVR—1.5	1.5mm²	若干
14	布线槽		18mm×25mm	若干
15	木螺钉			若干
16	套码管			若干

三、设计电器元件布置图和接线图

根据控制电路安装板的尺寸大小，绘制自动循环控制线路电器元件布置图，参考布置图如图 4-8 所示。

根据图 4-7 与布置图（见图 4-8），绘制自动循环控制线路的接线图。

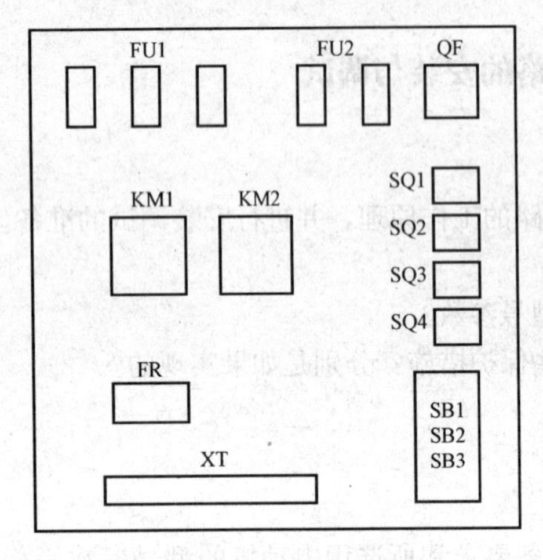

图 4-8 参考布置图

四、电路的安装与调试

（1）按表 4-1、表 4-2 配齐所需的工具、仪表和器材，并检测电器元件质量。

（2）根据 4-7 所示电路图和图 4-8 所示的布置图，在安装板上安装走线槽和电器元件，并贴上标签。

（3）在安装板上按图 4-7 和自己所画的接线图进行板前槽配线，并在导线端部套编码套管和冷压接线头。板前槽配线的工艺要求是：

1）所有导线的截面积等于大于 0.5mm² 时，必须采用软导线。考虑机械强度，所用导线的最小截面积，在控制箱外为 1mm²，在控制箱内为 0.75mm²。但对控制箱内很小电流的电路连线，如电子逻辑电路，可用 0.2mm² 的软导线，也可采用硬线，但只能用于不移动且无无振动的场合。

2）布线时，严禁损伤线芯和绝缘。

3）各电器元件接线端子引出线的走向，以元件的水平中心线为界线，在水平中心线以上接线端子引出的导线，必须进入元件上面的布线槽；在水平中心线以下接线端子引出的导线，必须进入元件下面的布线槽。任何导线都不允许从水平方向进入布线槽内。

4）各电器元件接线端子上引出或引入的导线，除间距很小和元件机械强度很差允许直接架空敷设外，其他导线必须经过布线槽进行连接。

5）进入布线槽内的导线要完全置于线槽内，并应尽可能避免交叉。布线槽内的导线不要超过其容量的 70%，以能盖上线槽盖和方便以后的装配检修。

6）各电器元件与布线槽之间的外露导线，走线应合理并尽可能做到横平竖直，变换走向要垂直。同一个元件上位置一致的端子和同型号电器元件中位置一致的端子上引出或引入的导线，要敷设在同一平面上，并应做到高低一致或前后一致，不得交叉。

7）所有接线端子、导线线头上都应套有与电路图相应接点线号一致的编码套管，并按线号进行连接，连接必须牢靠，不得松动。

8）在任何情况之下，接线端子必须与导线截面积和材料性质相匹配。当接线端子不适合连接软线或较小截面积的软线时，可以在导线端头上穿上针形或叉形扎头并压紧。

9）一个接线端子一般只能连接一根导线，如果采用专门设计的端子，可以连接两根或多根导线，但导线的连接方式，必须是公认的、在工艺上成熟的，如夹紧、压接、焊接、绕接等，并应严格按照连接工艺的工序要求进行。

（4）根据电路图检验安装板内部布线的正确性。

（5）安装电动机。

(6) 连接电动机和电器元件金属外壳的保护接地线。

(7) 连接控制板外部的导线。

(8) 组内相互检查。

(9) 教师检查。

(10) 检查无误后方可通电试车。

五、检修训练

1. 故障设置

在控制电路或主电路中，由小组内一至两个人人为地设置两处电气故障。在设置故障时，要充分考虑故障设置后不能引起短路、损坏电路中的电器元件和人身安全等因素。

2. 故障检修

小组其他人员，根据前面所学知识，先观察故障现象，然后进行分析，进而排除故障。在检修时，要注意不能把故障范围扩大。建议先断电用电阻法去测量，在没有短路等不适合通电的情况之下，再进行通电检查。带电检查时要注意安全，且要有监护教师。

3. 注意事项

1) 在排除故障的过程中，分析故障的思路和方法要正确。

2) 带电检修故障时，得注意用电安全，确保人身和元件的安全。

3) 工具和仪表的使用要正确。

4) 要严格遵守安全文明生产规程。

5) 小组内交换设置故障，熟悉故障的检修方法与步骤。

任务四　验收、展示、总结与评价

一、验收

各小组完成工作任务后，先在组内由小组成员验收，如验收还存在问题，小组进行讨论分析，排除故障或解决相关问题，直至验收通过。小组验收通过后，再交由教师验收、评分。

1. 电路施工验收评分

要求每组严格按照接线要求进行电路的安装。安装完成后，参考电路的施工验收评分表进行评分，见表 4-3。

表 4-3　　**施工验收评分表**

项目内容	配分	评分标准		得分
装前检查	15	(1) 电动机质量检查	每漏一处扣 5 分	
		(2) 电器元件漏查或检查错误	每处扣 1 分	
安装电器元件	15	(1) 安装电器元件时漏装木螺钉	每个扣 3 分	
		(2) 电器元件安装不牢固	每只扣 4 分	
		(3) 电器元件安装不整齐、不均匀、不合理	每只扣 3 分	
		(4) 走线槽不符合要求	每处扣 3 分	
		(5) 损坏元件	每个扣 10 分	

续表

项目内容	配分	评分标准		得分
布线	35	(1) 不按电气原理图接线	每处扣2分	
		(2) 布线不符合要求	每根扣1分	
		(3) 接点松动、露铜过长、压绝缘层、反圈等	每处扣1分	
		(4) 损伤导线绝缘层或线芯	每根扣3分	
		(5) 漏装或套错编码套管	每个扣1分	
		(6) 漏接接地线	扣8分	
		(7) 整体效果不佳	扣3～10分	
通电试车	35	(1) 热继电器未整定或整定错误	每只扣5分	
		(2) 熔体规格选用不当	扣5分	
		(3) 第一次通电不成功	扣10分	
		第二次通电不成功	扣20分	
		第三次通电不成功	扣35分	
安全文明生产	(1) 违反安全文明生产规程		扣10～40分	
	(2) 损坏电器元件		扣10分	
定额时间	5h，每超过10min		扣5分	
备注	除额定时间外，各项内容的最高扣分不得超过配分分数		成绩	
开始时间		结束时间	实际时间	

2. 故障检修评分

故障检修评分标准见表4-4。

表4-4　故障检修评分标准

项目内容	配分	评分标准		得分
故障分析	30	(1) 分析故障、排除故障的思路不正确	每个扣5～10分	
		(2) 电路故障范围判断错误	每处扣10分	
排除故障	70	(1) 停电不验电	扣5分	
		(2) 工具及仪表使用不当	每次扣5分	
		(3) 排除故障的顺序不对	扣5～10分	
		(4) 不能正确检查出故障	每个故障点扣20分	
		(5) 能检查出故障点，但不能排除	每个扣20分	
		(6) 产生新的故障		
		不能排除新产生的故障	每个扣20分	
		能排除新产生的故障	每个扣10分	
		(7) 损坏电动机	扣60分	
		(8) 损坏电器元件	每个扣10分	
安全文明生产	违反安全文明生产规程		扣10～60分	
定额时间	在规定的时间内完成任务（一般为30min）		每超过1min扣1分	
开始时间		结束时间	实际用时	成绩

二、学生分组展示

以小组形式每组派出学生代表上台分别进行汇报、展示。展示内容可以分成两大块：一是理论学习方面，可以对电路的工作原理进行讲解，也可以对该电路在生产实践中的应用情况进行阐述，还可以对该知识进行拓展；二是实践操作方面，比如施工流程、安装工艺的介绍，作品的操作演示讲解，故障的检修思路及技巧等。

三、评价与答疑

1. 评价

根据该项目的完成情况，对学习过程进行评价总结，评价可参见表4-5。

表4-5　一体化教学效果评价表

序号	项目	自我评价			小组评价			教师评价		
		10～8	7～6	5～1	10～8	7～6	5～1	10～8	7～6	5～1
1	学习兴趣									
2	施工效果评价									
3	安全文明生产									
4	学习参与性									
5	理论掌握情况									
6	协作精神									
7	时间观念									
8	质量成本意识									
9	安装工艺									
10	创新能力									
各项得分										
总评										
备注										

2. 答疑

根据该项目学习过程中所遇到的困难与问题，教师与学生一起讨论，查阅相关资料，解决疑难问题。

思考与练习

1. 什么叫位置控制？常用的位置开关有哪些？

2. 有两台电动机分别是M1、M2，其控制要求如下，试设计其控制电路：

（1）电动机M1能在行程开关SQ1、SQ2之间自动往复运动；

（2）电动机M2在M1正转的时候工作，在电动机M1反转的时候自动停止工作；

（3）电动机M1有运行终端保护功能；

（4）电动机M2能单独停车，电动机M1停车后M2必须停车；

（5）两台电动机都要有短路、过载保护功能。

3. 操作练习：完成思考与练习第2题控制线路的接线、调试与运行。

项目五　三相异步电动机减压启动控制线路

知识目标

（1）掌握电动机减压启动的意义与应用；
（2）掌握定子绕组串接电阻减压启动的实现方法、特点、工作原理分析；
（3）掌握 Y—△减压启动的实现方法、特点、工作原理分析；
（4）掌握自耦变压器减压启动的特点、工作原理分析；
（5）掌握延边△减压启动控制的实现方法、特点、工作原理分析。

技能目标

（1）会正确安装与检修定子绕组串接电阻减压启动控制线路；
（2）会正确安装与检修 Y—△减压启动控制线路；
（3）会正确安装与检修自耦变压器减压启动控制线路；
（4）会正确安装与检修延边三角形减压启动控制线路。

素养目标

通过三相异步电动机减压启动控制线路项目的学习，掌握电路的一般分析方法，电路的安装、调试与检修技能，培养良好的学习习惯，增强动手操作能力。

对于 10kW 及其以下容量的三相异步电动机，通常采用全压（直接）启动，但对于 10kW 以上容量的电动机一般采用减压启动。这是因为异步电动机的全压启动电流是额定电流的 4～7 倍，过大的启动电流不仅会降低电动机的使用寿命，而且还会使变压器二次电压大幅度下降，减小电动机本身的启动转矩，有时甚至使电动机无法启动，并且会影响到同一供电网络中其他用电设备的正常工作，所以对于 10kW 以上容量的电动机一般采用减压启动。减压启动可以减小启动电流，减小电动机启动时对电网电压的影响。

减压启动时，电动机的电磁转矩与定子绕组端电压的平方成正比，由于加在电动机定子绕组的电压减小，导致电动机的启动转矩较小，所以它适用于电动机为空载或轻载的情况之下。对于 10kW 以上容量的电动机是采用全压直接启动还是采用减压控制，应根据电动机容量和电源变压器容量的比值来确定。对于给定容量的电动机，采用以下经验公式来估计：

$$\frac{I_q}{I_N} \leqslant \frac{3}{4} + \frac{电源变压器容量(kW)}{电动机容量(kW)}$$

式中　I_q——电动机全电压启动电流（A）；
　　　I_N——电动机额定电流（A）。

若满足上述经验公式，一般可采用全压启动，否则必须采用减压启动。有时为了限制和减少启动转矩转对机械设备的冲击，允许全压启动的电动机，也多采用减压启动。

三相笼型异步电动机的减压启动方法有多种，包括定子电路串电阻减压启动、自耦变压器减压启动、Y—△减压启动、延边三角形减压启动和软启动、固态减压启动器启动等。使用这些方法可限制启动电流（一般降低电压后启动电流为电动机额定电流的2～3倍），减小对供电线路的影响。

任务一　定子绕组串接电阻与Y/△减压启动控制线路

一、定子绕组串接电阻减压启动控制线路

当电动机启动时，在三相定子绕组电路中串接电阻，通过电阻的分压来降低绕组上的启动电压，使电动机在降低了电压的情况下启动，以达到限制启动电流的目的。如果电动机转速接近额定值时，切除串联电阻，使电动机进入全电压下正常工作。这种减压启动控制线路有手动控制、按钮与接触器控制、时间继电器控制等方式。

1. 定子绕组串接电阻手动控制线路

定子绕组串接电阻手动控制线路如图5-1所示，其工作原理为：先合上电源开关QF，电源电压通过串联电阻R分压后加到电动机的定子绕组上进行减压启动，当电动机的转速升高到一定值时，再合上QS，这样，电阻R被QS短接，三相电源电压直接加到定子绕组上，电动机便在额定电压下正常运行。

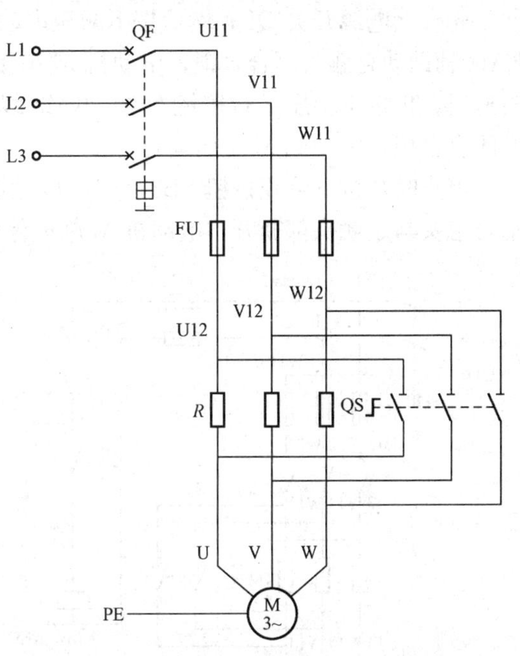

图5-1　定子绕组串接电阻手动控制线路图

启动电阻R一般采用ZX1、ZX2系列铸铁电阻。铸铁电阻能够通过较大电流，功率大。启动电阻R可按下列近似公式计算：

$$R=\frac{I_{st}-I'_{st}}{I_{st}I'_{st}}\times 190$$

式中　I_{st}——未串电阻前的启动电流（A），一般$I_{st}=(4\sim7)I_N$；

I'_{st}——串联电阻后的启动电流（A），一般$I'_{st}=(2\sim3)I_N$；

I_N——电动机的额定电流（A）；

R——电动机定子绕组每相应串接的启动电阻阻值（Ω）。

电阻功率可用公式$P=I_N^2R$计算。由于启动电阻R仅在启动过程中接入，且启动时间很短，所以实际选用电阻的功率可比计算值P减小3～4倍。

【例5-1】　一台三相笼型异步电动机，功率为30kW，额定电流为57.6A，电压为380V。求各相应串联多大的启动电阻进行减压启动？

解： 选取$I_{st}=6I_N=6\times57.6=345.6$（A）

$I'_{st}=2I_N=2\times57.6=115.2$ (A)

启动电阻阻值为

$$R=190\times(I_{st}-I'_{st})/(I_{st}I'_{st})=190\times(345.6-115.2)/(345.6\times115.2)\approx1.1(\Omega)$$

启动电阻功率为

$$P_{实}=1/3I_N^2R=1/3\times57.6^2\times1.1\approx1216(\text{W})$$

2. 定子绕组串接电阻按钮与接触器控制线路

在图 5-1 所示手动控制线路中，电动机从减压启动到全压运行是通过操作组合开关 QS 来实现的，操作既不方便也不可靠，且当电动机 M 的功率稍大时，就不能采用上述电路。因此，在实际应用中，常采用按钮与接触器控制线路来完成定子绕组串接电阻减压启动过程，其电路如图 5-2 所示。

图 5-2（a）所示为按钮与接触器控制线路，其工作原理为：

先合上电源开关 QF，然后按下减压启动按钮 SB1，KM1 线圈得电，KM1 主触头闭合，KM1 辅助动合触头闭合自锁，电动机 M 串接电阻减压启动。当电动机转速上升到接近额定转速时，再按下全压运行按钮 SB2，KM2 线圈得电，KM2 主触头闭合，KM2 辅助动合触头闭合自锁，电动机 M 全压运行。

停止时，按下停止按钮 SB3，交流接触器 KM1、KM2 线圈都失电，KM1、KM2 辅助动合触头与主触头都断开，电动机 M 断电停转。

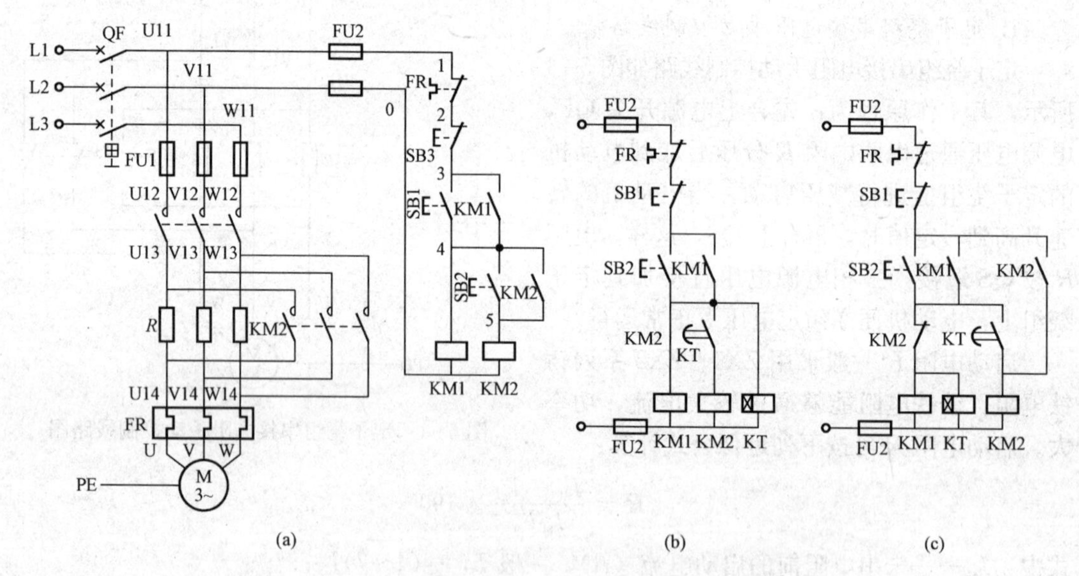

图 5-2 定子绕组串接电阻按钮、接触器控制线路图

（a）按钮与接触器控制线路；（b）按时间原则自动控制线路 1；（c）按时间原则自动控制线路 2

串联电阻的切除通常按时间原则进行，根据该设计思想，定子串接电阻减压启动控制线路如图 5-2（b）、（c）所示，KM1 为减压启动接触器，KM2 为全压运行接触器，KT 为减压启动通电延时时间继电器，其主电路与图 5-2（a）中的主电路相同。

图 5-2（b）的工作原理为：

合上电源开关 QF，按下启动按钮 SB2 时，KM1 和 KT 线圈同时得电。KM1 主触头闭合，辅助动合触头闭合自锁，主电路的电流通过减压启动电阻流入电动机，电动机减压启动。KT线圈从得电开始延时，当延时时间达到整定值时，KT延时闭合动合触头闭合，KM2线圈得电，其主触头闭合，短接电阻 R，电动机在全电压下进行运转，减压启动过程结束。按下停止按钮SB1，KM1、KM2及KT线圈的电源被切断，各触头相应地被释放，电动机停止运行，为下次减压启动做好了准备。

图5-2（c）所示电路的工作原理如下：按下启动按钮SB2，KM1和KT线圈同时得电。KM1主触头闭合，主电路的电流通过减压电阻流入电动机，电动机减压启动，同时KM1的辅助动合触头闭合，形成自锁。KT线圈从得电开始延时，当延时时间达到整定值时，KT延时闭合动合触头闭合，KM2线圈，其辅助动合触头闭合，形成自锁，辅助动断触头断开，切断了KM1和KT线圈的电源，KM2主触头闭合，电动机全电压运行。同样，当按下SB1时，KM2线圈失电，电动机断电停止运转。

定子绕组串接电阻减压启动控制线路具有结构简单、成本低、动作可靠等优点。由于定子绕组串电阻减压启动时，启动电流随定子绕组电压成正比下降，而启动转矩则按电压下降比例的平方成倍下降，同时每次启动时电阻都是消耗大量的电能，因此定子绕组串接电阻减压启动法只适用于要求启动平稳的中小容量且启动不频繁的三相笼型异步电动机控制线路中。

二、Y—△减压启动控制

1. 三相交流电动机绕组的Y—△接法

Y—△减压启动即星形—三角形减压启动，简称星三角减压启动。对于正常运行时定子绕组接成△的三相笼型异步电动机，才可接成Y—△减压启动。启动时，定子绕组先接成Y，待电动机转速上升到接近额定转速时，再将定子绕组接成△，电动机进入全电压运行状态，定子绕组的接法如图5-3所示。

Y—△减压启动也是按时间原则进行控制的，它与前面两种减压启动方法不同，电动机启动时接成Y：即把三相绕组尾端连在一起形成中性点，三个首端分别接三相电源，这时每相定子绕组上的电压为电源的相电压（220V），减小了启动电流对电网的影响。电动机正常运行时，三相绕组接成△：即把三相绕组的首、尾端依次相连，然后再把三个首端分别接三相电源，这时每相定子绕组上的电压为电源的线电压（380V）。

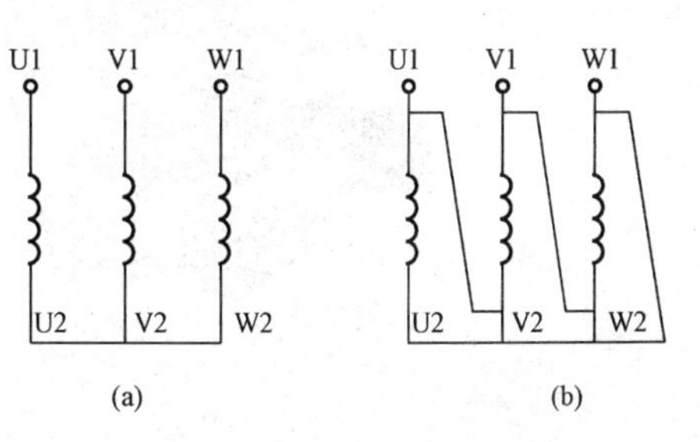

图5-3　定子绕组的接法

（a）减压启动时Y联结；（b）全压运行时△联结

2. 手动Y—△减压启动控制线路

图5-4所示是双投开启式负荷开关手动控制Y—△减压启动控制线路。线路的工作原理如下：

启动时，先合上电源开关QF，然后把开启式负荷开关QS扳到“启动”位置，电动机定子绕组便接成Y减压启动；当电动机转速上升到接近额定值时，再将QS扳到“运行”位置，电动机定子绕组改接成△全压正常运行。

思考： 该电路的优缺点是什么？

3. QX1系列手动Y—△启动器减压启动控制线路

手动Y—△启动器专门用来实现电动机的手动Y—△减压启动，有QX1和QX2两个系

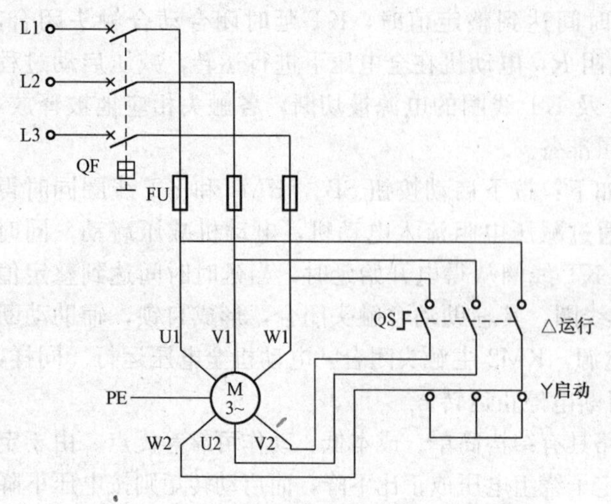

图 5-4 手动控制 Y—△减压启动控制线路

列，按控制电动机的容量分为 13kW 和 30kW 两种，启动器的正常操作频率不超过 30 次/h。QX1 系列手动 Y—△启动器的外形结构图、接线图和触头分合表如图 5-5 所示。启动器有“启动 Y”、“停止”、和“运行△”三个位置。当手柄扳到“停止”位置时，8 对触头全部断开，电动机不能通电启动；当手柄扳到“启动 Y”位置时，1、2、5、6、8 触头闭合接通，3、4、6、7 触头断开，定子绕组末端 W2、U2、V2 通过触头 5、6 接成 Y，首端 U1、V1、W1 则分别通过触头 1、8、2 接入三相电源 L1、L2、L3，电动机接成 Y 减压启动；当电动机转速上升到接近额定转速时，再将手柄扳到“运行△”位置，这时 1、2、3、4、7、8 触头闭合，5、6 触头分断，定子绕组按 U1→触头 1→触头 3→W2、V1→触头 8→触头 7→U2、W1→触头 2→触头 4→V2 接成△全压运行。

(a)

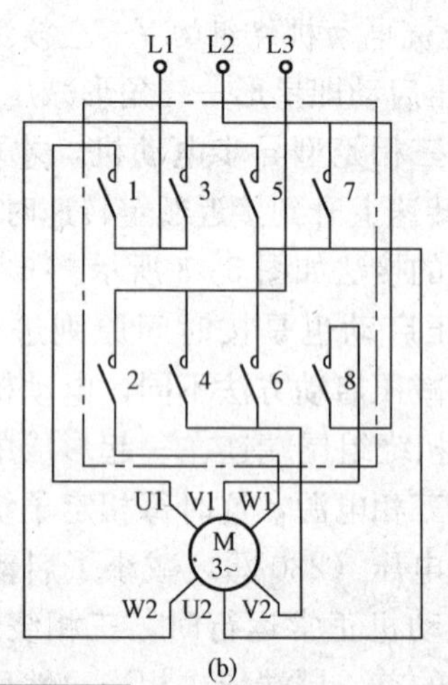

(b)

触头	手柄位置		
	启动Y	停止	运行△
1	×		×
2	×		×
3			×
4			×
5	×		
6	×		
7			×
8	×		×

(c)

图 5-5 QX1 系列手动 Y—△启动器

(a) 外形图；(b) 接线图；(c) 触头分合表

4. 时间继电器自动控制 Y—△减压启动控制线路

时间继电器自动控制 Y—△减压启动控制线路如图 5-6 所示，该电路由三个接触器和一个热继电器、一个时间继电器和两个按钮组成。接触器 KM1 用于控制电动机电源的通断，接触器 KM2、KM3 分别控制 Y 减压启动和△全压运行，时间继电器 KT 控制 Y 减压启动时间来完成 Y—△自动切换，SB1 是停止按钮，SB2 是启动按钮，FU1 用于主电路的短路保护，FU2 用于控制电路的短路保护，FR 用于电动机的过载保护。

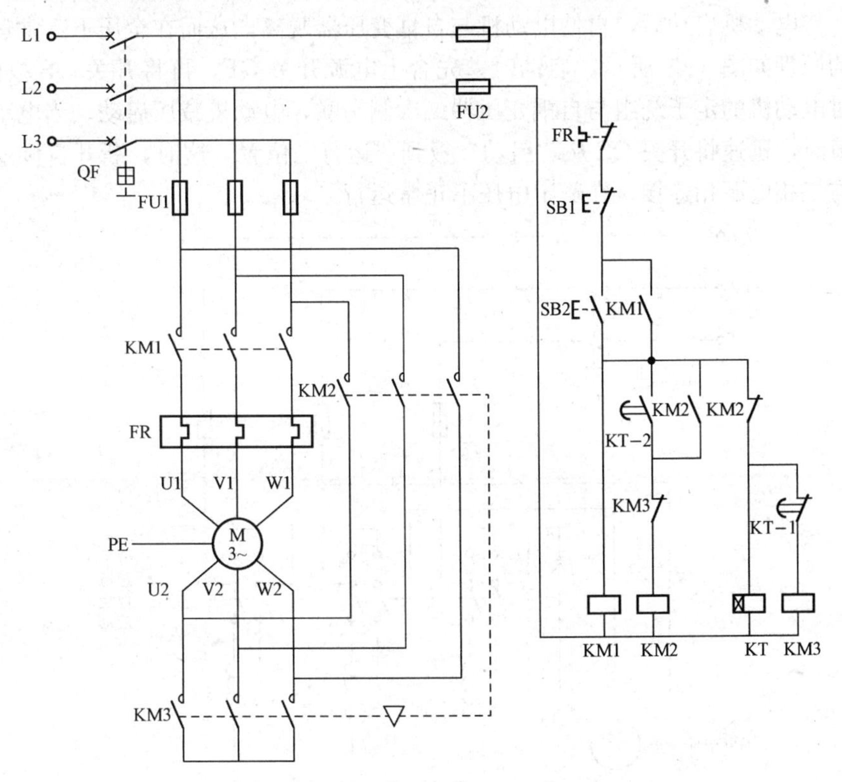

图 5-6　时间继电器自动控制 Y—△减压启动控制线路图

电路的工作原理：合上电源开关 QF，按下启动按钮 SB2，KM1、KT、KM3 线圈得电。KM1 线圈得电，KM1 主触头闭合，辅助动合触头闭合形成自锁，为电动机的启动做好准备。KM3 线圈得电，主触头闭合，电动机定子绕组接成△图形，进行减压启动，KM3 的辅助动断触头断开，对 KM2 进行联锁，防止电动机在启动过程中由于误操作而发生短路故障。当电动机转速接近额定转速时，KT 的延时断开动断触头 KT-1 断开，使 KM3 线圈失电，而 KT 的延时闭合动合触头 KT-2 闭合。当 KM3 线圈断电时，主触头断开，同时辅助动断触头闭合，KM2 线圈得电，其辅助动合触头闭合自锁，辅助动断触头断开，切断 KT 和 KM3 线圈的电源，主触头闭合使电动机定子绕组接成△图形而全电压运行。KM2、KM3 辅助动断触头为互锁触头，可防止 KM2、KM3 线圈同时得电，造成电源短接现象。

Y—△减压启动过程中，当定子绕组接成 Y 时，启动电压为△接法的 $1/\sqrt{3}$，启动电流为△接法的 1/3，启动转矩也只有三角形接法的 1/3，因此它具有启动电流特性好、线路较简单的特点。但是 Y—△减压启动的启动转矩较小，它只适用于轻载或空载的启动场合，且采用星形运行方式电动机不能用 Y—△减压启动。

任务二 自耦变压器减压启动与延边三角形减压启动控制线路

一、自耦变压器减压启动控制线路

1. 自耦变压器减压启动控制的原理

自耦变压器减压启动是指电动机启动时利用自耦变压器来降低加在电动机定子绕组上的启动电压，待电动机启动后，再使电动机与自耦变压器脱离，从而在全压下正常运行。这种减压启动的原理如图 5-7 所示。启动时，先合上电源开关 QF，再将开关 QS 扳向“启动”位置，此时电动机的定子绕组与自耦变压器二次侧串联，电动机减压启动。当电动机转速上升到一定值时，迅速将开关 QS 从“启动”扳到“运行”位置，这时，断开自耦变压器，电动机直接与三相电源相连接，在额定电压下正常运行。

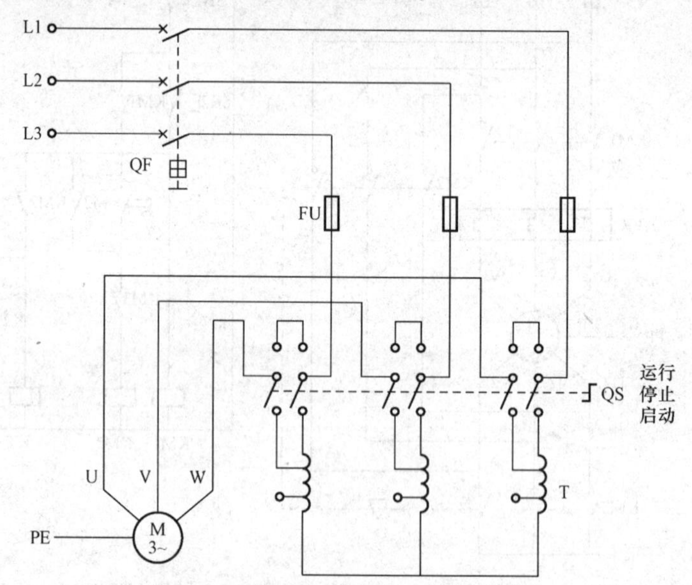

图 5-7 自耦变压器减压启动原理图

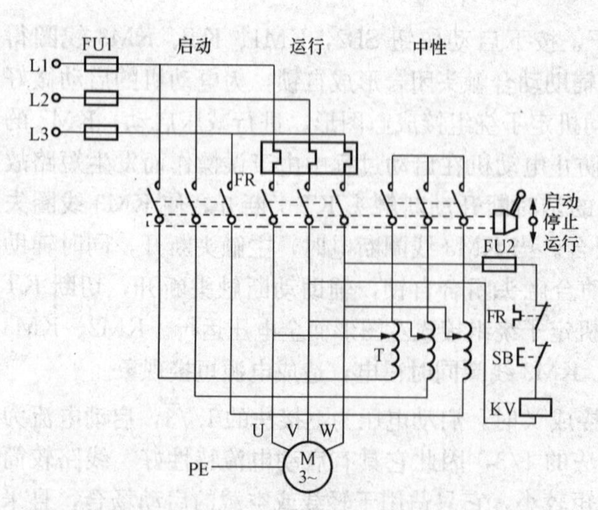

图 5-8 QJ10 空气式手动自耦减压启动器控制线路

2. QJ10 空气式手动自耦减压启动器

QJ10 空气式手动自耦减压启动器适用于交流 50Hz、电压 380V 及以下、容量 75kW 及以下的三相笼型异步电动机，作不频繁启动和停止用。在结构上，QJ10 启动器由箱体、自耦变压器、保护装置、触头系统和手柄操作机构五部分组成。它的触头系统有一组启动触头、一组中性触头和一组运行触头，其电路如图 5-8 所示。

工作原理分析：

当操作手柄扳到“停止”位置时，所有的触头均断开，电动机处于断电停止状态；当操作手柄扳到“启动”位置时，启动触头和中性触头同时闭合，三相电源经启动触头接入自耦变压器 T，又经自耦变压器的三个抽头接入电动机进行减压启动，中性触头把自耦变压器接成 Y 形；当电动机转速上升到一定值后，将操作手柄迅速扳到“运行”位置，启动触头和中性触头同时断开，运行触头随后闭合，这时自耦变压器脱离控制线路，电动机与三相电源直接相接全压运行。停止时，按下 SB，欠电压脱扣器 KV 线圈失电，衔铁下落释放，通过机械操作机构使启动器掉闸，电动机断电停转。

3. *自动启动控制电路*

通常将这种自耦变压器称为启动补偿器，这种减压启动又称为自耦补偿启动，自动启动控制线路如图 5-9 所示。

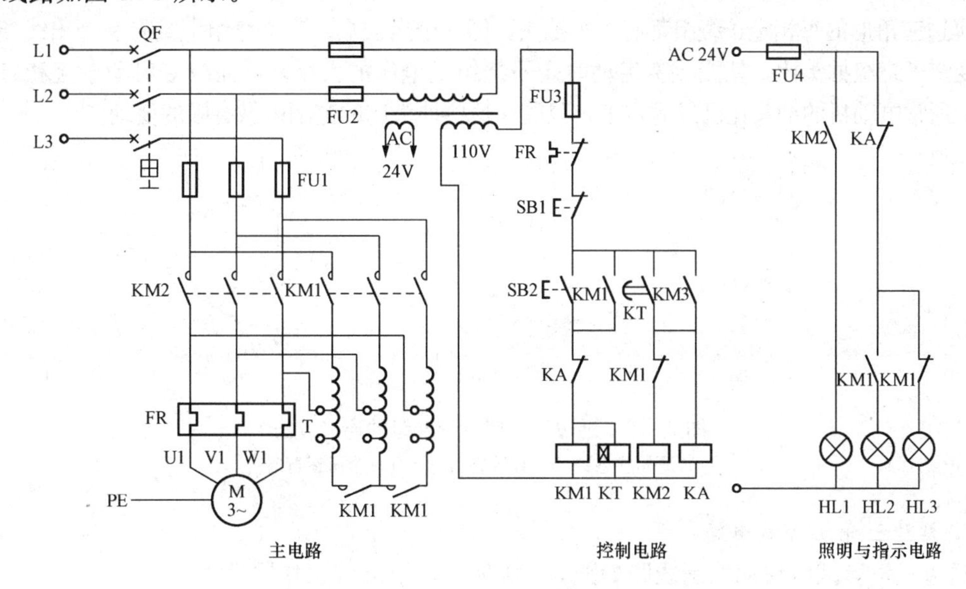

图 5-9　自耦变压器减压启动控制线路图

图 5-9 中 KM1 为减压启动接触器，KM2 为全压运行接触器，KA 为中间继电器，KT 为减压启动时间继电器，HL1 为正常运行指示灯，HL2 为减压启动指示灯，HL3 为电源指示灯。

电路的工作原理：合上电源开关 QF，HL3 电源指示灯亮。按下启动按钮 SB2，KM1、KT 线圈得电。KM1 线圈得电，辅助动合触头闭合，形成自锁，主触头闭合，将自耦变压器接入，电动机由自耦变压器抽头输出电压供减压启动。此时控制电路中的辅助动合触头断开，对 KM2 进行联锁；照明与指示电路中的辅助动合触头断开，HL3 熄灭，辅助动合触头闭合，HL2 亮，表示电动机正在进行减压启动。当电动机转速接近额定转速时，减压启动时间继电器 KT 的延时闭合动合触头闭合，KA 线圈得电，其动合触头闭合形成自锁，动断触头断开，切断 KM1、KT 线圈的电源。KM1 线圈断电释放，将自耦变压器从电路中切除，同时 KM2 线圈得电，其主触头闭合，三相电源电压全部加在电动机的定子绕组上，实现电动机的全电压运行。KA 另一动断触头打开，使指示灯 HL2 和 HL3 回路断开，HL2、HL3 熄灭，但是由于 KM2 的辅助动合触头闭合使指示灯 HL1 亮，表示电动机减压启动结束，正进行全电压运行。当按下 SB1 时，KM2 线圈失电，主触头复位，电动机断电停止转动。

电动机在自耦变压器减压启动过程中，在获得同样转矩的情况下，启动电流比定子绕组串接电阻减压启动的启动电流要小得多，并且对电网电流的冲击小，功率损耗也小，因此自耦变压器常作为启动补偿器使用。自耦变压器减压启动控制适用于较大容量电动机的空载或轻载启动，但是自耦变压器价格较贵，相对于启动电阻结构复杂，体积庞大，且它不允许进行频繁操作。

二、延边三角形减压启动控制线路

1. 延边三角形定子绕组的连接方法

延边三角形减压启动控制是在电动机启动时，将电动机的定子绕组一部分接成星形，另一部分接成三角形。当电动机启动后，再转换成三角形接法，其连接方法如图 5-10 所示。从图中看出，在减压启动过程中，绕组的连接就像是一个三角形三条边的延长，因此将它称为延边三角形，也可用符号“⊿”表示。

延边三角形的每相定子绕组都有 1 个抽头，即 3 个出线端，三个绕组一共有 9 个出线端，如果改变定子绕组抽头比，就能改变启动时定子绕组上电压的大小，从而改变启动电流和启动转矩。但通常电动机的抽头比已经固定了，只能在这些抽头比的范围内做有限的变动。

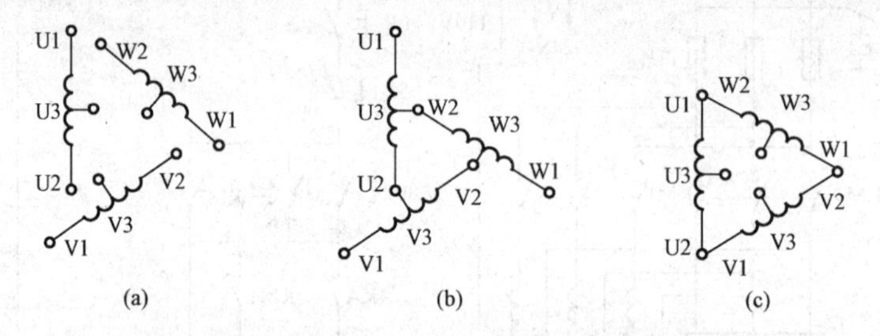

图 5-10　延边三角形定子绕组的连接方法

(a) 原始状态；(b) 减压启动时；(c) 全压运行时

2. 延边三角形控制电路

延边三角形减压启动控制线路如图 5-11 所示，电路的工作原理为：

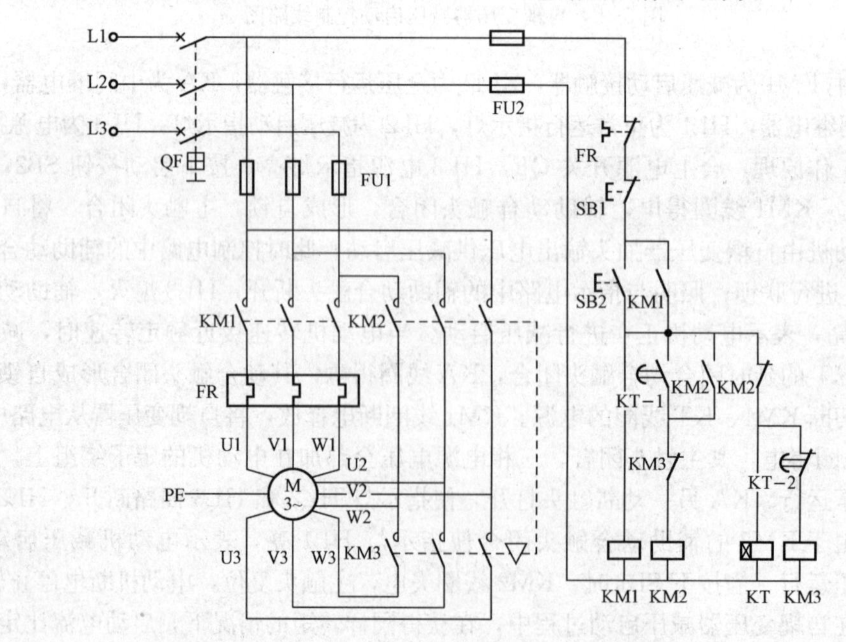

图 5-11　延边三角形减压启动控制线路图

合上电源开关 QF，按下启动按钮 SB2，KM1、KM3 和 KT 线圈得电。KM1 线圈得电，其辅助动合触头闭合，形成自锁，主触头闭合，为减压启动做好准备。KM3 线圈得电，其辅助动断触头断开，以防止 KM2、KM3 同时接通发生短路故障，主触头闭合，使定子绕组的 U3 和 W2 相连、U2 和 V3 相连、V2 和 W3 相连，构成了图 5-10（b）所示的延边三角形接法，电动机减压启动。当电动机转速接近于额定转速时，通电延时时间继电器的延时断开动断触头 KT-2 断开，而延时闭合动合触头 KT-1 闭合，KM3 线圈失电。当 KM3 线圈断电时，其主触头断开，同时辅助动断触头闭合，使 KM2 线圈得电。KM2 线圈得电，其主触头辅助动合触头闭合自锁，辅助动断触头断开，切断 KT、KM3 线圈的电源，主触头使定子绕组的 U1 和 W2 相连、U2 和 V1 相连、V2 和 W1 相连，构成了图 5-10（c）所示的三角形接法，电动机接成三角形全电压运行。KM2、KM3 辅助动断触头为互锁触头，可防止抽线头转接过程中电源短接现象。

任务三　Y—△减压启动控制线路的安装与调试

一、制定施工计划

根据图 5-6 所示 Y—△减压启动控制线路原理图，进行施工前的相关准备工作：

（1）思考此电路所采用的电动机和前面所用的电动机有什么不同？

（2）制定小组工作计划。

要求工作计划要能体现出小组的具体分工情况、施工步骤及注意事项等内容。

二、工具、仪表、器材清单

根据任务要求和所选用电动机的型号参数，参照图 5-6，列举所需工具、仪表和器材，填入表 5-1 中。

表 5-1　工具、仪表和器材清单

序号	名　称	型号规格	数　量
1			
2			
3			
4			
5			
6			
7			
8			
9			
10			
11			
12			
13			
14			
15			
16			

三、设计电器元件布置图和接线图

1. 绘制电器元件布置图

根据控制电路安装板的尺寸大小，绘制电器元件布置图。

画电器元件布置图前，得先进行现场考察，测量控制电路安装板的尺寸，并根据清单中所列电器元件进行绘制。绘制时，要求电器元件布置合理、匀称、美观，便于布线。

2. 绘制接线图

根据电器元件布置图，结合图5-6，绘制电路接线图。画接线图时，先画出所用的电器元件符号，再画控制电路，然后画主电路，最后画安装板外部接线部分。画完后，要进行检查，做到合理、规范、美观。

四、现场施工

（1）按表5-1配齐所需的工具、仪表和器材，并检测电器元件的质量。

（2）根据图5-6所示控制线路图和元器件的布置图，在控制板上安装电器元件，并贴上标签。

（3）根据图5-6所画接线图，在安装板上进行板前线槽工艺布线。

（4）安装电动机。

（5）连接电动机和电器元件金属外壳的保护接地线。

（6）连接控制板外部的导线。

（7）组内相互检查。

（8）教师检查。

（9）检查无误后通电试车、调试。

任务四　验收、展示、总结与评价

一、验收

各小组完成工作任务后，先在组内由小组成员验收，如验收还存在问题，再进行解决，直至验收通过。小组验收通过后，交由老师验收。施工评分表见表5-2。

表5-2　施工评分表

项目内容	配分	评分标准		得分
电器元件准备与检查	15	（1）根据表5-1，配齐所需器材，准备不足	扣2～10分	
		（2）电动机质量检查	每漏一处扣5分	
		（3）电器元件漏查或错检	每处扣1分	
安装布线	45	（1）电器元件布置不合理	扣5分	
		（2）电器元件安装不牢固	每只扣4分	
		（3）电器元件安装不整齐、不均匀、不合理	每只扣3分	
		（4）损坏电器元件	扣15	
		（5）不按电路图接线	每处扣2分	
		（6）走线不符合要求	每根扣1分	
		（7）接点松动、露铜过长、压绝缘层、反圈等	每个扣1分	

续表

项目内容	配分	评分标准		得分
安装布线	45	(8) 损伤导线绝缘层或线芯	每根扣 3 分	
		(9) 漏装或套错编码套管	每个扣 1 分	
		(10) 漏接接地线	扣 8 分	
通电试车	40	(1) 热继电器未整定或整定错误	每只扣 5 分	
		(2) 熔体规格选用不当	扣 5 分	
		(3) 第一次通电不成功	扣 10 分	
		第二次通电不成功	扣 20 分	
		第三次通电不成功	扣 35 分	
安全文明生产	(1) 违反安全文明生产规程 (2) 乱线敷设		扣 10～40 分 扣 20 分	
定额时间	5h，每超过 10min		扣 5 分	
备注	除定额时间外，各项内容的最高扣分不得超过配分分数		成绩	
开始时间		结束时间	实际时间	

二、学生分组展示

各组在完成任务后，制作小组展示内容，然后进行展示，汇报学习成果。

三、教学效果的评价

各组根据完成任务的实际情况，按照表 5 - 3 进行小结与评价。评价由自我评价、小组评价和教师评价三部分构成。评价时，要求客观、实事求是，为今后的学习提供参考与帮助。最后，教师与学生一起讨论学习过程中碰到的各个疑点。

表 5 - 3　　一体化教学效果评价表

序号	项目	自我评价			小组评价			教师评价		
		10～8	7～6	5～1	10～8	7～6	5～1	10～8	7～6	5～1
1	学习主动性									
2	遵守纪律									
3	安全文明生产									
4	学习参与程度									
5	施工效果									
6	团队合作精神									
7	理论掌握情况									
8	质量成本意识									
9	学习方法									
10	学习表现									
总评										

四、点评与答疑

1. 点评

教师针对这次学习活动的过程及展示情况进行点评，以鼓励为主。

1）找出各组的优点进行点评，表扬学习活动中表现突出的个人或小组。

2）指出展示过程中存在的缺点，以及改进与提高的方法。

3）指出整个学习任务完成过程中出现的亮点和不足，为今后的学习提供帮助。

2. 答疑

在学生整个学习实施过程中，各学习小组都可能会遇到一些问题和困难，教师根据学生在展示时所提出的问题和疑点，先让全班同学一起来讨论问题的答案或解决的方法，如果学生不能解决，再由教师来进行分析讲解，让学生掌握相关知识。

思考与练习

1. 为什么电动机要进行减压启动控制？常用的减压启动控制有哪几种？

2. 简述用定子绕组串接电阻减压启动时，启动电阻的选择方法。

3. 简述 Y—△减压启动控制线路的工作原理。

4. 如何判断一台（或多台）电动机是否要采用减压启动控制？

5. 操作练习：根据图 5-11 所示延边三角形减压启动控制线路，选择电器元件型号参数，列出电器元件清单，进行电路的安装、调试。

项目六　多速异步电动机控制线路

知识目标

（1）掌握双速电动机高、低两种不同转速时电动机定子绕组的连接方法；

（2）掌握双速电动机控制线路的工作原理及其应用；

（3）掌握三速电动机高、中、低三种不同转速时定子绕组的连接方法；

（4）掌握三速电动机控制线路的工作原理及其应用。

技能目标

（1）会正确安装与检修双速异步电动机控制线路；

（2）会正确安装与检修三速异步电动机控制线路。

素养目标

通过对多速电动机控制线路的学习，掌握调速对生产机械电气控制系统的意义，增强学习的主动性，养成查找学习资料的良好习惯，为今后机床控制线路的学习做铺垫。

任务一　双速异步电动机控制线路

在实际生产过程中，根据加工工艺的要求，生产机械传动机构的运行速度经常需要进行调节，这种负载不变、人为调节转速的过程称为调速。调速通常有机械调速和电气调速两种方法，通过改变电动机运行参数而改变其转速的调速方法称为电气调速。

三相异步电动机的转速公式为

$$n=\frac{60f}{p}(1-s)$$

式中　f——电源的频率（Hz）；

p——电动机定子绕组的磁极对数；

s——转差率。

由转速公式可知，改变三相异步电动机转速的方法有三种：改变电动机供电电源的频率，即变频调速；改变电动机定子绕组的磁极对数，即变极调速；改变转差率，即变转差调速。其中变极调速是通过改变定子绕组的连接方式来实现的，一般适用于笼型异步电动机；变转差调速是通过调节定子电压、改变转子电路中的电阻以及采用串级调速来实现。

凡磁极对数可以改变的电动机称为多速电动机，常见的多速电动机有双速、三速、四速之分，双速电动机定子装有一套绕组，而三速、四速电动机则装有两套绕组。

一、双速异步电动机定子绕组的连接方式

双速异步电动机三相绕组的接线方式如图 6-1 所示。其中图 6-1（a）所示为电动机定子绕组的△/YY 接线方式，它属于恒功率调速。当定子绕组 U1、V1、W1 的接线端分别接三相电源，U2、V2、W2 接线端悬空，此时三相定子绕组接成三角形（△），每相绕组具有 4 个磁极，同步转速为 1500r/min（低速）。为提高电动机的转速，将定子绕组的 U1、V1、W1 端连接到一起，而 U2、V2、W2 三个端子分别接三相电源，将原来的三角形接法转换成双星形（YY）接线，每相绕组具有 2 个磁极，同步转速为 3000r/min（高速）。图 6-1（b）所示为电动机定子绕组的 Y/YY 接线方式，它属于恒转矩调速。同理分析，定子绕组的磁极数从 4 极变为 2 极，分别对应电动机的低速和高速。

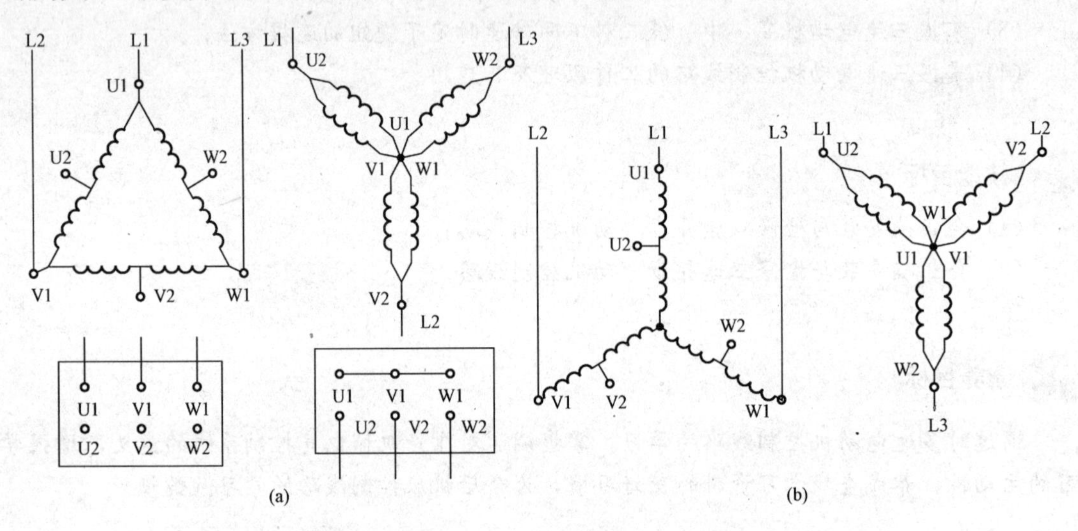

图 6-1 双速异步电动机三相绕组的接线方式
（a）△/YY 接法；（b）Y/YY 接法

二、双速异步电动机的调速控制线路

1. 接触器控制双速电动机控制线路

接触器控制双速电动机控制线路如图 6-2 所示，其工作原理为：

低速运行：按下低速启动按钮 SB1，其动断触头先断开，动合触头后闭合，使 KM1 线圈得电。KM1 线圈得电，控制电路中其辅助动合触头闭合形成自锁，辅助动断触头断开，对 KM2、KM3 线圈进行互锁；主电路中 KM1 主触头闭合，使电动机定子绕组接成△低速启动运转。

高速运行：按下高速启动按钮 SB2 时，其动断触头先断开，动合触头后闭合，使 KM2、KM3 线圈得电。KM2、KM3 线圈得电，在控制电路中，其辅助动合触头闭合形成自锁，辅助动断触头断开，对 KM1 线圈进行互锁；主电路中，KM2、KM3 主触头闭合，使电动机定子绕组接成 YY 高速启动运转。

停车：按下停止按钮 SB3 时，所有接触器、继电器的线圈失电，触头复位，电动机断电停止运转。

2. 按钮和时间继电器控制双速电动机控制线路

按钮和时间继电器控制双速电动机控制线路如图 6-3 所示。KM1 为电动机的△联结接

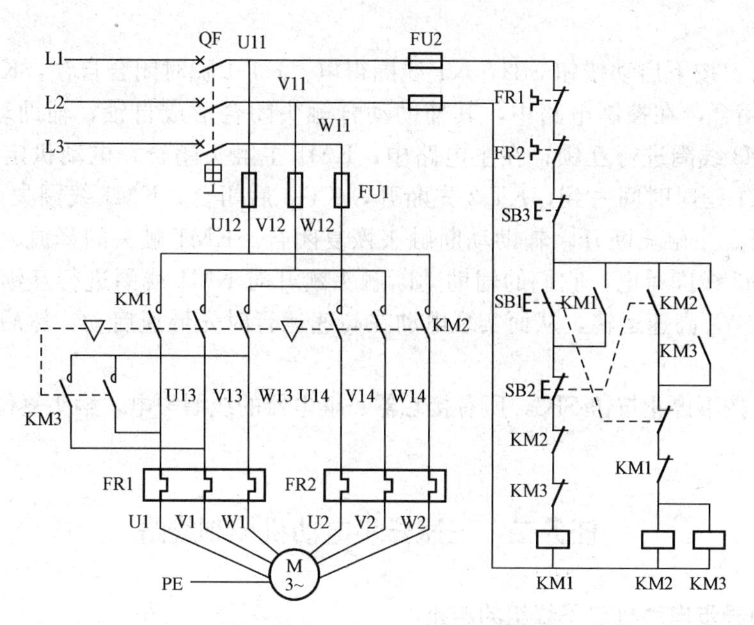

图 6-2　接触器控制双速电动机控制线路图

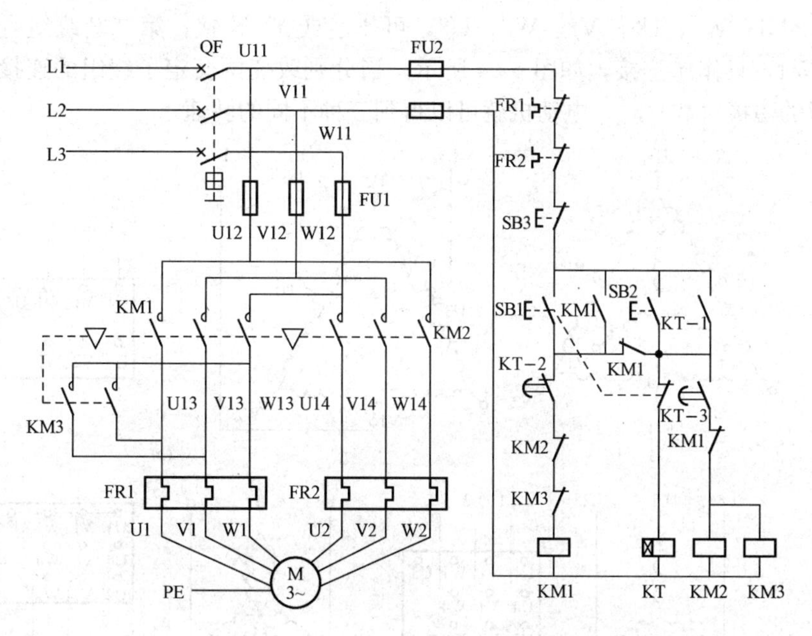

图 6-3　按钮和时间继电器控制双速电动机控制线路图

触器，KM2、KM3 为电动机 YY 联结接触器，KT 为电动机由低速切换为高速的通电延时时间继电器。SB1、KM1 控制电动机低速运转；SB2、KM2、KM3 控制电动机高速运转。合上电源开关 QF 后，电路工作原理为：

低速运行：按下启动按钮 SB1，其动断触头先断开，动合触头后闭合，使 KM1 线圈得电。KM1 线圈得电，在控制电路中，其辅助动合触头闭合形成自锁，辅助动断触头断开，对 KM2、KM3 线圈进行互锁；在主电路中，KM1 主触头闭合，使电动机定子绕组接成△

低速启动运转。

高速运行：按下启动按钮 SB2，KT 线圈得电，KT-1 瞬时闭合自锁，KM1 线圈得电，KM1 主触头闭合，在控制电路中，其辅助动合触头闭合形成自锁，辅助动断触头断开，对 KM2、KM3 线圈进行互锁；在主电路中，KM1 主触头闭合，电动机定子绕组接成△低速启动。KT 延时时间一到，KT-2 先断开，KT-3 后闭合，KM1 线圈失电，KM1 辅助动合触头断开、主触头断开，辅助动断触头恢复闭合。KM1 触头的释放、KT-3 的闭合，使 KM2、KM3 线圈得电，它们的辅助动断触头断开对 KM1 线圈进行互锁，主触头闭合使电动机接成 YY 高速运转，从而实现电动在高速运行时先低速启动，然后高速运转的自动切换。

停车时，按下停止按钮 SB3，所有接触器、继电器的线圈失电，触头复位，电动机断电停止运转。

任务二　三速异步电动机控制线路

一、三速异步电动机定子绕组的连接

三速异步电动机有两套定子绕组，分两层嵌入在定子槽内，第一套绕组（双速）有七个出线端 U1、V1、W1、U2、V2、W2、U3，可作△或 YY 连接；第二套绕组有三个出线端 U4、V4、W4，只作 Y 连接，如图 6-4 所示。当分别改变两套定子绕组的连接方式（即改变定子绕组的磁极对数）时，电动机就可以得到三种不同的转速。

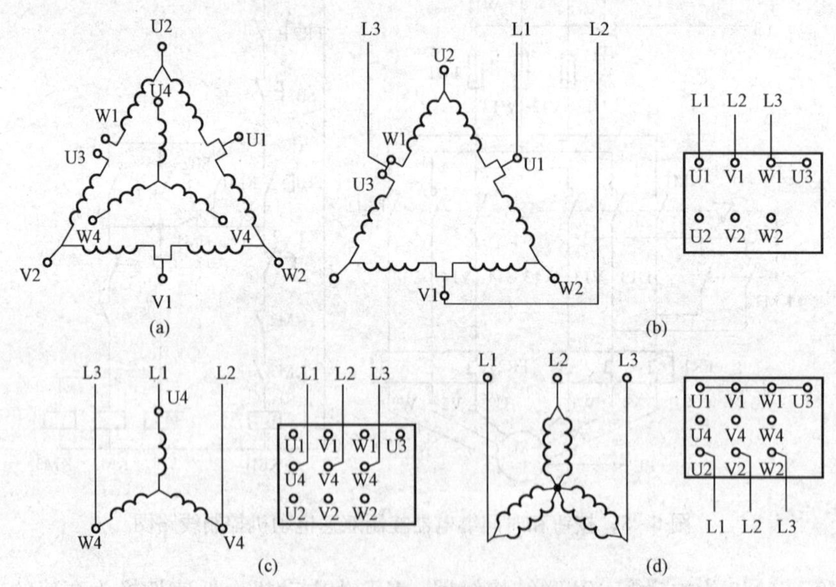

图 6-4　三速异步电动机定子绕组接线图

（a）双速电动机定子绕组；（b）△低速接法；

（c）Y 中速接法；（d）YY 高速接法

三速异步电动机定子绕组的接线方法如图 6-4（b）、（c）、（d）所示，并参见表 6-1。图中：W1 和 U3 出线端分开的目的是当电动机定子绕组接成 Y 中速运行时，避免在△接法的定子绕组中产生感应电流。

表 6-1　　三速异步电动机定子绕组接线表

转速	电源接线			绕组的连接方法	连接方式
	L1	L2	L3		
低速	U1	V1	W1	U3、W1	△
中速	U4	V4	W4	—	Y
高速	U2	V2	W2	U1、V1、W1、U3	YY

二、按钮、接触器控制三速异步电动机控制线路

按钮、接触器控制三速异步电动机控制线路如图 6-5 所示：其中 SB1、KM1 控制电动机△接法下低速运行；SB2、KM2 控制电动机 Y 接法下中速运行；SB3、KM3、KM4 控制电动机 YY 接法下高速运行。

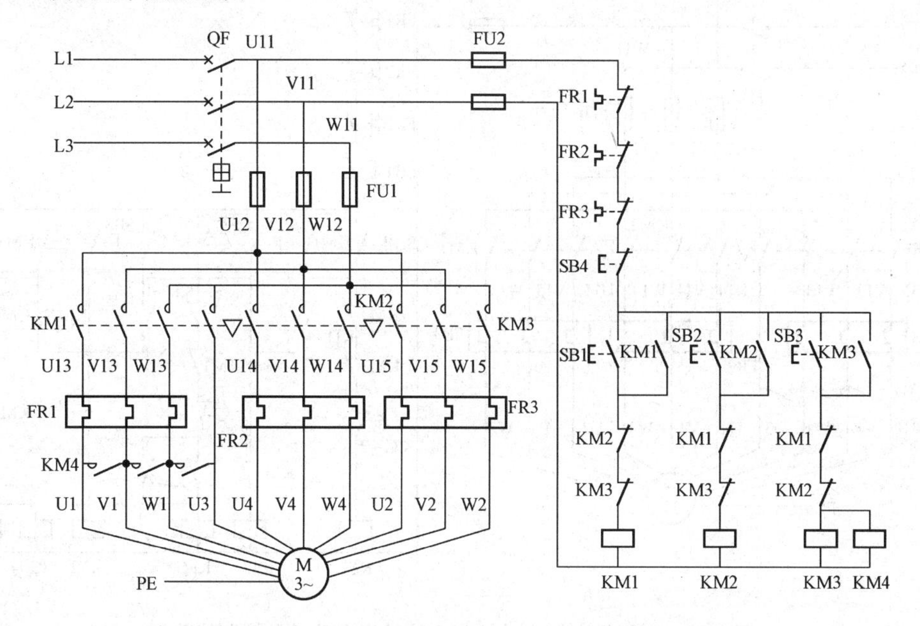

图 6-5　按钮、接触器控制三速异步电动机的控制线路图

线路的工作原理分析，先合上电源开关 QF：

低速启动运行：按下低速启动按钮 SB1，接触器 KM1 线圈得电，KM1 辅助动合触头闭合自锁，KM1 主触头闭合，电动机 M 第一套定子绕组出线端 U1、V1、W1 分别与三相电源相连接，U3 通过 KM1 主触头与 W1 相接，电动机 M 接成△低速运行。

低速转为中速运行：先按下停止按钮 SB4，KM1 线圈失电，KM1 主触头与辅助动合（自锁）触头复位断开，电动机 M 失电，KM1 辅助动断（联锁）触头复位闭合，再按下中速启动按钮 SB2，接触器 KM2 线圈得电，KM2 辅助动合触头闭合自锁，辅助动断触头断开实现联锁，主触头闭合，电动机 M 第二套定子绕组出线端 U4、V4、W4 与三相电源相连接，电动机接成 Y 中速运行。

中速转为高速运行：先按下停止按钮 SB4，KM2 线圈失电，KM2 辅助动断（联锁）触头复位闭合，主触头、辅助动合触头复位断开，电动机 M 失电。再按下高速启动按钮 SB3，则 KM3、KM4 线圈得电，KM3 辅助动断触头断开实现联锁，主触头与辅助动合触头闭合，

电动机第一套定子绕组出线端 U2、V2、W2 与三相电源相连，U1、V1、W1、U3 则通过 KM4 的三对主触头接在一起，此时电动机接成 YY 高速运行。

此电路比较简单，但在进行不同速度的转换时，必须先按下停止按钮，才能再按相应的启动按钮调速，所以操作很不方便。

三、　时间继电器自动控制三速异步电动机的控制线路

时间继电器自动控制三速异步电动机的控制线路如图 6-6 所示：其中 SB1、KM1 控制电动机△接法下低速运行；SB2、KT1、KM2 控制电动机△接法下的低速启动到 Y 接法下中速运行的自动切换；SB3、KT1、KT2、KM3、KM4 控制电动机从△接法下的低速至中速的启动，再过渡到 YY 接法下高速运行的自动切换。

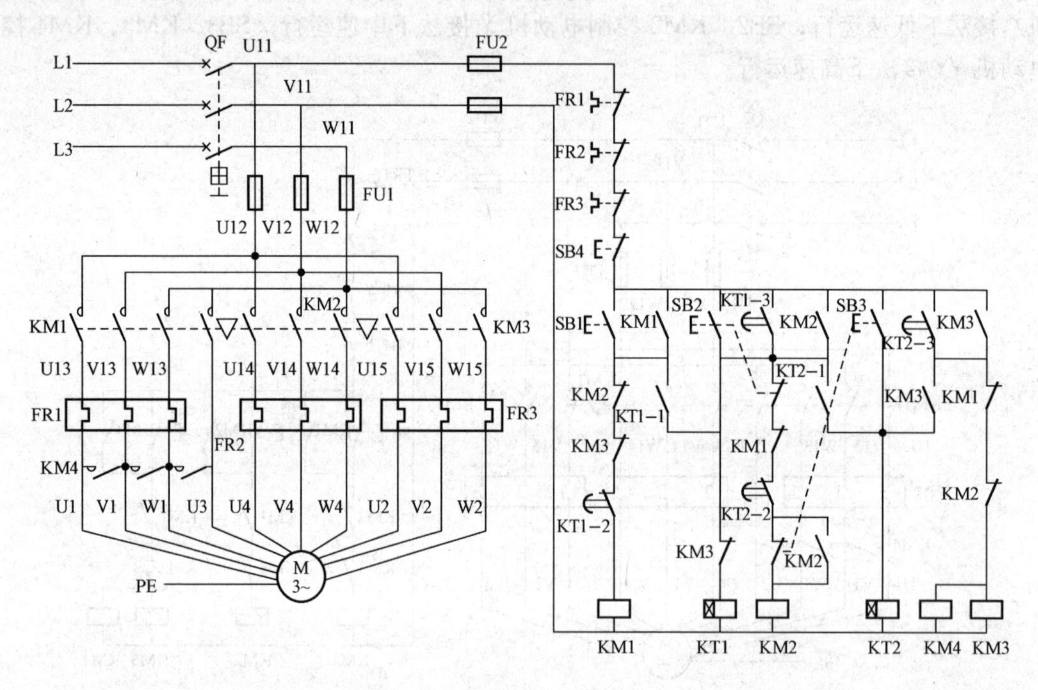

图 6-6　时间继电器自动控制三速异步电动机的控制线路图

下面分析线路的工作原理。先合上电源开关 QF：

1. △低速启动运行

按下 SB1→KM1 线圈得电→KM1 自锁触头闭合自锁→电动机 M 接成 △ 低速运行。
→KM1 主触头闭合（→电动机 M 接成 △ 低速运行）
→KM1 两对联锁触头断开对 KM2、KM3、KM4 实现联锁

停车时，按下 SB4 即可。

2. △低速启动、Y 中速运行

按下 SB2→SB2 常闭触头先分断
→SB2 常开触头后闭合→KT1 线圈得电→KT1-2、KT1-3 暂时未动作 ①
→KT1-1 瞬时闭合

①→KM1 线圈得电→KM1 触头动作→电动机 M 接成 △ 低速启动→经过 KT1 整定时间 ②

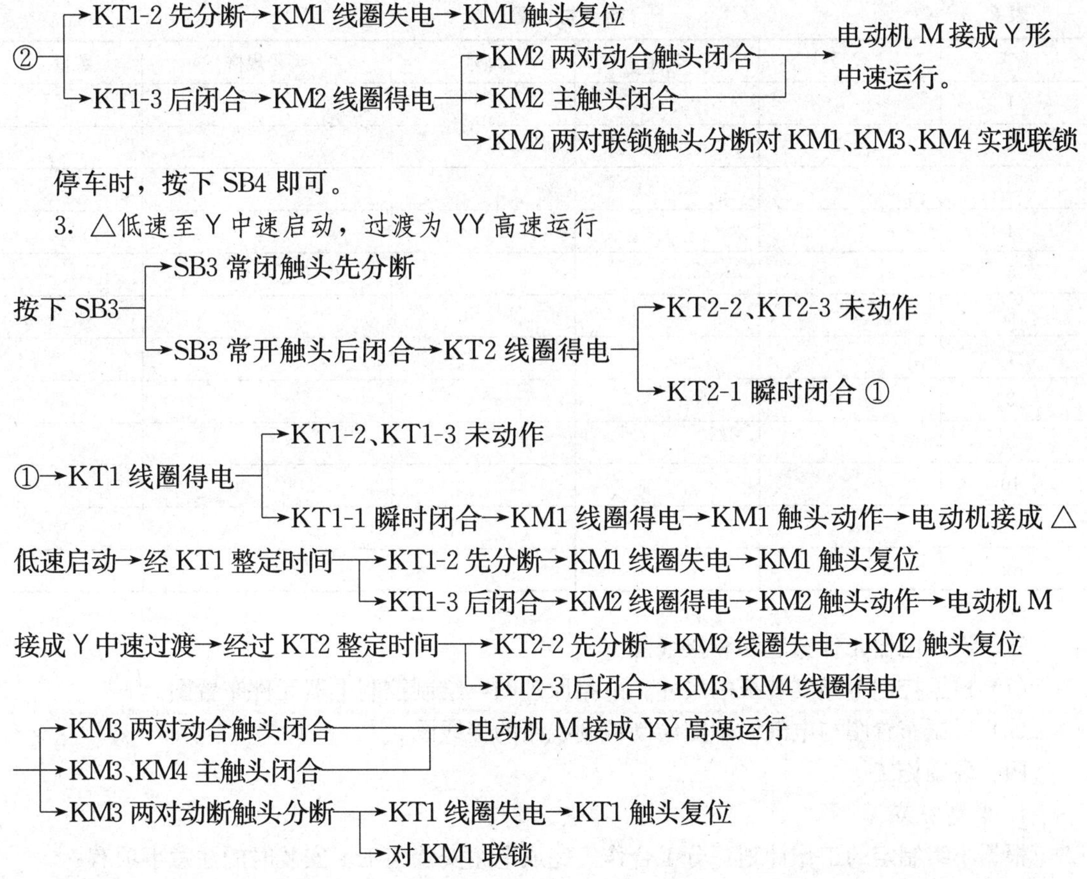

停车时，按下 SB4 即可。

3. △低速至 Y 中速启动，过渡为 YY 高速运行

停止时，按下 SB4 即可。

此电路在进行不同速度的转换时，可以不按停止按钮，直接按相应速度的启动按钮即可，并且可以自动地从低速过渡到中速、高速，操作方便，启动效果较好。但要注意，KT2 的延时时间必须大于 KT1 的延时时间。

任务三　双速电动机控制线路的安装

一、制定工作计划

思考：与前面所学内容相比较，该施工项目所用的电动机有什么不同？如何检测该电动机的质量？该电动机两种不同速度时分别该怎样接线？

根据图 6-3 所示按钮和时间继电器控制双速电动机控制线路图，先熟悉控制线路的组成和工作原理，然后制定出小组工作计划。

二、工具、仪表与器材

根据图 6-3，列举所需工具、仪表和器材，填入表 6-2 和表 6-3 中。

表 6-2　　工具与仪表清单

工具	
仪表	

表6-3 器材清单

序号	代号	名称	型号	型号规格	数量
1					
2					
3					
4					
5					
6					
7					
8					
9					
10					
11					
12					

三、设计电器元件布置图和接线图

(1) 根据控制电路安装板的尺寸、电路原理图，绘制控制电器元件布置图。

(2) 根据布置图与电气原理图绘制控制线路的接线图。

四、现场施工

1. 电路安装

根据小组制定的工作计划，分工合作，完成电路安装施工。安装时的注意事项有：

1）接线时，注意主电路中接触器KM1、KM2在两种转速下电源相序不能接错，否则，两种转速下电动机的旋转方向会相反，且换向时会产生很大的冲击电流。

2）控制双速电动机△接法的接触器KM1和YY接法的KM2主触头不能对换接线，否则不但无法实现双速控制要求，而且会在YY运转时造成电源的短路事故。

3）注意电路中热继电器FR1、FR2的整定电流值不一样，在主电路中的接线不要搞错。

4）通电之前要清理安装板上的工具、导线和其他物品，且在反复检查、测量，确保无短路等问题之后，再通电试车。通电试车时至少要有两人在场，一旦出现异常现象，立即切断电源，待故障排除后再通电。

2. 故障检修

(1) 故障设置。在控制电路或主电路中，由小组内的一至两个人人为地设置两处电气故障，以供小组其他成员检修。在设置故障时，要充分考虑所设置的电路故障在通电时不会造成人身和设备的安全隐患。

(2) 故障检修。小组其他人员，根据前面所学知识，先观察故障现象，然后进分析，进而排除故障。

检修时，要求先用万用表对电路进行检测，在确保没有短路等不能通电因素，且有监护人的前提下，通电检修。检修时，不能扩大故障范围，要确保安全。

(3) 注意事项。

1）在排除故障的过程中，分析故障的思路和方法要正确。

2）带电检修故障时，得注意用电安全，确保人身和电器元件的安全。

3）工具和仪表的使用要正确。

4）要做到安全文明生产。

5）如需带电检测，必须有人在现场监护，并确保用电安全。

6）小组内交换设置故障，熟悉故障的检修方法与步骤。

（4）故障检修评分标准。根据检修具体情况，由小组组长组织组内成员对控制电路检修情况评分，评分标准可参见表6-4。

表6-4　　故障检修评分标准

项目内容	配分	评分标准				得分
故障分析	30	（1）故障分析、排除故障的思路不正确			每个扣5～10分	
		（2）电路故障范围判断错误			每处扣10分	
排除故障	70	（1）停电不验电			扣5分	
		（2）工具及仪表使用不当			每次扣5分	
		（3）排除故障的顺序不对			扣5～10分	
		（4）检修时引起电路短路			扣10分	
		（5）不能正确检查出故障点			每个扣20分	
		（6）能检查出故障点，但不能排除			每个扣10分	
		（7）产生新的故障：				
		不能排除			每个扣30分	
		能排除			每个扣10分	
		（8）损坏电动机			扣60分	
		（9）损坏电器元件			每个扣10分	
安全文明生产	违反安全文明生产规程				扣10～60分	
定额时间	在规定的时间内完成任务				每超过1min扣1分	
开始时间		结束时间		实际用时		成绩

任务四　验收、展示、总结与评价

一、验收

各小组完成工作任务后，根据表6-5先在组内由小组成员验收，如验收还存在有问题，再进行解决，直至验收通过。小组验收通过后，交由教师验收。

表6-5　　施工评分表

项目内容	配分	评分标准		得分
器材准备	5	（1）不清楚元器件的功能及作用	扣2分	
		（2）不能正确选用元器件	扣3分	
工具、仪表的使用	5	（1）不会正确使用工具	扣2分	
		（2）不能正确使用仪表	扣3分	

续表

<table>
<tr><th>项目内容</th><th>配分</th><th colspan="5">评 分 标 准</th><th>得分</th></tr>
<tr><td rowspan="3">装前检查</td><td rowspan="3">10</td><td colspan="4">（1）电动机质量检查</td><td>每漏一处扣 2 分</td><td rowspan="3"></td></tr>
<tr><td colspan="4">（2）电器元件漏检或错检</td><td>每处扣 2 分</td></tr>
<tr><td colspan="4">（3）电动机首尾端判断错误</td><td>扣 8 分</td></tr>
<tr><td rowspan="5">安装电器元件</td><td rowspan="5">15</td><td colspan="4">（1）不按布置图安装</td><td>扣 5 分</td><td rowspan="5"></td></tr>
<tr><td colspan="4">（2）电器元件安装不紧固</td><td>每只扣 4 分</td></tr>
<tr><td colspan="4">（3）安装电器元件时漏装木螺钉</td><td>每只扣 2 分</td></tr>
<tr><td colspan="4">（4）电器元件安装不整齐、不匀称、不合理</td><td>每只扣 3 分</td></tr>
<tr><td colspan="4">（5）损坏电器元件</td><td>每只扣 15 分</td></tr>
<tr><td rowspan="7">布线</td><td rowspan="7">30</td><td colspan="4">（1）不按电路图接线</td><td>扣 10 分</td><td rowspan="7"></td></tr>
<tr><td colspan="4">（2）布线不符合要求：主电路</td><td>每根扣 4 分</td></tr>
<tr><td colspan="4">控制电路</td><td>每根扣 2 分</td></tr>
<tr><td colspan="4">（3）接点松动、露铜过长、压绝缘层、反圈等</td><td>每个接点扣 1 分</td></tr>
<tr><td colspan="4">（4）损伤导线绝缘或线芯</td><td>每根扣 5 分</td></tr>
<tr><td colspan="4">（5）漏套或错套编码套管（教师要求）</td><td>每处扣 2 分</td></tr>
<tr><td colspan="4">（6）漏接接地线</td><td>扣 10 分</td></tr>
<tr><td rowspan="5">通电试车</td><td rowspan="5">35</td><td colspan="4">（1）热继电器未整定或整定值错误</td><td>扣 5 分</td><td rowspan="5"></td></tr>
<tr><td colspan="4">（2）熔体规格配错，主、控电路各</td><td>扣 5 分</td></tr>
<tr><td colspan="4">（3）第一次试车不成功</td><td>扣 10 分</td></tr>
<tr><td colspan="4">第二次试车不成功</td><td>扣 20 分</td></tr>
<tr><td colspan="4">第三次试车不成功</td><td>扣 30 分</td></tr>
<tr><td>安全文明生产</td><td colspan="5">违反安全文明生产规程、小组团队协作精神不强</td><td>扣 5～40 分</td><td></td></tr>
<tr><td>定额时间</td><td colspan="5">定额 5h，每超时 5min</td><td>扣 5 分</td><td></td></tr>
<tr><td>备　注</td><td colspan="6">除定额时间外，各项目的最高扣分不应超过配分分数</td><td></td></tr>
<tr><td>开始时间</td><td></td><td>结束时间</td><td></td><td>实际时间</td><td></td><td>总成绩</td><td></td></tr>
</table>

提示

通电试车时，必须有监护人在场，且要注意观察电动机、各电器元件及线路各部分工作是否正常。若发现有冒烟、异常声音、电动机堵转等异常情况，必须立即切断电源开关 QF，而不是按下 SB3，因为此时停止按钮 SB3 可能已失去停止功能。

二、学生分组展示

在不同课题的展示时，各小组成员可轮流上台展示。名小组在课前准备好展示的方式和材料，展示时，可用语言、图片、录像、海报等各种形式。要求展示时要重点突出学习过程中遇到的困难、学习的成果和今后学习要注意的地方，要加强和组内及全班同学的相互交流，共同学习，相互促进。

三、教学效果的评价（见表 6 - 6）

表 6 - 6　　教学效果评价表

序号	项目	自我评价			小组评价			教师评价		
		10～8	7～6	5～1	10～8	7～6	5～1	10～8	7～6	5～1
1	学习态度									
2	学习过程表现									
3	安全文明生产									
4	电路安装效果									
5	理论掌握情况									
6	故障检修情况									
7	时间观念									
8	展示情况									
9	理论学习									
10	创新能力									
总　评										

四、点评与答疑

1. 点评

教师根据该项目的学习过程，对理论掌握情况、施工效果、故障检修及学习成果展示等环节，做出一个具体的评价，并指出今后学习注意的地方。

2. 答疑

教师根据各小组的展示情况，就各组提出的疑难问题，先组织全班同学一起查阅相关资料，再进行讨论，如果找不到问题的答案，再由教师引导，解决问题。

思考与练习

1. 三相异步电动机的调速方法有哪几种？

2. 双速电动机定子绕组有几个出线端？分别画出双速电动机在低、高两种不同转速时定子绕组的接线图。

3. 三速电动机定子绕组有几个出线端？分别画出三速电动机在低、中、高三种不同转速时定子绕组的接线图。

4. 根据要求，设计双速电动机控制线路：

（1）分别用两个按钮操作电动机的低速和高速启动，用一个停止按钮控制电动机的停车。

（2）在高速运转时，应先接成低速启动，然后经延时再自动换接成高速运转。

（3）具有短路、过载、欠电压、失电压保护功能。

5. 在题 4 的基础上，增加电动机正反转控制功能，试设计其电气控制线路图。

6. 根据题 5 所设计的电路，进行电路的安装施工。

项目七　三相异步电动机制动控制线路

知识目标

（1）熟悉速度继电器、电磁铁、电磁离合器的结构、特点及应用；
（2）掌握电动机的制动方法及意义；
（3）掌握电动机反接制动控制线路的工作原理；
（4）掌握电动机的能耗制动和电磁制动控制线路工作原理的分析。

技能目标

（1）会进行三相笼型异步电动机反接制动控制线路安装与调试；
（2）会进行三相笼型异步电动机的能耗制动和电磁制动控制线路的安装与检修。

素养目标

通过三相异步电动机制动控制线路项目的学习，掌握制动控制对生产机械的意义，培养学生观察、思考、动手、分析、总结问题的良好习惯，养成认真、细致的学习态度，增强动手操作能力。

任务一　元件的学习

一、速度继电器

速度继电器是一种以转速为输入量的非电信号检测电器，它能在被测转速上升或下降至某一预先设定值时输出通断信号，在电气控制中通常用于笼型异步电动机的反接制动控制，因此又称为反接制动继电器。

速度继电器主要由定子、转子和触头系统等部分组成，其结构原理与符号如图7-1所示。定子是一个笼型空心圆环，由硅钢片叠制而成，并装有笼型绕组；转子是一个圆柱形永久磁铁；触头系统有一组正向运转时动作和一组反向运转时动作的触头，每组又各有一对动合和一对动断触头。

速度继电器的转轴与电动机同轴相连，转子固定在电动机的转轴上，定子与转轴同心。当电动机转动时，速度继电器的转子随之转动，绕组切割磁场产生感应电动势和感应电流，此电流产生的磁场和永久磁铁的磁场相互作用而产生转矩，使定子向轴的转动方向偏摆，通过定子柄拨动触头，使动断触头断开、动合触头闭合。当电动机转速下降到一定值时，转矩减小，定子柄在弹簧力的作用下恢复原位，触头也复原。一般速度继电器触头的动作转速为140r/min左右，触头复位转速为100r/min左右。速度继电器的电气符号如图7-1（b）所示。

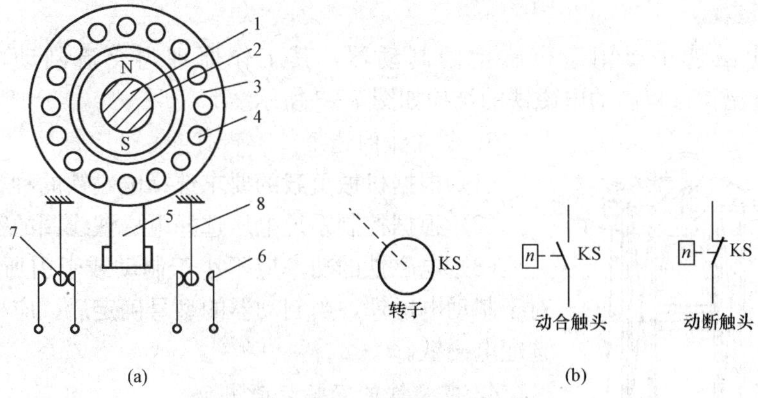

图 7-1　速度继电器结构原理及符号

(a) 速度继电器结构原理图；(b) 电气符号

1—转轴；2—转子；3—定子；4—绕组；5—摆锤；

6—静触头；7—动触头；8—簧片

常用的感应式速度继电器有 JY1 和 JFZ0 系列。JY1 系列能在 3000r/min 的转速下可靠工作。JFZ0 系列触头改用微动开关，动作速度不受定子柄偏转快慢的影响。其中 JFZ0—1 型适用于300～1000r/min 速度下运转，JFZ0—2 型适用于 1000～3000r/min 速度下运转。

二、电磁铁

电磁铁利用电磁吸力来操纵牵引机械装置，以完成预期的动作，或钢铁零件的吸持、固定及铁磁物体的起重搬运等，因此它是将电能转化为机械能的一种低压电器。

电磁铁主要由铁芯、衔铁、线圈和工作机构四部分组成。按线圈中通过电流的种类，电磁铁可分为交流电磁铁和直流电磁铁。

1. 交流电磁铁

为减小涡流与磁滞损耗，交流电磁铁的铁芯和衔铁用硅钢片叠压铆合而成，并在铁芯端部装有短路环。交流电磁铁的种类很多，按电流相数分为单相、二相和三相；按线圈额定电压可分为 220V 和 380V；按功能可分为牵引电磁铁、制动电磁铁和起重电磁铁。其中制动电磁铁按衔铁行程分为长行程（大于 10mm）和短行程（小于 5mm）两种。交流短行程制动电磁铁为转动式，制动力矩较小，多为单相或两相结构。电磁铁的结构与电气符号如图 7-2 所示。

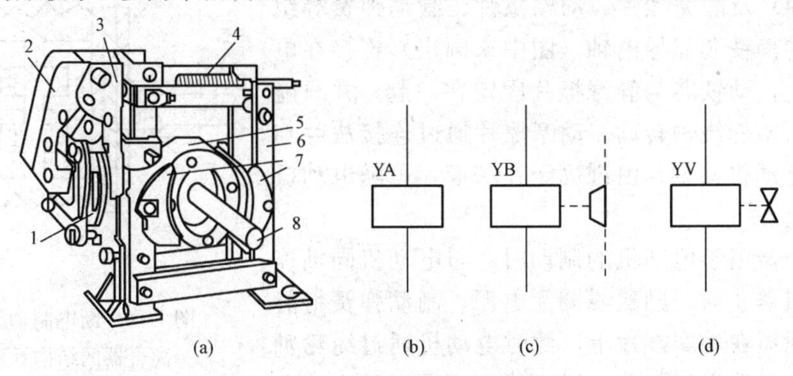

图 7-2　电磁铁的结构与电气符号

(a) 结构；(b) 一般符号；(c) 电磁制动器符号；(d) 电磁阀符号

1—线圈；2—衔铁；3—铁芯；4—弹簧；5—闸轮；6—杠杆；7—闸瓦；8—转轴

2. 直流电磁铁

直流制动电磁铁主要用于电磁抱闸制动器，其工作原理与交流制动电磁铁相同。MZZ2—H型直流长行程制动电磁铁的结构如图7-3所示。

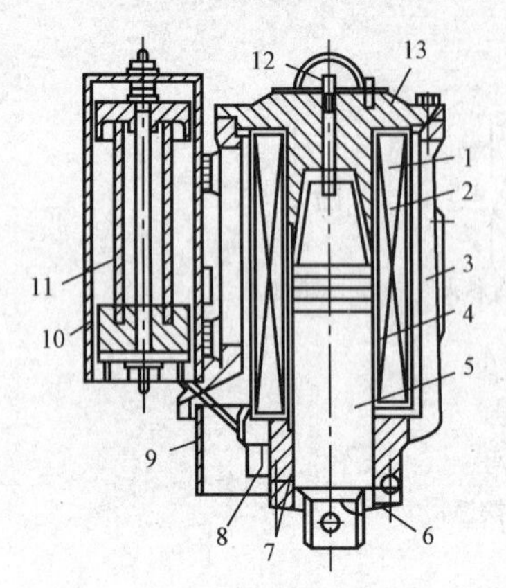

图7-3　MZZ2—H型直流长行程制动电磁铁的结构

1—黄铜线圈；2—线圈；3—外壳；4—导向管；5—衔铁；6—法兰；7—油封；8—接线板；9—盖；10—箱体；11—缓冲弹簧；12—管形电阻；13—钢盖

3. 电磁铁的选用

(1) 根据机械负载的要求选择电磁铁的种类和结构。

(2) 根据控制系统电压选择电磁铁线圈的额定电压。

(3) 电磁铁的功率应不小于制动或牵引所需要的功率。对于制动电磁铁，当制动器的型号确定后，应根据规定正确选配电磁铁。

4. 电磁铁的安装与使用

(1) 安装前应清除灰尘和污垢，并检查衔铁有无机械卡阻。

(2) 电磁铁要牢固地固定在底座上，并在紧固螺钉下放弹簧垫圈锁紧。制动电磁铁要调整好制动电磁铁与制动器之间的连接关系，保证制动器获得所需的制动力矩。

(3) 电磁铁应按接线图要求进行接线，接通电源后，操作数次，检查衔铁动作是否正常以及有无噪声等。

(4) 定期检查衔铁行程的大小，该行程在运行过程中由于制动面的磨损而增大。当衔铁行程偏离正常值时，要对衔铁行程进行调整，以恢复制动面和转盘间的最小空隙，不让行程增加到正常值以上，因为这样可能会引起吸力的显著下降。

(5) 检查连接螺钉的旋紧程度，注意可动部分的机械磨损。

三、电磁离合器

电磁离合器常用于电动机的制动，其制动原理和电磁抱闸制动器的制动原理类似，通常有通电制动型和断电制动型两种，下面以断电制动型为例来说明它的结构及工作原理。断电制动型电磁离合器的结构示意图如图7-4所示。

电磁离合器主要由制动电磁铁（包括动铁芯、静铁芯和励磁线圈）及静摩擦片、动摩擦片、制动弹簧等组成。电磁铁的静铁芯靠导向轴（图中未画出）连接在电动葫芦本体上，动铁芯与静摩擦片固定在一起，并只能做轴向移动而不能绕轴转动。动摩擦片通过连接法兰与绳轮轴（与电动机共轴）由键固定在一起，可随电动机一起转动。

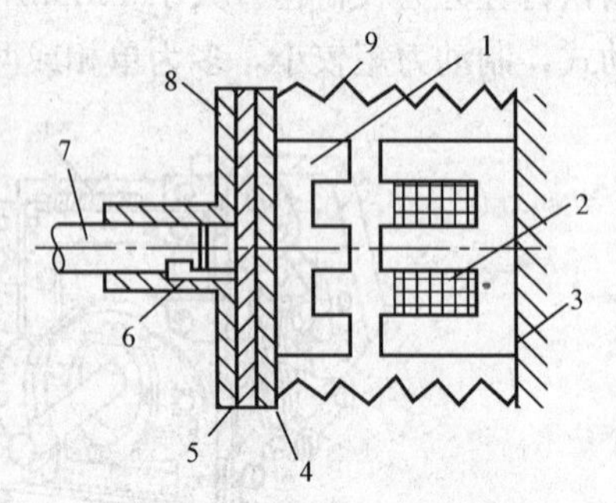

图7-4　断电制动型电磁离合器的结构示意图

1—动铁芯；2—励磁线圈；3—静铁芯；4—静摩擦片；5—动摩擦片；6—键；7—绳轮轴；8—法兰；9—制动弹簧

电磁离合器用于电动机的制动时，与电动机同轴连接。当电动机静止时，励磁线圈无电源，制动弹簧将静摩擦片紧紧地压在动摩擦片上，此时电动机通过绳轮轴制动。当电动机通电运转时，励磁线圈也同时得电，电磁铁的动铁芯被静铁芯吸合，使静摩擦片与动摩擦片分开，于是动摩擦片连同绳轮轴在电动机的带动下正常启动运转。当电动机切断电源时，励磁线圈也同时失电，制动弹簧立即将静摩擦片连同铁芯推向转动着的动摩擦片，强大的弹簧张力迫使动、静摩擦片之间产生足够大的摩擦力，使电动机在断电后立即受制动而停止运转。

任务二　反接制动控制线路

有些生产工艺要求电动机能迅速而准确地停车，但电动机断电后，由于惯性作用，停车时间较长，这就要求对电动机进行强迫制动。制动停车的方式有机械制动和电气制动两种。机械制动实际上就是利用电磁铁操作机械装置，迫使电动机在切断电源后迅速停止的制动方法，常见的有电磁抱闸制动和电磁铁制动。而电气制动实际上就是在电动机停止转动过程中产生一个与原来转动方向相反的制动力矩来迫使电动机迅速停止转动的方法。三相笼型异步电动机常用的电气制动方法有反接制动和能耗制动。

在电动机处于电动运行时，将电动机定子绕组的电源两相反接，因机械惯性，转子的转向不变，而电源相序改变，使旋转磁场的方向与转子的旋转方向相反，转子绕组中的感应电动势、感应电流和电磁转矩的方向都发生了改变，电磁转矩变成了制动转矩，在其作用下，电动机迅速停车。停车后应立即切断电源，否则电动机将反向启动。所以在一般的反接制动电路中常利用速度继电器来反映速度，以实现准确的制动控制。

在反接制动时，由于反向旋转磁场的方向和电动机转子做惯性旋转的方向相反，因而转子和反向旋转磁场的相对转速接近于两倍同步转速，定子绕组中流过的反接制动电流相当于启动时电流的 2 倍，冲击很大。因此，反接制动虽有制动快、制动转矩大等优点，但是由于有制动冲击电流过大、能量消耗大、适用范围小等缺点，故该制动方法仅适用于 10kW 以下小容量电动机的制动。通常在笼型异步电动机的定子回路中串接电阻，以限制反接制动时的冲击电流。

一、电动机单向运行反接制动控制线路

图 7-5 所示为电动机单向运行反接制动的控制线路图。在控制线路中停止按钮 SB2 采用复合按钮，用于电动机的停车和制动。

1. 电路的工作过程分析

合上电源开关 QF，按下启动按钮 SB1，接触器 KM1 线圈得电并自锁，主触头闭合，电动机启动单向运行，辅助动断触头 KM1 断开，实现互锁。当电动机的转速大于 120r/min 时，速度继电器 KS 的动合触头闭合，为反接制动做好准备。

停车时，按下停止按钮 SB2，则 SB2 动断触头先断开，接触器 KM1 线圈断电；KM1 主触头断开，KM1 自锁触头断开，解除自锁，使电动机断电后惯性运转，KM1 联锁触头闭合，为反接制动做准备。此时电动机虽脱离电源，但由于机械惯性，电动机仍以很高的转速旋转，因此速度继电器 KS 的动合触头仍处于闭合状态。将 SB2 按到底，其动合触头闭合，从而接通反接制动接触器 KM2 的线圈，KM2 辅助动合触头闭合自锁，辅助动断触头断开，实现互锁，KM2 主触头闭合，使电动机定子绕组 U、W 两相交流电源反接，电动机进入反接制动状态，电动机的转速迅速下降。当转速 $n<100$r/min 时，速度继电器 KS 的触头复位断开，接触器 KM2 线圈断电，反接制动过程结束。

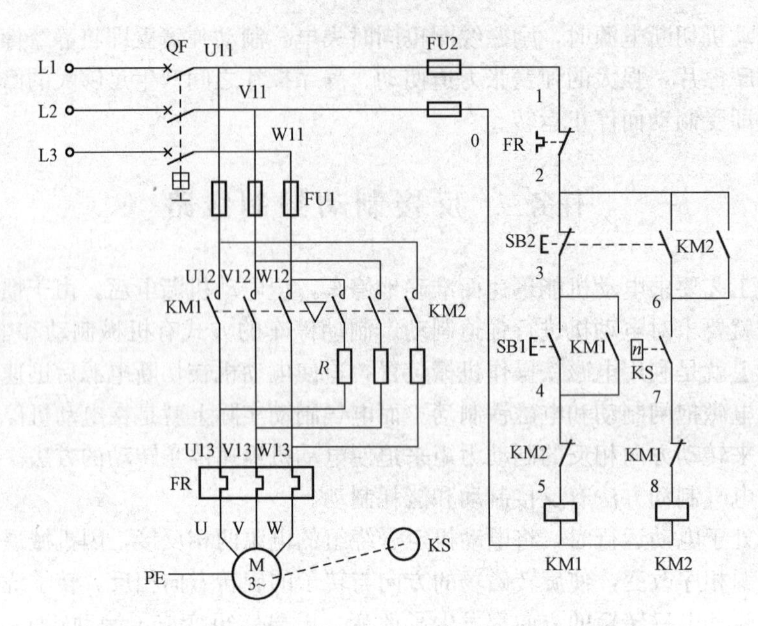

图 7-5 电动机单向运行反接制动的控制线路图

2. 按照原理图接线

在电路安装时要注意：接主电路时，接触器 KM1 及 KM2 主触头的相序不可接错，否则起不到制动的作用；接线端子排 XT 与电阻器之间须使用护套线；速度继电器安装在电动机轴端或传动箱上预留的安装平面上，须用护套线经过接线端子排与控制电路连接。如果是 JY1 系列速度继电器，由于每组都有动合、动断触头，使用公共触头时，接线前要用万用表测量核对，以免接错造成线路故障。另外，在使用速度继电器时，必须先根据电动机的运转方向正确选择速度继电器的触头，然后再接线。

3. 根据原理图 7-5 对安装线路进行检查

检查速度继电器的转子、联轴器与电动机轴的转动方向是否一致，速度继电器的触头切换动作是否正常，同时要检查限流电阻器的接线端子及与电阻的连接情况、电动机的接地情况，并测量每只电阻的阻值是否符合要求。接线完成后按控制线路图逐线核对检查，以排除错接和虚接情况。然后断开电源开关 QF，取下接触器 KM2 和 KM1 的灭弧罩，用万用表的 R×10 或 R×100 挡进行以下几项的检测：

（1）检查主电路。

首先断开 FU2，切除辅助电路，然后按下 KM1 主触头支架，分别测量 QF 下端 U11～V11、V11～W11 及 U11～W11 之间的电阻，测量值应为电动机各相绕组的直流电阻值；松开 KM1 主触头支架，电路断开，被测阻值应为无穷大。按下 KM2 主触头支架，分别测量 QF 下端 U11～V11、V11～W11 及 U11～W11 之间的电阻，测量值应为电动机各相绕组串联两个限流电阻后的阻值；松开 KM2 主触头支架，电路断开，被测阻值应该无穷大。否则，电路不正常。

（2）检查控制电路。

拆下主熔断器 FU1，连通 FU2，将万用表置于 R×100 挡，两表笔分别接 U11、V11 端子，做以下检测：

1）检查启动控制。按下 SB1，测量值应为 KM1 线圈的电阻值；松开 SB1 电路断开，被测阻值应为无穷大；按下 KM1 触头架，测量值应为 KM1 线圈的直流电阻值；松开 KM1 触头支架，电路断开，被测阻值应为无穷大。

2）检查反接制动控制。按下 SB1，再按下 SB2，万用表显示由通到断；松开 SB1，将 SB2 按到底，同时用手动旋转电动机转轴，使其转速达到 120r/min 以上，KS 的动合触头闭合，测量值应为 KM2 线圈的电阻值；电动机转速下降到 100r/min 以下时线路由通到断。应注意电动机轴的转向应能使速度继电器的动合触头闭合。

3）检查联锁线路。按下 KM1 辅助触头支架，测得 KM1 线圈电阻值的同时，再按下 KM2 辅助触头支架使其动断触头分断，应测得线路由通到断；同样将万用表的表笔接在速度继电器 KS 动合触头接线端（7 号线上）和 V11 端，将测得 KM2 线圈电阻值，再按下 KM1 辅助触头支架使其动断触头分断，也应显示线路由通到断。

4）通电检查。以上检查一切正常后，检查三相电源，装好接触器的灭弧罩和熔断器，在教师监护下通电试车。

合上隔离开关 QF，先进行空载试验，空载工作正常后，接上电动机，按下 SB1，观察电动机启动情况；轻按 SB2，KM1 应失电使电动机断电后逐渐停转。在电动机转速下降的过程中观察 KS 触头的动作。再次启动电动机后，将 SB2 按到底，电动机应进行制动，在 1～2s 内迅速停转。

二、电动机可逆运行的反接制动

电动机可逆运行的反接制动控制线路如图 7-6 所示。其中，接触器 KM1、KM2 分别为正、反转接触器，KM3 为短接电阻 R 的接触器，这里 R 既是反接制动电阻，也是限制启动电流的启动电阻。KA1～KA4 为中间继电器，KS-1 为速度继电器在正转时闭合的动合触头，KS-2 为速度继电器在反转时闭合的动合触头。

电路工作原理分析如下（以正转为例）：先合上电源开关 QF，再按下正转启动按钮 SB1，此时中间继电器 KA3 线圈通电，动断触头 KA3（10—11）断开以互锁 KA2，动合触头 KA3（3—4）闭合自锁，动合触头 KA3（3—7）闭合，使接触器 KM1 线圈得电，KM1 主触头闭合，电动机定子绕组在串入减压启动电阻 R 的情况下接通正序三相电源正转启动。当电动机转速上升到大于 120r/min 时，速度继电器正转闭合的动合触头 KS-1（2—14）闭合，使中间继电器 KA1 通电并自锁，这时动合触头 KA1（2—18）和 KA3（18—19）闭合，接通接触器 KM3 的线圈电路，KM3 主触头闭合，电阻 R 被短接，电动机在额定电压下正向运转。在电动机正转的过程中，若按下停止按钮 SB3，则 KA3、KM1、KM3 三个线圈都断电。此时，由于惯性，电动机转子的转速仍然很高，动合触头 KS-1（2—14）仍处于闭合状态，中间继电器 KA1 的线圈仍通电，其动合触头 KA1（2—12）仍闭合，因此在接触器 KM1（12—13）动断触头复位后，接触器 KM2 线圈通电，主触头闭合，使定子绕组经电阻 R 接通反相序的三相交流电源，对电动机进行反接制动，电动机的转速迅速下降。当电动机的转速低于 100r/min 时，速度继电器动合触头 KS-1（2—14）断开，中间继电器 KA1 线圈断电，KA1（2—12）断开，接触器 KM2 线圈断电释放，主触头断开，电动机反接制动过程结束。

电动机反向启动、制动及停车的过程，与上述正向过程基本相同，请读者自行分析。

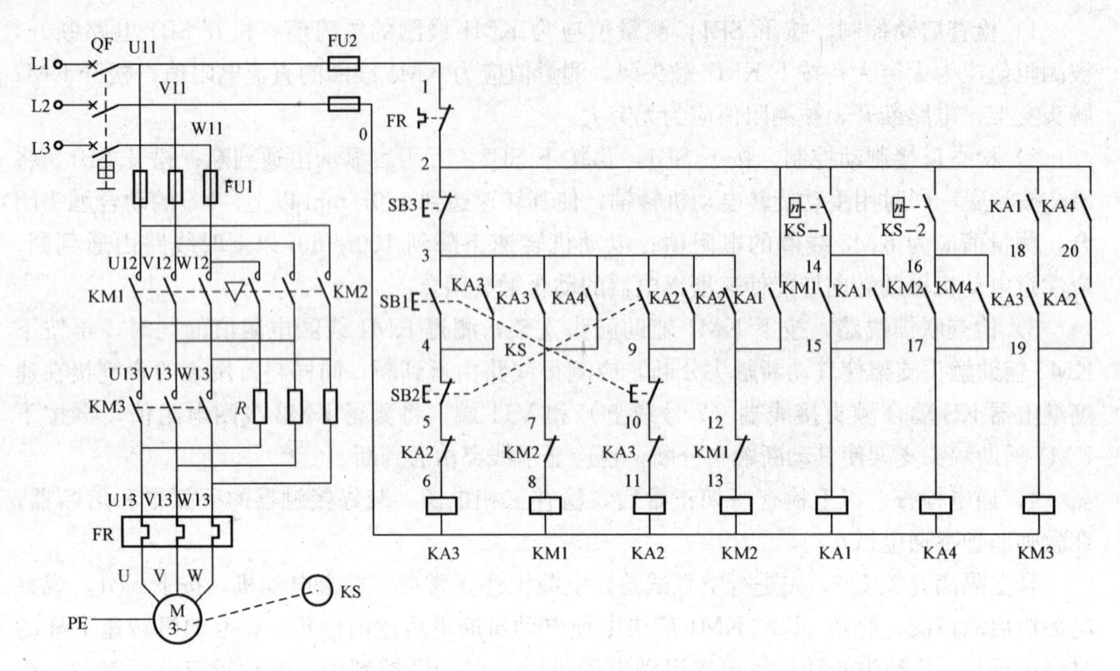

图 7-6 电动机可逆运行的反接制动控制线路

任务三 能耗制动与机械制动控制线路

一、能耗制动控制线路

三相笼型异步电动机能耗制动是指电动机断开电源之后，在定子绕组上加一个直流电压，通入直流电流，定子绕组产生一个恒定的磁场，转子因惯性继续旋转而切割该恒定的磁场，在转子绕组中便产生感应电动势和感应电流，同时将运动过程中存储在转子中的机械能转变为电能，又消耗在转子绕组上的一种制动方法。

能耗制动的特点是制动电流较小，能量损耗小，制动准确，但它需要直流电源，制动速度较慢，所以它适用于要求制动平稳的场合，它有如下两种方式。

1. 按时间原则控制的能耗制动控制线路

按时间原则控制的笼型异步电动机能耗制动控制线路如图 7-7 所示。

(1) 控制线路工作原理分析。

合上电源开关 QF，按下启动按钮 SB1，接触器 KM1 线圈通电动作并自锁，主触头接通电动机主电路，电动机在额定电压下启动运行。

停车时，按下停止按钮 SB2，其动断触头先断开使接触器 KM1 线圈断电，KM1 主触头断开，切断电动机电源；SB2 的动合触头后闭合，接触器 KM2、通电延时时间继电器 KT 的线圈均通电，并经 KM2 的辅助动合触头和 KT 的瞬时动合触头自锁；同时，KM2 的主触头闭合，给电动机两相定子绕组 V、W 两相通入直流电流，进行能耗制动。经 KT 整定时间，KT 的动断延时触头断开，接触器 KM2 线圈断电释放，其主触头断开，切断直流电源，并且时间继电器 KT 线圈断电，为下次制动做准备。

在该控制线路中，时间继电器 KT 的整定时间即为制动时间，因此，在通电时，要根据

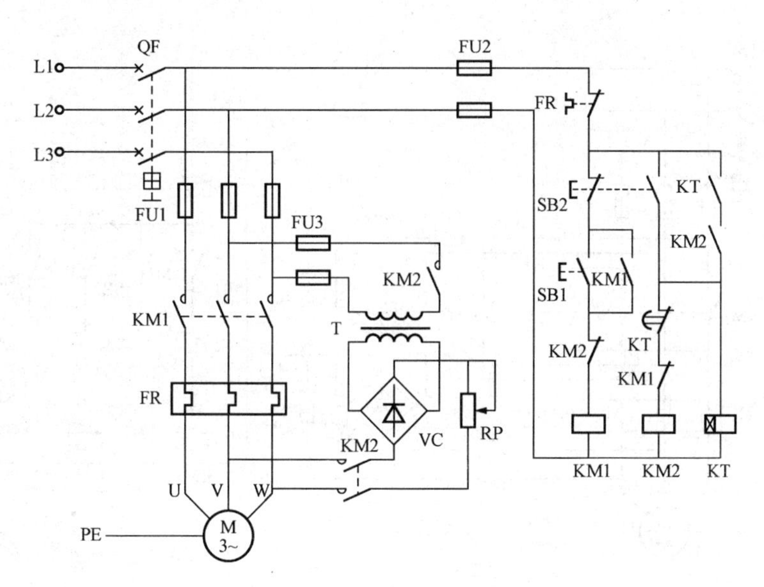

图 7-7　按时间原则控制的笼型异步电动机能耗制动控制线路图

实际情况，反复试验、调整，控制好制动时间长短。图中利用 KM1 和 KM2 的动断触头进行互锁的目的是防止交流电和直流电同时进入电动机定子绕组，造成事故。

（2）制动功能的检查。

先断开 KT 的线圈，然后按下 SB1，启动电动机后，轻按 SB2，观察 KM1 主触头释放后电动机是否是惯性运转。再启动电动机，将 SB2 按到底使电动机进入制动状态，注意记下电动机制动所需要的时间。

注意

进行制动时，需要将 SB2 按到底，根据制动过程记录的电动机制动时间，来调整时间继电器的整定时间。切断电源后，接好 KT 线圈连接线，检查无误后接通电源。启动电动机，待达到额定转速后进行制动，电动机停转时，KT 和 KM2 应刚好断电释放，反复试验、调整以达到上述要求。

2. 按速度原则控制的可逆运行能耗制动

按速度原则控制的可逆运行能耗制动控制线路如图 7-8 所示。图中，接触器 KM1 和 KM2 分别为正、反转接触器，KM3 为制动接触器，KS 为速度继电器，KS-1、KS-2 分别为正、反转时速度继电器对应的动合触头。

电路工作原理分析如下（以正转为例分析）：

启动时，合上电源开关 QF，按下正转启动按钮 SB1，接触器 KM1 线圈通电并自锁，电动机启动正转运行，当电动机转速上升到 120r/min 时，速度继电器动合触头 KS-1 闭合，为能耗制动做好准备。

停车时，按下停止按钮 SB3，动断触头先断开，接触器 KM1 线圈断电，SB2 的动合触头后闭合，接触器 KM3 线圈通电动作并自锁，其主触头闭合，将直流电源接入电动机定子绕组中进行能耗制动，电动机转速迅速下降。当转速下降到 100r/min 时，速度继电器 KS

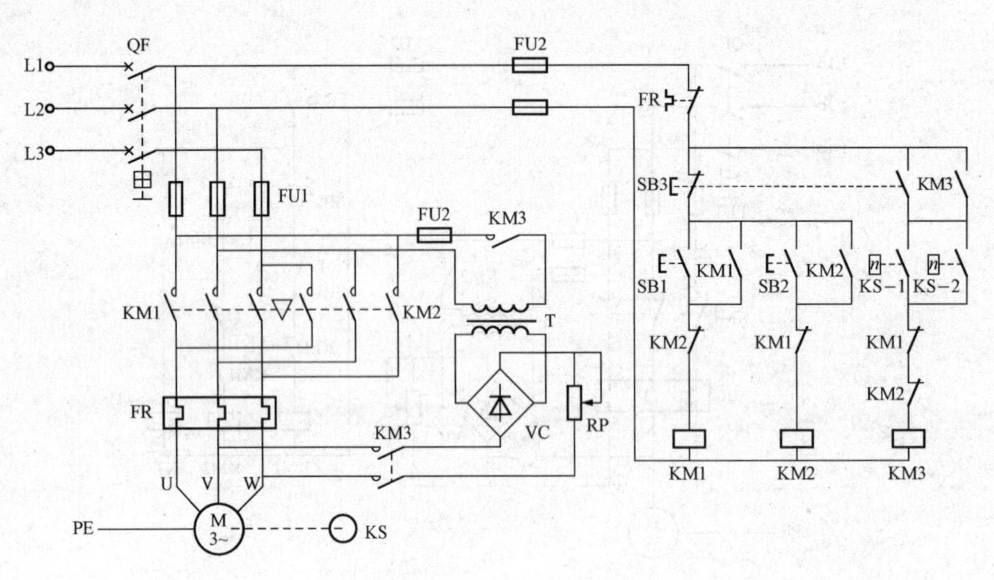

图 7-8 按速度原则控制的可逆运行能耗制动控制线路图

的动合触头 KS-1 断开，KM3 线圈断电，能耗制动过程结束，电动机自由停车。

注 意

试车中尽量避免过于频繁的启动和制动，以免电动机过载及由半导体器件组成的整流器过热而损坏元器件。

能耗制动线路中使用了整流器，如果主电路接线错误，除了会造成熔断器 FU1 熔断，接触器 KM1 和 KM2 主触头烧伤以外，还可能烧毁过载能力差的整流器。因此试车前应反复核对和检查主电路接线，且必须进行空载试车，线路动作正确、可靠后，才可进行带负载试车，避免造成事故。

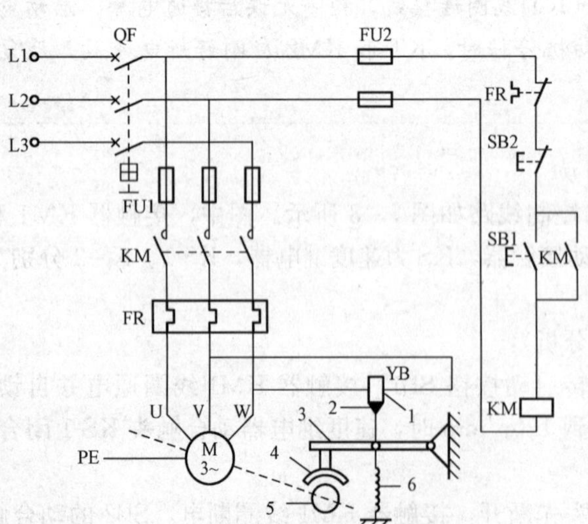

图 7-9 断电制动型电磁抱闸制动器制动控制线路图
1—线圈；2—衔铁；3—杠杆；4—闸瓦；5—闸轮；6—弹簧

二、机械制动控制线路

利用机械装置使电动机断开电源后迅速停转的方法叫机械制动。机械制动常用的方法有电磁抱闸制动器制动和电磁离合器制动。电磁抱闸制动器分为断电制动型和通电制动型两种。

1. 断电制动型电磁抱闸制动器制动控制线路

断电制动型电磁抱闸制动器工作原理如下：当制动电磁铁的线圈得电时，制动器的闸瓦与闸轮分开，无制动作用；当线圈失电时，闸瓦紧紧抱住闸轮进行制动。断电制动型电磁抱闸制动器制动控制线路如图 7-9 所示。

线路工作原理如下：先合上电源开关 QF。

启动：按下启动按钮 SB1，接触器 KM 线圈得电，其自锁触头和主触头闭合，电动机 M 接通三相电源，同时电磁抱闸制动器 YB 线圈得电，衔铁与铁芯吸合，衔铁克服弹簧拉力，迫使制动杠杆向上移动，从而使制动器的闸瓦与闸轮分开，电动机正常运转。

停车制动：按下停止按钮 SB2，接触器 KM 线圈失电，其自锁触头和主触头分断，电动机 M 失电，同时电磁抱闸制动器线圈 YB 也失电，衔铁与铁芯分开，在弹簧拉力的作用下闸瓦紧紧抱住闸轮，使电动机制动而迅速停转。

2. 电磁抱闸制动器通电制动控制线路

通电制动型电磁抱闸制动器的工作原理：当线圈得电时，闸瓦紧紧抱住闸轮制动；当线圈失电时，闸瓦与闸轮分开，无制动作用。通电制动型电磁抱闸制动器制动控制线路如图 7-10 所示。

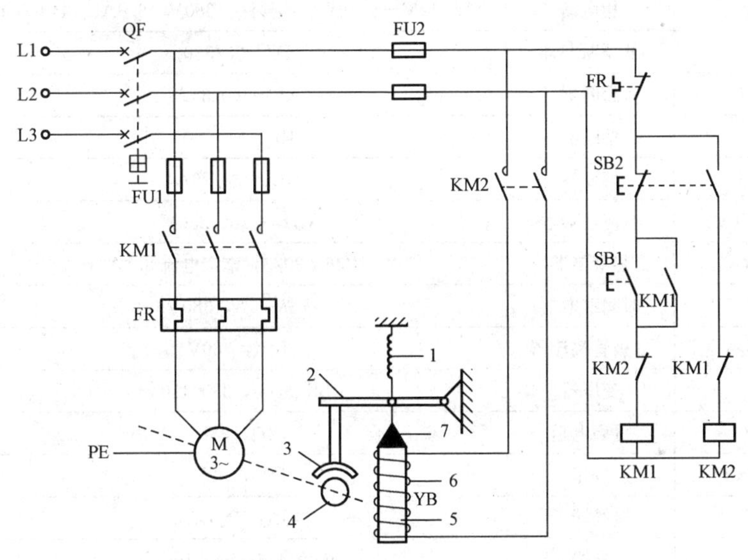

图 7-10　通电制动型电磁抱闸制动器制动控制线路图

1—弹簧；2—杠杆；3—闸瓦；4—闸轮；5—铁芯；6—线圈；7—衔铁

线路的工作原理如下：先合上电源开关 QF。

启动运转：按下启动按钮 SB1，接触器 KM1 线圈得电，其自锁触头和主触头闭合，电动机启动运转。由于接触器 KM1 联锁触头分断，使接触器 KM2 不能得电动作，所以电磁抱闸制动器的线圈不能得电，衔铁与铁芯分开，在弹簧拉力的作用下，闸瓦与闸轮分开，电动机不受制动正常运转。

制动停转：按下停止按钮 SB2，其动断触头先分断，使接触器 KM1 线圈失电，其自锁触头和主触头分断，电动机失电惯性运转，KM1 联锁触头复位闭合，待 SB2 动合触头闭合后，接触器 KM2 线圈得电，KM2 主触头闭合，电磁抱闸制动器 YB 线圈得电，铁芯吸合衔铁，衔铁克服弹簧拉力，带动杠杆向下移动，使闸瓦紧抱闸轮，电动机被迅速制动而停转。KM2 联锁触头断开对 KM1 进行联锁。

任务四 单向运行能耗制动控制线路的安装与调试

一、制定施工计划

根据图 7-7 所示控制线路，熟悉工作原理，准备所需资料，做好施工计划与小组分组。

二、工具、仪表和器材清单

按表 7-1 备好电器元件及辅助材料，并准备常用电工工具、万用表、直流电流表等工具、仪表。

表 7-1 电器元件及辅助材料

序号	代号	名称	型 号 规 格	数量
1	M	三相电动机	Y—112M—4/4kW、△接法、380V、8.8A、1440r/min	1
2	QF	低压断路器	DZ—20/330	1
3	FU1	熔断器	RL1—60/35A	3
4	FU2	熔断器	RL1—15/5A	2
5	FU3	熔断器	RL1—30/20A	2
6	KM1、KM2	交流接触器	CJ10—10、380V	2
7	FR	热继电器	JR36—20/3，整定电流 8.8A	1
8	KT	时间继电器	JS7—2A，380V	1
9	VC	二极管整流器	10A，380V	4
10	T	变压器	BK—500，380/110V	1
11	RP	可调电阻	2Ω/1kW	1
12	SB1、SB2	按钮	LA10—2H	1
13	XT	接线端子	JX2—Y010	2
14		导线	BVR-1.5mm^2，1mm^2	
15		线槽	40mm×40mm	
16		冷压接	1.5mm^2，1mm^2	
17		木板 1		
18		木板 2		

三、安装步骤

（1）根据表 7-1 配齐所需电器元件，并检查电器元件质量。

（2）根据图 7-7 画出电器元件布置图，参考布置图如图 7-11 所示。

（3）根据元件布置图安装电器元件、线槽，各电器元件的安装位置应整齐、匀称、间距合理。

（4）布线。布线时以接触器为中心，由里向外、由低至高，先电源电路、再控制电路、后主电路进行，以不妨碍后续布线为原则。同时，布线应层次分明，不得交叉。

（5）安装制动单元部分。

（6）连接制动单元直流电源与主控制板。

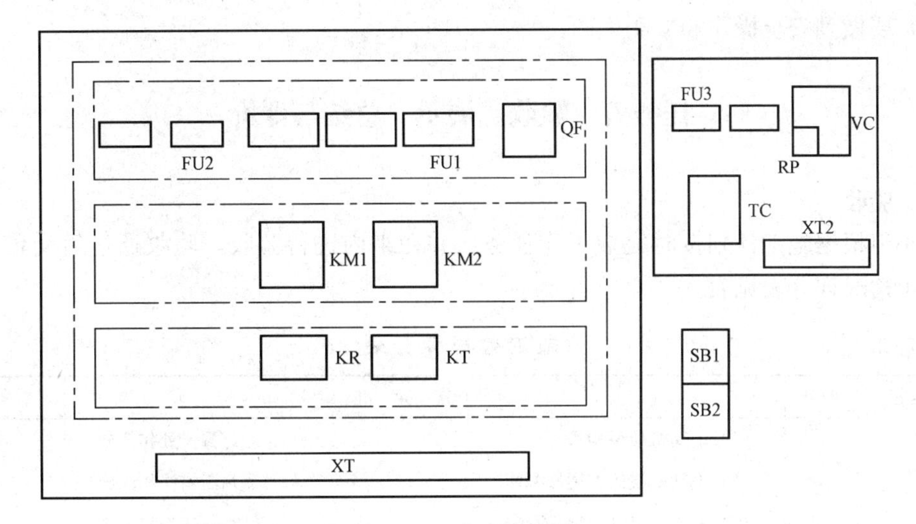

图 7-11　参考布置图

(7) 连接电动机和按钮金属外壳的保护接地线。

(8) 连接电动机和电源。

(9) 整定热继电器。

(10) 检查。通电前，应认真检查有无错接、漏接等造成不能正常运转或短路事故的因素。

(11) 通电调试。

1) 调试制动电流。制动电流过小，制动效果差；制动电流大，会烧坏绕组。Y—112M—4/4kW 的电动机所需制动电流为 14A 左右，如不相符，应调整可调电阻 RP。

2) 调试制动时间。根据电动机制动情况调节时间继电器 KT 的整定时间。若已经制动停车，KM2 没有断开，将时间调短；还没有制动便停车，KM2 已经断开，将时间适当调长。

(12) 调试完毕，通电试车。试车时，注意观察接触器、继电器运行情况。观察电动机运转是否正常，若有异常现象应马上停车检查。

(13) 拆线。试车完毕，应遵循停转、切断电源、拆除三相电源线、拆除电动机线的顺序进行拆线。

四、注意事项

1) 整流器要先安装在固定板上，再固定到安装板上。

2) 电阻用紧固件安装在安装板上。

3) 时间继电器的整定时间应适当，不宜过长或过短。

4) 制动控制时，停止按钮 SB2 要按到底。

5) 安装板外配线必须加以防护，以确保安全。

6) 螺旋式熔断器的接线务必正确，以确保安全。

7) 电动机及按钮金属外壳必须保护接地。

8) 热继电器的整定电流应按电动机功率进行整定。

9) 通电试车、调试及检修时，必须在指导教师的监护和允许下进行。

10）要做到安全操作和文明生产。

任务五　验收、展示、总结与评价

一、验收

各小组根据施工计划按时完成工作任务，并在组内进行验收，验收通过后交付教师验收。施工情况评分表见表7-2。

表7-2　施工效果评分表

项目内容	配分	评分标准		得分
装前检查	15	(1) 电动机质量检查	每漏一处扣3分	
		(2) 电动机绕组首尾端判断	判断错误扣5分	
		(3) 整流二极管的检查	判断错误扣2分	
		(4) 整流变压器的检查	判断错误扣3分	
		(5) 电器元件漏查或错检	每处扣1分	
安装布线	45	(1) 电器元件布置不合理	扣5分	
		(2) 电器元件安装不牢固	每只扣4分	
		(3) 电器元件安装不整齐、不均匀、不合理	每只扣3分	
		(4) 损坏电器元件	扣15分	
		(5) 不按电路图接线	每处扣2分	
		(6) 走线不符合要求	每根扣1分	
		(7) 接点松动、露铜过长、压绝缘层、反圈等	每个扣1分	
		(8) 损伤导线绝缘层或线芯	每根扣3分	
		(9) 漏装或套错编码套管	每个扣1分	
		(10) 漏接接地线	扣8分	
通电试车	40	(1) 热继电器未整定或整定错误	每只扣5分	
		(2) 熔体规格选用不当	扣5分	
		(3) 制动时间调整不恰当	扣5分	
		(4) 第一次通电不成功	扣10分	
		第二次通电不成功	扣20分	
		第三次通电不成功	扣35分	
安全文明生产	违反安全文明生产规程		扣10～40分	
定额时间	5h，每超过10min		扣5分	
备注	除定额时间外，各项内容的最高扣分不得超过配分分数		成绩	
开始时间		结束时间		实际时间

二、学生分组展示

以小组形式每组派出学生代表上台分别进行汇报、展示。在作品演示时，要注意进行电动机有制动和没有制动停车效果的比较，通过比较，掌握如何调整时间继电器KT的整定时间，通过查阅资料，了解不同生产机械对制动时间的要求。

三、教学效果的评价（见表 7-3）

表 7-3　　教学效果评价表

序号	项目	自我评价			小组评价			教师评价		
		10～8	7～6	5～1	10～8	7～6	5～1	10～8	7～6	5～1
1	学习主动性									
2	遵守纪律									
3	安全文明生产									
4	学习参与程度									
5	时间观念									
6	团队意识									
7	线路安装工艺									
8	质量成本意识									
9	改进创新效果									
10	展示表现情况									
各项得分情况										
总体效果评价										
备　注										

四、教师点评与答疑

1. 点评

教师根据该项目学习的情况，对整个学习过程进行总结、讲评。

2. 答疑

根据各组展示时提出的问题，组织全班学生一起查阅相关资料、书籍，解决疑难。教师在此基础之上再进行分析讲解，突破难点。

思考与练习

1. 什么叫制动？制动有哪些类？
2. 试设计有变压器桥式整流双向启动能耗制动自动控制线路，并简述其工作原理。
3. 设计按时间原则实现单向反接制动的控制线路。
4. 分析图 7-6 所示电路的反转启动及其反接制动的工作过程。
5. 图 7-12 所示为有变压器桥式整流单向启动能耗制动控制线路图，试分析哪些地方画错了，请改正后简述其工作原理。

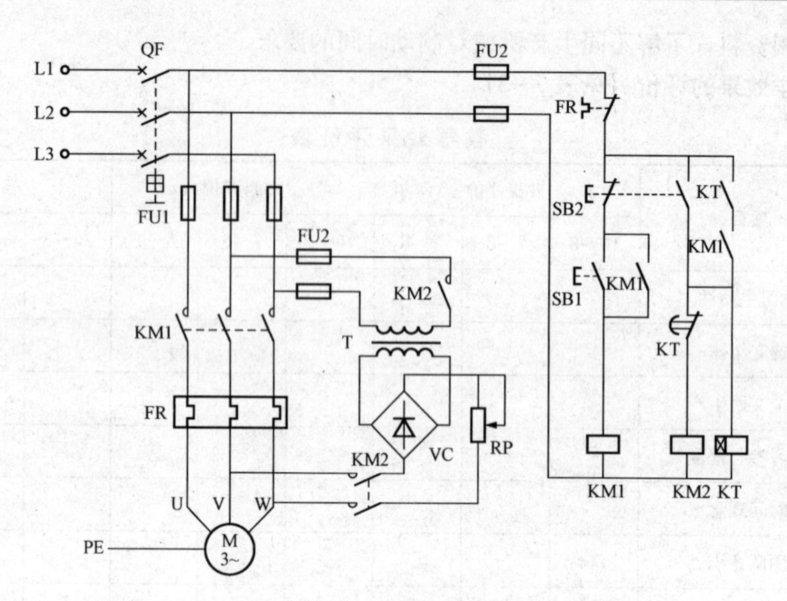

图 7-12 有变压器桥式整流单向启动能耗制动控制线路图

6. 分析图 7-13 所示单向启动反接制动控制线路的工作原理。

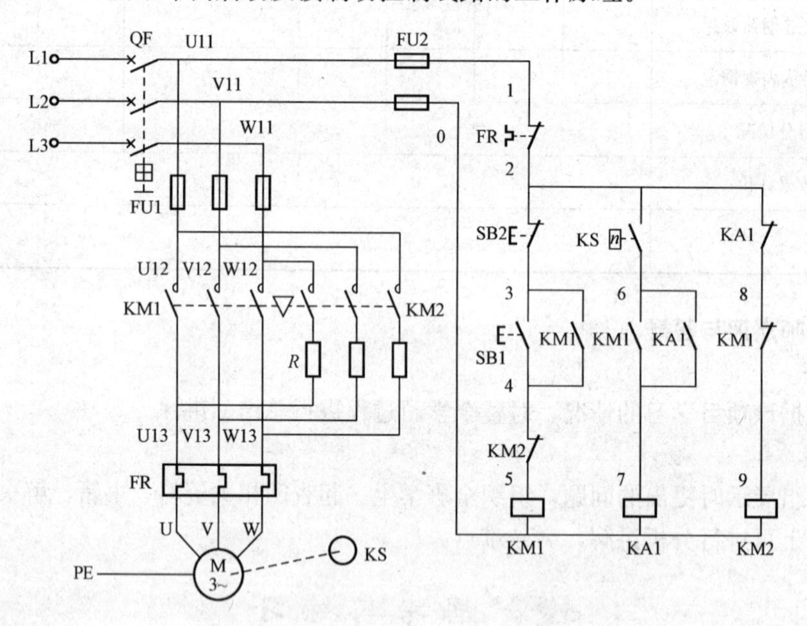

图 7-13 单向启动反接制动控制线路图

项目八　绕线转子三相异步电动机控制线路

知识目标

（1）掌握电流继电器、频敏变阻器、凸轮控制器的型号含义、结构及用途；

（2）掌握按时间原则、电流原则组成的绕线转子三相异步电动机启动控制线路的原理及应用；

（3）掌握转子绕组串接频敏变阻器启动控制线路的原理及其应用；

（4）掌握用凸轮控制器控制绕线转子三相异步电动机控制线路的原理及应用。

技能目标

（1）会拆装与检修电流继电器、频敏变阻器、凸轮控制器、主令控制器；

（2）会安装与检修绕线转子三相异步电动机的继电器控制线路；

（3）会安装与检修用频敏变阻器、凸轮控制器控制绕线转子三相异步电动机控制线路。

素养目标

通过该项目的实施，掌握绕线转子三相异步电动机的特点及应用场合，加深对工厂电气控制系统的了解，提高学生对电气控制线路的安装、检修技能，增强团结合作意识与自主学习习惯。

任务一　元件的学习

一、电磁式电流继电器

反映输入量为电流的继电器叫做电流继电器。使用时，电流继电器的线圈串联在被测电路中，根据通过线圈电流值的大小而驱动触头动作。为了使串入电流继电器线圈后不影响原电路的正常工作，要求电流继电器线圈的匝数要少，导线要粗，阻抗要小，只有这样，线圈的功率损耗才小，对被测电路的影响也小。

1. 电磁式电流继电器的类型与工作原理

根据实际应用的要求，电磁式电流继电器又有过电流继电器和欠电流继电器之分。

（1）过电流继电器。过电流继电器在正常工作时，线圈通过的电流在额定值范围内，它所产生的电磁吸力不足以克服弹簧的反作用力，故衔铁与铁心分离，不动作；当通过线圈的电流超过某一整定值时，电磁吸力大于弹簧的反作用力，吸引衔铁动作，于是动合触头闭合，动断触头断开。有的过电流继电器带手动复位装置，它的作用是：当过电流时，继电器动作，衔铁被吸合，但当电流减小到动作值以下甚至为零时，衔铁不会自动复位返回，只能在故障处理后手动复位，将锁扣装置松开，衔铁才会在弹簧的反作用力下恢复到初始状态，从而避免了重复过电流事故的发生。交流过电流继电器的铁芯和衔铁上可以不安装短路环。

过电流继电器主要用于频繁启动的控制线路，作为电动机或主电路的过载和短路保护。一般的交流过电流继电器调整在（110%～350%）I_N 范围内动作，直流过电流继电器调整在（70%～300%）I_N 范围内动作。

（2）欠电流继电器。欠电流继电器是当通过线圈的电流降低到某一整定值时，继电器衔铁被释放，而在电路电流正常时衔铁吸合。欠电流继电器的吸引电流为线圈额定电流的30%～65%，释放电流为额定电流的10%～20%。因此，当继电器线圈电流降低到额定电流的10%～20%时，继电器的铁芯将与衔铁分离带动触头动作，使控制电路做出应有的反应。

电流继电器的动作值与释放值可用调整反作用弹簧的方法进行整定。旋紧弹簧，反作用力增大，吸合电流和释放电流都被提高；反之，旋松弹簧，反作用力减小，吸合电流和释放电流都减小。另外，调整夹在铁芯柱与衔铁吸合端面之间非磁性垫片的厚度，也能改变继电器的释放电流：垫片越厚，磁路的气隙和磁阻就越大，与此相应，产生同样吸力所需的磁动势也越大，当然，释放电流也要大些。

2. 电磁式电流继电器的型号含义与符号

常用的电流继电器有JT4、JL14等系列。JT4系列为交流通用继电器，在这种继电器的磁系统上装配不同的线圈，便可制成过电流、欠电流、过电压或欠电压继电器。JL14系列为交直流通用电流继电器，可取代LT4—L和JT4—S系列。常用的欠电流继电器JL14—□□ZQ等系列的产品，常用在直流电动机和电磁吸盘电路中作弱磁保护。电磁式电流继电器的型号含义如图8-1所示。

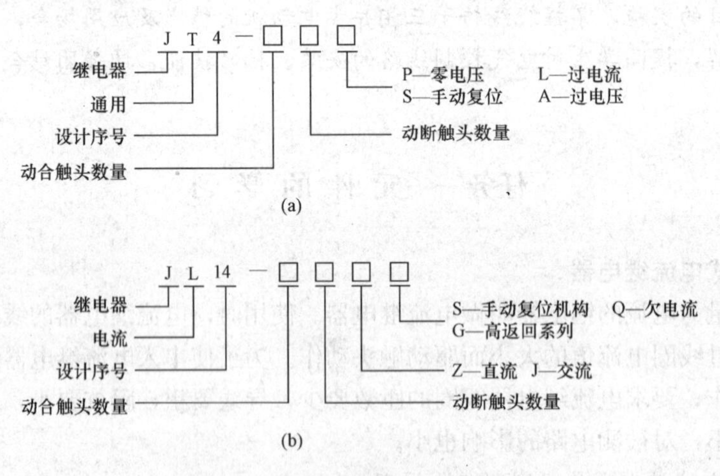

图8-1　电磁式电流继电器型号含义

(a) JT系列；(b) JL系列

JL14系列交、直流电流继电器的电磁系统为棱角转动拍合式，由铁芯、衔铁、磁轭和线圈组成，触头为桥式双断点，触头数量有多种，并带有透明外罩，如图8-2（a）所示。适用于交流50Hz电压380V及以下，直流电压220V及以下的控制电路中作为过电流或欠电流保护用。

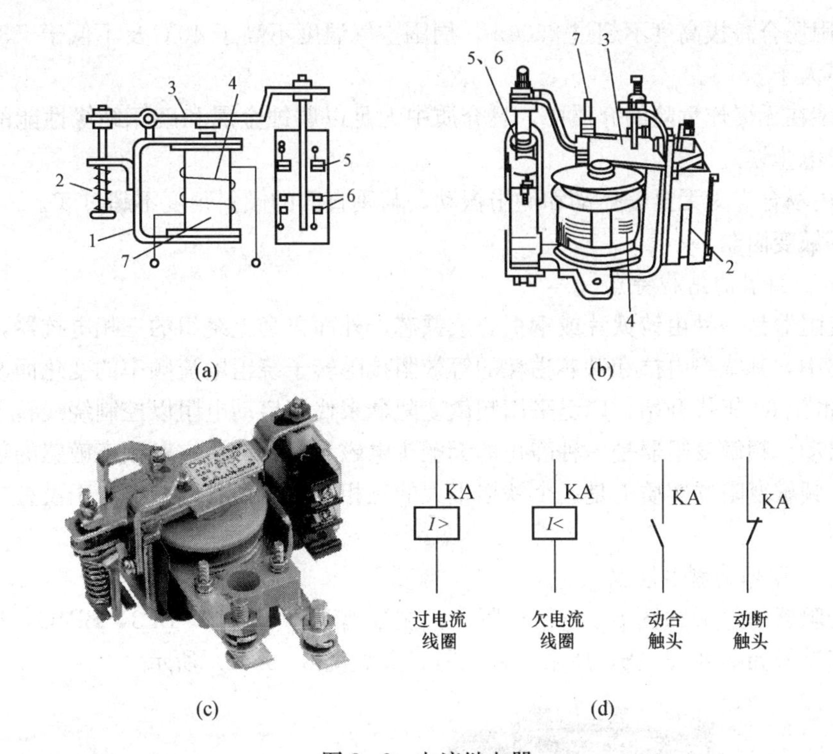

图 8-2　电流继电器

(a) 原理；(b) 结构；(c) 外形图；(d) 电气符号

1—磁轭；2—反作用弹簧；3—衔铁；4—电流线圈；5—动断触头；6—动合触头；7—铁芯

3. 主要参数及技术性能

1) 继电器触头的额定电流为 5A。

2) 继电器的触头数通常为 2 对，触头组合形式为一动合一动断、二动合或二动断三种。

3) 继电器吸引线圈的额定电流为 1、1.5、2.5、5、10、15、25、40、60、100、150、300、600A。

注：a. 特殊的电流等级（如：1200，1500，2500A）由用户与制造厂取得协议。

b. JL14—□□JG 无 1200～1500A，JL14—□□J 及 JS 无 1500A 规格。

4) 继电器的机械寿命应不低于 100 万次。

5) 继电器触头在额定操作频率、额定电压与额定电流的工作条件下的寿命应不低于 50 万次。

6) 继电器的固有动作时间约为 0.06s。

7) 继电器的消耗功率：直流约为 5.5W，ZQ 系列约 14W，交流约为 5VA。

4. 电流继电器的选用与工作、安装条件

1) 电流继电器的额定电流一般可按电动机长期工作的额定电流来选择。对于频繁启动的电动机，额定电流可选大一个等级。

2) 电流继电器的触头种类、数量、额定电流及复位方式应满足控制线路的要求。

3) 过电流继电器的整定电流一般取电动机额定电流的 1.7～2 倍，频繁启动的场合可取电动机额定电流的 2.25～2.5 倍。欠电流继电器的整定电流一般取电动机额定电流的 0.1～0.2 倍。

4）使用场合海拔高度不超过2500m，周围空气温度不高于40℃及不低于－30℃，空气相对湿度不大于85%。

5）安装在无爆炸危险的介质中，且介质中无足以腐蚀金属和破坏绝缘性能的气体与尘埃（包括导电尘埃）。

6）使用场合应为无显著摇动和冲击振动，与垂直面的倾斜角度不超过5°。

二、频敏变阻器

1. 频敏变阻器的结构特点

频敏变阻器是一种由铸铁片或钢板叠成铁芯、外面再套上绕组的三相电抗器，接在转子绕组的电路中，其绕组电抗和铁芯损耗的等效阻抗随转子绕组电流频率的变化而改变。

从20世纪60年代开始，广泛采用频敏变阻器来代替启动电阻以控制绕线转子三相异步电动机的启动。频敏变阻器是一种静止的无触头电磁元件，利用它对频率敏感的特性而自动改变阻抗。频敏变阻器实质上是一个铁损很大的三相电抗器，其结构类似于没有二次绕组的三相变压器。

2. 频敏变阻器的型号含义

频敏变阻器的外形如图8-3（a）所示，主要有BP1，BP2，BP3，BP4G，BP8Y等系列，其电气符号如图8-3（b）所示，其型号含义如图8-3（c）所示。

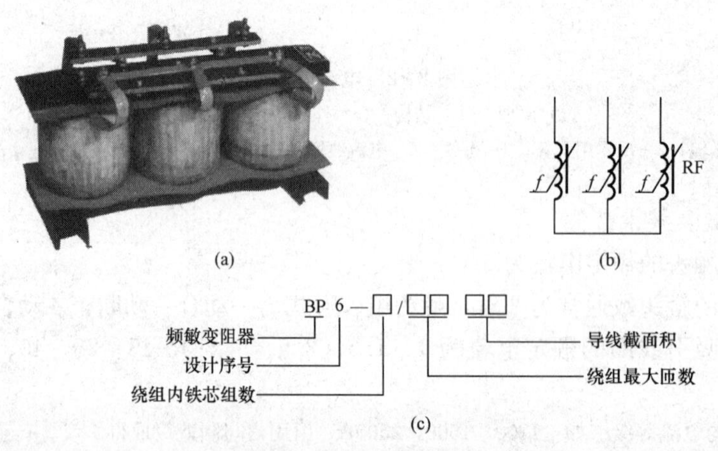

图8-3 频敏变阻器

（a）外形图；（b）电气符号；（c）型号含义

3. 频敏变阻器的工作原理

频敏变阻器由三个铁芯柱和三个绕组组成，三个绕组接成Y，并通过集电环和电刷与绕线转子电动机三相转子绕组相接。

当绕线转子电动机刚开始启动时，电动机转速很低，故转子绕组电流频率 f_2 很高，接近电源频率 f_1，铁芯中的损耗很大，即等值电阻 R_m 很大，故限制了启动电流，增大了启动转矩。随着转速 n 的增加，转子绕组电流频率下降，R_m 减小，使启动电流及转矩保持一定数值。频敏变阻器实际上是利用转子绕组电流频率 f_2 的平滑变化，达到使转子回路总电阻平滑减小的目的。启动结束后，通过接触器触头把频敏变阻器从电路中切除。由于频敏变阻器的等值电阻 R_m 和电抗 X_m 随转子绕组电流频率的改变而变化，反应灵敏，故叫频敏变阻器。

优点：结构较简单，成本较低，维护方便，平滑启动。

缺点：电感量较大，功率因数较低，启动转矩并不是很大，适于绕线转子三相异步电动机轻载启动。

4. 安装、使用和调整

频敏变阻器在安装时，要注意以下几点：

1）安装时应牢固地固定在基座上，当基座为铁磁性物质时应在中间垫放 10mm 以上非磁性垫片，以防影响频敏变阻器的特性。

2）连接线应按电动机转子绕组额定电流选用相应截面积的电缆线。

3）试车前，应先对地测量绝缘电阻，如其值小于 1MΩ 时，则须先进行烘干处理后方可使用。

频敏变阻器出厂时接线接在线圈 90%的抽头上，如果电动机接上频敏变阻器启动后，有下列情况之一，可依下述方法进行调整：

1）启动电流过大（大于 2.5 倍额定电流），启动太快，可设法增加匝数，将抽头接到 100%匝数，可使启动电流减小，启动转矩同时减小。

2）启动电流过小（小于 2 倍额定电流），启动转矩不够，启动太慢，可调整线圈抽头，改用较小匝数抽头；如绕组有几组串联，可拆掉一组，甚至改为并联，或把绕组由 Y 接法改为△接法。BP4 系列频敏变阻器抽头为 0、20%、90%、100%，出厂时接线接在 90%抽头处。

3）如果机械在停机一段时间后重新启动，因机械负载重，再次启动有困难时，可使电动机点动数次，使机械转动几下后，就能正常使用。

三、主令控制器

主令控制器是一种频繁对电路进行接通和切断的电器。通过它的操作，可以对控制电路发布命令，与其他电路联锁或切换。常配合磁力启动器对绕线转子三相异步电动机的启动、制动、调速及换向实行远距离控制，广泛用于各类起重机械拖动电动机的控制系统中。主令控制器外形如图 8-4 所示。

图 8-4　主令控制器外形图

主令控制器按其结构形式的不同分为凸轮调整式和凸轮非调整式两种。凸轮调整式主令控制器的凸轮片上开有孔和槽，凸轮片的位置可根据控制系统的要求进行调整，调整时不需要更换凸轮片。凸轮非调整式主令控制器的凸轮不能调整，只能按指定的触头分合表要求进行。

常用的主令控制器有 LK1、LK4、LK5 和 LK6 等系列，其中 LK4 系列属于凸轮调整式主令控制器，LK1、LK5 和 LK6 属于凸轮非调整式主令控制器。LK5 系列有直接手动操作、带减速器的机械操作和电动机驱动等三种型号的产品。LK6 系列是由同步电动机和齿轮减速器组成定时元件，由此元件按规定的时间顺序，周期性地分合电路。主令控制器的型号含义如图 8－5 所示。

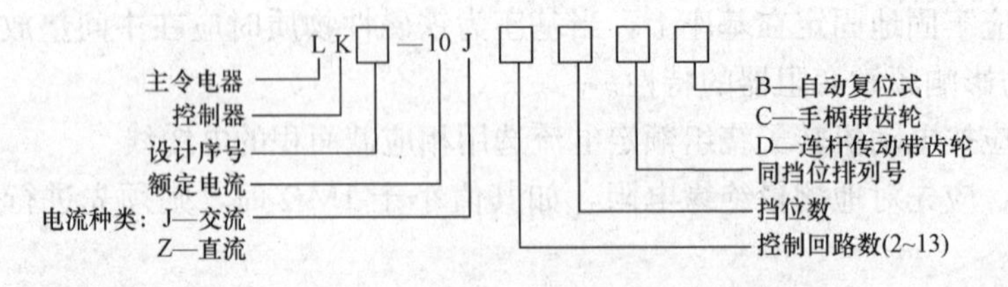

图 8－5　主令控制器的型号含义

主令控制器一般由外壳、触头、凸轮、转轴、复位弹簧、小轮等组成，与万能转换开关相比，它的触头容量大些，操纵挡位也较多。主令控制器的动作过程与万能转换开关相类似，也是由一块可转动的凸轮带动触头动作，其内部结构如图 8－6 所示。

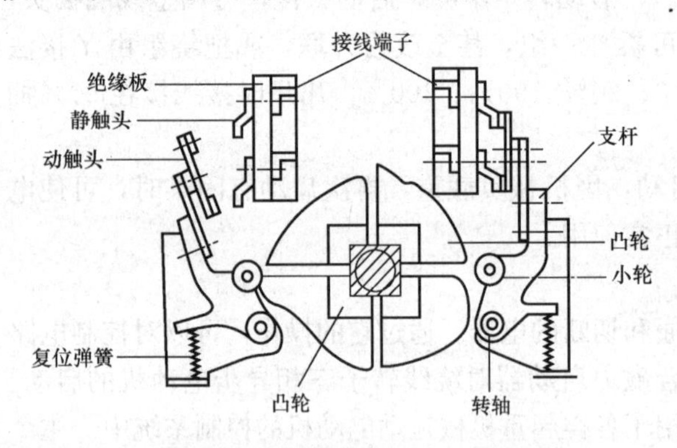

图 8－6　主令控制器的内部结构

主令控制器的静触头安装在绝缘板上，动触头固定在能绕轴转动的支架上；凸轮根据触头系统和开闭顺序制成不同角度的凸出轮缘，每个凸轮控制两副触头。当转动手柄时，凸轮转动，凸轮凸出的部分压动小轮，使动触头和静触头闭合，接通电路。

主令控制器主要用于轧钢及其他生产机械的电力拖动控制系统中。在控制电路中，主令控制器触头的图形符号及操作手柄在不同位置时的触头分合状态的表示方法与万能转换开关相似。

四、凸轮控制器

1. 凸轮控制器的型号含义

凸轮控制器也称接触器式控制器，它的动、静触头动作原理与接触器极其类似。二者的不同之处，仅仅是凸轮控制器是凭借人工操纵的，并且能换接较多数目的电器，而接触器是由电磁吸引力实现驱动的远距离操作，触头数目较少。

凸轮控制器是一种大型的控制电器，也是多挡位、多触头，利用手动操作，转动凸轮去接通和分断通过大电流的触头转换开关。凸轮控制器主要用于起重设备中控制中小型绕线转子三相异步电动机的启动、停止、调速、换向和制动，也适用于有相同要求的其他电力拖动场合，其外形与型号含义如图 8－7 所示。

2. 凸轮控制器的结构工作原理

凸轮控制器从外部看，由机械、电气、防护等三部分结构组成，其中转轴、手柄、凸轮片、杠杆、弹簧、定位棘轮为机械结构部分，触头、接线柱和联板等为电气结构，而上下盖

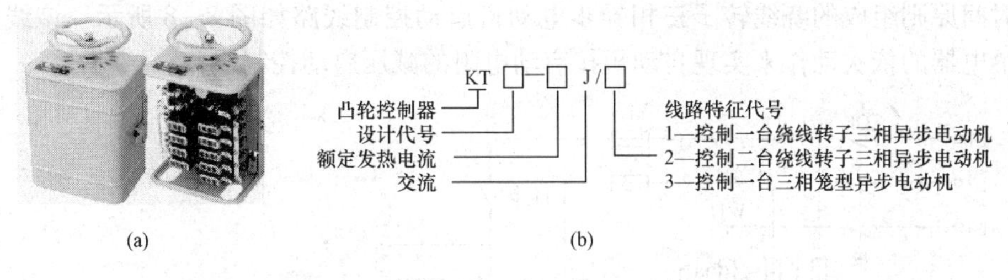

图 8-7　凸轮控制器的外形与型号含义

(a) 外形图；(b) 型号含义

板、外罩及灭弧罩等为防护结构。

凸轮控制器的转轴上套着很多（一般为 12 片）凸轮片，当手轮经转轴带动凸轮片转位时，触头断开或闭合。例如：当凸轮片处于一个位置时（滚子在凸轮片的凹槽中），触头是闭合的；当凸轮片转位而使滚子处于凸缘时，触头就断开。由于这些凸轮片的形状不相同，因此触头闭合、断开的规律也不相同，因而实现了不同的控制要求。手轮在转动过程中共有 11 个挡位，中间为零位，向左、向右都可以转动 5 挡。

3. 凸轮控制器应用范围

凸轮控制器应用于钢铁、冶金、机械、轻工、矿山等自动化设备及各种自动流水线上。

4. 凸轮角度的调整方式

调整凸轮片张角及凸轮片组的相对角度可以相应地改变其感应时间。凸轮角度的调整方式如下：

1）用随机专用扳手松开主轴两端的锁紧螺母。

2）用随机专用扳手的另一端调整至所需的角度。

3）用随机专用扳手旋紧主轴两端的锁紧螺母。

任务二　绕线转子三相异步电动机控制线路分析

一、按时间原则组成的绕线转子三相异步电动机启动控制线路

在大、中容量电动机的重载启动时，需要较大的启动转矩。启动转矩的增大意味着启动电流也需相应地增大，但是启动电流不能增大许多，否则对电网的其他设备会有较大的影响，而用三相笼型异步电动机的减压启动方法也很难解决这些问题。在这种情况下，可采用绕线转子三相异步电动机。

绕线转子三相异步电动机转子绕组，通过铜环经电刷与外电路电阻相接，可减小启动电流，提高转子电路功率因数和启动转矩。通常在要求启动转矩较大的场合，使用绕线转子三相异步电动机进行拖动。

常用的启动变阻器有油浸启动变阻器和频敏变阻器两种。油浸启动变阻器由鼓形转换装置和电阻元件组成，电阻元件用栅形生铁电阻片叠成，置于油箱内。变阻器处于启动位置时，将全部电阻接入，启动过程中，逐渐减小电阻，启动后再将全部电阻切除。频敏变阻器是一种无触头带铁芯的三相电抗器，在电动机启动过程中，它的阻抗随转子绕组电流的频率降低而减小，启动后，可用刀开关或交流接触器将其短接。

按时间原则组成的绕线转子三相异步电动机启动控制线路如图 8-8 所示，该线路是依靠时间继电器的依次动作来实现自动短接启动电阻的减压启动控制线路。

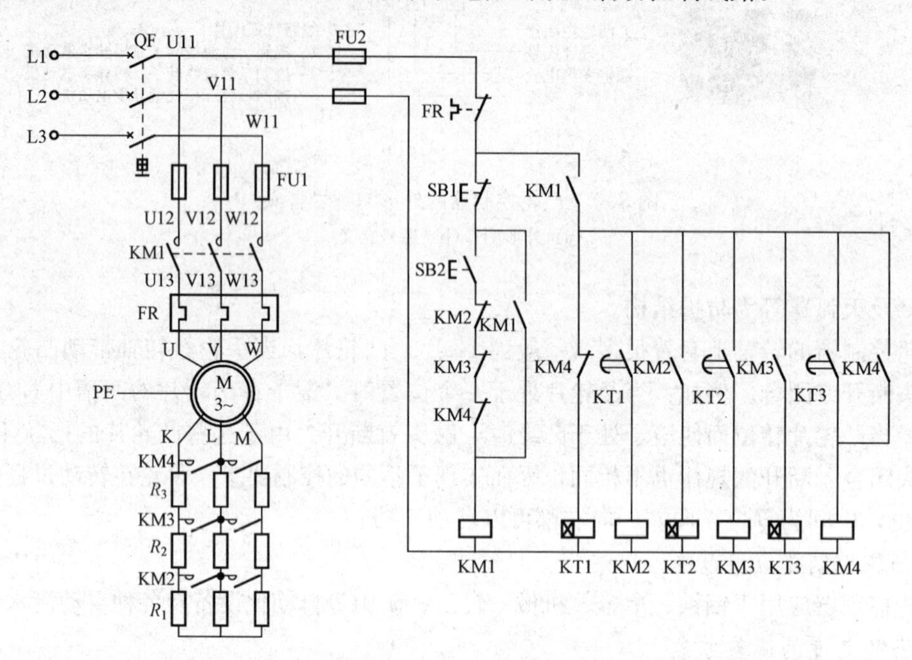

图 8-8 按时间原则组成的绕线转子三相异步电动机启动控制线路图

电路的工作原理：合上电源开关 QF，按下启动按钮 SB2，KM1 线圈得电，其主触头闭合，电动机在启动电阻 R_1、R_2、R_3 全部接入的情况下启动，KM1 辅助动合触头闭合，其中一路形成自锁，另一路使 KT1 线圈得电。经过一定时间后，KT1 延时动合触头闭合，使 KM2 线圈得电。KM2 线圈得电，其主触头闭合，减压电阻 R_1 被短接，启动电阻减小，电流增大，同时 KM2 辅助动合触头闭合，使 KT2 线圈得电。经延时，KT2 延时动合触头闭合，使 KM3 线圈得电。KM3 线圈得电，其主触头闭合，减压电阻 R_2 被短接，启动电阻进一步减小，电流继续增大，同时 KM3 辅助动合触头闭合，使 KT3 线圈得电。KT3 线圈得电延时一段时间后，KT3 延时动合触头闭合，使 KM4 线圈得电。KM4 线圈得电，其主触头闭合，将启动电阻全部切除，使电动机在全电压下运行，同时 KM4 辅助动合触头闭合，形成自锁。

停止时，按下按钮 SB1 时，KM1 线圈失电，触头释放，电动机停止运转。

二、按电流原则组成的绕线转子三相异步电动机启动控制线路

按电流原则组成的绕线转子三相异步电动机启动控制线路如图 8-9 所示，该线路是利用电流继电器来检测电动机启动时转子绕组电流的变化，从而控制转子串接的电阻是否被短接。

电路的工作原理：合上电源开关 QF，按下启动按钮 SB2，KM1 线圈得电，主触头闭合，KM1 辅助动合触头闭合，其中一路形成自锁，另一路使中间继电器 KA4 线圈得电。由于刚启动时，冲击电流很大，通过 KA1、KA2、KA3 线圈的电流产生磁场把衔铁吸合，使 KM2、KM3、KM4 线圈处于断电状态，启动电阻全部串接在转子绕组上，达到限流作用。随着电动机转速的升高，转子绕组电流逐渐减小。当转子启动电流减小到 KA1 的释放电流

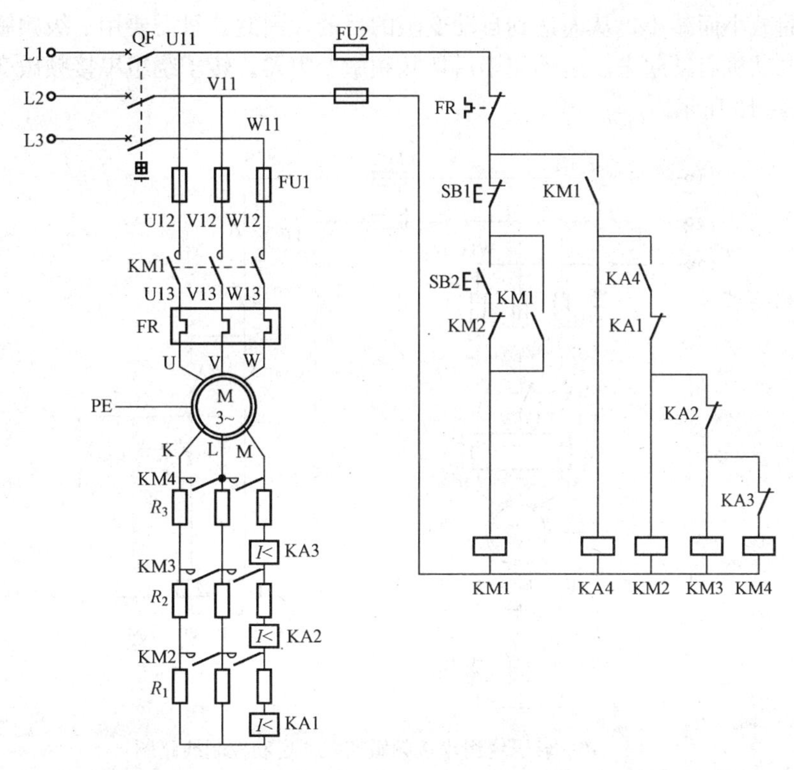

图 8-9 按电流原则组成的绕线转子三相异步电动机启动控制线路图

时，KA1 释放，其动断触头复位闭合，使 KM2 线圈得电。KM2 线圈得电，其主触头闭合，将启动电阻 R_1 短接，减小了启动电阻。由于启动电阻减小，转子电流上升，启动转矩进一步加大，电动机转速上升，导致转子绕组电流又下降。当转子启动电流降至 KA2 释放电流时，KA2 释放，其动断触头闭合，使 KM3 线圈得电。KM3 线圈得电，其主触头闭合，将启动电阻 R_2 短接，进一步减小了启动电阻。如此下去，直到将全部电阻短接，电动机启动完毕，进入全电压运行状态。当按下停止按钮 SB1 时，KM1 线圈失电，使电动机停止运行。

中间继电器 KA4 是为保证启动时接入全部电阻而设计的。因为刚启动时，若无 KA4，电流从零值升到最大值时需要一定的时间，在此期间，KA1、KA2、KA3 可能都未动作，全部电阻都被短接，电动机处于全电压启动状态。

任务三 用频敏变阻器、凸轮控制器控制绕线转子三相异步电动机

一、转子绕组串接频敏变阻器启动控制线路

绕线转子三相异步电动机采用转子绕组串接电阻的启动方法，要想获得良好的启动特性，一般需要较多的启动级数，所用电器较多，控制线路复杂，设备投资大，维修不方便，同时由于逐级切除电阻，会产生一定的机械冲击。因此，在工矿企业中对于不频敏启动的设备，广泛采用频敏变阻器代替启动电阻，来控制绕线转子异步电动机的启动。

在电动机启动时，将频敏变阻器 RF 串接在绕组中，由于频敏变阻器的等值阻抗值随转

子电流频率的减小而减小，从而达到自动变阻的目的。因此，只需要用一级频敏变阻器就可以平稳地把电动机启动起来。启动完毕后切除频敏变阻器。转子绕组串接频敏变阻器启动控制线路如图 8-10 所示。

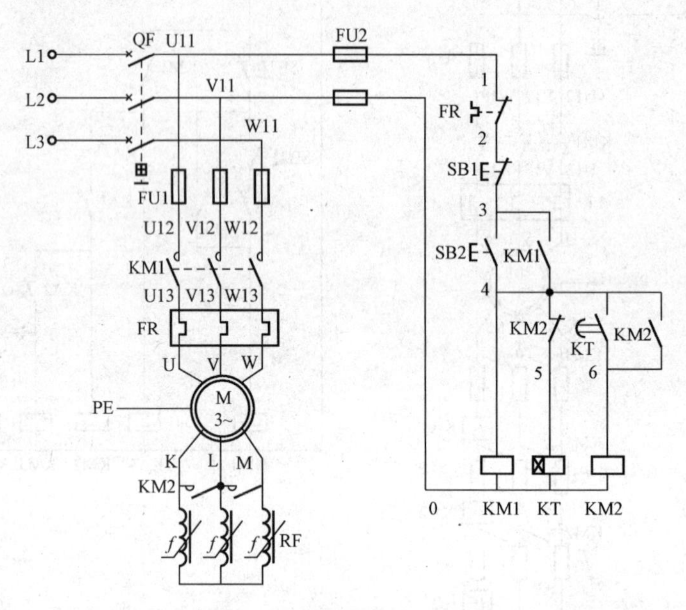

图 8-10 转子绕组串接频敏变阻器启动控制线路图

线路的工作原理分析：先合上 QF。

按下 SB2，KM1 线圈得电，KM1 辅助动合触头闭合自锁，通电延时时间继电器 KT 的线圈得电，KM1 主触头闭合，电动机 M 串接频敏变阻器 RF 启动。当达到 KT 的整定时间，KT 延时动合触头闭合，KM2 线圈得电，KM2 辅助动合触头闭合自锁，主触头闭合短接频敏变阻器 RF，电动机 M 启动过程结束，进入正常运行状态，同时，KM2 辅助动断触头断开，让 KT 线圈失电。

停止时，按下 SB1，所有线圈失电，触头复位，电动机停止运转。

二、凸轮控制器控制线路

中、小容量绕线转子异步电动机的启动、调速及正反转控制，常常采用凸轮控制器来实现，以简化操作，如桥式起重机上大多数采用这种控制线路，如图 8-11 所示。

绕线转子三相异步电动机凸轮控制器控制线路如图 8-11（a）所示。图中低压断路器 QF 作为电源引入开关，熔断器 FU1、FU2 分别作为主电路和控制电路的短路保护；接触器 KM 用来控制电动机电源的通断，同时起欠电压和失电压保护的作用；行程开关 SQ1、SQ2 分别用作电动机正反转时工作机构的限位保护；过电流继电器 KA1、KA2 作电动机的过载保护；*R* 是启动电阻器；凸轮控制器 AC 有 12 对触头，其分合表如图 8-11（b）所示。其中最上面的 5 对配有灭弧罩的动合触头 AC1～AC4 接在主电路中用于控制电动机的正反转；中间 5 对动合触头 AC5～AC9 与转子电阻 *R* 相接，用来逐级切除电阻以控制电动机的启动和调速；最下面的 3 对动断触头 AC10～AC12 用作零位保护。

线路的工作原理分析：将凸轮控制器 AC 的手轮置于“0”位后，合上电源开关 QF，这时 AC 最下面的 3 对触头 AC10～AC12 闭合，为控制电路的接通做准备。再按下 SB2，接触

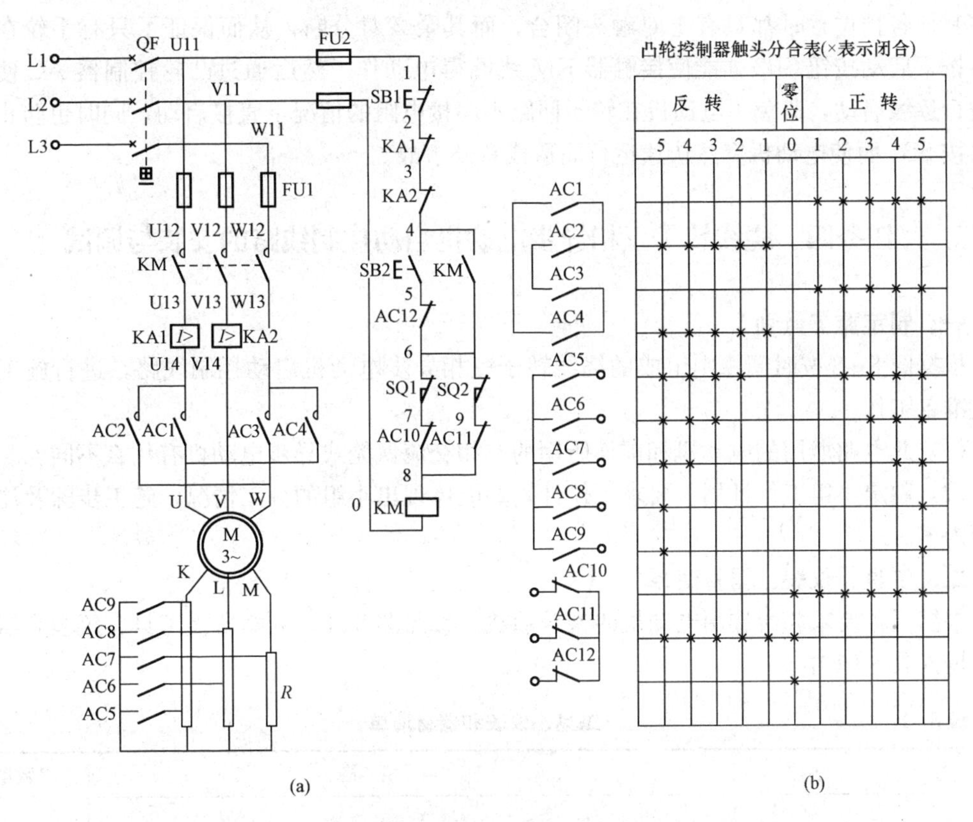

触头	反转 5	反转 4	反转 3	反转 2	反转 1	零位 0	正转 1	正转 2	正转 3	正转 4	正转 5
AC1							×	×	×	×	×
AC2	×	×	×	×	×						
AC3							×	×	×	×	×
AC4	×	×	×	×	×						
AC5	×	×	×	×				×	×	×	×
AC6	×	×	×						×	×	×
AC7	×	×								×	×
AC8	×										×
AC9	×										×
AC10						×	×	×	×	×	×
AC11	×	×	×	×	×	×					
AC12						×					

(a)　　(b)

图 8-11　绕线转子三相异步电动机凸轮控制器控制线路

(a) 控制线路图；(b) 凸轮控制器触头分合表

器 KM 得电自锁，为电动机的启动做准备。

正转控制：将凸轮控制器 AC 的手轮从“0”位转到正转“1”位置，这时触头 AC10 仍闭合，保持控制电路接通；触头 AC1、AC3 闭合，电动机 M 接通三相电源正转启动，此时由于 AC 的触头 AC5～AC9 都是断开的，转子绕组串接全部电阻 R 启动，所以启动电流较小，启动转矩也较小。如果电动机此时负载较重，则不能启动，但可以起到消除传动齿轮间隙和拉紧钢丝绳的作用。

当 AC 手轮从正转“1”位转到“2”位置时，触头 AC1、AC3、AC10 仍闭合，AC5 闭合，把电阻器 R 上的一级电阻短接切除，电动机转矩增加，正转加速。同理，当 AC 手轮依次转到正转“3”、“4”的位置时，触头 AC1、AC3、AC5、AC10 仍闭合，AC6、AC7 也依次闭合，把电阻器 R 上的两级电阻相继短接，电动机 M 继续加速正转。当手轮转到“5”位置时，AC5～AC9 5 对触头全部闭合，转子回路电阻全部被切除，电动机启动完毕进入正常运行。

停止时，将 AC 手轮扳回零位即可。

反转控制：将 AC 手轮依次扳至反转“1”～“5”的位置时，触头 AC2、AC4 闭合，接入电动机的三相电源相序改变，电动机将反转。反转的控制过程与正转相似，请自行分析。

凸轮控制器最下面的 3 对触头 AC10～AC12 只有当手轮置于零位时才全部闭合，而手轮在其他各挡位置时都只有1对触头闭合，而其余2对分断，从而保证了只有手轮在零位时，按下启动按钮SB2才能使接触器KM线圈得电动作，然后通过凸轮控制器AC使电动机进行逐级启动，避免了电动机在转子回路不串接电阻的情况下直接启动，同时也防止了由于误按SB2而使电动机突然快速运行而造成意外事故。

任务四　绕线转子三相异步电动机启动控制线路的安装与调试

一、制定施工计划

根据图8-8按时间原则组成的绕线转子三相异步电动机启动控制线路，进行施工前的有关准备工作：

(1) 此电路所用的电动机和前面所用的三相交流鼠笼式异步电动机有什么不同?

(2) 制定小组工作计划。要求工作计划要能体现出小组的分工情况，施工步骤及注意事项等内容。

二、工具、仪表、器材清单

根据任务要求和所选用电动机的型号参数，参照图8-8，列举所需工具、仪表和器材清单，填入表8-1中。

表8-1　工具、仪表和器材清单

序号	名称	型号规格	数量
1			
2			
3			
4			
5			
6			
7			
8			
9			
10			
11			
12			
13			
14			
15			
16			

三、设计电器元件布置图和接线图

(1) 根据控制电路安装板的尺寸大小，绘制电器元件布置图。

（2）根据电器元件布置图与电路原理图绘制接线图。

四、现场施工

（1）按表 8-1 配齐所需的工具、仪表和器材，并检测电器元件的质量。

（2）根据图 8-8 所示控制线路图和电器元件布置图、接线图，在安装板上安装电器元件和线槽，并贴上醒目标签。

（3）在安装板上按图 8-8 进行板前线槽布线。

（4）安装电动机。

（5）连接电动机和电器元件金属外壳的保护接地线。

（6）连接安装板外部的导线。

（7）组内相互检查。

（8）教师检查。

（9）经检查无误后通电试车。

任务五　验收、展示、总结与评价

一、验收

各小组完成工作任务后，先清理场地，进行自检，再由小组成员验收。验收时，先进行外观检查，然后用万用表检测，在正常的情况下，再通电检测。如验收还存在问题，则要排除后，再交付验收。小组验收通过后，交由教师验收。施工评分表见表 8-2。

表 8-2　　施 工 评 分 表

项目内容	配分	评 分 标 准		得分
装前准备	15	（1）布置图是否规范、合理	扣 1～5 分	
		（2）接线图是否规范、合理	每错一处扣 1 分	
		（3）电动机质量检查	每漏一处扣 8 分	
		（4）电器元件漏查或错检	每处扣 1 分	
安装布线	45	（1）不按布置图安装电器元件	扣 5 分	
		（2）电器元件安装不牢固	每只扣 4 分	
		（3）损坏电器元件	扣 15 分	
		（4）不按电路图、接线图接线	每处扣 2 分	
		（5）走线不符合规范要求	每根扣 1 分	
		（6）接点松动、露铜过长、压绝缘层、反圈等	每个扣 1 分	
		（7）损伤导线绝缘层或线芯	每根扣 3 分	
		（8）漏装或套错编码套管	每个扣 1 分	
		（9）漏接接地线	扣 8 分	
通电试车	40	（1）热继电器未整定或整定错误	每只扣 5 分	
		（2）熔体规格选用不当	扣 5 分	
		（3）第一次通电不成功	扣 10 分	
		第二次通电不成功	扣 20 分	
		第三次通电不成功	扣 35 分	

续表

项目内容	配分	评分标准				得分
安全文明生产		(1) 违反安全文明生产规程 (2) 乱线敷设			扣10～40分 扣20分	
定额时间	5h，每超过10min				扣5分	
备　注	除额定时间外，各项内容的最高扣分不得超过配分分数				成　绩	
开始时间			结束时间		实际时间	

二、学生分组展示

各小组选派代表上台向全班进行展示、汇报学习成果。

三、教学效果的评价（见表8-3）

表8-3　　教学效果评价表

序号	项目	自我评价			小组评价			教师评价		
		10～8	7～6	5～1	10～8	7～6	5～1	10～8	7～6	5～1
1	学习主动性									
2	遵守纪律									
3	施工效果评价									
4	学习参与程度									
5	时间观念									
6	团队合作精神									
7	理论学习效果									
8	质量成本意识									
9	改进创新效果									
10	学习表现									
总　评										
备　注										

四、教师点评与答疑

1. 点评

教师根据该项目学习过程的情况，对理论学习与施工情况进行总结讲评。

2. 答疑

根据各组展示时提出的问题，组织全班学生一起查阅相关资料、书籍，解决疑难。教师在此基础之上再进行分析讲解，突破难点。

思考与练习

1. 分别画出欠电流继电器、过电流继电器、频敏变阻器的图形符号。

2. 绕线转子三相异步电动机主要有哪些特点？适用于什么场合？
3. 图 8 - 11 所示控制线路中，如何实现零位保护？
4. 电流继电器能否用于电动机的过载保护？为什么？
5. 操作题：完成图 8 - 11 所示控制线路的安装与调试。要求为：
(1) 根据图 8 - 11 所示电路，制定施工计划；
(2) 画出电气控制线路布置图、接线图；
(3) 选择合适的元件，并列出元件明细表；
(4) 按板前工艺要求进行布线；
(5) 安装完后，先检查、再调试，然后通电试车。

项目九　直流电动机基本控制线路

知识目标

（1）了解直流电动机的结构、原理、特点及应用；
（2）熟悉直流接触器的型号含义、结构特点及选用方法；
（3）掌握并励直流电动机控制线路的工作原理；
（4）学会分析串励直流电动机控制线路的工作原理。

技能目标

（1）会拆装与选用直流接触器；
（2）会安装和检修并励直流电动机控制线路；
（3）会安装和检修串励直流电动机控制线路。

素养目标

通过直流电动机基本控制线路的学习，对直流电动机控制线路与交流电动机控制线路进行比较，掌握各自的特点及应用场合，培养学生的学习主动性，加深对电气控制系统的认识。学会运用比较学习的方法，增强自主学习能力。

任务一　直 流 接 触 器

一、直流接触器的型号含义、结构

1. 直流接触器的型号含义

直流接触器应用于直流电力控制线路中，可控制远距离接通和分断直流电路及频繁地操作和控制直流电动机启动、停止、正反转与反接制动的一种自动控制电器。目前常用的直流接触器的有 CZ0、CZ18、CZ20 等系列，其外形如图 9 - 1 所示。

CZ0 系列直流接触器已完全取代了 CZ1、CZ3、CZ5 等老产品，其型号含义如图 9 - 2 所示。

2. 直流接触器的结构

直流接触器有立体布置和平面布置两种结构，有的产品是在交流接触器的基础上派生的。因此，直流接触器的结构和工作原理与交流接触器的基本相同，主要由电磁机构、触头系统和灭弧装置三大部分组成，其结构如图 9 - 3 所示。

（1）电磁机构。直流接触器电磁机构由铁芯、线圈和衔铁等组成。衔铁的运动形式有绕轴转动的拍合式和直线运动的直动式，多采用绕棱角转动的拍合式结构。衔铁直线运动式又

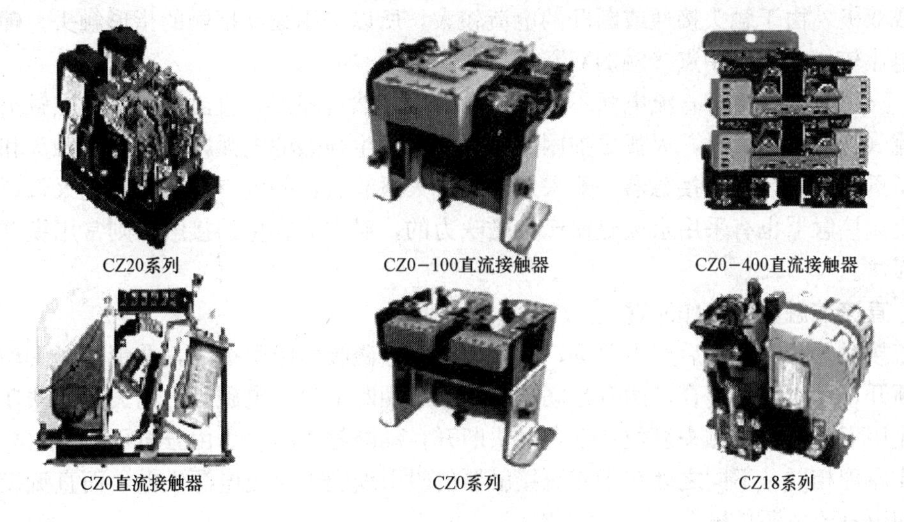

图 9-1　直流接触器的外形图

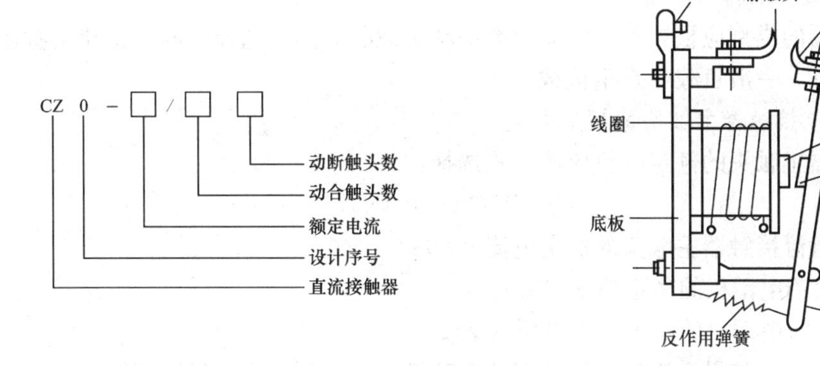

图 9-2　CZ0 系列直流接触器型号含义

图 9-3　直流接触器结构示意图

可分为正装直动式和倒装直动式（即触头在电磁机构的下方）两种。由于线圈中通的是直流电，正常工作时，铁芯中不会产生涡流，铁芯不发热，即没有铁芯损耗，因此铁芯可用整块铸铁或铸钢制成。直流接触器线圈匝数较多，为了使线圈散热良好，通常将线圈绕制成长而薄的圆筒状。由于铁芯中磁通恒定，因此铁芯端面上也不需要短路环。为了保证衔铁可靠地释放，常需在铁芯与衔铁之间垫有非磁性垫片，以减小剩磁的影响。250A 以上的直流接触器往往采用串联双线圈，其中线圈 1 为启动线圈，线圈 2 为保持线圈，接触器的一个动断触头与保持线圈并联。在电路刚接通瞬间，线圈 2 被动断触头短路，可使线圈 1 获得较大的电流和吸力。当接触器动作后，动断触头断开，线圈 1 和线圈 2 串联通电，由于电压不变，因此电流较小，但仍可保持衔铁被吸合，达到省电和延长电磁线圈使用寿命的目的。

(2) 触头系统。直流接触器有主触头和辅助触头。主触头用于接通、断开电流较大的负载电路即主电路。所以，主触头截面积较大，一般为平面。辅助触头截面积较小，一般为球面，用于接通、断开控制电路、信号电路等。接触器的主触头多为动合触头，辅助触头则有动合触头及动断触头两种。接触器的触头有桥式双断点和指形单断点等形式。主触点一般做成单极或双极，由于触头接通或断开的电流较大，所以采用滚动接触的指形触头。辅助触头的通断电流较小，常采用点接触的双断点桥式触头。

（3）灭弧装置。由于直流电弧不像交流电弧有自然过零点，直流接触器的主触头在分断较大电流（直流电路）时，灭弧更加困难，往往会产生强烈的电弧，容易烧伤触头和延时断电。为了迅速灭弧，直流接触器一般采用磁吹式灭弧装置，并装有隔板及陶瓷灭弧罩。对小容量的直流接触器也有采用永久磁铁产生磁吹力的，对中大容量的接触器则常用纵缝灭弧加磁吹灭弧法。

二、直流接触器的工作原理

直流接触器线圈通电后产生磁场，使铁芯产生电磁吸力吸引衔铁，并带动触头动作：动断触头断开，动合触头闭合，两者是联动的。当线圈断电时，电磁吸力消失，衔铁在反作用弹簧的作用下释放，使触头复位：动合触头断开，动断触头闭合。由分析可知，它与交流接触器工作原理相同，不同之处在于交流接触器的吸引线圈由交流电源供电，而直流接触器的吸引线圈由直流电源供电。

三、直流接触器的选用

1. 选择直流接触器的类型

直流接触器的类型应根据负载电流的类型和负载的大小来选择，即是交流负载还是直流负载，是轻负载、一般负载还是重负载。

2. 选择直流接触器主触头的额定电流

直流接触器主触头的额定电流应按下式选择：

$$I_N \geqslant P_N/(1\sim1.4)U_N$$

式中 I_N——直流接触器主触头的额定电流（A）；

P_N——直流电动机的额定功率（W）；

U_N——直流电动机的额定工作电压（V）。

需要说明的是，如果直流接触器控制的电动机启动、制动或正反转频繁，一般将接触器主触头的额定电流降一级使用。

3. 主触头的额定电压

接触器铭牌上所标电压指主触头能承受的额定电压，并非吸引线圈的电压，使用时接触器主触头的额定电压应不小于负载的额定电压。

4. 操作频率的选择

操作频率就是指接触器每小时通断的次数，当通断电流较大及通断频率过高时，会引起触头严重过热而烧坏，甚至熔焊。当操作频率超过规定数值，应选用额定电流大一级的直流接触器。

5. 线圈额定电压的选择

线圈额定电压不一定等于主触头的额定电压，当线路简单、使用电器少时，可直接选用380V或220V的电压；如线路复杂、使用电器较多，可用24、48V或110V电压的线圈。

直流接触器采用模块化设计，可以以最少的零件组装出客户所需要的触头对数以及所需的触头形式（动合、动断和转换）。具有触头开断电压高的优点，若采用横吹磁场灭弧，最高开断电压可达到220V。适用于程控电源或不间断电源系统、叉车、电动车、工程机械系统等。

四、直流接触器与交流接触器的比较

(1) 应用场合不同。直流接触器主电路的电流是直流电，一般比较少用，主要用在精密机床上的直流电机控制线路中；交流接触器主电路的电流是交流电，应用非常广泛。

(2) 结构不同。直流接触器的电磁机构无涡流和磁滞损耗，铁芯由整块软钢组成，端面上无需装短路环，一般采用磁吹式灭弧装置。交流接触器启动电流大，不适于频繁吸合和分断的场合。而直流接触器的操作频率较高，且固有动作时间和固有释放时间要长。

(3) 直流接触器线圈若通入交流电，则会产生涡流和磁滞损耗，铁芯发热，线圈烧坏。交流接触器线圈若通入直流电，阻抗急剧减小，电流增大，线圈也会烧坏。因此二者不能混用。

任务二　并励直流电动机的基本控制线路

前学习了三相交流异步电动机的各种控制线路，但由于直流电动机具有启动转矩大、调速范围广、调速精度高、能够实现无级平滑调速以及可以频繁启动等优点，因此在需要大范围内实现无级平滑调速或需要大启动转矩的生产机械，常采用直流电动机进行拖动。如高精度切削机床、轧钢机、造纸机、龙门刨床等生产机械都是采用直流电动机来拖动的。直流电动机有串励、并励、复励和他励四种，下面分别介绍并励和串励直流电动的基本控制线路。

一、并励直流电动机单向旋转启动控制

直流电动机在额定全电压下直接启动时，启动电流为额定电流的 10～20 倍，将产生很大的启动转矩，有可能导致电动机换向器和电枢绕组损坏，因此直流电动机可采用电枢回路串联电阻或降低电源电压这两种方法进行启动。并励直流电动机通常采用电枢回路串联电阻进行启动，同时并励直流电动机在弱磁或零磁时会产生“飞车”现象，因此在接入电枢前应先接入额定励磁电压，在励磁回路中应有弱磁保护电路。

并励直流电动机单向旋转启动控制电路如图 9-4 所示，图中 KA1 为欠电流继电器，作为励磁绕组的弱磁保护，以避免励磁绕组因断线或接触不良引起“飞车”事故；KA2 为过

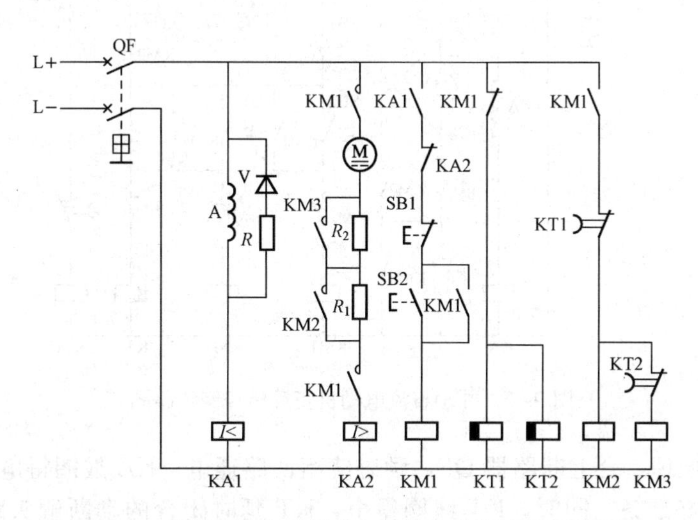

图 9-4　并励直流电动机单向旋转启动控制线路原理图

电流继电器，对电动机进行过载和短路保护；电阻 R 为电动机停车时励磁绕组的放电电阻；V 为续流二极管，使励磁绕组正常工作时电阻上没有电流流过。

电路的工作原理：合上断路器 QF，励磁绕组 A 回路通电，KA1 线圈得电，KA1 动合触头闭合，为启动做好准备。同时，KT1、KT2 线圈得电，KT1、KT2 延时闭合的动断触头瞬时断开，切断 KM2、KM3 线圈电路，以保证启动时电枢绕组串入电阻 R_1、R_2 减小启动电流。当按下启动按钮 SB2 时，KM1 线圈得电自锁，主触头闭合，接通电动机电枢回路，电枢串入两级启动电阻启动。同时 KM1 辅助动断触头断开，断开时间继电器 KT1、KT2 线圈的电源。KT1 线圈失电，经整定延时，KT1 延时闭合的动断触头闭合使 KM2 线圈得电，从而 KM2 主触头闭合短接电阻 R_1，电动机电枢绕组串接电阻 R_2 继续启动。KT2 线圈失电，经较长的延时后，KT2 延时闭合的动断触头闭合使 KM3 线圈得电，从而 KM3 主触头短接电阻 R_2，电动机启动过程结束，在额定电枢电压下运转。停止时，按下停止按钮 SB1 即可。注意 KT1、KT2 两个时间继电器的整定值不能相同，要求 KT1 延时时间小于 KT2 延时时间。

二、并励直流电动机正反转控制

并励直流电动机的正反转控制有两种方法可实现：①改变电枢电压极性，即改变电枢电流方向，而励磁电流的方向保持不变。②励磁绕组 A 反接，即通过改变励磁电流方向，保持电枢电流方向不变的方法。由于并励直流电动机励磁绕组的匝数多，电感量大，当从电源上断开励磁绕组时，会产生较大的自感电动势，不但在开关的刀刃上或接触器的主触头上产生电弧烧坏触头，而且也容易将励磁绕组的绝缘击穿。并且，在励磁绕组断开的同时，由于失磁造成很大电枢电流，容易引起“飞车”事故。所以并励直流电动机的正反转通常是用改变电枢电压的极性来实现的。

并励直流电动机正反转控制线路如图 9-5 所示。KM1、KM2 为正、反转接触器，KM3 为短接电枢电阻接触器，KT 为时间继电器，R_1 为启动电阻。

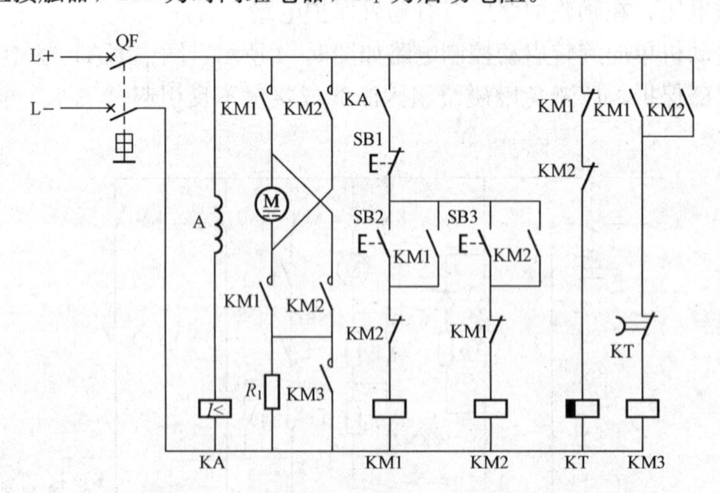

图 9-5　并励直流电动机正反转控制线路图

电路的工作原理：合上断路器 QF，励磁绕组回路通电，KA 线圈得电，KA 动合触头闭合，为启动做好准备。同时，KT 线圈得电，KT 延时闭合的动断触头瞬时断开，切断 KM3 线圈电路，以保证启动时电枢绕组串入电阻 R_1。当按下正转启动按钮 SB2 时，KM1

线圈得电并自锁，KM1 的一组辅助动断触头断开，对 KM2 线圈进行互锁，同时 KM1 主触头闭合，接通电动机电枢回路，电枢绕组串入启动电阻启动。KM1 另一组辅助动断触头断开，切断 KT 线圈的电源。KT 线圈失电，经整定延时，KT 延时闭合动断触头闭合使 KM3 线圈得电，从而 KM3 主触头把电阻 R_1 短接，电动机启动过程结束，在额定电枢电压下正向运转。反向转动时，其控制过程与正转类似。需要电动机停止时，按下停止按钮 SB1 即可。

三、并励直流电动机单向运转能耗制动控制

并励直流电动机单向运转能耗制动控制线路如图 9 - 6 所示。图中 KM1 为单向运转接触器，KM2 为能耗制动接触器，KM3、KM4 为短接电枢电阻接触器；KT1、KT2 为时间继电器；R_1、R_2 为启动电阻；RB 为制动电阻；KV 为欠电压继电器；KA 为欠电流继电器，实现电动机弱磁保护；电阻 R 和二极管 V 构成励磁绕组的放电回路，实现过电压保护。

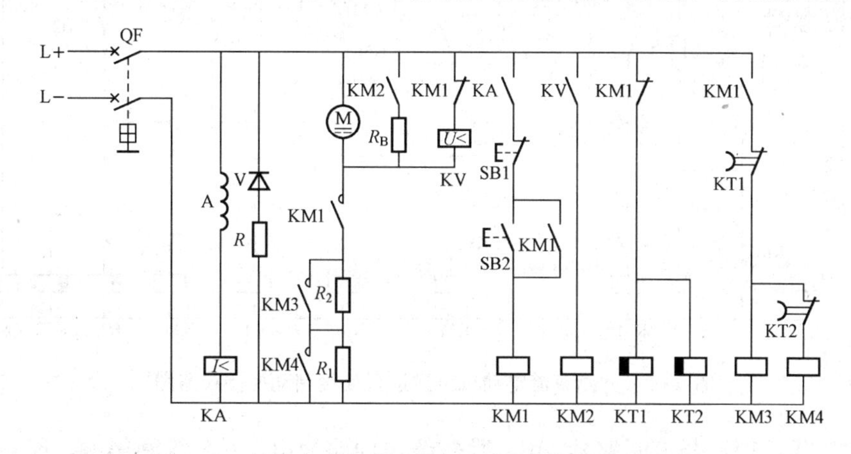

图 9 - 6　并励直流电动机单向运转能耗制动控制线路图

电路的工作原理：合上断路器 QF，励磁绕组 A 回路通电，KA 线圈得电，KA 动合触头闭合，为启动做好准备。同时，KT1、KT2 线圈得电，KT1、KT2 延时闭合的动断触头瞬时断开，切断 KM3、KM4 线圈电路，以保证电枢中串入电阻 R_1、R_2 启动。当按下启动按钮 SB2 时，KM1 线圈得电并自锁，主触头闭合，接通电动机电枢回路，电枢串入两级启动电阻启动。同时 KM1 辅助动断触头断开，切断 KT1、KT2 线圈的电源。KT1 线圈失电，经整定延时，KT1 延时闭合动断触头闭合使 KM3 线圈得电，从而 KM3 主触头闭合短接电阻 R_2，电动机 M 串接 R_1 继续启动。KT2 线圈失电，经较长的延时后，KT2 延时闭合动断触头闭合使 KM4 线圈得电，从而 KM4 主触头闭合短接电阻 R_1，电动机启动过程结束，在额定电枢电压下运转。按下停止按钮 SB1 时，KM1 线圈失电，KM1 主触头断开，切断了电枢回路电源，但电动机由于惯性仍转动，KM1 的一组辅助动合触头断开，使 KM3、KM4 失电，它们的触头恢复初始状态；KM1 另一组辅助动合触头断开解除自锁；KM1 的辅助动断触头闭合，KT1、KT2 线圈得电，使 KT1、KT2 延时闭合的动断触头瞬时分断。由于电动机惯性转动的电枢切割磁力线而在电枢绕组中产生感应电动势，使并接在电枢两端的欠电压继电器 KV 线圈得电。KV 线圈得电，其动合触头闭合，使 KM2 线圈得电。KM2 线圈得电，其辅助动合触头闭合，制动电阻 R_B 接入电枢回路进行能耗制动。当电动机转速减小到一定值时，电枢绕组的感应电动势也随之减小到很小，使欠电压继电器 KV 释放，KV 触头

复位，断开 KM2 线圈回路，从而切断了制动回路，能耗制动完成，电动机停止转动。

四、并励直流电动机可逆运行反接制动控制

反接制动是利用改变电枢两端电压极性或改变励磁电流的方向，来改变电磁转矩方向，形成制动转矩，迫使电动机迅速停转。并励直流电动机的反接制动是改变正在运行电动机电枢绕组两端电压的极性来实现的。并励直流电动机可逆运行反接制动控制线路如图 9-7 所示，图中 KV 为电压继电器；KA 为欠电流继电器；R_1、R_2 为二级启动电阻；R_B 为制动电阻；R 是励磁绕组的放电电阻；SQ1 为正转变反转行程开关；SQ2 为反转变正转行程开关。

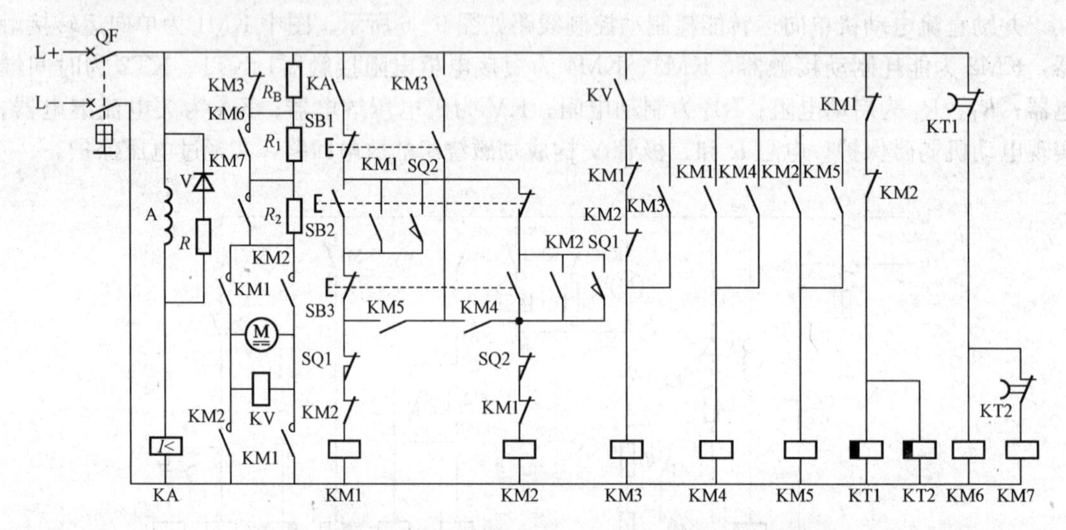

图 9-7 并励直流电动机可逆运行反接制动控制线路图

电路的工作原理：合上断路器 QF，励磁绕组回路通电，KA 线圈得电，KA 动合触头闭合，为启动做好准备。同时，KT1、KT2 线圈得电，KT1、KT2 延时闭合动断触头瞬时断开，切断 KM6、KM7 线圈电路，以保证电枢中串入电阻 R_1、R_2 启动。当按下正转启动按钮 SB2 时，KM1 线圈得电并自锁，主触头闭合，接通电动机电枢回路，电枢串入两级启动电阻启动。同时 KM1 辅助动断触头断开，切断 KT1、KT2 线圈的电源。KT1 线圈失电，经整定延时，KT1 延时闭合动断触头闭合使 KM6 线圈得电，从而 KM6 主触头闭合短接电阻 R_1，电动机 M 串接 R_2 继续启动。KT2 线圈失电，经较长的延时后，KT2 延时闭合动断触头闭合使 KM7 线圈得电，从而 KM7 主触头闭合短接电阻 R_2，电动机启动过程结束，在额定电枢电压下正向运转。

电动机正向运转并拖动运动部件正向移动的过程中，当运动部件上的挡铁压下行程开关 SQ1 时，SQ1 动断触头先断开，使 KM1 线圈失电，KM1 触头复位，此时电动机 M 仍作惯性运转，反电动势 E 仍较高，电压继电器 KV 保持得电，KV 动合触头闭合，KM3 线圈通电并自锁，KM3 辅助动断触头断开，为 R_B 接入电枢绕组反接制动做准备。SQ1 动合触头后闭合，KM2 线圈得电，KM2 辅助动合触头闭合形成自锁，KM2 主触头闭合，改变电动机电枢电压极性，电动机的电枢绕组串入制动电阻 R_B 进行反接制动，然后反转。电动机正向运行过程中，若按下反向启动按钮 SB3 时，电动机也可进行反向运转。

在电动机刚进行正向启动时，由于电枢中的反电动势 E 为零，电压继电器 KV 不动作，接触器 KM3、KM4、KM5 均处于失电状态；随着电动机转速升高，反电动势 E 建立后，电压继电器 KV 得电动作，其动合触头闭合，接触器 KM4 得电并自锁，KM4 另一对辅助动合触头闭合，为反接制动做好了准备。

按下停止按钮 SB1 时，电动机进行反接制动，其反接制动的工作原理请读者自行分析。

五、并励直流电动机调速控制线路

由于直流电动机的调速性能比异步电动机好，调速范围广，能够实现无级调速，且便于自动控制。因此，在调速要求较高的生产机械上，采用直流电动机作为拖动电动机比较常见。电动机的调速是指在电动机在机械负载不变的条件下改变电动机的旋转速度。调速的方式有机械调速、电气调速和机械电气配合调速等几种。

机械调速是人为改变机械传动装置的传动比，从而改变生产机械的运行速度。机械调速是有级的，且在变换齿轮时必须停车，否则容易将齿轮打坏。小型机床一般采用机械调速方式进行调速。

电气调速是通过改变电动机的机械特性来改变电动机的旋转速度。电气调速可使机械传动机构简化，提高传动效率，还可以实现无级调速，调速时不需要停车，操作简便，便于实现调速的自动控制。因此，电气调速在生产机械的调速中获得了广泛应用，如各种大型机床、精密机床等都是采用电气调速。

电气调速与机械调速相比较，虽有许多优点，但也有不足之处，如控制设备比较复杂、投资大等缺点。因此，在某些生产机械上，同时采用机械与电气两种调速方式相配合。

下面介绍电气调速的实现方法。由直流电动机的转速公式（9-1）可知：直流电动机的调速可通过三种方法来实现：一是电枢回路串电阻调速（改变 R_a）；二是改变主磁通调速（改变 Φ）；三是改变电枢电压（改变 U 及 I_a）调速，下面分别予以介绍。

$$n=\frac{U-I_aR_a}{C_e\Phi} \tag{9-1}$$

1. 电枢回路串电阻调速

电枢回路串电阻调速是在电枢电路中串接调速变阻器来实现的。并励直流电动机电枢电路串接电阻调速原理如图 9-8 所示。当电枢电路中串联电阻 RP 后，电动机的转速为

$$n=\frac{U-I_a(R_a+R_{RP})}{C_e\Phi} \tag{9-2}$$

式中 R_{RP}是接入电路中的电阻。

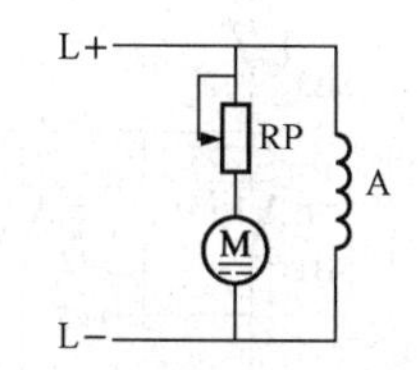

图 9-8 并励直流电动机电枢电路串接电阻调速原理图

可见：当电源电压 U 及主磁通 Φ 保持不变时，调速电阻 RP 接入电路的电阻增大，则电阻压降 $I_a(R_a+R_{RP})$ 增加，电动机转速 n 下降；反之，转速上升。

这种调速方法只能使电动机的转速在额定转速以下范围内进行调节，故其调速范围不大，一般为 1.5∶1。另外，由于调速电阻 RP 长期通过较大的电枢电流，不但消耗大量的电能，而且使机械特性变软，转速受负载的影响较大，所以不经济，且稳定性较差。但由于这种调速方法所需设备简单，操作方便，所以对于短期工作、功率不太大且机械特性硬度要求不太高的场合，如蓄电池搬运车、无轨电车、电池铲车及吊车等生产机械上仍广泛采用这种调速方法。

2. 改变主磁通调速

改变主磁通调速是通过改变励磁电流的大小来实现的。为此，在励磁电路中串接一个变

阻器 RP。并励直流电动机改变主磁通调速原理如图 9-9 所示。可见，通过调节励磁电路的电阻 RP，励磁电流会随着改变$\left(I_f=\frac{U}{R_f+P_{RP}}\right)$，主磁通也就随之改变。由于励磁电流不大（为电枢电流的 3%～5%），故调速过程中的能量损耗较小，比较经济，因而在直流电力拖动中得到了广泛应用。

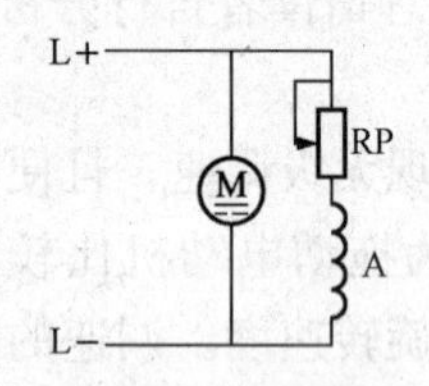

图 9-9 并励直流电动机改变主磁通调速原理图

由于并励直流电动机在额定状态下运行时，磁路已接近饱和，所以改变主磁通调速的方法，只能用减弱励磁的方式来实现调速，所以又称为弱磁调速，即电动机转速只能在额定转速以上范围内进行调节。但转速又不能调得过高，以免电动机振动过大，换向条件恶化，甚至出现“飞车”事故。所以用这种方法调速时，其最高转速一般在 3000r/min 以下。

3. 改变电枢电压调速

由于电网电压一般是不变的，所以这种调速方法适用于他励直流电动机的调速控制，且必须配置专用的直流电源调压设备。在工业生产中，通常采用他励直流发电机作为他励直流电动机电枢的电源，组成直流发电机—电动机组拖动系统，简称 G—M 系统。G—M 系统的电路如图 9-10 所示。其中 M1 是他励直流电动机，用来拖动生产机械；G1 是他励直流发电机，为他励直流电动机 M1 提供电枢电压；G2 是并励直流发电机，为他励直流电动机 M1 和他励直流发电机 G1 提供励磁电压，同时为控制电路提供直流电源；M2 是三相笼型异步电动机，用来拖动同轴连接的他励直流发电机 G1 和并励直流发电机 G2；A1、A2 和 A 分别是 G1、G2 和 M1 的励磁绕组；RP1、RP2 和 RP 是调节变阻器，分别来来调节 G1、G2 和 M1 的励磁电流；KA 是过电流继电器，用于电动机 M1 的过载和短路保护；SB1、KM1 组成正转控制线路；SB2、KM2 组成反转控制线路。

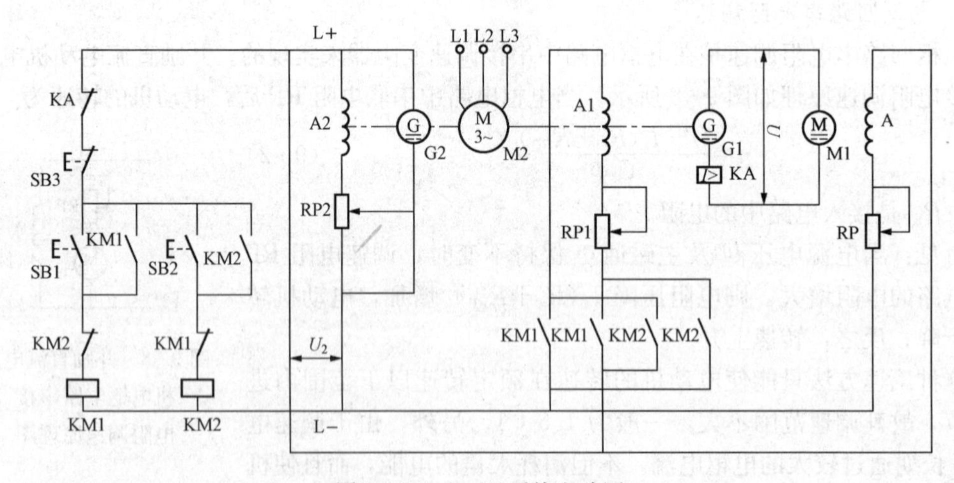

图 9-10 G—M 系统电路图

G—M 系统的控制原理如下。

励磁：首先启动三相笼型异步电动机 M2，拖动他励直流发电机 G1 和并励直流发电机 G2 同速旋转，励磁发电机 G2 切割磁力线产生感应电动势，输出直流电压 U_2，除提供本身励磁电压外，还供给 G—M 机组励磁电压和控制电路电压。

启动：按下启动按钮SB1（或SB2），接触器KM1（或KM2）线圈得电，其动合触头闭合，发电机G1的励磁绕组A1接入电压U_2开始励磁。因发电机G1的励磁绕组A1的电感较大，所以励磁电流逐渐增大，使G1产生的电动势和输出电压从零逐渐增大，这样就避免了直流电动机M1在启动时有较大的电流冲击。因此，在电动机启动时，不需要在电枢电路中串入启动电阻就可以很平滑地进行启动。

调速：启动前，应将调节变阻器RP调到零，RP1调到最大，目的是使直流电压U逐步上升，直流电动机M1则从最低速逐渐上升到额定转速。

当直流电动机运转后需调速时，可先将RP1的阻值调小，使直流发电机G1的励磁电流增大，于是G1的输出电压即直流电动机M1电枢绕组上的电压U增大，电动机转速升高。可见，调节RP1的阻值能升降直流发电机的输出电压U，即可达到调节直流电动机转速的目的。不过加在直流电动机电枢上的电压U不能超过其额定电压值。所以在一般情况下，调节电阻RP1只能使电动机在低于额定转速情况下进行平滑调速。

当需要电动机在额定转速以上进行调速时，应先调节RP1，使电动机电枢电压U保持在额定值不变，然后将电阻RP的阻值调大，使直流电动机M1的励磁电流减小，其主磁通Φ也减小，电动机M1的转速升高。

制动：若需要电动机停止时，可按下停止按钮SB3，接触器KM1（或KM2）线圈失电，其触头复位，使直流发电机G1的励磁绕组A1失电，G1的输出电压即直流电动机M1的电枢电压U下降为零。但此时电动机M1仍沿原旋转方向惯性运转，由于切割磁力线（因A仍有励磁），在电枢绕组中产生与原电流方向相反的感应电流，从而产生制动转矩，迫使电动机迅速停转。

通过以上分析可以看出，G—M系统的调速范围广，能在额定转速以下和以上进行调速，调速平滑性好，可实现无级调速，具有较好的启动、调速、正反转、制动控制性能，因此曾被广泛用于龙门刨床、重型镗床、轧钢机、矿井提升设备等生产机械上。但由于G—M系统的设备费用大，机组多，占地面积大，效率较低，过渡过程的时间较长等缺点，所以，随着半导体技术的不断发展，目前正日趋广泛地使用晶闸管整流装置作为直流电动机的可调电源，组成晶闸管—直流电动机调速系统。

任务三　串励直流电动机的基本控制线路

串励直流电动机与并励直流电动机相比较，主要有以下特点：一是具有较大的启动转矩，启动性能好。因为串励直流电动机的励磁绕组和电枢绕组相串联，启动时，磁路未达到饱和，电动机的启动转矩与电枢电流的平方成正比，从而产生较大的启动转矩；二是过载能力较强。由于串励直流电动机的机械特性是双曲线，机械特性较软，当电动机的转矩增大时，其转速显著下降，使串励电动机能自动保持恒功率运行（因$P=T\omega$），不会因转矩增大而过载。因此，在要求有较大的启动转矩、负载变化时转速允许变化的恒功率负载场合，如起重机、吊车、电力机车等，宜采用串励直流电动机。必须注意的是：串励直流电动机使用时，不能空载或轻载启动运行。因为空载或轻载时，电动机转速很高，会使电枢因离心力过大而损坏，所以启动时至少要带20%的额定负载，而且电动机要与生产机械直接耦合，禁止使用带传动，以防带滑脱造成严重事故。

一、串励直流电动机单向旋转启动控制线路

串励直流电动机单向旋转启动控制线路如图9-11所示。合上断路器QF，KT1线圈得电，KT1延时闭合动断触头瞬时断开，使接触器KM2、KM3线圈处于断电状态，保证电动机启动时串入电阻R_1和R_2进行启动。按下启动按钮SB2时，KM1线圈得电，辅助动合触头闭合形成自锁，辅助动断触头断开，切断KT1线圈电源。同时KM1主触头闭合，电动机串入电阻R_1和R_2进行启动，并接在R_1两端的KT2线圈得电，KT2延时闭合动断触头瞬时分断。KT1线圈失电，延时整定时间后KT1延时闭合动断触头闭合，使KM2线圈得电。KM2线圈得电，其主触头闭合，短接电阻R_1和KT2线圈，使电动机串入电阻R_2继续启动。KT2失电延时一定时间后，其延时闭合动断触头闭合，使KM3线圈得电。KM3线圈得电，短接了电阻R_2，启动过程结束，电动机在全电压下单向运行。按下停止按钮SB1时，电动机停止运转。

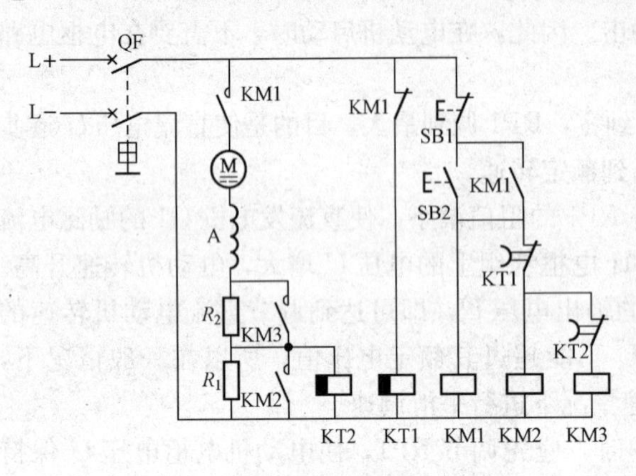

图9-11 串励直流电动机单向旋转启动控制线路图

二、串励直流电动机正反转控制线路

串励直流电动机正反转控制线路如图9-12所示，合上低压断路器QF，KT线圈通电，KT延时闭合动断触头瞬时断开，使接触器KM3线圈处于断电状态，保证电动机启动时串入电阻R。按下正转启动按钮SB2，KM1线圈得电，KM1一对辅助动合触头闭合自锁，另一对辅助动合触头闭合，为KM3线圈通电做准备，KM1主触头闭合，电动机正转启动。同时，KM1的一对辅助动断触头断开，对KM2进行互锁，另一对辅助动断触头断开，使KT线圈失电，达到整定延时时间后，KT延时闭合动断触头闭合，KM3线圈得电，KM3主触头闭合，短接启动电阻R，启动过程结束，电动机M开始全压运行。停止时，按下SB1即可。

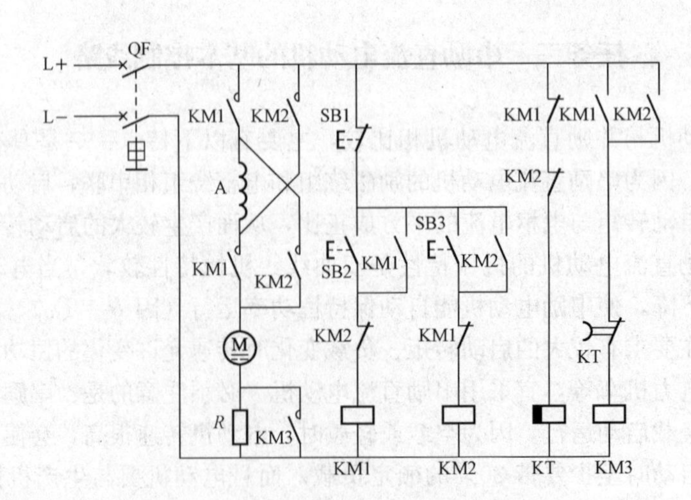

图9-12 串励直流电动机正反转控制线路

反转时按下反转启动按钮 SB3，电动机进行反向运转。当按下停止按钮 SB1 时，电动机停止运行。

三、串励直流电动机能耗制动控制线路

由于串励电动机的理想空载转速趋于无穷大，所以在运行中不可能满足再生发电制动的条件，因此，串励电动机电力制动的方法只有能耗制动和反接制动两种。串励直流电动机的能耗制动分为自励式和他励式两种。

1. 串励直流电动机自励式能耗制动

自励式能耗制动是指当电动机断开电源后，将励磁绕组反接并与电枢绕组和制动电阻串联构成闭合回路，使惯性运转的电枢处于自励发电状态，产生与原方向相反的电流和电磁转矩，迫使电动机迅速停转。串励电动机自励式能耗制动控制线路如图 9-13 所示。

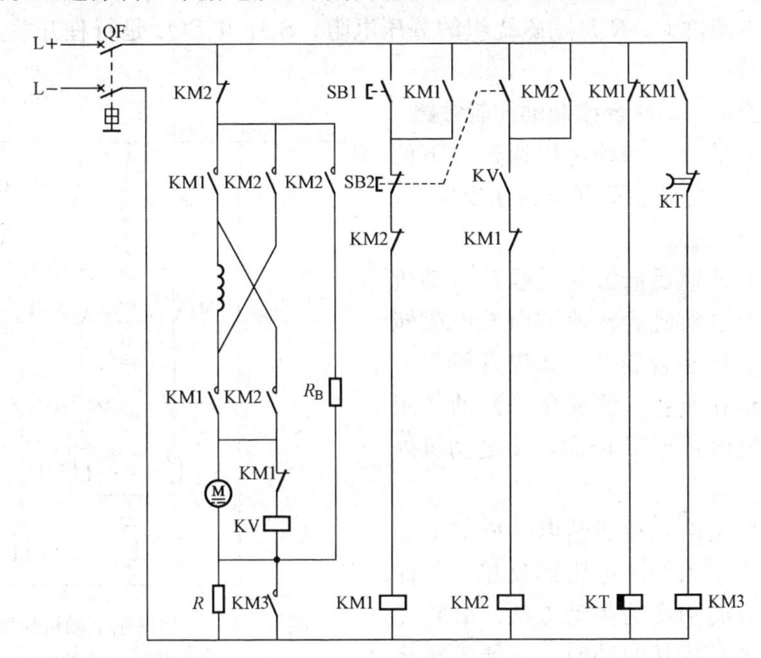

图 9-13　串励电动机自励式能耗制动控制线路图

线路的工作原理为：

串电阻启动运转：合上电源开关 QF，时间继电器 KT 线圈得电，KT 延时闭合动断触头瞬时断开，按下启动按钮 SB1，接触器 KM1 线圈得电并自锁，KM1 主触头闭合，使电动机 M 串入电阻 R 启动后，自动转入正常运行。

能耗制动停转：按下停止按钮 SB2，SB2 的动断触头先分断，使得 KM1 线圈失电，KM1 触头复位，而 SB2 的动合触头后闭合，由于惯性运转的电枢切割磁力线产生感应电动势，KV 线圈得电吸合，KV 动合触头闭合，KM2 线圈得电，KM2 辅助动断触头分断，切断电动机电源，KM2 的主触头闭合，这时励磁绕组反接后与电枢绕组和制动电阻构成闭合回路，使电动机 M 受制动迅速停转，KV 断电释放，KV 动合触头分断，KM2 线圈失电，KM2 触头复位，制动过程结束。

自励式能耗制动设备简单，在高速时制动力矩大，制动效果好。但在低速时制动力矩减小很快，制动效果变差。

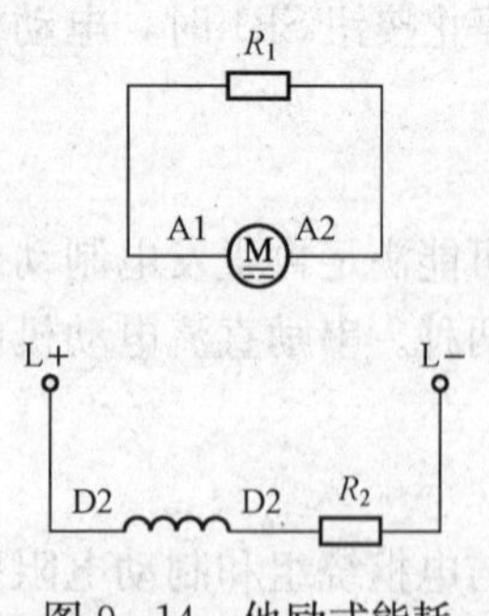

图 9-14　他励式能耗制动原理图

2. 串励直流电动机他励式能耗制动

他励式能耗制动原理如图 9-14 所示，制动时，切断电动机电源，将电枢绕组与放电电阻 R_1 接通，将励磁绕组与电枢绕组断开后串入分压电阻 R_2，再接入外加直流电源励磁。若与电枢供电电源共用时，则需要在励磁回路串入较大的降压电阻（因串励绕组电阻值很小）。这种制动方法不仅需要外加直流电源设备，而且励磁电路消耗的功耗较大，所以经济性较差。

小型串励直流电动机作为伺服电动机使用时，采用的他励式能耗制动控制线路如图 9-15 所示。图中，R_1 和 R_2 为电枢绕组的放电电阻，减小它们的阻值可使制动力矩增大；R_3 是限流电阻，防止电动机启动电流过大；R 是励磁绕组的分压电阻；SQ1 和 SQ2 是行程开关。该线路的工作原理请自行分析。

四、串励直流电动机反接制动控制线路

串励电动机的反接制动可以通过以下两种方式来实现：一是位能负载时转速反向法；二是电枢直接反接法。

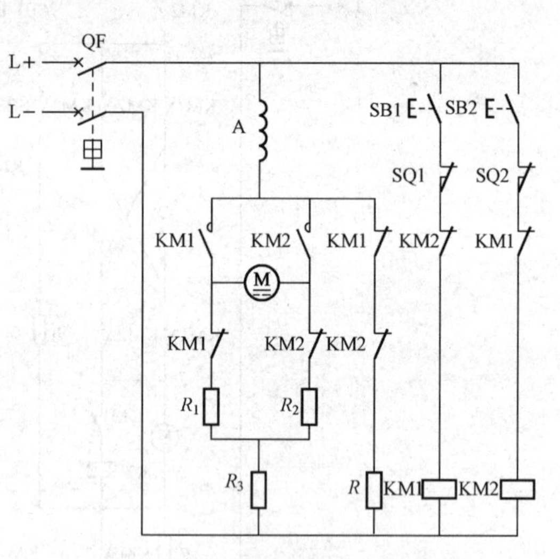

图 9-15　小型串励电动机他励式能耗制动控制线路图

位能负载时转速反向法就是强迫电动机的转速反向，使电动机的转速方向与电磁转矩的方向相反，以实现制动。如提升机下放重物时，电动机在重物（位能负载）的作用下，转速 n 与电磁转矩 T 反向，使电动机处于制动状态。

电枢直接反接法是指切断电动机的电源后，将电枢绕组串入制动电阻后反接，并保持其励磁电流方向不变的制动方法。必须注意的是：采用电枢反接制动时，不能直接将电源的极性反接，否则由于电枢电流和励磁电流同时反向，不能起到制动的作用。

五、串励直流电动机调速控制线路

串励电动机的电气调速方法与并励电动机相同，即电枢回路串电阻调速、改变主磁通和改变电枢电压调速三种方法。其中，改变主磁通调速，在大型串励电动机上，常采用在励磁绕组两端并联可调分流电阻的方法；在小型串励电动机上，常采用改变励磁绕组的匝数或改变接线方式的方法。以上几种调速方法的控制线路及原理与他励或并励电动机基本相似，在此不做详述。

任务四　并励直流电动机正反转控制线路的安装与调试

一、制定施工计划

根据图 9-5 并励直流电动机正反转控制线路原理图，先熟悉电路的工作原理，然后进

行施工前的有关准备工作：

（1）此电路所采用的电动机和前面所学的三相笼型异步电动机有什么不同？怎么检测电动机的质量好坏？

（2）制定小组工作计划。

二、工具、仪表、器材清单

根据任务要求和所选用电动机的型号参数，参照图9-5，列举所需工具、仪表和器材清单，记入表9-1中。

表9-1　工具、仪表和器材清单

序号	名称	型号规格	数量
1			
2			
3			
4			
5			
6			
7			
8			
9			
10			
11			
12			
13			
14			
15			
16			

三、设计电器元件布置图和接线图

（1）根据控制电路安装板的尺寸大小，绘制控制电器元件布置图。要求元件布置要规范、合理、美观，便于安装。

（2）根据电器元件布置图绘制控制线路的接线图，为后面的电路接线做准备。

四、现场施工

（1）按表9-1配齐所需的工具、仪表和器材，并检测电器元件的质量。

（2）根据图9-5和所设计的电器元件布置图，在安装板上安装电器元件和走线槽，并贴上醒目标签。

（3）在安装板上按图9-5和接线图进行板前线槽工艺布线。布线时，要严格按照工艺要求进行，分工合作，在规定的时间内完成。

(4) 安装电动机。

(5) 连接电动机和电器元件金属外壳的保护接地线。

(6) 连接安装板外部的导线。

(7) 组内相互检查。

(8) 教师检查。

(9) 经检查无误后通电试车。

任务五　验收、展示、总结与评价

一、验收

各小组完成工作任务后，先清理场地，再进行自检，然后由小组成员验收，如验收还存在有问题，再进行解决，直至验收通过。小组验收通过后，交由教师验收。施工评分表见表9-2。

表9-2　　施工评分表

项目内容	配分	评分标准	得分
装前检查	15	(1) 电动机质量检查　每错检或漏检一处扣5分 (2) 电器元件漏查或错检　每漏查或错检一处扣1分	
安装布线	45	(1) 不按布置图固紧元件或布置图不合理　扣5分 (2) 电器元件安装不牢固　每只扣4分 (3) 损坏电器元件　扣15分 (4) 不按电路图（接线图）接线　每处扣2分 (5) 走线不符合要求　每根扣1分 (6) 接点松动、露铜过长、压绝缘层、反圈等　每个扣1分 (7) 损伤导线绝缘层或线芯　每根扣3分 (8) 漏装或套错编码套管　每个扣1分 (9) 漏接接地线　扣8分	
通电试车	40	(1) 试车步骤不正确　扣5分 (2) 安全措施防护不到位　扣5分 (3) 第一次通电不成功　扣10分 第二次通电不成功　扣20分 第三次通电不成功　扣35分	
安全文明生产	(1) 违反安全文明生产规程　扣10～40分 (2) 乱线敷设　扣20分		
定额时间	5h，每超过10min　扣5分		
备　注	除定额时间外，各项内容的最高扣分不得超过配分分数	成　绩	
开始时间		结束时间	实际时间

二、学生分组展示

各小组选派代表上台向全班进行汇报、展示，汇报学习成果。

三、教学效果的评价（见表9-3）

表9-3　　教学效果评价表

序号	项目	自我评价			小组评价			教师评价		
		10～8	7～6	5～1	10～8	7～6	5～1	10～8	7～6	5～1
1	学习主动性									
2	遵守纪律									
3	安全文明生产									
4	学习参与程度									
5	时间观念									
6	团队合作精神									
7	线路安装工艺									
8	质量成本意识									
9	改进创新效果									
10	学习表现									
总　评										
备　注										

四、教师点评与答疑

1. 点评

教师根据该项目学习过程的情况，对理论学习与施工情况进行总结讲评。

2. 答疑

根据各组展示时提出的问题，组织全班学生一起查阅相关资料、书籍，解决疑难。教师在此基础上再进行分析讲解，突破难点。

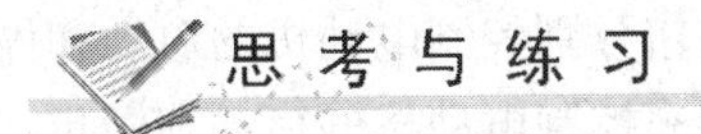

1. 直流电动机与三相交流异步电动机相比较，有哪些优点？
2. 什么是直流电动机的“飞车”？如何避免出现“飞车”现象？
3. 并励直流电动机实现正、反转有哪几种方法？
4. 串励直流电动机与并励直流电动机相比，主要有哪些特点？
5. 并励直流电动机有哪几种电气调速方法？
6. 串励直流电动机实现正、反转有哪几种方法？为什么串励直流电动机的反转通常用励磁绕组反接法实现？
7. 串励直流电动机的反接制动有哪两种方法？各有什么特点？

项目十　电动机其他控制线路

知识目标

（1）掌握单按钮控制电动机启停电路的工作原理；

（2）会分析短暂停电再启动与间歇控制电路的原理；

（3）了解电动机电子保护控制线路的意义，学会正确分析电动机电子保护控制电路的工作原理。

技能目标

（1）能对单按钮控制电动机启停电路进行正确安装与调试；

（2）能对短暂停电再启动与间歇控制电路进行正确安装与调试；

（3）能对三相异步电动机常用的电子保护电路进行正确安装与调试；

（4）能设计出简单的继电器控制线路，并能进行正确地安装与调试。

素养目标

通过该项目的学习，了解新颖的电动机控制电路，为后面的电路设计打好基础，增强动手操作能力，养成良好的学习习惯。

任务一　单按钮控制电动机启停线路

一、单按钮控制电动机正转启停线路

通常情况下，都是用两个按钮分别控制电动机的启动和停止，但在某些特殊场合或某些特殊设备上，需要采用一个按钮来控制电动机的启动和停止，如图 10 - 1 所示。

1. 电路工作原理分析

先合上电源开关 QF，再按下按钮 SB，中间继电器 KA1 线圈得电吸合，其中一对 KA1 动合触头（3、4 号线间）闭合自锁，另一对 KA1 动合触头（2、8 号线间）闭合，接通 KM 线圈回路，接触器 KM 吸合，自锁触头（2、8 号线间）闭合自锁，KM 主触头闭合接通主电路，电动机 M 启动运行。同时，接触器 KM 的辅助动断触头（3、4 号线间）断开，另一对辅助动合触头（3、6 号线间）闭合，因中间继电器 KA1 的动断触头（6、7 号线间）断开，中间继电器 KA2 不会通电吸合，触头 KM（3、6 号线间）的吸合只是为停机做准备。当按钮 SB 松开后，中间继电器 KA1 线圈失电释放，其动断触头（6、7 号线间）复位闭合，为停机时中间继电器 KA2 的得电做准备。此时，只有接触器 KM 线圈得电吸合，电动机 M 作连续运转。

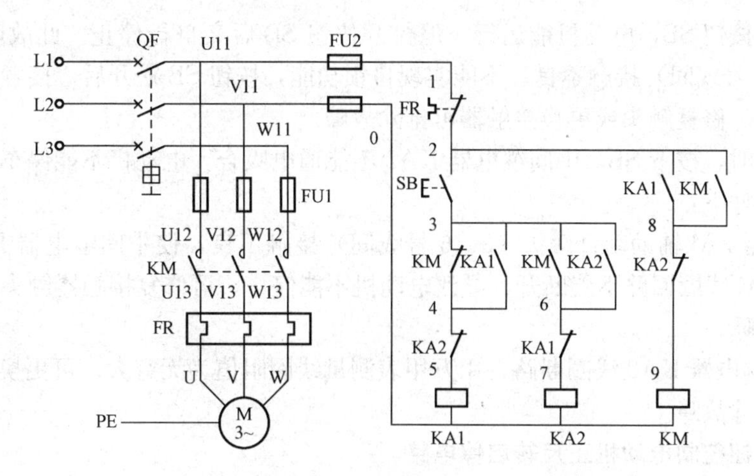

图 10-1　单按钮控制电动机正转启停线路图

当需要停车时，再按下 SB，因为此时 KM 辅助动合触头（3、6 号线间）是闭合的，KA1 的动断触头（6、7 号线间）也是闭合的，所以此时按下 SB 时，中间继电器 KA2 线圈得电吸合，与接触器 KM 线圈相串联的 KA2 动断触头（8、9 号线间）断开，切断接触器线圈电源使其释放，主触头断开，电动机 M 停转。

在电动机 M 停止状态下，再按下 SB，可再一次启动电动机。由此可见，可以通过操作 SB 这一个按钮，来实现对电动机 M 的启动和停止控制。

2. 电器元件选择

三相异步电动机选择 11kW、额定电流 30A、额定转速为 1460r/min 的 Y160M—4 型；低压断路器 QF 选择三极、80A 的 DZ15—100 型；交流接触器 KM 选择 380V 的 CDC10—40 型；热继电器 FR 选择 28～45A 的 JR36—63 型；中间继电器 KA1、KA2 选线圈电压 380V、电流 5A 的 JZ7—44 型；其他元件无特殊要求。

3. 常见故障及排除方法

（1）按下按钮 SB，无任何反应。故障可能原因及解决办法如下：

1）按钮 SB 接触不良。可修复触头或更换按钮。

2）热继电器 FR 动断触头因过载而断开。查找出过载原因并处理，再手动复位热继电器。

3）中间继电器 KA1 线圈断路不能吸合，导致接触器 KM 也不能吸合。更换中间继电器 KA1 来排除故障。

4）接触器 KM 辅助动断触头（3、4 号线间）或 KA2 动断触头（4、5 号线间）烧蚀或有污垢导致接触不良，使得 KA1 不能得电吸合。可修复 KM 或 KA2 触头来排除故障。

（2）按下按钮 SB，中间继电器 KA1 能吸合，但交流接触器 KM 不能吸合动作，电动机不转。故障可能原因及解决办法如下：

1）中间继电器 KA1 动合触头（2、8 号线间）或 KA2 动断触头（8、9 号线间）接触不良。修理触头或更换中间继电器可排除此故障。

2）接触器 KM 线圈断路，用万用表电阻挡测量其阻值为无穷大。可更换接触器 KM 线圈或更换接触器 KM。

（3）按下按钮 SB，电动机能运行，但松开按钮 SB 后又自行停止。此故障为 KM 的自锁触头（2、8 号线间）接触不良，不能实现自锁功能，按钮 SB 松开后，接触器便释放，电动机停止运转。修复触头或更换接触器可排除故障。

（4）停机时，按下 SB，中间继电器 KA2 不能通电吸合，电动机不能停车。故障可能原因及解决办法如下：

1）接触器 KM 辅助动合触头（3、6 号线间）接触不良，使中间继电器 KA2 线圈不能通电吸合，KM 线圈回路不能断开，导致电动机不能停止。可修复接触器触头或更换接触器 KM 以排除故障。

2）中间继电器 KA2 线圈断路，用万用表测量线圈阻值为无穷大。可更换线圈或更换中间继电器来排除故障。

二、单按钮控制电动机正反转启停电路

单按钮控制电动机正反转启停电路必须要增加中间继电器做启停转换，线路比较复杂，但这种电路设计新颖，巧妙实用，电路如图 10-2 所示。

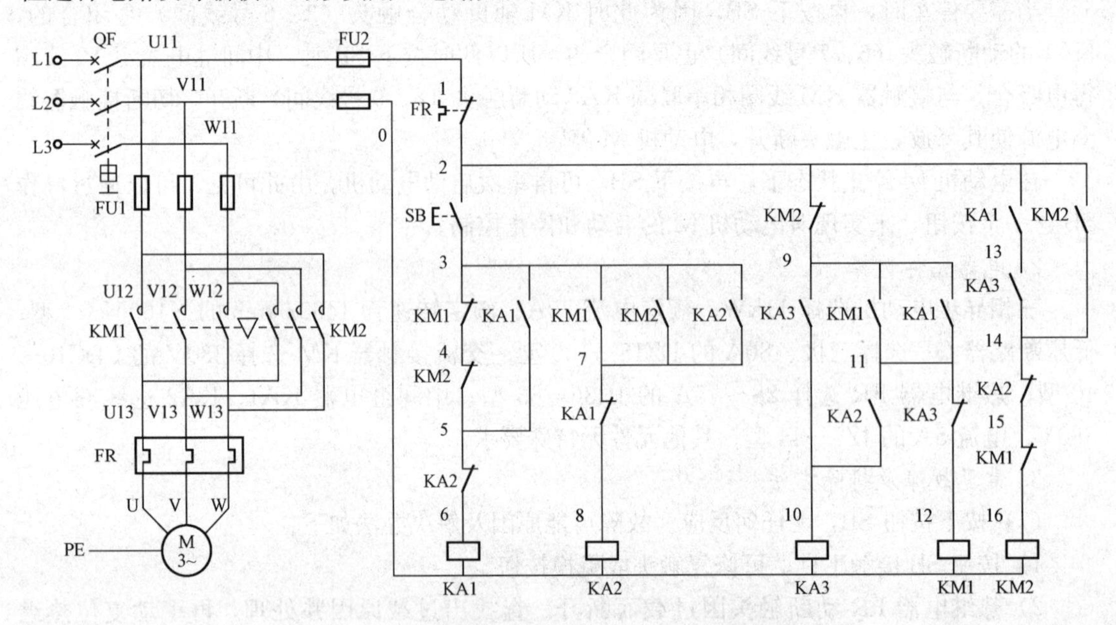

图 10-2　单按钮控制电动机正反转启停线路图

1. 正转启动

首先合上电源开关 QF，第一次按下 SB，因动断触头 KA2（5、6 号线间）、KM2（4、5 号线间）、KM1（3、4 号线间）是闭合的，所以中间继电器 KA1 线圈得电吸合，动合触头 KA1（3、5 号线间）闭合自锁，动断触头 KA1（7、8 号线间）断开，中间继电器 KA2 不能吸合，与正转接触器 KM1 线圈串联的动合触头 KA1（9、11 号线间）闭合，接触器 KM1 线圈得电吸合，KM1 主触头闭合，电动机 M 接通三相电源正转启动运行。同时，KM1 辅助动合触头（9、11 号线间）闭合自锁；KM1 辅助动断触头（3、4 号线间）断开，为再次按下按钮 SB 停机时中间继电器 KA1 不吸合做准备，KM1 辅助动合触头（3、7 号线间）闭合，KM1 辅助动断触头（15、16 号线间）断开，切断反转接触器 KM2 线圈回路，实现联锁功能。松开按钮后，SB 复位断开，中间继电器 KA1、KA2 都失电释放。

2. 正转停车

当第二次按下按钮 SB，因与中间继电器 KA2 线圈串联的 KA1 动断触头（7、8 号线间）与 KM1 辅助动合触头（3、7 号线间）是闭合的，所以中间继电器 KA2 线圈得电吸合，且其动合触头（3、7 号线间）闭合自锁，KA2 动合触头（10、11 号线间）闭合，中间继电器 KA3 线圈得电吸合且其动合触头（9、10 号线间）闭合自锁，KA3 动断触头（11、12 号线间）断开，切断 KM1 线圈回路，KM1 失电释放，主触头断开，切断主电路电源，电动机 M 断电停止运行。KA3 动合触头（13、14 号线间）闭合，为反转启动做准备。松开 SB 后，中间继电器 KA2 线圈失电释放，KA3 仍然吸合。

3. 反转启动

当第三次按下按钮 SB 时，因动断触头 KA2（5、6 号线间）、KM2（4、5 号线间）、KM1（3、4 号线间）是闭合的，所以中间继电器 KA1 线圈得电吸合且其动合触头（3、5 号线间）闭合自锁。同时，KA1 动合触头（2、13 号线间）闭合，反转接触器 KM2 线圈得电吸合，且其辅助动合触头（2、14 号线间）闭合自锁，KM2 辅助动断触头（4、5 号线间）断开，KM2 辅助动合触头（3、7 号线间）闭合，为反转停车做准备，KM2 动断触头（2、9 号线间）断开，实现联锁。反转接触器 KM2 的主触头闭合，接通三相电源，电动机 M 反转启动运行。松开 SB 后，中是继电器 KA1、KA2 失电释放，但 KA1 动断触头（7、8 号线间）与 KM2 辅助动合触头（3、7 号线间）是闭合的，为反转停车做准备。

4. 反转停车

当第四次按下 SB 时，中间继电器 KA2 线圈得电吸合且其动合触头（3、7 号线间）闭合自锁，与反转接触器串联的 KA2 动断触头（14、15 号线间）断开，交流接触器 KM2 线圈失电释放，主触头断开，电动机 M 反转停车。松开 SB 后中间继电器 KA1、KA2 失电释放，反转接触器 KM2 的辅助动断触头（4、5 号线间）复位闭合，为第五次（下一个周期的第一次）按下 SB 电动机正转启动做准备。这样反复按下按钮 SB，可实现电动机 M 正转→停止→反转→停止→正转的控制。

任务二　短暂停电再启动与间歇控制线路

一、短暂停电再启动控制线路（一）

有些工业生产不允许突然停电，如玻璃厂、纺织厂染色工序等，若突然停电会引起部分产品报废。当发生突然停电时，可通过特定的控制线路，等再来电时自动恢复设备运行，以减少停电带来的损失，图 10 - 3 所示为短暂停电再启动线路。

1. 电路的工作原理

该电路通过断电延时时间继电器 KT 来实现突然停电后的再自行启动功能。首先合上电源开关 QF，合上开关 SA，再按下启动按钮 SB，交流接触器 KM 线圈得电吸合，辅助动合触头 KM 闭合，断电延时时间继电器 KT 线圈得电，瞬时动合触头 KT-1 闭合，使接触器 KM 保持通电。同时，时间继电器瞬时闭合延时断开动合触头 KT-2 也闭合，电动机 M 接通三相电源运行。当因某种原因造成突然停电时，交流接触器 KM 和断电延时时间继电器 KT 同时失电，接触器的所有触头复位，电动机停止运行。与此同时，断电延时时间继电器的瞬时动合触头 KT-1 断开，而断电延时动合触头 KT-2 仍然闭合，使时间继电器 KT 线圈

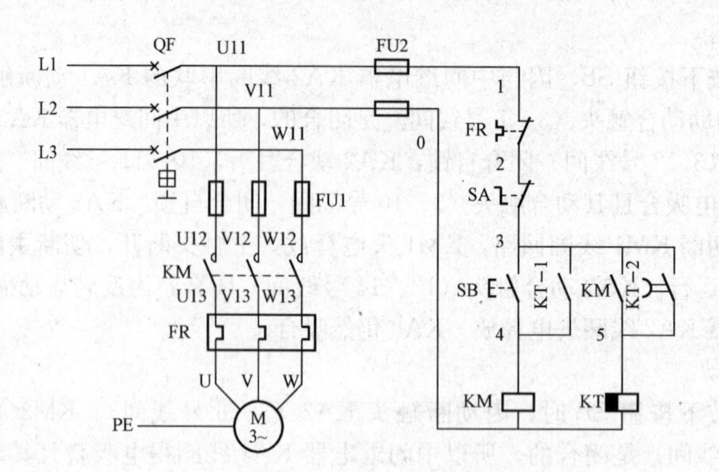

图 10-3 短暂停电再启动控制线路（一）

回路继续保持接通，为再来电启动做准备。当在设定停电时间范围内来电时，电流路径为L1→QF→FU2（上）→FR 动断触头→开关 SA→KT-2→KT 线圈→FU2（下）→L2 形成回路，此时，断电延时继电器 KT 线圈得电使其瞬时动合触头 KT-1 闭合，接通交流接触器 KM 线圈回路，接触器 KM 吸合，电动机 M 再次启动运行。停止时，转动开关 SA 使之断开，KM、KT 线圈失电，KM 主触头断开，电动机 M 断电停转。

2. 电器元件的选择

短暂停电再启动控制线路（一）的电器元件清单见表 10-1。

表 10-1　短暂停电再启动控制线路（一）的电器元件清单

代号	名　称	型号	规　格	数量
M	三相异步电动机	Y112M—4	4kW、380V、△接法、8.8A、1440r/min	1
QF	低压断路器	DZ108—32	三极、额定电流 25A	1
FU1	螺旋式熔断器	RL—60/25	500V、60A、配熔体额定电流 25A	3
FU2	螺旋式熔断器	RL—15/2	500V、15A、配熔体额定电流 2A	2
KM	交流接触器	CJ10—20	20A、线圈额定电压 380V	1
SB	按钮	LA10	保护式	1
SA	开关	LS45—10	单极、380V	1
XT	端子板	JX—1015	10A、15 节、380V	1
FR	热继电器	JR16—20/3	三极、20A、整定电流 8.8A	1
KT	断电延时时间继电器	JSA—4A	380V、带瞬动触头	1

3. 调试

先断开主电路（FU1 的熔体不装），合上低压断路器 QF 及开关 SA，按下启动按钮 SB，接触器 KM 和断电延时时间继电器 KT 线圈得电吸合，观察其吸合情况，正确无误后，再人为模拟突然停电（断开 QF），将供电电源切断，交流接触器 KM 失电释放，断电延时时间继电器 KT 也失电，KT-1 断开，但 KT-2 仍然闭合，进入延时阶段。当在延时时间范围内再接通电源，不按启动按钮 SB，让电流经 L1→QF→FU2（上）→FR 动断触头→开关 SA→动合触头 KT-2→KT 线圈→FU2（下）→L2 形成回路，此时时间继电器 KT 与接触器 KM 都应吸合，由此，可以判断接线正确。可以将时间继电器的延时时间适当调长一些，再按上述模拟方法，在不同的延时时间范围调试。必要时也可超过设定时间，再接通电源，接触器 KM 与时间继电器 KT 应不吸合。当控制电路正常后，再接通主电路电源（把 FU1 的熔体装上），按上述方法进行调试，观察电动机 M 的运行情况。

4. 常见故障排除

（1）按下启动按钮 SB，KM 吸合，电动机启动，但松手后，接触器 KM 失电释放，不能自锁。故障可能原因及解决方法如下：

1）与 SB 并联的瞬时动合触头 KT-1 烧蚀或接触不良，可修复此触头，使其能自锁。

2）接触器 KM 辅助动合触头接触不良或烧蚀，不导电导致 KT 线圈不能通电。修复 KM 辅助动合触头或更换接触器。

3）断电延时时间继电器 KT 线圈断开，不能得电吸合，瞬时动合触头 KT-1 不能闭合，SB 复位后接触器即失电复位。修复触头或更换时间继电器。

（2）正常运行后，突然停车且在设定时间不能自动启动。故障原因可能是断电延时时间继电器 KT 的断电延时断开动合触头 KT-2 有污垢或烧蚀，造成接触不良，再次来电时，时间继电器 KT 不能吸合，使接触器也不能吸合。可更换触头或更换时间继电器。

（3）开始启动电动机时，不用按下启动按钮 SB，电动机就自动运行。故障原因可能是 KT-1、KM、KT-2 中有触头熔焊在一起，使接触器 KM 在未按下 SB 时就吸合。处理方法：修复或更换损坏元件。

二、短暂停电再启动控制线路（二）

有些工艺要求特殊的生产设备，要求电动机在电网出现短暂停电后又恢复供电时，能快速自动地将生产设备重新启动起来，避免产品报废，减少损失。如玻璃液窑等场合，电气控制线路如图 10-4 所示。

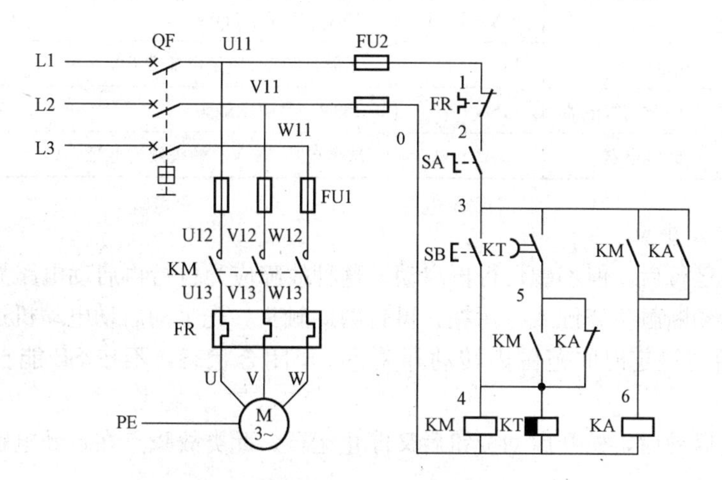

图 10-4　短暂停电再启动控制线路（二）

1. 工作原理

该控制电路的延时再启动，是依靠触头 KA 的断电复位闭合、KT 延时断开触头一起接通接触器KM和时间继电器KT线圈回路，达到再自行启动的目的。

接通电源，合上开关SA按下启动按钮SB，接触器KM线圈得电吸合，断电延时时间继电器KT也得电吸合。两对接触器动合触头都动作，其中一对闭合自锁，另一对闭合使中间继电器KA线圈得电，KA动合触头闭合自锁，其动断触头断开，为断电后再自行启动做准备。同时，KT的断电延时断开动合触头也闭合，电动机连续运行。当突然停电时，接触器KM、时间继电器KT、中间继电器KA都失电释放。此时断电延时触头KT在时间继电器设定延时范围内仍然处于闭合状态，中间继电器KA的动断触头也复位闭合，使接触器KM和时间继电器KT的线圈回路还处于通路状态。在设定时间范围内来电时，电流从L1→QF→FU2（上）→FR动断触头→开关SA→KT延时断开触头→KA动断触头→KM与KT的线圈→FU2（下）→QF→L2形成回路，接触器与时间继电器吸合，紧接着中间继电器KA也吸合，电动机M再次启动连续运行。当需要停车时，转动开关SA使之断开，KM、KT、KA线圈失电，主触头断开，电动机M断电停转。

2. 电器元件选择

短暂停电再启动控制线路（二）的电器元件清单见表10-2。

表10-2　　短暂停电再启动控制线路（二）的电器元件清单

代号	名　称	型号	规　格	数量
M	三相异步电动机	Y112M—4	4kW、380V、△接法、8.8A、1440r/min	1
QF	低压断路器	DZ108—32	三极、额定电流25A	1
FU1	螺旋式熔断器	RL—60/25	500V、60A、配熔体额定电流25A	3
FU2	螺旋式熔断器	RL—15/2	500V、15A、配熔体额定电流2A	2
KM	交流接触器	CJ10—20	20A、线圈额定电压380V	1
SB	按钮	LA10	保护式	1
SA	开关	LS45—10	单极、380V	1
XT	端子板	JX—1015	10A、15节、380V	1
FR	热继电器	JR16—20/3	三极、20A、整定电流8.8A	1
KT	断电延时时间继电器	JSA—4A	380V、带瞬动触头	1
KA	中间继电器	JZ7—44	线圈电压380V、触头额定电流5A	1

3. 常见故障及排除

(1) 能正常运行后，但不能自行再启动。这种故障应为自行再启动电路故障，一般为中间继电器KA的动断触头烧蚀或有污垢，可打磨此触头，先手动启动电动机运行，再停止电动机运行，然后在设定时间范围内转动开关SA至闭合状态，不按SB能自动启动，故障排除。

(2) 电动机启动后，松开启动按钮后又停止运行。此类故障点在自锁电路，故障原因及处理方法如下：

1) 时间继电器KT的断电延时断开触头因烧蚀或有污垢，触头不能良好接触。应打磨此触头，使其接触良好。

2) 接触器自锁触头不能良好闭合，应修理或更换。

（3）接通电源后，闭合SA，不需要按启动按钮SB，电动机就自行启动运转。故障可能原因为断电延时时间继电器KT的断电延时断开动合触头、接触器辅助动合触头、中间继电器动合触头或SB的触头有导电异物或熔焊接通。处理方法：清理导电异物或更换触头，使以上触头在常态时处于断开状态。

（4）电动机运行一段时间后出现断续工作：一会儿运行，一会儿停止，再运行。此类故障原因一般为电动机运行一段时间后，出现过载，热继电器FR动作，它的动断触头断开切断控制回路电源，等到自然冷却后，动断触头复位闭合接通控制回路，在时间继电器设定时间范围内，自行再启动电路接通电源，再次启动，电动机重新运行，再出现过载，又停止运行，如此反复。处理方法：排除电动机过载因素或重新调整热继电器整定电流。

三、电动机间歇运行控制线路（一）

电动机的间歇运行应用非常广泛，如很多自动车床、组合机床需要电动机间歇性运行来完成整个生产工序，达到操作和加工产品的目的，如铸造的煅烧炉鼓风机间歇性向炉内吹风，加大火力，煅烧铁、铜等金属。电动机间歇运行控制线路（一）如图10-5所示。该线路能使电动机实现运行一段时间后停机，再延时启动运行，再停止，然后再运行的循环。

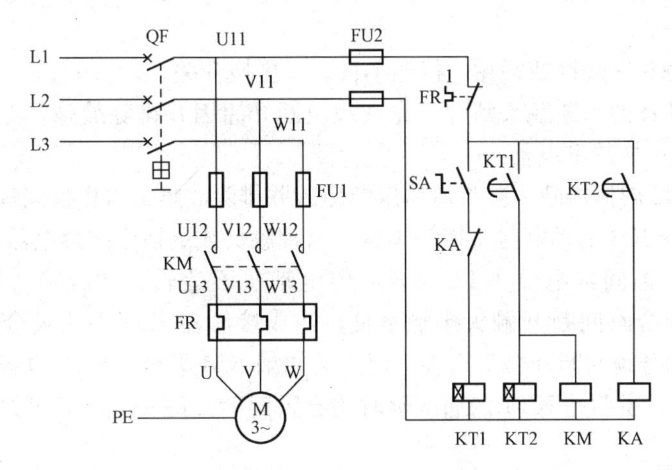

图10-5　电动机间歇运行控制线路（一）

1. 工作原理

该线路通过通电延时时间继电器来转换电动机的运行与停止、停止与运行的自动切换，从而达到运行、停止、运行循环的目的。

启动时，转动开关SA，使其闭合，通电延时时间继电器KT1线圈得电，开始延时，经过设定的延时时间后，瞬时断开延时闭合触头KT1闭合，接通通电延时时间继电器KT2与接触器KM线圈回路。KM主触头闭合，电动机启动运行。同时，KT2开始延时，延时至设定时间后，瞬时断开延时闭合触头KT2闭合，中间继电器KA线圈通电吸合，其动断触头断开，切断时间继电器KT1线圈回路，瞬时断开延时闭合触头KT1断开，时间继电器KT2与接触器KM同时失电释放，电动机停止运行。与此同时，因通电延时触头KT2也断开，切断了中间继电器KA的供电，使之释放，其动断触头复位闭合，因转换开关SA置于闭合状态，使时间继电器KT1线圈又接通电源，经延时后，接触器KM又得电吸合，电动机又启动运行，经延时运行后，电动机又停止，如此周而复始工作。其中KT1的延时时间为电动机的间歇停止时间，KT2的延时时间为电动机间歇运行时间，分别调节KT1、KT2的延时时间，就可以得到电动机间歇停止时间和运行时间长短，可以按需要设定时间。

2. 电器元件选择

三相异步电动机选1.1kW、3.2A、910r/min的Y90L-6型；低压断路器QF选10A、三极的DZ47-63型；热继电器可选2.2～3.5A的JR36-20型；时间继电器选择线圈电压380V、通电延时闭合的JS7-2A型，其他电器元件无特殊要求。

3. 电路的调试

电路安装完成后，接通电源，合上低压断路器QF，转动转换开关SA至闭合状态，时间继电器KT1吸合，经整定时间后，接触器KM和时间继电器KT2同时吸合，电动机启动运行。同时，KT2开始延时，经过一段时间后，中间继电器KA吸合，这时KT1、KT2、KM同时释放，然后KA也释放，电动机停止运行，经过延时，电动机再自行启动，由此可判断接线正确。再适当调节KT1、KT2延时时间，反复调试，使之符合要求。

4. 常见故障及处理

(1) 转动开关SA至闭合状态，继电器、接触器都不动作。故障可能原因及处理办法如下：

1) 开关SA触头有烧蚀或污垢，接触不良。可更换开关。

2) 热继电器FR的动断触头断开。先查找出断开原因并排除故障，然后手动复位，若不能复位，修理或更换热继电器。

3) 熔断器FU2熔体熔断。查找熔体熔断原因并排除故障，再更换同规格型号的熔体。

4) 中间继电器KA的动断触头接触不良。修理触头或更换中间继电器。

(2) 合上SA，时间继电器KT1吸合，但电动机不运转。此故障一般为时间继电器KT1的通电延时闭合瞬间断开触头接触不良，造成接触器KM不能吸合。可用短接法把KT1的通电延时闭合瞬间断开触头短接，短接后如果KM吸合，KT2也吸合，并延时一段时间后KA也吸合，说明是KT1的通电延时闭合瞬间断开触头故障，可修复此触头，排除故障。

(3) 合上转换开关SA，经延时后电动机一直运行，不能间歇工作。故障原因及处理方法如下：

1) 时间继电器KT2线圈断路，不能吸合。可用万用表R×100挡测量线圈直流电阻值，若为无穷大即为断路，可更换时间继电器KT2；或者KT2能够吸合，但其通电延时闭合瞬间断开触头因频繁通断被电弧烧蚀，造成接触不良或接触电阻过大，此时，可用小刀刮除烧蚀，并用砂纸打磨光亮平滑，使其接触良好，或更换KT2来排除故障。

2) 中间继电器KA线圈断路。可更换线圈或中间继电器KA。

3) 中间继电器KA的动断触头因频繁通断，触头被电弧烧蚀并粘在一起，不能分开。修复触头或更换中间继电器。

(4) 合上开关SA，电动机不运转，但中间继电器吸合。故障原因一般为时间继电器KT2的通电延时闭合瞬间断开触头因频繁的接通、断开，触头温度高，被电弧烧蚀粘在一起，不能分开，导致中间继电器KA长期吸合，它的动断触头断开，使KT1不能吸合，KT1动合触头不能闭合，导致接触器KM不能吸合，电动机不能启动运转。可更换KT2触头或更换时间继电器KT2排除故障。

四、电动机间歇运行控制线路（二）

间歇运行控制线路（二）如图 10 - 6 所示，合上 QF，再合上转换开关 SA，电动机 M 启动运转，并且操作按钮 SB，进行点动控制，即根据实际要求长时间按此按钮，使电动机不按间歇运行控制工作，即按住 SB 多少时间，电动机就运行多长时间。

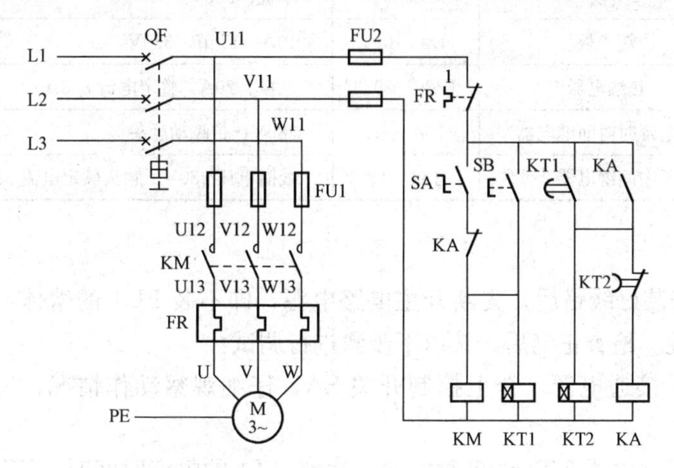

图 10 - 6　电动机间歇运行控制线路（二）

1. 工作原理

合上 QF，再合上转换开关 SA，交流接触器 KM 得电吸合，KM 主触头闭合，电动机 M 得电运转。同时，通电延时时间继电器 KT1 也得电吸合，并开始延时，这一延时时间为电动机 M 运行时间。延时时间一到，KT1 通电延时闭合瞬时断开触头闭合，KT2 线圈得电吸合，并开始延时。同时，中间继电器 KA 也得电吸合并自锁，它的动断触头 KA 断开，接触器 KM、KT1 断电释放，电动机 M 停止运转。当 KT2 延时断开触头断开时，KA 线圈失电释放，KA 动合触头复位断开，解除自锁，KT2 线圈失电。同时中间继电器 KA 的动断触头复位闭合，接触器 KM 线圈又通电吸合，主触头闭合，电动机 M 又通电运转。同时 KT1 线圈得电，延时运转后，KT1 通电延时闭合瞬时断开触头闭合，KA 线圈又得电，KA 动断触头断开，KM 线圈失电释放，电动机 M 又停止运转，这样周而复始地间歇运行、停止互换，直到将转换开关 SA 转至断开位置，间歇循环才停止。当按下点动按钮 SB，交流接触器 KM 吸合，电动机 M 运行，松开按钮 SB 后，电动机 M 停止运行。

2. 电器元件选择

电动机间歇运行控制线路（二）的电器元件清单见表 10 - 3。

表 10 - 3　　电动机间歇运行控制线路（二）的电器元件清单

代号	名　称	型号	规　格	数量
M	三相异步电动机	Y112M—4	4kW、380V、△接法、8.8A、1440r/min	1
QF	低压断路器	DZ47—63	三极、额定电流 25A	1
FU1	螺旋式熔断器	RL—60/25	500V、60A、配熔体额定电流 25A	3
FU2	螺旋式熔断器	RL—15/2	500V、15A、配熔体额定电流 2A	2
KM	交流接触器	CJ10—20	20A、线圈额定电压 380V	1

续表

代号	名　称	型号	规　格	数量
SB	按钮	LA10	保护式	1
SA	开关	LS45—10	单极、380V	1
XT	端子板	JX—1015	10A、15节、380V	1
FR	热继电器	JR36—20/3	三极、20A、整定电流8.8A	1
KT1、KT2	断电延时时间继电器	JSA—4A	380V、带瞬动触头	1
KA	中间继电器	JZ7—44	线圈电压380V、触头额定电流5A	1

3. 电路调试

按图10-6安装好线路后，先断开主电路电源，即不装FU1的熔体，接通电源，检查控制电路的正确性。检查正确后，按以下步骤进行调试：

(1) 合上QF接通电源，合上控制开关SA，仔细观察动作情况，KM、KT1应同时吸合。

(2) 观察时间继电器KT1的延时情况，达到KT1的整定时间时，KT2、KA应同时吸合，KT1延时完成。

(3) 中间继电器KA吸合后，因其动断触头断开，KM、KT1应立即释放，此时KT2、KA是吸合状态。

(4) 观察KT2的延时情况，当KT2延时时间达到时，KT2、KA线圈立即失电释放，KM、KT1又重新吸合，说明控制电路正常。

(5) 按下点动按钮SB不放，接触器KM线圈得电吸合，松开SB后，接触器KM释放，说明点动功能正常。

断开电源，把FU1的熔体装上，接上电动机，合上SA，让电动机间歇工作。调整KT1、KT2的整定值，使电路符合控制要求。

4. 常见故障及排除方法

(1) 合上开关SA，控制电路中接触器KM吸合，但电动机M一直运行不停，不做间歇循环。故障原因及处理方法如下：

1) 通电延时时间继电器KT1线圈断路。用万用表电阻R×100挡测量线圈直流电阻值，若为无穷大，则为线圈断路，可更换线圈或更换时间继电器KT1。

2) 时间继电器KT1能吸合，但其延时闭合瞬时断开触头因频繁闭合与断开，被电弧烧蚀接触不良，导致KT2、KA不能通电吸合，电动机无间歇运行状态。可修复触头或更换KT1。

(2) 合上开关SA，控制电路无任何反应，按点动按钮SB，电动机能运行。故障可能原因及处理方法如下：

1) 转换开关SA触头不能接通或内部损坏。可更换转换开关SA。

2) 中间继电器KA的动断触头损坏，不能接通。可修复此触头或更换中间继电器KA。

(3) 合上开关SA，接触器KM、时间继电器KT1、KT2一直吸合，电动机M一直运行无间歇。故障可能原因及排除方法如下：

1）时间继电器 KT2 的通电延时触头损坏不能接通，中间继电器 KA 不能通电吸合，KA 动断触头不能断开，接触器 KM 一直处于吸合状态，电动机一直运行。可更换时间继电器 KT2 排除此故障。

2）中间继电器 KA 线圈断路，KA 动断触头不能断开做停机转换，用万用表测量其阻值，若为无穷大，呈断路状态，可更换此继电器。

（4）合上开关 SA，电路运行延时正常，间歇停止时间极短，严重不对称，即运行一段时间后（KT1 整定时间），一停车马上又自行启动，再运行一段时间后瞬时停车又自行启动运行。此故障为中间继电器 KA 自锁触头损坏不能自锁，可修复此触头或更换中间继电器 KA 排除故障。

任务三　三相电动机常用的电子保护线路

一、阻容断相保护电路

1. 三相电动机缺相运行分析

很长时间以来，都是采用熔断器在电路中作过电流保护，至今熔断器还起着十分重要的作用。经过长期地探索，逐渐研制设计出各种各样的保护线路，与熔断器一起在电路中起着举足轻重的作用。

当电动机在缺相情况下运行时，一相电流为 0，另外两相电流都会增大很多。对于三角形接法的电动机，在额定值下正常运行时，每相绕组的相电流为电动机额定电流（线电流）的 0.58 倍（$\sqrt{3}/3$）。当 U 相电源断路时，U、W 两相绕组串联后再与 V 相绕组并联接在 V、W 两相电源上运行，如图 10 - 7（a）所示。在额定负载不变时，V 相绕组的相电流最大，为正常运行时电流的 2 倍。而 U、W 两相绕组的相电流仍将维持不变，但线电流会增大到额定电流的 1.73 倍。由于 V 相绕组的相电流比正常运行时增大了，势必引起绕组过热。对于星形接法的电动机，如图 10 - 7（b）所示，当 U 相绕组断路时，V、W 再现两相绕组串联接在电源 V、W 两相上运行。在额定负载不变的情况下，U 相绕组的电流为 0，V、W 两相绕组的电流增大到额定电流的 1.73 倍，使绕组过热，容易烧坏。

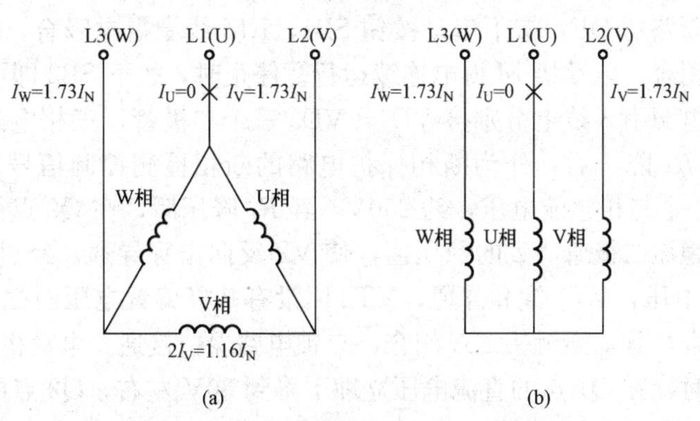

图 10 - 7　电动机缺相满载运行时的电流关系

（a）三角形接法；（b）星形接法

由上述分析可知，两种接法的电动机，当发生缺相运行时，都会使其中一相绕组（三角形接法）或两相绕组（星形接法）的相电流和线电流增大，但增大后的电流还不能使熔丝熔断。因为电动机熔丝的额定电流一般取电动机额定电流的 1.5 倍以上，而熔丝的熔断电流又是熔丝额定电流的 1.3～2.1 倍，所以能使熔丝熔断的最小电流为电动机额定电流的 1.5×1.3＝1.95 倍。而电动机无论采用哪种接法，缺相运行时的线路电流都只增大为电动机额定电流的 1.73 倍，所以不能使另外两相的熔丝熔断。如果缺相运行时间较长，温度上升很快，最终会因温度过高而烧坏电动机。

2. 阻容断相保护线路

电动机因断相，造成缺相运行而烧坏绕组的事故是经常遇到的。图 10-8 所示为三相电动机断相电子保护线路。

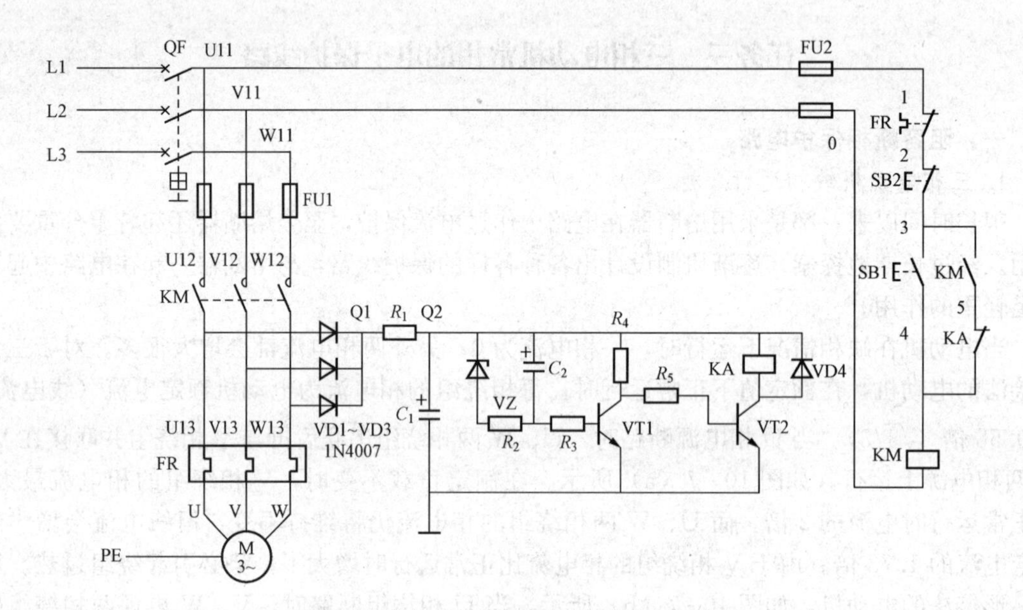

图 10-8 三相电动机断相电子保护线路图

3. 工作原理分析

首先合上低压断路器 QF，按下启动按钮 SB1，KM 线圈得电吸合，KM 辅助动合触头闭合自锁，主触头闭合，电动机 M 得电连续运行。停止时，按下 SB2 即可。

在三相电动机电源引入线上分别接 VD1～VD3 三个二极管，三相电源经二极管 VD1～VD3 整流，经电阻 R_1 降压后，作为断相保护电路的断相检测控制信号。电动机正常运行时，在 Q1 点得到一个三相整流电压，约 250V，经 R_1 降压后，在 Q2 点得到约 35V 的直流电压，此电压高于稳压二极管 VZ 的稳压值，使 VZ 反向击穿导通，经过 R_2、R_3 给晶体管 VT1 提供基极偏置电压，VT1 饱和导通，VT2 因没有基极偏置电压而截止，继电器 KA 因没有电流而不能吸合，其动断触头 KA 闭合，自锁电路保持接通，电动机正常运行。当三相电源中有一相断相时，在 Q1 点的直流电压立即下降到 80V 左右，Q2 点的电压下降到 17～22V，低于稳压二极管 VZ 的稳压值，VZ 处于截止状态，此时，VT1 因无基极偏置电流而截止，VT2 发射结正偏，集电结正偏，饱和导通，继电器 KA 线圈得电吸合，其动断触头 KA 断开自锁回路，交流接触器 KM 线圈失电释放，KM 主触头断开电动机 M 的三相电源，电动机 M 停止运行，从而起到断相保护的功能。

4. 电器元件的选择

低压断路器为三极、10A 的 DZ47—63 型；交流接触器选用 CDC10—10 型，线圈电压 380V；稳压二极管选用 ZC20 型；继电器 KA 选用 JRX—13F—24V 型；三相异步电动机选用 Y80Z—2 型，1.1kW、2.6A、2825r/min；电阻 R_1～R_5 的阻值分别为 33、3、1、1.5、6kΩ；其他元件无特殊要求。

二、△接法电动机零序电压继电器断相保护线路

1. 电路原理图

△接法电动机零序电压继电器断相保护电路原理如图 10-9 所示。图中，R_1～R_3、VD、VZ、KA、C 等元件构成电子断相保护电路。

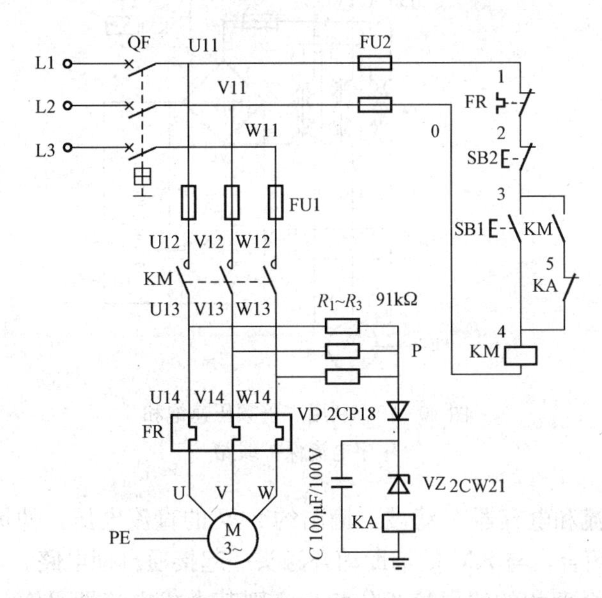

图 10-9　△接法电动机零序电压继电器断相保护原理图

2. 工作原理

在电路中，通过电阻 R_1～R_3 的连接，形成一个人为的中性点 P，当电动机启动后，在正常运行时，三相电源基本对称，在中性点 P 上只有几伏的电压，这个电压不足以使继电器 KA 吸合，其动断触头一直处于闭合状态。但当发生缺相时，中性点电压会升高到 25V 左右，此时，二极管 VD 正向偏置导通，稳压二极管 VZ 反向击穿导通，继电器 KA 线圈得电吸合，其动断触头断开，接触器 KM 线圈失电释放，电动机停止运行，从而起到对电动机进行缺相保护的功能。

三、利用三倍频压速饱和零序电流保护线路

1. 利用三倍频压速饱和零序电流保护线路图

图 10-10 所示电路适用于较大容量△或 Y 接法的三相电动机。断相鉴别是采用一种速饱和电流互感器 TA，其一次绕组串接在主电路中，二次绕组首尾串接成开口三角形。

2. 工作原理分析

先合上电源开关 QF，再按下启动按钮 SB1，接触器 KM 线圈得电吸合，主触头闭合，电动机 M 得电运行，同时整流器 VC 工作。在三相电源电流基本对称时，TA 产生的三倍频

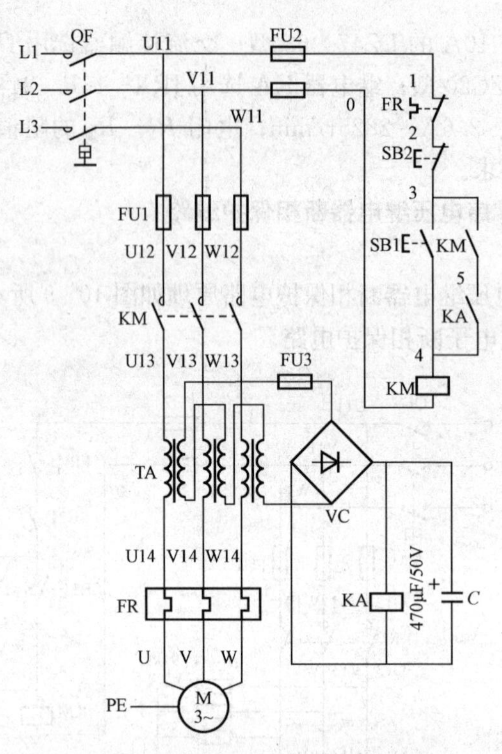

图 10-10　利用三倍频压速饱和零序电流保护线路

电压经整流器 VC 整流和电容器 C 滤波，输出约 24V 的直流电压，使灵敏继电器 KA 得电吸合，KA 动合触头闭合，与 KM 的辅助动合触头一起接通自锁电路，电动机 M 连续运行。当有一相断相时，其余两相的线电流相位相反，则其合成电流即是零，继电器 KA 失电释放，使动合触头 KA 分断，断开自锁电路，接触器 KM 线圈失电，主触头断开，电动机失电停转。

3. 常见故障及处理

(1) 按下 SB1，电动机 M 运行，但一会儿后又停止运行。这种故障大多是不能自锁造成的，可能原因为自锁电路的两个动合触头 KM 或 KA 接触不良，不能导通，或继电器 KA 没有吸合。用万用表电阻挡检测 KM 辅助动合触头，若损坏则修复触头或更换接触器；若 KA 线圈通电且线圈两端直流电压正常，则为 KA 触头损坏，更换继电器 KA 即可；若 KA 线圈没有电压或电压过低，则检查整流器 VC 与电流互感器 TA，更换损坏元件即可。

(2) 运行过程中，断路器 QF 跳闸。这种故障现象可能的原因是存在短路问题。试将断路器合上后，启动电动机运行一段时间后跳闸，说明问题可能不在二次控制电路而在保护电路，或电动机绕组短路。断开电源，用万用表欧姆挡测量电动机 M 三相绕组，检查是否有短路问题；再查整流器 VC、KA 线圈、电容器 C 是否有短路现象，找到故障原因后，排除即可。

任务四　单按钮控制电动机正转启停控制线路的安装

一、制定施工准备

根据图 10-1 单按钮控制电动机正转启停控制线路原理图，进行施工前的相关准备工作，制定小组施工计划。要求工作计划能体现出小组的具体分工情况，列出施工步骤及注意事项等相关内容。

二、工具、仪表、器材清单

根据任务要求和所选用电动机的型号参数，参照图 10-1，列举所需工具、仪表和器材清单，填入表 10-4 中。

表 10-4　　工具、仪表和器材清单

序号	名称	型　号　规　格	数量
1			
2			
3			
4			
5			
6			
7			
8			
9			
10			
11			
12			
13			
14			
15			
16			

三、设计电器元件布置图和接线图

（1）根据控制电路安装板的尺寸大小，绘制控制电器元件布置图。

（2）根据布置图与原理图绘制控制线路的接线图。

四、现场施工

（1）按清单配齐所需的工具、仪表和器材，并检测电器元件的质量。

（2）根据图 10-1 所示控制线路图和电器元件布置图，在安装板上安装电器元件，并贴上醒目标签。

（3）在安装板上按图 10-1 与所画接线图进行板前线槽工艺布线。

(4) 安装电动机。

(5) 连接电动机和电器元件金属外壳的保护接地线。

(6) 连接安装板外部的导线。

(7) 组内相互检查。

(8) 教师检查。

(9) 经检查无误后通电试车、调试。

五、验收

电路安装完工后，先在组内由小组成员验收合格后，再交由教师验收。施工评分表见表10-5。

表10-5　　施工评分表

项目内容	配分	评分标准		得分
装前检查	15	(1) 电动机质量检查	每漏一处扣5分	
		(2) 电器元件漏查或错检	每处扣1分	
安装布线	45	(1) 电器元件布置不合理	扣5分	
		(2) 电器元件安装不牢固	每只扣4分	
		(3) 电器元件安装不整齐、不均匀、不合理	每只扣3分	
		(4) 损坏电器元件	扣10分	
		(5) 不按电路图接线	每处扣2分	
		(6) 走线不符合要求	每根扣1分	
		(7) 接点松动、露铜过长、压绝缘层、反圈等	每个扣1分	
		(8) 损伤导线绝缘层或线芯	每根扣3分	
		(9) 漏装或套错编码套管	每个扣1分	
		(10) 漏接接地线	扣8分	
		(11) 电子器件焊接质量不达标	扣2~6分	
通电试车	40	(1) 热继电器未整定或整定错误	每只扣5分	
		(2) 熔体规格选用不当	扣5分	
		(3) 第一次通电不成功	扣10分	
		第二次通电不成功	扣20分	
		第三次通电不成功	扣35分	
安全文明生产	(1) 违反安全文明生产规程		扣10~40分	
	(2) 乱线敷设		扣20分	
定额时间	5h，每超过10min		扣5分	
备　　注	除额定时间外，各项内容的最高扣分不得超过配分分数		成　　绩	
开始时间		结束时间		实际时间

六、学生分组展示

各小组选派代表上台向全班进行汇报、展示，汇报学习成果。

七、教学效果的评价（见表 10-3）

表 10-3　　教学效果评价表

序号	项目	自我评价			小组评价			教师评价		
		10～8	7～6	5～1	10～8	7～6	5～1	10～8	7～6	5～1
1	学习主动性									
2	遵守纪律									
3	安全文明生产									
4	学习参与程度									
5	施工效果									
6	团队合作精神									
7	理论掌握情况									
8	质量成本意识									
9	学习方法									
10	学习表现									
总　评										

八、教师点评与答疑

1. 点评

教师针对这次学习任务的过程及展示情况进行点评，以鼓励为主。

1）找出各组的优点进行点评，表扬学习任务中表现突出的个人或小组。

2）指出展示过程中存在的缺点，以及改进与提高的方法。

3）指出整个学习任务完成过程中出现的亮点和不足，为今后的学习提供帮助。

2. 答疑

在学生整个学习实施过程中，各学习小组都可能会遇到一些问题和困难，教师根据学生在展示时所提出的问题和疑点，先让全班同学一起来讨论问题的答案或解决的方法，如果不能解决，再由教师来进行分析讲解，让学生掌握相关知识。

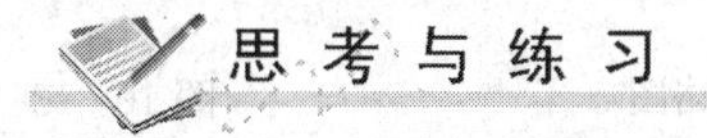

1. 根据图 10-11 所示电路，分析控制电路的工作原理，并说明该电路的功能。

2. 根据图 10-12 所示电路，分析控制电路的工作原理，并说明该电路的功能（主电路与图 10-11 主电路相同）。

3. 比较图 10-11 与图 10-12 两个电路的特点。

4. 分析图 10-13 所示电路的工作原理，并与图 10-5 进行比较，有何不同？

5. 操作题：

根据图 10-5 所示电路，列出元件清单，绘制电气布置图、接线图，安装电路，并进行调试。并根据施工情况，撰写一份施工报告。

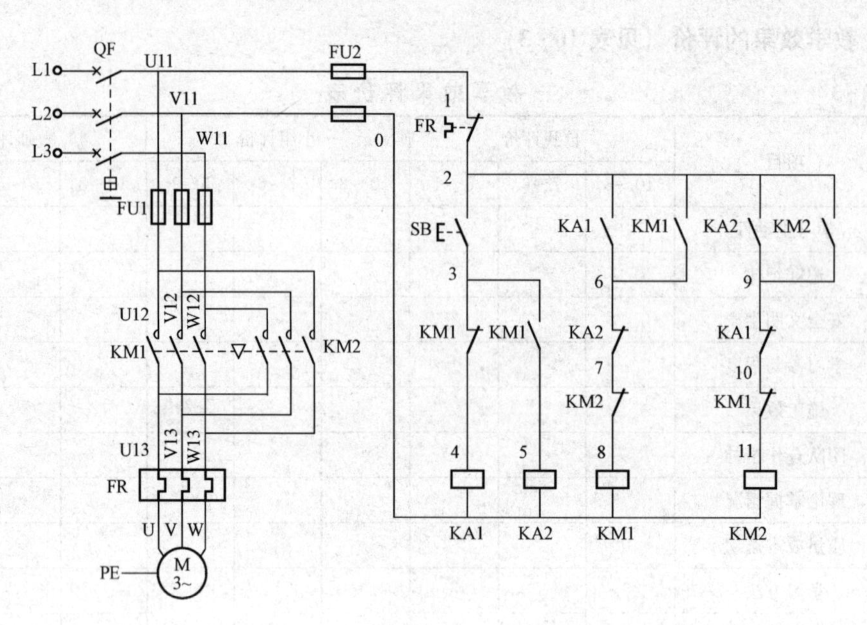

图 10-11 思考与练习题 1 电路图

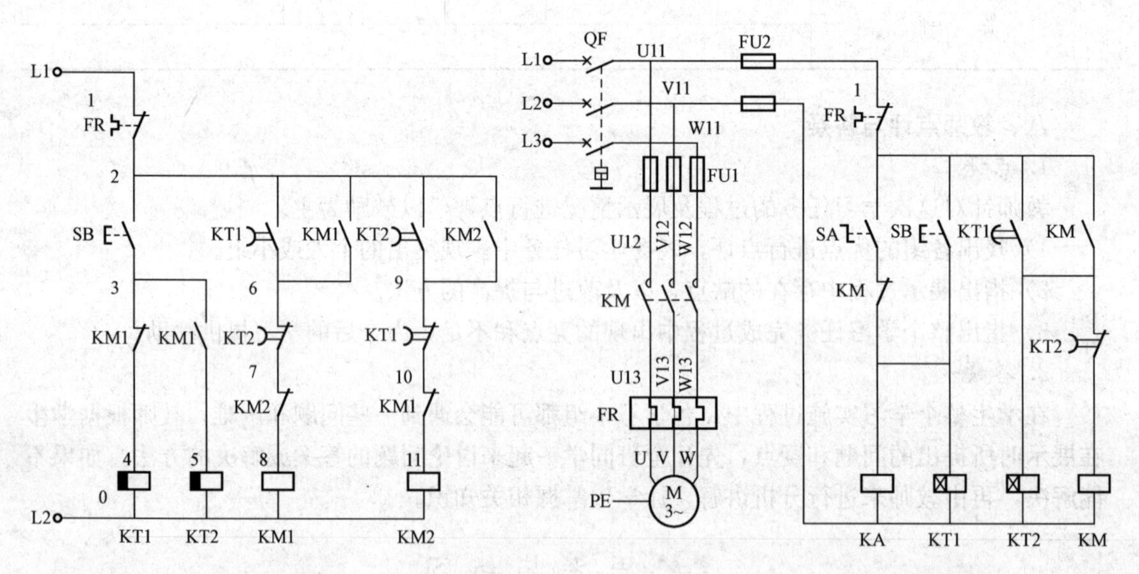

图 10-12 思考与练习题 2 电路图

图 10-13 思考与练习题 4 电路图

项目十一　CA6140 型车床电气控制线路

知识目标

（1）能识读原理图，明确常见低压电器的图形符号、文字符号，了解控制器件的动作过程，明确控制原理；

（2）能识读安装图、接线图，明确安装要求；

（3）明确 CA6140 型车床的主要结构、运动形式和操作方法；

（4）能正确误读 CA6140 型车床的相关图纸，分析电路工作原理。

技能目标

（1）能正确地识别和选用元器件，核查其型号与规格是否符合图样要求，并进行外观与质量的检查；

（2）能按图纸、工艺要求、安全规范和设备要求，安装元器件，按图正确接线，并能用仪表进行测试，检验安装电路的正确性，进行 CA6140 型车床电气控制线路检测与调试；

（3）会检修 CA6140 型车床电气控制线路的故障；

（4）能按照安全操作规程进行正确的通电试车操作。

素养目标

通过 CA6140 型车床控制线路项目的学习，了解 CA6140 型车床的用途及电器元件布置情况，学会对 CA6140 型车床进行简单操作，掌握机床控制线路的分析方法，初步学会生产机械电气控制线路的安装、调试、检修技能。

任务一　CA6140 型车床的电气控制线路分析

一、CA6140 型车床的结构、型号

1. CA6140 型车床的结构

车床是一种应用极为广泛的金属切削机床，能够车削外圆、内圆、端面、螺纹、切断及割槽等，并可以装上钻头或铰刀进行钻孔和铰孔等加工。CA6140 型车床是机械加工中应用较广的一种，图 11-1 所示为 CA6140 型车床外形及结构。它主要由床身、主轴箱、进给箱、溜板箱、刀架、卡盘、尾架、丝杠和光杠等部分组成。

2. CA6140 型车床型号意义

CA6140 型车床的型号含义如图 11-2 所示。

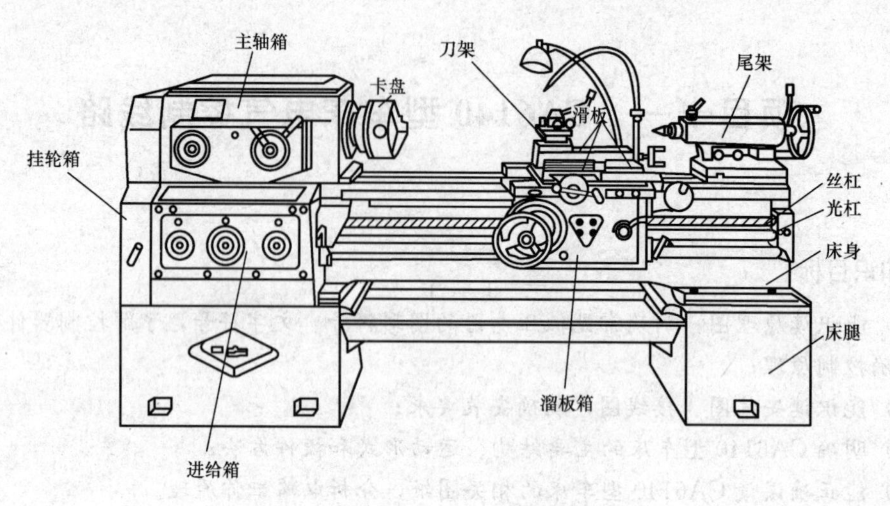

图 11-1 CA6140 型车床外形及结构

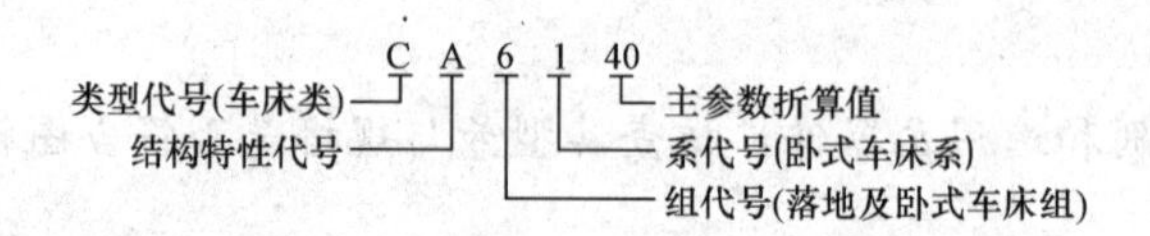

图 11-2 CA6140 型车床的型号含义

二、CA6140 型车床主要运动形式及操作要求

CA6140 型车床主要运动形式有主运动、进给运动和辅助运动，运动形式与操作要求见表 11-1。

表 11-1 CA6140 型车床主要运动形式与操作要求

运动种类	运动形式	操作要求
主运动	主轴通过卡盘或顶尖带动工件的旋转运动	(1) 主轴电动机选用三相笼型异步电动机，不进行调速，主轴采用齿轮箱进行机械有级调速 (2) 车削螺纹时要求主轴有正反转，一般由机械方法实现，主轴电动机只单向旋转 (3) 主轴电动机的容量不大，可采用直接启动
进给运动	刀架带动刀具的直线运动	由主轴电动机拖动，主轴电动机的动力通过挂轮箱传递给进给箱来实现刀具的纵向和横向进给。加工螺纹时，要求刀具的移动和主轴转动有固定的比例关系
辅助运动	刀架的快速移动	由刀架快速移动电动机拖动，该电动机可直接启动，不需要反转和调速
	尾架的纵向移动	由手动操作控制
	工件的夹紧与放松	由手动操作控制
	加工过程的冷却	冷却泵电动机和主轴电动机要实现顺序控制，冷却泵电动机不需要反转和调速

三、CA6140 型车床的特点

CA6140 型车床具有以下特点：

1）CA6140 型为我国自行设计制造的普通车床，它与早期的 C620-1 型车床相比较，具有性能优越、结构先进、操作方便和外形美观等优点。

2）普通车床有两个主要的运动部分，一是卡盘或顶尖带着工件的旋转运动，也就是车床主轴的运动；另外一个是溜板带着刀架的直线运动，称为进给运动。

3）车床工作时，绝大部分功率消耗在主轴上面。

4）车床的切削运动包括工件旋转的主运动和刀具的直线进给运动。根据工件的材料性质、车刀材料及几何形状、工件直径、加工方式及冷却条件的不同，要求主轴有不同的切削速度。主轴的变速是由主轴电动机经传送带传递到主轴变速箱来实现的。CA6140 型车床的主轴正转速度有 24 种（10～1400r/min），反转速度有 12 种（14～1580r/min）。

5）采用齿轮箱进行机械有级调速。为减小振动，主轴电动机通过几条三角带将动力传递到主轴箱。

6）刀架移动和主轴转动有固定的比例关系，以便满足对螺纹加工的需要。由机械传动来实现刀架移动和主轴转动固定的比例关系，对电气方面无要求。

7）车削加工时，刀具及工件温度过高，有时需要冷却，因而应配有冷却泵。且要求在主轴电动机启动后，冷却泵电动机方可选择启动与否，而当主轴电动机停止时，冷却泵电动机应立即停止。

8）必须有过载、短路、欠电压、失电压等保护措施。

9）具有安全的局部照明装置。

四、CA6140 型车床电路分析

CA6140 型车床的控制电路如图 11-3 所示，它由主电路和辅助电路组成，辅助电路包括控制电路、指示电路和照明电路。

1. 主电路分析

主电路共有 3 台电动机。其中 M1 是主轴电动机，由接触器 KM1 控制，实现主轴旋转和刀架的进给运动，M1 由热继电器 FR1 作过载保护。M2 是冷却泵电动机，由接触器 KM2 控制，用以输送切削冷却液，M2 由热继电器 FR2 作过载保护。M3 是刀架快速移动电动机，由接触器 KM3 控制，实现刀架的快速移动。

三相交流电源通过低压断路器 QF 引入，电动机 M2 和 M3 共用一组熔断器 FU1 作短路保护。

2. 控制电路分析

控制电路的电源由控制变压器 TC 二次侧输出 110V 电压提供。

（1）主轴电动机 M1 的控制。按下启动按钮 SB2，接触器 KM1 的线圈得电，KM1 辅助动合触头（12 区）闭合自锁，主触头闭合（2 区），主轴电动机 M1 启动运转。同时 KM1 的另一对辅助动合触头（14 区）闭合，为冷却泵电动机的启动做准备。按下停止按钮 SB1，KM1 线圈失电，触头复位，电动机 M1 停转。

（2）冷却泵电动机 M2 的控制。只有当接触器 KM1 得电吸合，其辅助动合触头闭合后（14 区），合上开关 SA1，接触器 KM2 才能得电吸合，冷却泵电动机 M2 才能启动运转。停止时，断开开关 SA1 或按下按钮 SB1 即可。主轴电动机 M1 与冷却泵电动机 M2 为顺序控制。

（3）刀架快速移动电动机 M3 的控制。刀架快速移动电动机 M3 的启动是由安装在进给

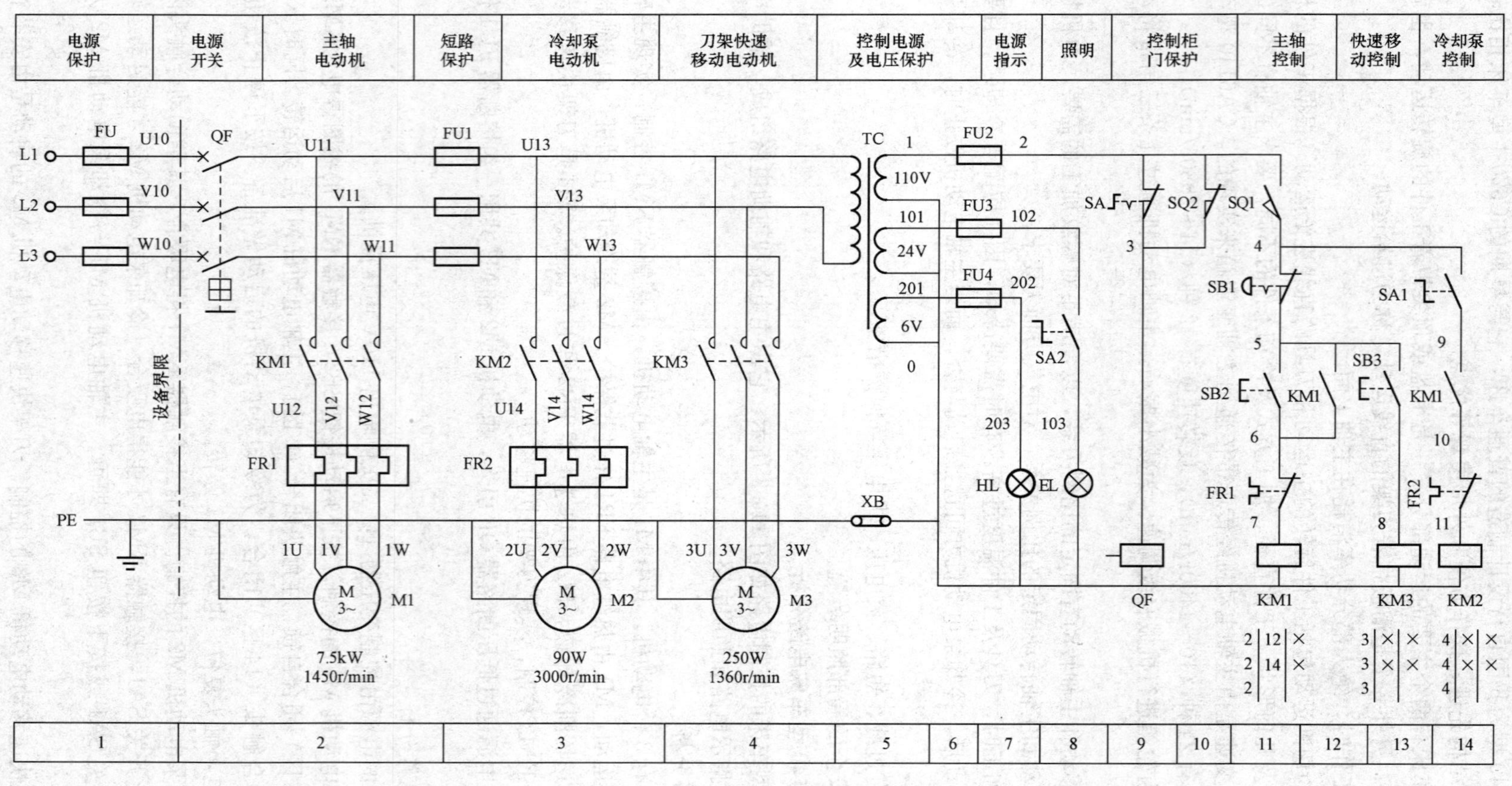

图 11-3 CA6140 型车床的控制线路

操纵手柄顶端的按钮SB3来控制的。它与接触器KM3组成点动控制环节。将操作手柄扳到所需的方向，按下按钮SB3，KM3得电吸合，电动机M3启动运转，刀架就向指定方向快速移动。因快速移动电动机是短时工作（点动），故未设过载保护。

3. 照明和指示灯电路分析

控制变压器TC的二次侧分别输出24V和6V电压，作为机床低压照明和指示灯的电源。EL为机床的低压照明灯，由开关SA2控制，用于机床的局部照明；HL为电源的指示灯控制，合上低压断路器QF，控制电路通电，HL灯亮。FU3、FU4分别用于机床照明和指示电路的短路保护。

五、保护环节

1）电源开关QF是带有开关锁SA的断路器。机床接通电源时需用钥匙开关操作，再合上QF，增加了安全性。当需合上电源时，先用开关钥匙插入SA开关锁中并右旋，使QF线圈断电，再扳动低压断路器QF将其合上，机床电源接通。若将开关锁左旋，则触头SA闭合，QF线圈通电，断路器跳开，机床断电。

2）打开机床控制配电柜柜门，自动切除机床电源的保护。在配电柜柜门上装有安全行程开关SQ2，当打开配电柜柜门时，安全开关的触头SQ2闭合（SQ2为按钮式行程开关，门关上时，门压住SQ2的按钮，SQ2是断开的），使断路器线圈通电而自动跳闸，断开电源，确保人身安全。

3）机床床头传动带罩处设有按钮式行程开关SQ1，当打开带罩时，安全开关触头SQ1断开，将接触器KM1、KM2、KM3线圈电路断开，电动机将全部停止旋转，确保了操作者人身安全。

4）为满足打开机床控制配电柜柜门进行带电检修的需要，可将SQ2安全开关传动杆拉出，使触头断开，此时QF线圈断电，QF仍可合上。带电检修完毕，关上壁龛门后，将SQ2开关传动杆复位，SQ2保护功能照常起作用。

5）电动机M1、M2分别由热继电器FR1、FR2实现过载保护；断路器QF实现电路的过电流、欠电压保护；熔断器FU1、FU2、FU3、FU4实现各部分电路的短路保护。

六、绘制和识读机床电气原理图的基本知识

机床电气原理图所包含的电器元件和电气设备等符号较多，要正确绘制和识读机床电气原理图，除绘制电气原理图应遵循的一般原则外，还要对整张图样进行划分图区，并注明各支路的用途及接触器、继电器等的线圈与受其控制的触头所在位置的表示方法。

1. 图上位置的表示方法

对符号或元件在图上的位置可采用图幅分区法、电路编号法等方法表示。下面介绍图幅分区法和电路编号法。

（1）电路编号法。机床电气原理图使用电路编号法较为广泛。对电路或分支电路采用数字编号来表示其位置的方法称为电路编号法。编号的原则是从左到右顺序排列，每一编号代表一条支路或电路。各编号所对应的电路功能用文字表示，一般放在图纸上部的框内。CA6140型车床电路图中就使用了电路编号法，即分成了14个图区。

（2）图幅分区法。图幅分区法是将图样相互垂直的两对边各自加以等分，每条边必须等分为偶数。行向用大写拉丁字母A、B、C、…依次编号，列向用阿拉伯数字1、2、3、…依次编号，编号的顺序应从标题栏相对左上角开始。每个符号或元件在图中的位置可以用代表

行的字母、代表列的数字或代表区域的字母数字组合来标记，如B行、3列或B3区等。电气原理图中各支路的功能一般放在图样幅面上部的框内。图幅分区示意图如图11-4所示。

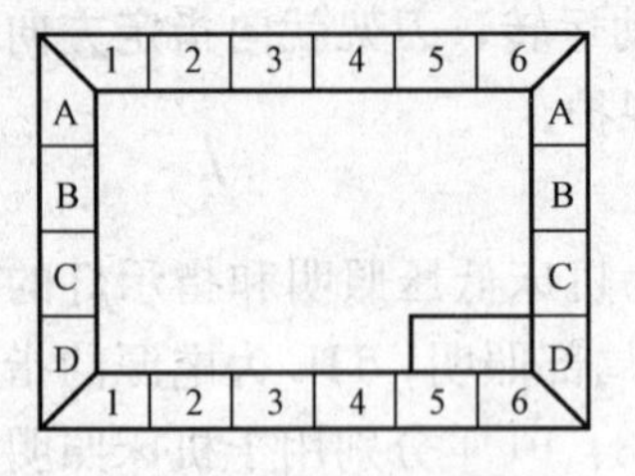

图11-4　图幅分区示意图

2. 表格

在电气原理图中，同一元器件的各部分图形符号分散在图样中不同的位置，如接触器、继电器等，只是标上相同的文字符号。为了较迅速查找同一元器件的所有部分，可以采用表格来标记，便于查找。

(1) 接触器的表格表示方法。在每个接触器线圈的文字符号KM的下面画两条竖线，分成左、中、右三栏，依次表示主触头、辅助动合触头、辅助动断触头，把受其控制而动作的触头所处的图区，用数字标注在左、中、右三栏内。对未用的触头，在相应的栏中用记号“×”标出，或不做标识，用空白来表示，见表11-2。

表11-2　　接触器的表格表示方法

栏目	左　栏	中　栏	右　栏
触头类型	主触头所在的图区	辅助动合触头所在的图区	辅助动断触头所在图区
举例：KM1 2 │ 12 │ 8 2 │ 14 │ × 2 │　 │	表示三对主触头均在图区2	表示一对辅助动合触头在图区12，另一对辅助动合触头在图区14	表示一对辅助动断触头在图区8，另一对辅助动断触头未使用

(2) 继电器的表格表示方法。在每个继电器线圈的文字符号的下面画一条竖直线，分成左、右两栏，左边表示动合触头、右边为动断触头，把受其控制而动作的触头所处的图区，用数字标注在左、右两栏内。对未用的触头，在相应的栏中用记号“×”标出，也可以不标，见表11-3。

表11-3　　继电器的表格表示方法

栏目	左　栏	右　栏
触头类型	动合触头所在的图区	动断触头所在图区
举例：KA 4 │ 6 6 │ ×	表示一对动合触头在图区4，另一对动合触头在图区6	表示一对动断触头在图区6，另一对动断触头没有使用

任务二　CA6140型车床电气控制线路的安装与调试

一、工作任务

根据图11-3，参观学校或工厂的CA6140型车床，了解车床的结构、主要运动形式、电气控制要求及特点，结合小组的实际情况，完成车床电气控制线路的安装与调试。

二、施工准备

1. 制定工作计划

各小组根据工作任务做出分析，制定出小组工作计划。

2. 列电器元件与设备清单

根据图 11 - 3 CA6140 型车床电气线路原理图与安装要求，列出电器元件与设备清单（见表 11 - 4）。

表 11 - 4　电器元件与设备清单

序号	代号	名称	型 号 规 格	数量
1	M1	主轴电动机	Y132M—4—B3、7.5kW、1450r/min	1
2	M2	冷却泵电动机	AOB—25、90W、3000r/min	1
3	M3	快速移动电动机	AOS5634、250W、1360r/min	1
4	KM1～KM3	交流接触器	CJ10—20、线圈电压 110V	3
5	FR1	热继电器	JR36—20/3、15.4A	1
6	FR2	热继电器	JR36—20/3、0.32A	1
7	FU	熔断器	BZ001、熔体 10A	3
8	FU1	熔断器	BZ001、熔体 2A	3
9	FU2～FU4	熔断器	BZ001、熔体 1A	3
10	TC	控制变压器	JBK2—100、380V/110V/24V/6V	1
11	SB1	按钮	LAY3—01ZS/1	1
12	SB2	按钮	LAY3—10/3	1
13	SB3	按钮	LAY3—10/3	1
14	HL	信号灯	XSD—0、6V	1
15	EL	照明灯	JC11、24V	1
16	QF	低压断路器	DZ47—3P 20A	1
17	SA	电源钥匙开关	LAY3—01Y/2	1
18	SA1	转换开关	LAY3—10X/20	1
19	SA2	转换开关	LAY3—10X/20	1
20	SQ1、SQ2	行程开关	JWM6—11	1

3. 设计电器元件布置图和接线图

根据电气原理图 11 - 3，画电器元件布置图与电路接线图。

三、施工步骤及工艺要求

（1）根据表 11 - 4 选配并检验电器元件和电气设备，准备好材料、工具和仪表。

1）按表 11 - 4 配齐电气设备和元件，并逐个检验其型号规格和质量。

2）根据电动机的容量、线路走向及要求和各元件的安装尺寸，正确选配导线的型号规格、导线通道类型和数量、接线端子板、安装板、紧固件等。

（2）在安装板上固定电器元件和走线槽，并在电器元件附近贴上与电路图上相同代号的醒目标记。

安装电器元件时，要按照布置图进行固定，松紧合适；安装走线槽时，应做到横平竖直、排列整齐匀称、安装牢固和便于布线。

（3）在安装板上进行板前线槽配线，并在导线端部套编码套管。配线时，要严格按照板前线槽配线的工艺要求进行配线。

（4）安装板外电器元件的固定和布线。

1）选择合理的导线走向，做好导线通道的支持准备。

2）控制箱外部导线的线头上要套装与电路图相同线号的编码套管；可移动的导线通道应留适当的裕量。

3）按规定在通道内放好备用导线。

（5）自检。电路安装完成后，先清理场地，然后进行不通电自检，以确保人身和设备的安全。

1）根据电路图检查电路的接线是否正确和接地通道是否具有连续性。

2）检查热继电器的整定值和熔断器中熔体的规格是否符合要求。

3）检查电动机及线路的绝缘电阻。

4）检查电动机的安装是否牢固，与生产机械传动装置的连接是否可靠。

5）核对接线桩的接线标号是否与接线图完全一致，连接导线有无接错或漏接。

6）检查各元件安装是否牢固，线头与接线桩连接是否有脱落或松动，标号牌有无漏套、书写不清或装倒等现象。

7）用万用表电阻挡检测控制电路功能是否正常，主电路是否接通。

（6）一般检验与试运行。通电试车前进行以下检查：

1）用兆欧表对电路进行测试，检查电器元件及导线绝缘是否良好，有无相间或相线与底板之间短路现象。

2）用兆欧表对电动机及电动机引线进行对地绝缘测试，检查有无对地短路现象。断开电动机三相绕组间的联结头，用兆欧表检查电动机引线相间绝缘，检查有无相间短路现象。

3）用手转动电动机转轴，观察电动机转动是否灵活，有无噪声及卡阻现象。

4）断开交流接触器下接线端上的电动机引线，接上启动和停止按钮。在控制柜电源进线端通上三相额定电压，按压启动按钮，观察交流接触器是否正常吸合，松开启动按钮后能否自锁，然后用万用表交流500V挡量程，测量交流接触器下接线端有无三相额定电压，是否缺相。如果电压正常，按下停止按钮，观察交流接触器是否能断开。一切动作正常后，断开总电源，将交流接触器下接线端头与电动机引线复原。

当电路检测正常的情况之下，准备通电试车。通电试车时，要有监护人在场，通电试车步骤如下：

1）通电前，先进行场地清理。

2）合上总电源开关。

3）左手手指触摸启动按钮，右手手指触摸停止按钮。左手按压启动按钮，电动机启动后，注意听和观察电动机有无异常声音、气味及转向是否正确。如果有异响或转向不对，应立即按停止按钮，使电动机断电。断电后，电动机依靠惯性仍旧在转动。此时，应注意异响是否还有，如仍有，应判断是机械部分故障；如果没有，可判断是电动机电气部分故障。有噪声及转向异常时应检查电气控制线路或对电动机进行检修。

4）再次启动电动机前，用钳形电流表卡住电动机三根引线中的一根，测量电动机的启动电流。电动机的启动电流一般是额定电流的 4～7 倍。测量时，钳形电流表的量程应超过这一数值的 1.2～1.5 倍，否则容易损坏钳形电流表或测量不准。

5）电动机启动并转入正常运行后，用钳形电流表分别依次卡住电动机三根引线，测量电动机三相电流是否平衡，空载电流和负载电流是否超过额定值。

6）如果电流正常，让电动机运行 30min。运行中应经常测量电动机的外壳温度，检查长时间运行中的温升是否太高或太快。

（7）注意事项：

1）电动机和线路的接地要符合要求，严禁采用金属软管作为接地通道。

2）在控制箱外部进行布线时，导线必须穿在导线通道或敷设在机床底座内的导线通道中，导线的中间不允许有接头。

3）在进行快速进给时，要注意将运动部件置于行程的中间位置，以防运动部件与床头或尾架相撞。

4）电动机及按钮的金属外壳必须可靠接地。按钮内接线时，用力不可过猛，以防螺钉滑丝。接至电动机的导线，必须穿在导线通道内加以保护，或采用坚韧的四芯橡皮线或塑料护套线进行临时通电校验。

5）安装完毕的控制线路，必须经过认真检查后，才允许通电试车，以防止错接、漏接，造成不能正常运行或短路事故。

6）试车时，要先合上电源开关，后按启动按钮；停车时，要先按停止按钮，后断电源开关。

7）通电试车必须在教师的监护下进行，必须严格遵守安全操作规程。

8）导线的数量应按敷设方式和管路长度来决定，线管的直径应根据导线的总截面积来决定，导线的总截面积不应大于线管有效截面积的 40%，线管的最小标称直径为 12mm。

9）当控制开关远离电动机而看不到电动机的运行情况时，必须另设开车信号装置。

10）电动机使用的电源电压和绕组的接法必须与铭牌上规定的相一致。

11）接线时，必须先接负载端，后接电源端；先接接地线，后接三相电源相线。

12）通电试车时，必须先空载点动后再连续运行。若空载运行正常，再接上负载运行；若发现异常情况应立即断电检查。

四、机床电气控制箱的配线

控制箱配线常用的有明配线、塑料穿线槽配线和暗配线。

1. 明配线

明配线又称板前配线，如图 11-5 所示。

明配线将电器元件之间的连接全部安装在板前。主电路的连接线一般采用截面积大于等于 2.5mm² 的单股塑料铜芯线（根据负荷容量进行选择）；控制电路一般采用截面积为 1mm² 的单股塑料铜芯线，并且要用不同颜色的导线来区别主电路、控制电路和地线。

明配线的特点是线路整齐美观，导线去向清楚，便于查找故障。

2. 塑料穿线槽配线

当电气控制箱内的空间较大时，可采用塑料穿线槽的配线方式。塑料穿线槽由盖板及槽底座组成，其外形如图 11-6 所示。槽中空间容纳导线，缺口供导线进出用。由于电器元件

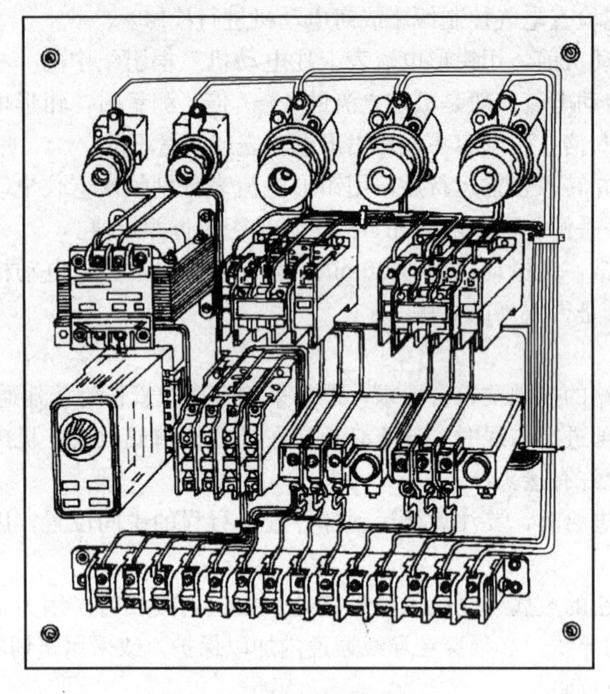

图 11-5 控制箱的明配线

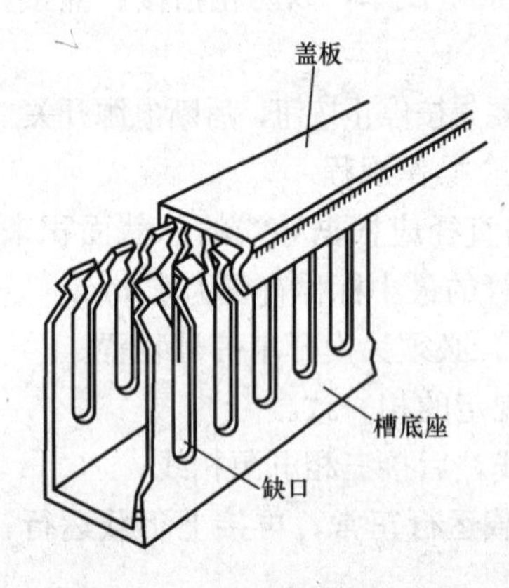

图 11-6 塑料穿线槽的外形

的所有连接导线都要通过塑料穿线槽，所以在安装板的四周都需配置穿线槽。塑料穿线槽用螺钉固定在底板上。

塑料穿线槽配线优点是配线效率高，省工时；对电器元件在底板上的排列方式没有特殊要求；在维修过程中更换元器件时，对线路的完整性也无影响。缺点是配线所用的导线数量较多。

3. 暗配线

暗配线又称板后配线，如图 11-7 所示。当各电器元件在配电板上的位置确定后，在每一个电器元件的接线端处钻出比连接导线外径略大的孔，并在孔中插进塑料套管，即可穿线。

暗配线的优点是，配线速度较快，容易长时间保持板面的整洁。缺点是维修时如导线磨损或导线管脱落，查对线号较困难。

4. 配线注意事项

1）配电板上导线应配置整齐美观、横平竖直，转弯处尽可能是直角。成排、成束的导线要用线夹固定在配电板上。

2）明配线时，配电板上的导线不能妨碍电器元件的拆卸。

3）连接线的两端根据电路图或接线图套上相应的编码套管。线号的材料有：用压印机压在塑料管上的线号；印有数字或字母的塑料套管。有时也采用人工书写的方法来制成线号，这时除了书写时要端正、清晰外，还应保证线号能长时间不消失。在线端上套（或贴）号码套管时，要遵循制图标准。

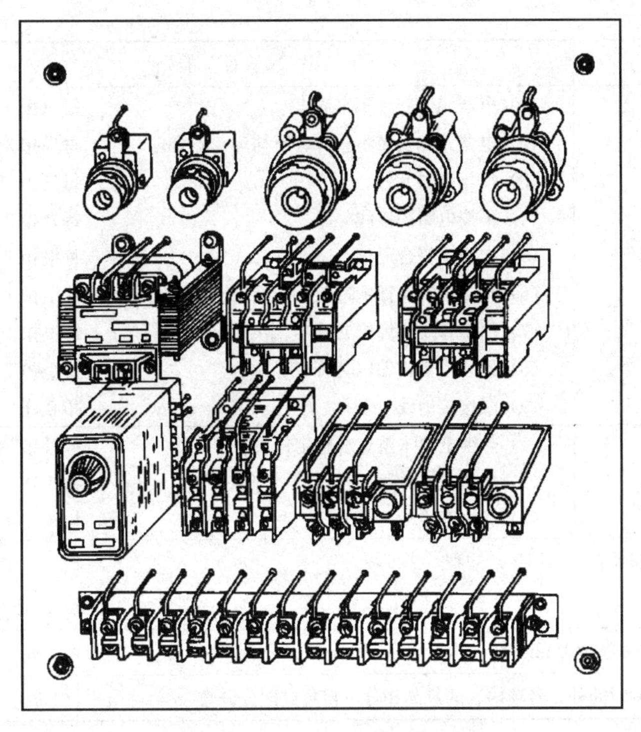

图 11-7　配电板的暗配线

在塑料管上书写线号的药水，可用环已酮和龙胆紫调和成的墨水，也可用 300mL 的二氯乙烷（或二氯乙烯）加 2g 龙胆紫（或 3.5g 苯胺黑）调和后，再滴入 30 滴冰醋酸而成。书写好后，可适当加温，以防止字迹模糊、消失。

4）根据两端接线端子的要求，将削去绝缘的导线线头按螺栓拧紧方向弯成圆环或直接压上，多股线压头处应搪上焊锡。

5）在同一接线端子上压两根以上不同截面积导线时，大截面积的导线放下层，小截面积的导线放上层。

6）所有压接螺栓需配置镀锌的平垫、弹簧垫，并要牢固压紧，防止松动。

7）接线完毕，应根据接线图或原理图，仔细检查各元件与接线端子之间及它们相互之间的接线是否正确。

五、施工评分

针对每台车床电气控制线路的安装情况，根据 CA6140 型车床电气控制线路施工评分表（见表 11-5），对施工情况进行自评和教师评定。

表 11-5　　CA6140 型车床电气控制线路施工评分表

项目内容	配分	评分标准		得分
器材选用与检查	15	（1）电器元件选错型号规格	每个扣 2 分	
		（2）导线型号选用不符合要求	扣 4 分	
		（3）穿线管、套码管选用不当	扣 1～5 分	
		（4）电器元件漏查或错检查	每个扣 1 分	

续表

<table>
<tr><th>项目内容</th><th>配分</th><th colspan="4">评 分 标 准</th><th>得分</th></tr>
<tr><td>安装布线</td><td>45</td><td colspan="4">(1) 电器元件安装不牢固 每只扣4分
(2) 电器元件安装不整齐、不均匀、不合理 每只扣3分
(3) 损坏电器元件 每只扣15分
(4) 不按电路图接线 每处扣2分
(5) 走线不符合要求 每根扣1分
(6) 接点松动、露铜过长、压绝缘层、反圈等 每个扣1分
(7) 损伤导线绝缘层或线芯 每根扣3分
(8) 漏装或套错编码套管 每个扣1分
(9) 漏接接地线 扣8分</td><td></td></tr>
<tr><td>通电试车</td><td>40</td><td colspan="4">(1) 热继电器未整定或整定错误 每只扣5分
(2) 熔体规格选用不当 扣5分
(3) 通电不成功 扣5～30分</td><td></td></tr>
<tr><td>安全文明生产</td><td colspan="5">(1) 违反安全文明生产规程 扣10～40分
(2) 乱线敷设 扣20分</td><td></td></tr>
<tr><td>定额时间</td><td colspan="5">12h，每超过10min 扣5分</td><td></td></tr>
<tr><td>备　　注</td><td colspan="4">除定额时间外，各项内容的最高扣分不得超过配分分数</td><td>成　　绩</td><td></td></tr>
<tr><td>开始时间</td><td colspan="2"></td><td>结束时间</td><td></td><td>实际时间</td><td></td></tr>
</table>

任务三　机床电气设备维修的一般要求与方法

一、机床电气设备维修的一般要求

电气设备在运行过程中，由于各种原因难免会产生各种故障，致使机床设备不能正常工作，不但影响了生产效率，严重时还会造成人身、设备事故。因此，电气设备发生故障后，维修人员能及时、熟练、准确、迅速、安全地检查出故障，并加以排除，尽早恢复机床设备的正常运行，是非常重要的。

对机床电气设备维修的一般要求是：

(1) 采取的维修方法和步骤必须正确、切实可行。

(2) 不得损坏完好的电器元件。

(3) 不得随意更换电器元件连接导线的型号规格。

(4) 不得擅自更改线路。

(5) 损坏的电气装置应尽量修复使用，但不得降低其原有的性能。

(6) 电气设备的各种保护性能必须满足使用要求。

(7) 绝缘电阻必须满足要求，通电试车能满足电路的各项功能要求，控制环节的动作程序符合要求。

(8) 修理后的电器元件必须满足其质量标准要求。电器元件的检修质量标准是：

1) 外观整洁，无破损和老化等现象。

2) 所有的触头都应完整、光洁、接触良好。

3）压力弹簧和反作用弹簧应具有足够的弹力。

4）操纵、复位机构都必须灵活可靠。

5）各种衔铁运动灵活，无卡阻现象。

6）灭弧罩完整、清洁，安装牢固。

7）整定数值大小要符合电路使用要求。

8）指示装置能发出正确的指示信号。

二、机床动力电路的送电

1. 准备工作

1）学习图样、资料、说明书等技术文件；对照系统图核对主要设备的规格、型号、回路个数、负荷性质及类别、启动方式、容量等；设置各种标志、标牌、信号指示等，清除电动机外壳及其他电器上的杂物灰迹。

2）测量、检查所有回路和电气设备的绝缘电阻，并清除临时送电及调试时带电部分、短接线及各种对送电及试车有影响或危害的障碍物、杂物等。测量系统的接地电阻应符合要求。

3）巡回检查所有的电气线路，包括架空、地下、沟内、管路、柜内外、电气设备接线端及其接线，应正确无误，并与图样相符；恢复所有在测试调整时临时拆开的接线或线头，使之处于正常状态，并检查所有接点、接头、端子有无松动、脱离等现象，并处理之。

4）再次对系统控制、保护与信号回路进行空载操作试验，观察动作及显示是否正确；所有设备、元件的可动部分应动作灵活可靠，触头分合明确，接触压力适中，分断时隔离电阻无穷大，闭合时接触电阻近似为零。

5）在电动机启动前，应用手转动转轴，应灵活无卡阻现象，并仔细检查内部有无杂物或障碍过大，若有则要清除干净。同时应检查传动带的松紧、联轴器安装是否正确，电动机底座或设备接地脚是否松动。

6）对系统中某一设备单独试车时而临时解除与其他设备的机械或电气联锁，应事先通知有关人员，事后要恢复原状，并由他人进行检查。

7）利用电动机空转干燥电动机本身，系统应具备正式试车的条件，并按要求进行。

8）试车前须经设备安装人员检查、试运行设备的各个部分，并取得设备安装人员同意或签字才允许通电试车。

9）所有测试调整记录应完整、清晰，签字手续要健全，并准备送电、试车记录及指令传票等。

10）准备各种仪器仪表，且为检定或试验合格的产品；准备安全用具及防护用品、消防用具用品并检查无误。

11）检查系统电源总开关和各分路总开关（如断路器、熔断器）应正常，并准备各种规格型号的熔丝或熔片。

12）检查系统其他不妥之处并修复，如垃圾、道路、安装用临时送电线路等有碍于送电试车工作进行的不利因素。

2. 注意事项

1）所有开关和控制器的操作手柄或转换开关应放在得电前的准备位置或适当的正常位置。

2）接触器、开关上的灭弧罩应完好，不能去掉；熔断器的熔体应正确选择，不准用其他金属材料代替。

3）送电时应先送主电源，后送分路电源，再送操作电源；合闸顺序先合隔离开关，后合负荷开关；切断时与上述顺序相反。

4）电气传动装置的试车程序必须先手动试车，然后在主电路切断的情况下对控制电路通电试验，动作程序正确后才能使电动机空转，认为正常后才能拖动机械运转，最后再带动负载。在每次启动瞬间，应注意电动机启动状况是否正常，如启动困难应即停车检查，必要时分析启动方法是否正确。

5）带动机械启动时应先点动方式启动，以观察转动方向及机械啮合情况是否正常，如有误应检查解决。带动机械启动运转时须由装机人员配合指挥。

6）凡带有终端限位或位置开关的控制系统，应先用手动检查位置开关的动作是否灵活、正确、可靠；然后手动试车撞击开关观察动作是否正确；再以电动机点动方式拖动机械撞击开关，并仔细观察实际停车、变速、换向等效果，功能完全实现时再由低速到高速进行正式试验，如有惯性越位时，应重新调整。

7）运行时应注意仪表指示、电动机转速、声音、温升、振动、润滑和整流、电刷等情况以及继电器、接触器和其他电磁线圈的声音、温升是否正常。

8）电动机启动后，操作人员要坚守工作岗位，随时准备紧急停车。

9）试车送电时，应注意设备附近的水源、油源，不允体外部的油、水等流体溅入电动机内部。

10）有电磁抱闸的机械，在电动机带动机械运转前应调整好抱闸，并经实际制动试验合格可靠；同样有反接制动、能耗制动的也应在带动机械运转前调整合格。

11）试车时要随时注意电动机及设备基础及地脚螺栓的振动、位移情况，如有意外及时报告及处理。

3. 安全要求

1）测试、送电和试车的操作至少需有两人进行，并且至少有一人作为监护人，严禁误操作。人员应分工明确，没有操作指令，严禁擅自操作。通电前应对设备与线路进行必要的检查。

2）送电操作时应戴绝缘手套、穿绝缘鞋、戴防护镜，必要时要有绝缘垫。

3）验电器、验电笔在使用前应检查是否合格，使用时必须在制造厂规定的电压范围内使用。

4）送电试车过程中，对已送电的配电箱或开关手柄上须挂有“有电危险”的警示标牌。

5）使用的仪器、仪表应选择正确合适的挡位，使用安全操作用具应按电压等级正确选取；在刚停电的设备上作业时，应先放电；兆欧表的使用应针对设备或线路的电压等级正确选取。

6）测量电动机温升时，一般应使用酒精温度计，测量触头或其他易发热部位的温升应使用点式温度计或测温蜡片。

7）电动机启动时，电动机、设备、传动装置附近不得有闲人，并且操作人员和设备运行人员要先呼应后操作，只有得到设备运行人员允许启动的指令，方可启动。

8）所有参与送电和试车的人员，在工作前不准饮酒。

9）如发生人身触电事故应先断开电源，然后再急救、要进行人工呼吸直至送到附近医院。断开电源时，如不能拉闸断电，必须用绝缘物切断线路，避免再度触电。

10）如发生设备着火爆炸事故应先断开电源，然后再急救，使用的灭火剂必须是有利于消防电气火灾的灭火剂，如二氧化碳、四氧化碳、1211、干粉灭火剂，其中二氧化碳、1211 宜用于电器着火。

三、电气设备维修的十项原则

1. 先动口，再动手

对于有故障的电气设备，不应急于动手，应先询问产生故障的前后经过及故障现象。对于生疏的设备，还应先熟悉电路原理和结构特点，遵守相应规则。拆卸前要充分熟悉每个电气部件的功能、位置、连接方式以及与四周其他器件的关系，在没有组装图的情况下，应一边拆卸，一边画草图，并记上标记。

2. 先外部，后内部

应先检查设备有无明显裂痕、缺损，了解其维修史、使用年限等，然后再对机内进行检查。拆前应先排除周边的故障因素，确定为机内故障后才能拆卸，否则，盲目拆卸，会浪费时间，还可能把设备越修越坏。

3. 先机械，后电气

机床设备都以电气—机械原理为基础，特别是机电一体化的先进设备，机械和电气在功能上有机配合，是一个整体的两个部分。往往机械部件出现故障，就会影响电气系统，许多电气部件的功能就不起作用。因此不要被表面现象迷惑，电气系统出现故障并不全部都是电气本身问题，有可能是机械部件发生故障所造成的。因此先检修机械系统所产生的故障，再排除电气部分的故障，往往会收到事半功倍的效果。

4. 先断电测量，后通电测试

首先在不通电的情况下，对电气设备进行测量、检修；然后再在通电情况下，对电气设备进行检修。对发生故障的电气设备检修时，一般不能立即通电，否则会人为扩大故障范围，烧毁更多的元器件，造成不应有的损失。因此，在故障机床通电前，要先采用电阻法测量，采取必要的措施后，方能通电检修。

5. 先清洁，后维修

对污染较重的电气设备，先对其按钮、接线点、接触点进行清洁，检查外部控制键是否失灵。许多故障都是由脏污及导电尘埃引起的，一经清洁故障往往会排除。

6. 先电源，后设备

电源部分的故障在整个设备故障中所占的比例很高，所以先检修电源部分往往可以事半功倍。

7. 先简单，后复杂

检修故障要先用最简单易行、自己最拿手的方法去处理，再用复杂、精确的方法。排除故障时，先排除直观、显而易见、简单常见的故障，后排除难度较高、没有处理过的疑难故障。

8. 先外围，后内部

先外部调试，后内部处理。外部是指暴露在电气设备外壳或密封件外部的各种开关、按钮、插口以及指示灯；内部是指在电气设备外壳或密封件内部的印制电路板、元器件及各种连接导线。先外部调试，后内部处理，就是在不拆卸电气设备的情况下，利用电气设备面板上的开关、旋钮、按钮等调试、检查，逐步缩小故障范围。首先排除外部部件引起的故障，再检修机内的故障，可尽量避免不必要的拆卸。

9. 先公用电路，后专用电路

任何电气系统的公用电路出故障，其能量、信息就无法传送、分配到各具体专用电路，专用电路的功能、性能就不起作用。如一个电气设备的电源出故障，整个系统就无法正常运转，向各种专用电路传递的能量、信息就不可能实现。因此遵循先公用电路、后专用电路的顺序，就能快速、准确地排除电气设备的故障。

10. 先故障，后调试

对于调试和故障并存的电气设备，应先排除故障，再进行调试，调试必须在电气线路正常的前提下进行。

电气设备的维修，需要不断总结经验，提高效率。电气设备出现的故障五花八门、千奇百怪。任何一台有故障的电气设备检修完，应该把故障现象、原因、检修经过、技巧、心得记录在专用笔记本上，学习掌握各种新型电气设备的机电理论知识、熟悉其工作原理、积累维修经验，将自己的经验上升为理论。在理论指导下，具体故障具体分析，才能准确、迅速地排除故障。

四、电气故障检修的一般步骤

1. 观察和调查故障现象

电气故障现象是多种多样的。例如，同一类故障可能有不同的故障现象，不同类故障可能有相同的故障现象，这种故障现象的同一性和多样性，给查找故障带来复杂性。但是，故障现象是检修电气故障最直接、最基本的依据，是电气故障检修的起点，因而要对故障现象进行仔细观察、分析，找出故障现象中最主要的、最典型的方面，搞清故障发生的时间、地点、环境等。

2. 分析故障原因——初步确定故障范围、缩小故障部位

根据故障现象分析故障原因是电气故障检修的关键。分析的基础是电工电子基本理论，是对电气设备的构造、原理、性能的充分理解，是电工电子基本理论与故障实际的结合。某一电气故障产生的原因可能很多，重要的是在众多原因中找出最主要的原因。

3. 确定故障的具体部位——判断故障点

确定故障部位是电气故障检修的最终归纳和结果。确定故障部位可理解为确定设备的故障点，如短路点、损坏的元器件等，也可理解为确定某些运行参数的变异，如电压波动、三相不平衡等。确定故障部位是在对故障现象进行周密考察和细致分析的基础上进行的。在这一过程中，可采用多种检查手段和方法。

4. 排除故障

对已经确定的故障点，使用正确的方法予以排除。

5. 校验与试车

在故障排除后还要进行校验和试车。

在完成上述工作过程中，要注意实践经验的积累。

五、电气故障检查方法

1. 直观法

直观法是根据电器故障的外部表现，通过问、看、听、摸、闻等手段，检查、判定故障的方法。

(1) 问。向现场操作人员了解故障发生前后的情况。如故障发生前是否过载、频繁启动和停止；故障发生时是否有异常声音与振动，有没有冒烟、冒火等现象。

(2) 看。仔细察看各种电器元件的外观变化情况。如看触头是否烧熔、氧化，熔断器熔体熔断指示器是否跳出，热继电器是否脱扣，导线是否烧焦，热继电器整定值是否合适，瞬时动作整定电流是否符合要求等。

(3) 听。主要听有关电器在故障发生前后声音是否异常。如听电动机启动时是否只“嗡嗡”响而不转；接触器线圈得电后是否噪声很大等。

(4) 摸。故障发生后，断开电源，用手触摸或轻轻推拉导线及电器的某些部位，以察觉异常变化。如摸电动机、自耦变压器和电磁线圈表面，感觉温度是否过高；轻拉导线，看连接是否松动；轻推电器活动机构，看移动是否灵活等。

(5) 闻。故障出现后，断开电源，将鼻子靠近电动机、自耦变压器、继电器、接触器、绝缘导线等处，闻闻是否有焦味。如有焦味，则表明电器绝缘层已被烧坏，主要原因则是过载、短路或三相电流严重不平衡等故障所造成。

2. 测量电压法

测量电压法是根据电器的供电方式，测量各点的电压值与电流值并与正常值比较。具体可分为分阶测量法、分段测量法和点测法。

3. 测电阻法

可分为分阶测量法和分段测量法。这两种方法适用于开关、电器分布距离较大的电气控制设备。

4. 对比、置换元件、逐步开路（或接入）法

(1) 对比法。把检测数据与图样资料及平时记录的正常参数相比较来判定故障。对无资料又无平时记录的电器，可与同型号的完好电器相比较进行判断。电路中的电器元件属于同样控制性质或多个元件共同控制同一设备时，可以利用其他相似或同一电源的元件动作情况来判定故障。

(2) 置换元件法。某些电路的故障原因不易确定或检查时间过长时，为了保证电气设备的利用率，可置换性能良好、相同型号参数的元器件试验，以证实故障是否由此电器引起。运用置换元件法检查时应注意，当把原电器拆下后，要认真检查是否已经损坏，只有肯定是由于该电器本身因素造成损坏时，才能换上新电器，以免新换电器再次损坏。

(3) 逐步开路（或接入）法。多支路并联且控制较复杂的电路短路或接地时，一般有明显的外部表现，如冒烟、有火花等。电动机内部或带有护罩的电路短路、接地时，除熔断器熔断外，不易发现其他外部现象。这种情况可采用逐步开路（或接入）法检查。逐步开路法就是当碰到难以检查的短路或接地故障时，可重新更换熔体，把多支路并联电路，一路一路逐步地从电路中断开并进行通电试验，若熔断器不再熔断，故障就在刚刚断开的这条电路上。然后再将这条支路分成几段，逐段地接入电路。当接入某段电路时熔断器又熔断，故障就在这段电路的某电器元件上。这种方法简单，但容易把损坏不严重的电器元件彻底烧毁。

5. 强迫闭合法

在排除电器故障时，经过直观检查后没有找到故障点，而手下也没有适当的仪表进行测量，可用一绝缘棒将继电器、接触器、电磁铁等用外力强行按下，使其动合触头闭合，动断触头分断，然后观察电气部分或机械部分出现的各种现象，如电动机从不转到转动，设备相应的部分从不动到正常运行等。

6. 短接法

设备电路或电器的故障大致归纳为短路、过载、断路、接地、接线错误、电器的电磁及机械部分故障六类。诸类故障中出现较多的为断路故障。它包括导线断路、虚连、松动、触头接触不良、虚焊、假焊、熔断器熔断等。对这类故障除用电阻法、电压法检查外，还有一种更为简单可行的方法，就是短接法。方法是用一根绝缘良好的导线，将所怀疑的断路部位用导线短接起来，如短接到某处，电路工作恢复正常，说明该处断路。具体操作可分为局部短接法和长短接法。在采用该方法检查电路时，一定得先熟悉电路，注意不能把负载短接而造成短路事故。

以上几种检查方法，要灵活运用，遵守安全操作规章。对于连续烧坏的元器件应查明原因后再进行更换；电压测量时应考虑到导线的压降；不违反设备电气控制的原则，试车时手不得离开电源开关，并且熔断器应使用等量或略小于额定电流；注意测量仪器、仪表挡位的选择。

六、CA6140型车床电气线路常见故障分析

1. 操作步骤

在检修机床前，先要了解机床各按钮、开关的作用及正确的操作步骤，这是检修的前提和基础。CA6140型车床的操作步骤如下：

(1) 合上电源开关QF，电源指示灯HL亮。

(2) 按SB2→主轴电动机M1运转。

(3) 合上SA1→冷却泵电动机M2运转。

(4) 断开SA1→冷却泵电动机M2停止。

(5) 按SB1→主轴电动机M1、冷却泵电动机M2停止。

(6) 按SB3→刀架快速移动电动机M2运转（点动）。

(7) 合上SA2，局部照明指示灯EL亮。

(8) 断开SA2，局部照明指示灯EL灭。

2. 故障检修流程

机床在运行过程中，难免出现各种故障，现以电源故障和冷却泵电动机故障为例，说明故障分析、检修流程，如图11-8所示。

在确定故障点以后，无论修复还是更换，对电气维修人员来讲，排除故障比查找故障要简单得多。在查找故障的过程中，应先动脑，后动手，正确分析可起到事半功倍的效果。需注意的是，在找出有故障的部分后，应该进一步确定故障的根本原因。例如：当电路中的一个接触器烧坏，单纯地更换一个是不够的，重要的是要查出被烧坏的原因，并采取补救和预防措施。在排除故障过程中还要注意将线路做好标记以防错接。

3. 典型故障分析

(1) 故障现象：主轴电动机M1不能启动。

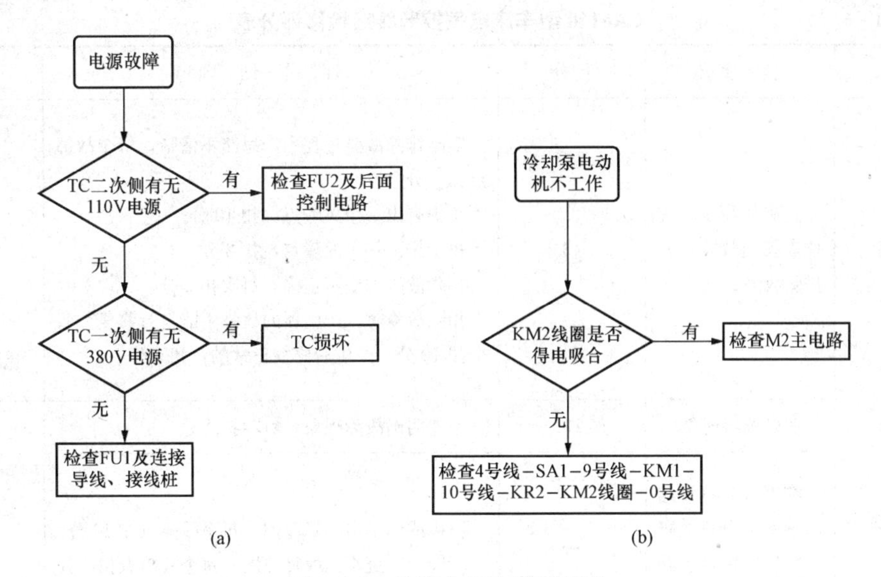

图 11－8　故障分析检修流程图

(a) 电源故障分析流程图；(b) 冷却泵电动机故障分析流程图

可能原因分析：①控制电路（1 号线—0 号线）没有电压。②控制电路中的熔断器 FU2 熔断。③接触器 KM1 未吸合。按启动按钮 SB2，接触器 KM1 若不动作，故障必定在控制电路，如按钮 SB1、SB2 的触头接触不良、接触器线圈断线等，就会导致 KM1 不能通电动作。当按 SB2 后，若接触器吸合，但主轴电动机不能启动，则故障原因必定在主电路中，可依次检查接触器 KM1 主触头及三相电动机的接线端子等是否接触良好，以及电动机 M1 是否已烧坏。

（2）故障现象：主轴电动机不能停转。

可能原因分析：这类故障多数是由于接触器 KM1 铁芯面上的油污使铁芯不能释放或 KM1 的主触头发生熔焊或停止按钮 SB1 的动断触头短路所造成的。应切断电源，清洁铁芯动合面的污垢或更换触头，即可排除故障。

（3）故障现象：主轴电动机的运转不能自锁。

原因分析：当按下按钮 SB2 时，电动机能运转，但放松按钮后电动机即停转。此故障是由于接触器 KM1 的辅助动合（自锁）触头接触不良或位置偏移、卡阻引起的故障。只要将接触器 KM1 的辅助动合触头进行修整或更换即可排除故障。辅助动合触头的连接导线（5 号线、6 号线）松脱或断裂也会使电动机不能自锁。

（4）故障现象：刀架快速移动电动机不能运转。

原因分析：按点动按钮 SB3，接触器 KM3 未吸合，故障必然在控制电路中。这时可检查点动按钮 SB3、接触器 KM3 的线圈是否断路；若 KM3 能吸合，则故障在主电路中，检查 KM3 主触头及连接导线即可。

七、CA6140 型车床电气控制线路故障检修

先由教师或小组成员设置 2～4 处电路故障，在确保通电不会扩大故障范围和威胁人身安全的前提下，再交给小组成员检修。检修评分表见表 11－6。

表 11-6 CA6140 型车床电气控制线路检修评分表

项目	技术要求	配分	评 分 细 则	得分
故障排除	正确使用工具和仪表找出故障点并排除故障	40	实际排除故障过程中，思路不清晰，每个故障点扣 5 分 每少查出一个故障点，扣 10 分 每少排出一个故障点，扣 3 分 扣除故障方法不正确，每次扣 2 分 扣除故障时，产生新的故障不能自行修复，每个扣 10 分；产生后修复正常的，扣 5 分	
故障分析	明确故障现象	10	不能明确故障现象，每项扣 4 分	
	在电气控制线路原理图上分析故障可能的原因，思路清晰、正确	30	错标或标不出故障范围，每个故障点扣 10 分 不能标出最小的故障范围，每个故障点扣 5 分	
设备调试	调试步骤正确	10	调试步骤每错一步扣 1 分	
	调试全面	10	调试不全面，每项扣 3 分	
其他	操作有误、超时，此项从总分中扣除		损坏电动机，扣 20 分 每超过 10min，从总分中扣 5 分，但此项扣分不超过 20 分	
安全、文明生产	严格按安全文明生产要求进行，此项从总分中扣除		违反安全、文明生产操作规程，扣 5～40 分	
备　注	根据所设故障点的个数，规定检修时间。主电路每个故障点 15min，控制电路每个故障点 20min		总评分	

任务四　验收、展示、总结与评价

一、验收

根据 CA6140 型车床电气控制线路的安装与检修及理论学习情况，对各组分步验收。通过学习验收，对该项目的学习进行总结与评价。

二、学习效果评价

通过对该项目的学习，各组根据学习情况，集体完成该任务的学习小结，并每组派出代表上台，以各种形式进行汇报、展示，汇报学习成果。各组在进行展示时重点讲解在学习和施工过程中存在的困难和解决的方案，对作品的介绍及演示等方面，全班互动，促进学习效果。教师根据各组学习效果，进行评价。学习效果评价表见表 11-7。

表 11-7　　学习效果评价表

序号	项目	自我评价			小组评价			教师评价		
		10～8	7～6	5～1	10～8	7～6	5～1	10～8	7～6	5～1
1	学习兴趣									
2	理论学习									
3	施工效果									
4	承担工作表现									
5	学习互动									
6	时间观念									
7	质量成本意识									
8	安全文明生产									
9	创新能力									
10	其他									
总　评										
备　注										

三、教师点评与答疑

1. 点评

教师针对这次学习活动的过程及展示情况进行点评，以鼓励为主。

1）找出各组的优点进行点评，表扬学习活动中表现突出的个人或小组。

2）指出展示过程中存在的缺点，以及改进、提高的方法。

3）指出整个任务完成过程中出现的亮点和不足，为今后的学习提供帮助。

2. 答疑

在学生整个学习实施过程中，各学习小组都可能会遇到一些问题和困难，教师根据学生在展示时所提出的问题和疑点，先让全班同学一起来讨论问题的答案或解决的方法，如果不能解决，再由教师来进行分析讲解，让学生掌握相关知识。

1. CA6140 型车床电气控制线路中有几台电动机？它们的作用分别是什么？

2. CA6140 型车床电气控制线路中，若主轴电动机只能点动，可能是哪些原因造成的？在此情况下，冷却泵电动机能否正常工作？

3. 机床电气设备维修的一般要求是什么？

4. 电气设备维修的十项原则是什么？

5. 电气故障检修的一般步骤是什么？电气故障检查的方法有哪些？

6. CA6140 型车床电气控制线路中有哪些保护措施？分别是由哪些元件来实现？

项目十二　M7130型平面磨床电气控制线路

知识目标

（1）熟悉M7130型平面磨床的主要结构、运动形式及电气控制要求；
（2）了解M7130型平面磨床的用途，能对电气控制线路图进行正确的分析；
（3）熟悉M7130型平面磨床控制线路故障分析与处理方法。

技能目标

（1）能对M7130型平面磨床进行简单的操作；
（2）学会正确安装M7130型平面磨床电气控制线路；
（3）熟悉M7130型平面磨床控制线路的常见故障及处理方法；
（4）掌握机床线路调试与检修的步骤及方法。

素养目标

通过M7130型平面磨床电气控制线路项目的学习，了解M7130型平面磨床的用途及电器元件布置情况，学会对M7130型平面磨床进行简单操作，增强对机床电气控制线路的认识，学会机床电气控制线路的安装、检修技能。培养认真思考、分析、解决问题的能力，理论联系实践，达到学以致用的学习目标。

任务一　M7130型平面磨床的主要结构、型号含义及控制要求

磨床是用砂轮周边或端面对工件的表面进行磨削加工的一种精密机床。为适应磨削各种加工表面、工件形状及批量生产的要求，磨床的种类很多，根据用途的不同可分为平面磨床、内圆磨床、外圆磨床、无心磨床以及一些像螺纹磨床、球面磨床、齿轮磨床、导轨磨床等专用磨床。这里以M7130型平面磨床为例，介绍使用较广的平面磨床电气控制系统。

一、M7130型平面磨床的型号含义及机床结构

M7130型平面磨床是用砂轮磨削加工各种零件的表面，其型号含义如图12-1所示。磨削时砂轮和工件接触面积小，发热量少，冷却和排屑条件好，具有操作方便、磨削精度和光洁度都比较高等特点。M7130型平面磨床是卧轴矩形工作台，主要由床身、工作台、电磁吸盘、砂轮架（又称磨头）、滑座、立柱等部分组成，其外形如图12-2所示。

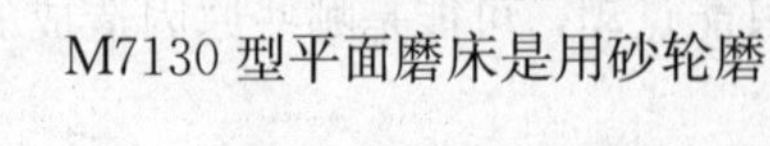

M　7　1　30
磨床 — M
平面 — 7
卧轴矩台式 — 1
工作台的工作面宽为300mm — 30

图12-1　M7130型平面磨床的型号含义

二、运动形式

图 12 - 2　M7130 型平面磨床的外形

M7130 型平面磨床的主要运动是砂轮的旋转运动，磨削时砂轮外圆线速度为 30～50m/s。辅助运动是工作台的纵向往复运动及砂轮的横向和垂直进给运动。工作台在床身的水平导轨上作往复（纵向）直线运动，每完成一次砂轮架横向进给一次，从而对整个平面进行加工。当整个平面磨完一遍后，砂轮在垂直于工件表面的方向移动一次，使工件磨到所需尺寸。为使工作台在运动时换向平稳及容易调整速度，常采用液压传动。立柱在床身的横向导轨上可采用液压传动或手轮操作实现横向进给运动。

三、电气控制要求

M7130 型平面磨床采用三台电动机拖动，其中砂轮电动机拖动砂轮做高速旋转运动；液压泵电动机驱动液压泵，给液压系统供给压力油；冷却泵电动机拖动冷却泵，供给磨削加工时需要的冷却液。

平面磨床要求加工精度高、运行平稳，为确保工作台往复运动换向时惯性小，采用液压传动实现工作台往复运动及砂轮箱横向进给运动。

磨削加工时无调速要求，但要求旋转速度高，所以通常采用 2 极高速三相笼型异步电动机。为提高砂轮主轴刚度和加工精度，采用装入式电动机，砂轮可以直接装在电动机轴上使用。

为了减小工件在磨削加工中的热变形，砂轮和工件磨削时须进行冷却，同时冷却液还能带走磨下的铁屑。

在加工工件时，一般将工件吸附在电磁吸盘上进行磨削加工。其目的是为了适应磨削小工件的需要，同时也为工件在磨削过程中受热能自由伸缩，采用电磁吸盘来吸紧加工工件。

由此可见，M7130 型平面磨床由砂轮电动机、液压泵电动机、冷却泵电动机进行拖动，且都只需单方向运行，而且冷却泵电动机与砂轮电动机具有顺序控制关系。为了保证安全，电磁吸盘与各电动机之间有电气联锁装置，即电磁吸盘充磁后，电动机才能启动。电磁吸盘不工作或发生故障时，三台电动机都不能启动。在电力拖动系统中也有保护环节与工件退磁环节和照明电路。

任务二　M7130 型磨床电气控制线路分析

M7130 型平面磨床的电气控制原理如图 12 - 3 所示，该线路由主电路、控制电路、电磁吸盘电路和照明电路等组成。

一、M7130 型平面磨床主电路分析

M7130 平面磨床主电路有三台电动机，其中 M1 为砂轮电动机，M2 为冷却泵电动机，M3 为液压泵电动机。总电源由组合开关 QS 引入，三台电动机共用一组熔断器 FU1 作为短

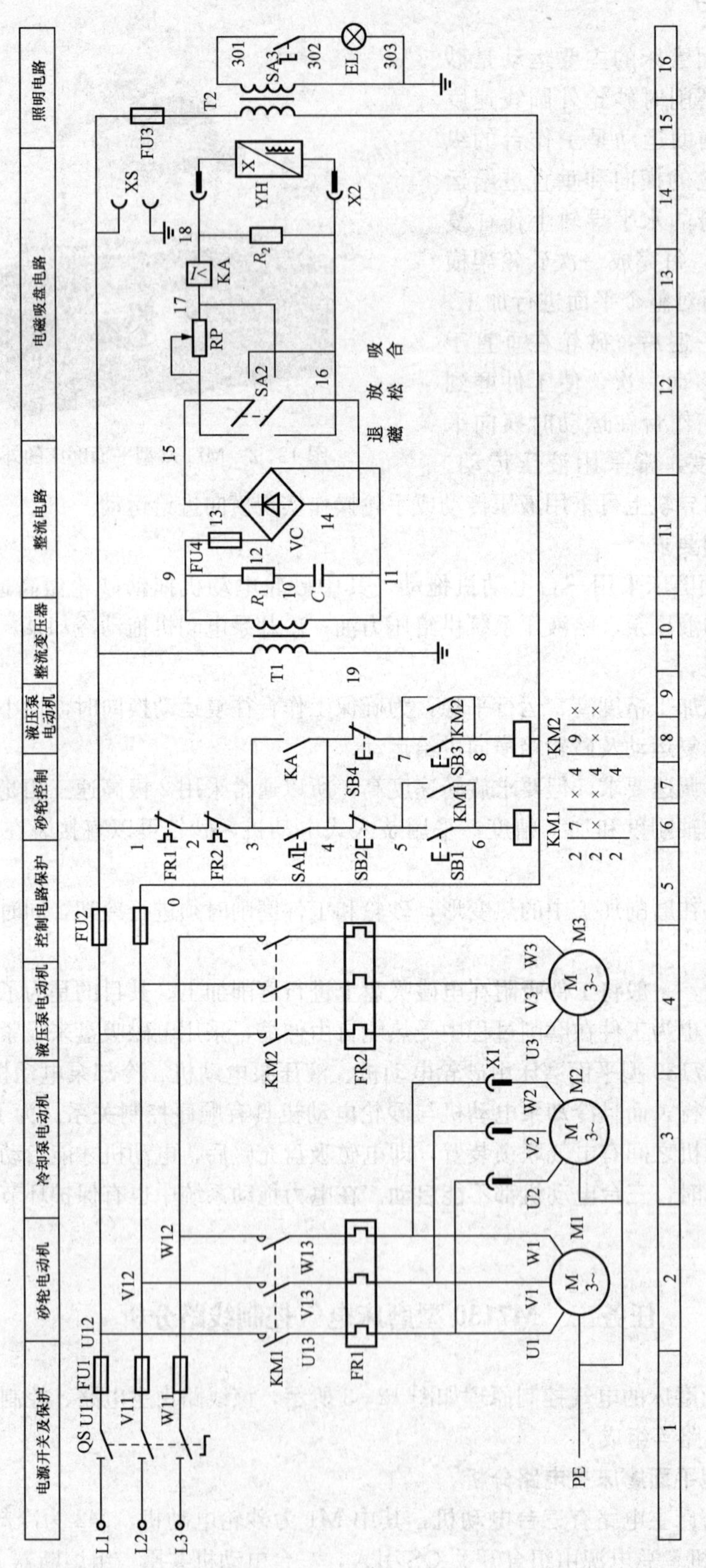

图 12-3 M7130 型平面磨床的电气控制原理图

路保护。电动机 M1 由 KM1 控制，FR1 作过载保护。由于冷却液箱和床身是分开安装的，所以电动机 M2 通过接插器 X1 和砂轮电动机的电源线相连，并和砂轮电动机在主电路实现顺序控制，冷却泵电动机的容量较小，因此没有单独设置过载保护。电动机 M3 由接触器 KM2 控制，FR2 作过载保护。

二、M7130 型平面磨床控制电路分析

在 M7130 型平面磨床的控制电路中，KM1 线圈和 KM2 线圈分别串接了转换开关 SA1 和欠电流继电器 KA 的动合触头。因此，三台电动机的启动必须在开关 SA1 或 KA 的动合触头闭合的情况下进行。欠电流继电器 KA 的线圈串接在电磁吸盘 YH 的工作回路中，当电磁吸盘得电工作时，欠电流继电器 KA 线圈得电吸合，使 KA 的动合触头闭合，为控制电路的工作做准备。

当 SA1 或 KA 的动合触头闭合时，按下砂轮电动机的启动按钮 SB1（6 区），KM1 线圈（6 区）得电，KM1 辅助动合触头（7 区）闭合自锁，KM1 主触头（2 区）闭合，使砂轮电动机启动运行；按下液压泵电动机启动按钮 SB3（8 区），KM2 线圈（8 区）得电，KM2 辅助动合触头闭合自锁（9 区），KM2 主触头（4 区）闭合，使液压泵电动机启动运行。在砂轮电动机运行时，将接插器 X1 连接好，冷却泵电动机顺序启动运行。当按下 SB2（6 区）、SB4（8 区）分别使 KM1 和 KM2 线圈失电，相应电动机停止运行。

三、M7130 型平面磨床电磁吸盘电路分析

1. 电磁吸盘电路的结构及工作原理

电磁吸盘是固定加工工件的一种工具，它利用电磁吸盘线圈通电时产生磁场的特性吸牢铁磁材料工件。与机械夹紧装置相比，电磁吸盘具有夹紧迅速，操作快速简便，不损伤工件，一次能吸牢多个小工件，以及磨削中发热工件可自由伸缩、不会变形等优点。

电磁吸盘线圈采用直流供电，以避免交流供电时工件振动及铁芯发热。电磁吸盘电路包括整流电路、控制电路和保护电路三部分。

整流变压器 T1 将 220V 的交流电降为 130～145V，经桥式整流器 VC，输出 110V 直流电压。FU4 为控制电路提供短路保护。

SA2 是电磁吸盘 YH 的转换开关（又称退磁开关），可将它分别扳向“吸合”、“放松”、“退磁”三个位置。当 SA2 扳向“吸合”位置时（触头向右接通），110V 直流电就接入电磁吸盘 YH，工件被牢牢吸住。同时欠电流继电器 KA 线圈得电吸合，KA 动合触头闭合，使三台电动机可进行启动控制。当工件加工完后，将 SA2 扳到“放松”位置（触头处于中间位置），切断了电磁吸盘 YH 的直流电源。此时如果工件具有剩磁而不能取下，那么还需对吸盘及工件进行退磁。将 SA2 扳向“退磁”位置（触头向左接通），110V 直流电经电阻 RP 限流，YH 通过较小的反向电流进行退磁。退磁结束时，将 SA2 扳回到“放松”位置，然后再将工件取下。若有些工件不易退磁，可将附件退磁器的插头插入 XS，使工件在交变磁场的作用下进行退磁。

2. 电磁吸盘保护环节

电磁吸具有欠电流保护、过电压保护及短路保护等保护环节。

（1）欠电流保护。当电源电压过低时，吸盘吸力不足，会导致加工过程中工件飞离吸盘的事故，所以在电磁吸盘线圈电路中串入欠电流继电器 KA（13 区），只有当直流电压符合设计要求，吸盘具有足够的吸力时，KA 的动合触头（8 区）才会吸合，为启动电动机 M1、

M2 进行磨削加工做准备，否则不能启动磨床进行加工。当电源电压过低或断电时，串接在 KM1、KM2 线圈控制回路中的动合触头 KA（自锁触头）断开，切断 KM1、KM2 线圈电路，使砂轮电动机和液压泵电动机停止工作，从而防止了磨床磨削过程中出现断电或吸盘电流减小的事故。

（2）过电压保护。由于电磁吸盘线圈的匝数多，电感量大，通电工作时储有的磁场能很大，当电磁吸盘从“吸合”状态转变为“放松”状态的瞬间，线圈两端将产生很大的感应电动势，易使线圈或其他电器元件由于过电压而损坏，电阻 R_2 的作用是在电磁吸盘断电瞬间给线圈提供放电通路，吸收线圈断电时的磁场能量。

（3）短路保护。在整流变压器 T1 的二次侧装有熔断器 FU4 进行短路保护。

另外，在整流装置中，电阻 R_1 与电容器 C 串联之后再与整流变压器 T1 的二次侧并联，其作用是防止电磁吸盘回路交流侧的过电压。

四、M7130 型平面磨床照明电路分析

照明变压器 T2 将 380V 交流电降为 36V 的安全电压，给照明电路供电为机床提供局部照明，且一端必须可靠接地，将开关 SA3 合上时，照明灯 EL 亮，熔断器 FU3 对照明电路实现短路保护。

任务三　M7130 型平面磨床电气控制线路的安装与调试

一、施工准备

（1）制定工作计划。

（2）熟悉 M7130 型平面磨床的主要结构及运动形式，了解该磨床的各种工作状态及各操作手柄、按钮、开关及接插器的作用。

（3）参观学校或工厂的 M7130 型平面磨床，并熟悉基本操作。

（4）根据原理图（见图 12-3）绘制电器元件布置图、接线图。

（5）根据图 12-3，列出安装 M7130 型平面磨床电气控制线路所需要的工具、仪表、器材及元件清单。

1）工具：电工刀、验电笔、斜口钳、剥线钳、尖嘴钳、活动扳手、大小螺钉旋具等。

2）仪表：万用表、钳形电流表、兆欧表。

3）器材：控制板、走线槽各种规格软导线、紧固体、金属软管、编码套管等。

4）电器元件清单：见表 12-1。

表 12-1　M7130 型平面磨床电气控制线路电器元件明清单

序号	代号	名称	型号	规　格	数量
1	M1	砂轮电动机	W451—4	4.5kW、220V/380V、1440r/min	1
2	M2	冷却泵电动机	JCB—22	125W、220V/380V、2790r/min	1
3	M3	液压泵电动机	J042—4	2.8kW、220V/380V、1440r/min	1
4	QS	电源开关	HD1—25/3		1
5	SA1	转换开关	HZ1—10JP/3		1

续表

序号	代号	名称	型号	规　格	数量
6	SA2	转换开关	HZ1—10JP/3		1
7	SA3	转换开关	HZ1—10JP/1		1
8	FU1	熔断器	RL1—60/30	熔断器60A、熔体30A	3
9	FU2	熔断器	RL1—15	熔断器15A、熔体5A	2
10	FU3	熔断器	BLX—1	1A	1
11	FU4	熔断器	RL1—15	熔断器15A、熔体2A	1
12	KM1	交流接触器	CJ0—10	线圈电压380V	1
13	KM2	交流接触器	CJ0—10	线圈电压380V	1
14	FR1	热继电器	JR10—10	整定电流9.5A	1
15	FR2	热继电器	JR10—10	整定电流9.5A	1
16	T1	整流变压器	BK—400	400V·A、220V/145V	1
17	T2	照明变压器	BK—50	50V·A、380/36V	1
18	VC	硅整流器	GZH	1A、220V	1
19	YH	电磁吸盘		1.2A、110V	1
20	KA	欠电流继电器	JT3—11L	1.5A	1
21	SB1	按钮	LA2	绿色	1
22	SB2	按钮	LA2	红色	1
23	SB3	按钮	LA2	绿色	1
24	SB4	按钮	LA2	红色	1
25	R_1	电阻器	GF	6W、125Ω	1
26	RP	电位器	GF	50W、1000Ω	1
27	R_2	电阻器	GF	50W、500Ω	1
28	C	电容器		600V、5μF	1
29	EL	照明灯	JD3	36V、40W	1
30	X1	接插器	CY0-36		1
31	X2	接插器	CY0-36		1
32	XS	插座		250V、5A	1
33	附件	退磁器	TC1TH/H		1

二、现场施工

（1）根据表12-1，配齐所需电气设备和电器元件，备齐工具、仪表及材料。

（2）根据电动机容量、线路走向及要求、各元件的安装尺寸，正确选配导线规格、导线通道类型和数量、接线端子板型号及节数、控制板尺寸、编码套管、扎带管夹及紧固体等。

（3）根据电器布置图，在控制板上紧固电器元件，并在电器元件旁标注醒目且与电路图相一致的文字符号。

(4) 安装走线槽，按线槽布线工艺要求进行布线，并在各电器元件及接线端子板接点的线头上，套上与电路图一致的编码套管。

(5) 进行控制板外部布线，控制板上的元件与外部元件相连时，必须经过接线端子板，且要用多芯软导线。

(6) 根据图 12-3 及接线图检查电路接线是否正确，各接点连接是否牢固可靠。

(7) 检查电动机及所有电器元件不带电的金属外壳保护接地是否牢靠，接地电阻是否符合要求。

(8) 检查热继电器及欠电流继电器的整定值、熔断器的熔体是否符合要求。

(9) 用兆欧表检测电动机及控制线路的绝缘电阻。

(10) 清理控制板及场地，做通电前的最后检测。

(11) 通电试车。通电试车时，首先接通电源总开关 QS，然后把退磁开关 SA2 扳至"退磁"位置，点动检查各电动机的运转情况。若正常，再把退磁开关扳至"吸合"位置，按下相应的按钮或操作开关，检查各电器元件和电动机的工作情况是否正常，若有异常，应立即切断电源进行检查，待排除异常后再通电试车。

三、注意事项

(1) 严禁用金属软管作为接地通道。

(2) 进行控制板外的布线时，导线中间不能有接头。

(3) 整流二极管（或整流桥堆）上要装散热器，且要注意极性不能接错，否则会引起短路，烧坏二极管和整流变压器。

(4) 通电试车时，必须有指导教师在现场监护，严格遵守安全操作规程和做到文明生产。

四、评分标准（见表 12-2）

表 12-2　施工标准表

项目内容	配分	评分标准		得分
装前检查	10	(1) 电动机质量检查	每漏一处扣 5 分	
		(2) 电器元件漏查或错检	每处扣 2 分	
器材选用	10	(1) 导线选用不符合要求	每处扣 3 分	
		(2) 穿线管选用不符合要求	扣 2 分	
		(3) 编码套管等附件选用不符合要求	扣 1 分	
元件安装	20	(1) 控制板内部电器元件安装不符合要求	每处扣 2 分	
		(2) 控制板外部电器元件安装不牢固	每处扣 2 分	
		(3) 损坏电器元件	每个扣 5 分	
		(4) 电动机安装不符合要求	每台扣 5 分	
		(5) 导线通道敷设不符合要求	每处扣 3 分	
布线	30	(1) 不按控制电路图接线	每处扣 5 分	
		(2) 控制板上导线敷设不符合要求	每根扣 2 分	
		(3) 控制板外部导线敷设不符合要求	每根扣 2 分	
		(4) 漏接接地线	扣 10 分	

续表

项目内容	配分	评分标准		得分
通电试车	30	(1) 热继电器未整定或整定错误 (2) 熔体规格选用不当 (3) 通电试车操作不熟练 (4) 通电试车不成功 (5) 通电时，电动机工作不正常	每个扣5分 每个扣5分 扣5～10分 扣20分 每台扣10分	
安全、文明生产	违反安全文明生产规程，该项从总分中扣分		扣5～30分	
定额时间	10h，每超过10min		扣5分	
备　注	除定额时间外，各项内容的最高扣分不得超过配分分数		成　绩	
开始时间		结束时间		实际时间

任务四　M7130型平面磨床电气控制线路的维护、保养与检修

一、机床电气设备的维护和保养

1. 机床电气设备的日常维护和保养

机床电气设备在运行过程中出现的故障，有些可能是由于操作使用不当、安装不合理或维修不正确等人为因素造成的，称为人为故障。而有些故障则可能是由于电气设备在运行时过载、机械振动、电弧的烧损、长期动作的自然磨损、周围环境温度和湿度的影响、金属屑和油污等有害介质的侵蚀以及电器元件自身的质量问题或使用寿命等原因而产生的，称为自然故障。显然，如果加强对电气设备的日常检查、维护和保养，及时发现一些非正常因素，并给予及时的修复或更换处理，就可以将故障消灭在萌芽状态，防患于未然，使电气设备少出甚至不出故障，以保证生产机械的正常运行。

电气设备的日常维护和保养包括电动机和控制设备这两个方面。

(1) 电动机的日常维护保养。

1) 电动机应保持表面清洁，进、出风口必须保持畅通无阻，不允许水滴、油污或金属屑等任何异物掉入电动机的内部。

2) 经常检查运行中的电动机负载电流是否正常，用钳形电流表查看三相电流是否平衡，三相电流中的任何一相与其三相平均值相差不允许超过10%。

3) 对工作在正常环境条件下的电动机，应定期用兆欧表检查其绝缘电阻；对工作在潮湿、多尘及含有腐蚀性气体等环境条件的电动机，更应该经常检查其绝缘电阻。三相380V的电动机及各种低压电动机，其绝缘电阻至少为0.5MΩ方可使用。高压电动机定子绕组绝缘电阻为1MΩ/kV，转子绝缘电阻至少为0.5MΩ，方可使用。若发现电动机的绝缘电阻达不到规定要求时，应采取相应措施处理后，使其符合规定要求，方可继续使用。

4) 经常检查电动机的接地装置，使之保持牢固可靠。

5) 经常检查电源电压是否与铭牌相符，三相电源电压是否对称。

6) 经常检查电动机的温升是否正常。交流三相异步电动机各部位温度的最高允许温度

参见表 12-3。

表 12-3 三相异步电动机的最高允许温度（用温度计测量法，环境温度 40℃）

绝缘等级		A	E	B	F	H
最高允许温度（℃）	定子绕组和绕线式转子绕组	95	105	110	125	145
	定子铁芯	100	115	120	140	165
	集电环	100	110	120	130	140

7）经常检查电动机的振动、声音是否正常，有无异常气味、冒烟、启动困难等现象，一旦发现，应立即停车检修。

8）经常检查电动机轴承是否有过热、润滑脂不足或磨损等现象，轴承的振动和轴向位移不得超过规定值。轴承应定期清洗检查，定期补充或更换轴承润滑脂（一般一年左右）。电动机的常用润滑脂特性参见表 12-4。

表 12-4 电动机常用润滑脂特性

名称	钙基润滑脂	钠基润滑脂	钙钠基润滑脂	铝基润滑脂
最高工作温度（℃）	70～85	120～140	115～125	200
最低工作温度（℃）	≥-10	≥-10	≥-10	—
外观	黄色软膏	暗褐色软膏	淡黄色、深棕色软膏	褐黄色软膏
适用电动机	封闭式、低速轻载电动机	开启式、高速重载电动机	开启式及封闭式高速重载电动机	开启式及封闭式高速电动机

9）对绕线转子三相异步电动机，应检查电刷与集电环之间的接触压力、磨损及火花等情况。当发现有不正常的火花时，需进一步检查电刷或清理集电环表面，并校正电刷弹簧压力。一般电刷与集电环接触面的面积不应小于全面积的 75%；电刷压强应为 15000～25000Pa；刷握和集电环间应有 2～4mm 间距；电刷与刷握内壁应保持 0.1～0.2mm 游隙；磨损严重者需更换。

10）直流电动机应检查换向器表面是否光滑圆整，有无机械损伤或火花灼伤。若沾有碳粉、油污等杂物，要用干净柔软的白布蘸酒精擦去。换向器在负载下长期运行，其表面会产生一层均匀的深褐色氧化膜，这层薄膜具有保护换向器的功效，切忌用砂布磨去。但当换向器表面出现明显的灼痕或因火花烧损出现凹凸不平的现象时，则需要对其表面用零号砂布进行细心的研磨或用车床重新车光，而后再将换向器片间的云母下刻 1～1.5mm 深，并将表面的毛刺、杂物清理干净后，方能重新装配使用。

11）检查机械传动装置是否正常，联轴器、带轮或传动齿轮是否跳动。

12）检查电动机的引出线绝缘是否良好、连接是否可靠。

（2）控制设备的日常维护和保养。

1）电气柜（配电箱）的门、盖、锁及门框周边的耐油密封垫均应良好。门、盖应关闭严密，柜内应保持清洁，不得有水滴、油污和金属屑等进入电气柜内，以免损坏电器元件造成事故。

2）操纵台上的所有操纵按钮、主令开关的手柄、信号灯及仪表护罩都应保持清洁完好。

3）检查接触器、继电器等电器的触头系统吸合是否良好，有无噪声、卡阻或迟滞现象，触头接触面有无烧蚀、毛刺或穴坑；电磁线圈是否过热；各种弹簧弹力是否适当；灭弧装置是否完好无损等。

4）试验门开关能否起保护作用。

5）检查各电器的操作机构是否灵活可靠，有关整定值是否符合要求。

6）检查各线路接头与端子板的接头是否牢靠，各部件之间的连接导线，电缆或保护导线的软管，不得被冷却液、油污等腐蚀，管接头处不得产生脱落或散头等现象。

7）检查电气柜（配电箱）及导线通道的散热情况是否良好。

8）检查各类指示信号装置和照明装置是否完好。

9）检查电气设备和生产机械上所有裸露导体器件是否接到保护接地专用端子上，是否达到了保护电路的要求。

2. 电气设备的维护保养周期

对设置在电气柜内的电器元件，一般不需要经常进行开门检查，主要是靠定期的维护保养，来实现电气设备较长时间的安全稳定运行。维护保养周期应根据电气设备的构造、使用情况及环境条件等来确定。一般可采用配合生产机械的一、二级保养同时进行其电气设备的维护保养工作。

（1）配合生产机械一级保养进行电气设备的维护保养工作。金属切削机床的一级保养一般在一季度左右进行一次。机床作业时间常在6～12h。这时可对机床电气柜内的电器元件进行如下维护保养：

1）清扫电气柜内的积灰异物。

2）修复或更换即将损坏的电器元件。

3）整理内部接线，使之整齐美观。特别是在平时应急修理处，应尽量复原成正规状态。

4）紧固熔断器的可动部分，使之接触良好。

5）紧固接线端子和电器元件上的压线螺钉，使所有压接线头牢固可靠，以减小接触电阻。

6）对电动机进行小修和中修检查。

7）通电试车，使电器元件的动作程序正确可靠。

（2）配合生产机械二级保养进行电气设备的维护保养工作。金属切削机床的二级保养一般在一年左右进行一次，机床作业时间常在3～6天。此时可对机床电气柜内的电器元件进行如下维护保养：

1）机床一级保养时对机床电器所进行的各项维护保养工作，在二级保养时仍需照例进行。

2）着重检查动作频繁且电流较大的接触器、继电器触头。为了承受频繁切合电路所受的机械冲击和电流的烧损，多数接触器和继电器的触头均采用银或银合金制成，其表面会自然形成一层氧化银或硫化银，它并不影响导电性能，这是因为在电弧的作用下它还能还原成银，因此不要随意清除掉。即使这类触头表面出现烧毛或凹凸不平的现象，仍不会影响触头的良好接触，不必修整锉平（但铜质触头表面烧毛后则应及时修平），但触头严重磨损至原厚度的1/2及以下时应更换新触头。

3）检修有明显噪声的接触器和继电器，找出原因并修复后方可继续使用，否则应进行更换。

4）校验热继电器，看其是否能正常动作。校验结果应符合热继电器的动作特性。

5）校验时间继电器，看其延时时间是否符合要求。如误差超过允许值，应调整或修理，使之重新达到要求。

二、M7130型平面磨床常见电气故障现象、可能原因及处理方法

生产机械在使用过程中，可能会出现各种故障，我们一般把其故障分为机械故障和电气故障两类，现将M7130型平面磨床常见电气故障现象、可能原因及处理方法归纳总结如表12-5所示。

表12-5　M7130型平面磨床常见电气故障现象、可能原因及处理方法

故障现象	可能原因	处理方法
三台电动机都不能启动	欠电流继电器KA的动合触头（8区）接触不良，接线松脱或有污垢	修理或更换欠电流继电器KA的触头，紧固接线，清除污垢
	转换开关SA1的触头（6区）接触不良，接线松脱或有油垢	修理或更换转换开关SA1的触头，坚固接线，清除污垢
	热继电器FR1和FR2的动断触头（6区）接触不良、接线松脱或有油垢	修理或更换热继电器FR1和FR2的触头，紧固接线，清除油污垢等
砂轮电动机的热继电器FR1脱扣	砂轮电动机为装入式电动机，它的轴承是铜瓦，易磨损。磨损后易发生堵转现象，使电流增大，导致热继电器脱扣	修理或更换铜瓦
	砂轮进刀量太大，电动机超载运行，造成电动机堵转，使电流急剧上升，热继电器脱扣	应选择合适的进刀量，防止电动机超载运行
	更换后的热继电器规格选得过小或整定电流不合适，使电动机还没达到额定负载时，热继电器就已脱扣	热继电器必须按所保护电动机的额定电流进行选择和调整
冷却泵电动机烧坏	切削物进入电动机内部，造成匝间或绕组间短路，使电流增大	清除电动机内部的杂物
	冷却泵电动机经多次修理后，使电动机端盖轴间间隙增大，造成转子与定子不同心，工作时电流增大，使电动机长时间处于过载运行状态	重新安装电动机或调整电动机端盖轴间间隙，使转子与定子同心
	冷却泵被杂物塞住引起电动机堵转，使电流急剧上升。由于该磨床的砂轮电动机与冷却泵电动机共用一个热继电器FR1，而且两者容量相差较大，当发生上述故障时，电流增大不足以使热继电器FR1脱扣，从而造成冷却泵电动机堵转而烧坏	清除冷却泵电动机里的杂物，给冷却泵电动机加装散热器

续表

故障现象	可 能 原 因	处 理 方 法
电磁吸盘无吸力	三相电源电压不正常	将三相电源调至正常值
	熔断器FU4熔断，常见的FU4熔体熔断是由于整流器VC短路，使整流变压器T1二次绕组流过很大的短路电流造成的，进而造成电磁吸盘电路断开，使吸盘无力	查找整流器短路的原因，并予以处理，更换FU4的熔体
	整流器输出空载电压正常，而接上吸盘后，输出电压下降不大，欠电流继电器KA不动作，吸盘无吸力	依次检查电磁吸盘YH的线圈、接插器X2、欠电流继电器KA的线圈有无断路或接触不良的现象，找出故障点后进行修理或更换
电磁吸盘吸力不足	若整流器空载输出电压正常、带负载时电压远低于110V，则表明电磁吸盘线圈已短路，短路点多发生在线圈各绕组间的引线接头处。这是由于吸盘密封不好，冷却液流入引起绝缘损坏，造成线圈短路。若短路严重，过大的电流会将整流器件和整流变压器烧坏	更换电磁吸盘线圈，处理好线圈绝缘，确保安装密封完好。电磁吸盘损坏或整流器输出电压不正常（该磨床电磁吸盘的电源电压由整流器VC供给。空载时，整流器输出电压为130～145V，接上负载时不应低于110V）
电磁吸盘电源电压不正常	整流二极管烧坏或短路	应检查整流器VC的交流侧电压及直流侧电压（断开负载），若交流侧电压正常，直流侧输出电压不正常，则表明整流器发生短路或断路故障，应对损坏的器件进行更换
	某一桥臂上的整流二极管发生断路，将使整流输出电压降低到额定电压的一半，若两个相邻的二极管断路，将导致输出电压为零	检查整流二极管，损坏则更换
	整流器损坏，导致电器元件过热或过电压。由于整流二极管的热容量很小，在整流器过载时，器件温度急剧上升，烧坏二极管	更换损坏的整流器件
	若放电电阻R_2损坏或接线断路，因电磁吸盘线圈的电感量很大，在断开瞬间产生过高的感应电压将整流器件击穿	可用万用表测量整流器的输出及输入电压，判断出故障部位，查出故障元件，更换或修理故障元件
电磁吸盘退磁不好，使工件取下困难	转换开关SA2（12区）接触不良，使退磁电路断路，根本不能退磁	修复转换开关，使之接触良好
	退磁电阻RP损坏，使退磁电路断路，不能退磁	更换损坏的退磁电阻RP
	退磁电压太高，退磁后又进行了反向充磁	调整电阻RP的阻值，降低退磁电压
	退磁时间过长或过短，不同材质的工件所需的退磁时间不同	把握好退磁时间，避免退磁不彻底或反向充磁

三、机床电气控制线路故障检修的一般步骤

故障检修一般按照图 12-4 所示的步骤进行。

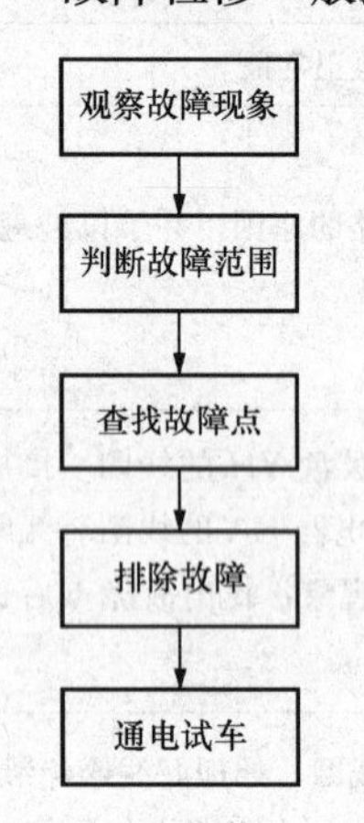

图 12-4　线路检修步骤

1. 观察故障现象

当机床发生故障后，切忌盲目随便动手检修，在检修前，通过问、看、听、摸、闻来了解故障前后的操作情况和故障发生后出现的异常现象，以便根据故障现象判断出故障发生的部位，进而准确地排除故障。

(1) 问。通过询问操作者故障前后机床的运行状况，如机床是否有异常的响声、冒烟、火花等。故障发生前有无切削力过大和频繁地启动、停止、制动等情况；有无经过保养检修或更改线路等。

(2) 看。观察故障发生后是否有明显的外观征兆，如有指示装置的熔断器的情况；保护电器脱扣动作；接线脱落；触头烧蚀或熔焊；线圈过热烧毁等。

(3) 听。在线路还能运行和不扩大故障范围、不损坏机床设备的前提下通电试车：听电动机、接触器和继电器等电气设备和电器元件的声音是否正常。

(4) 闻。走近有故障的机床旁，有时能闻到电动机、变压器等过热直至烧毁所发出的异味、焦味。

(5) 摸。在刚切断电源后，尽快触摸检查电动机、变压器、电磁线圈及熔断器等，看是否有过热现象。

2. 判断故障范围

检修简单的电气控制线路时，若每个电器元件、每根连接导线逐一检查，也是能够找到故障点的。但遇到复杂线路时，仍采用逐一检查的方法，不仅需耗费大量的时间，而且也容易漏查。在这种情况下，根据电器的工作原理和故障现象，采用逻辑分析确定故障可能发生的范围，提高检修的针对性，可达到既准又快的效果。

当故障的可能范围较大时，可在故障范围内的中间环节寻找突破口，进一步判断故障究竟在哪一部分，从而通过逻辑推理，合理地缩小故障可能发生的范围。例如：砂轮电动机 M1 不能正常运转用图来说明运用逻辑分析法判断故障范围，如图 12-5 所示。

运用逻辑分析法判断故障范围，可避免盲目性，缩短检修时间。接着选用适当的检修方法，根据实际走线路径，依次在故障范围内逐点找出故障点，并排除故障。

3. 查找故障点

在确定了故障范围后，通过选择合适的检修方法查找故障点。常有的检修方法有：直观法、电压测量法、电阻测量法、短接法、试灯法、波形测试法等。查找故障必须在确定的故障范围内，顺着检修思路逐点检查，直到找出故障点。

在实际检修中，机床电气故障是多样的，就是同一种故障现象，发生的故障部位也不一定会相同。因此，采用以上故障检修步骤和方法时，不要生搬硬套，而应按不同的故障情况灵活应用，力求快速、准确地找出故障点，查明故障原因，及时正确地排除故障。

4. 排除故障

找到故障点后，就要进行故障排除，如更换元件设备、紧固线头修补等。对更换的新元件要注意尽量使用相同规格、型号，并进行性能检测，确认性能完好后方可替换。特别是熔

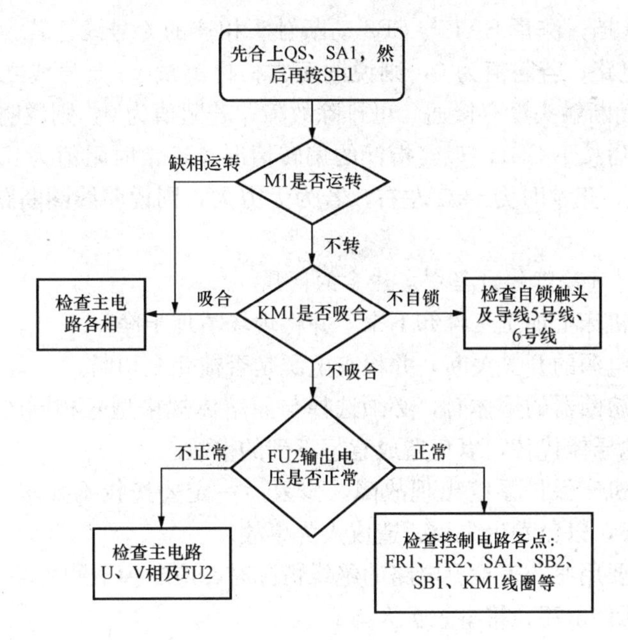

图 12-5 砂轮电动机不能运转检修流程图

断器熔体要更换相同型号规格的，不得随意加大规格。在故障排除中还要注意周围的元件、导线等，不可再扩大故障。

5. 通电试车

故障排除后，先进行检测，待一切正常后，再通电试车检查机床的各项操作，必须符合技术要求。

上述的五个步骤中，重点是判断故障范围和查找故障点这两个步骤。

四、排除故障实例

1. 检修 M7130 型平面磨床的电气线路故障

（1）故障设置位置。连接 SB2 动断触头的 5 号线断开。

（2）故障现象。砂轮电动机不能启动，液压泵电动机可以启动。

（3）操作准备。M7130 型平面磨床（或模拟控制柜）1 台，配套电路图 1 套，故障排除所用材料 1 套，电工通用工具 1 套，万用表 1 块，兆欧表 1 台，钳形电流表 1 块。

（4）检修流程。

1）M7130 型平面磨床的故障现象为：液压泵可以启动，砂轮电动机不工作，故障范围大致判断应在 2、6、7 图区的电路中。

2）通过试验观察法对故障进一步分析，缩小故障范围。

在不扩大故障范围、不损伤电器和设备的前提下，直接进行通电试验：接通电源开关 QS，闭合开关 SA1，然后按下启动按钮 SB3，液压电动机正常启动。按下启动按钮 SB1，观察交流接触器 KM 是否吸合，若接触器 KM1 能吸合，刚说明 6、7 图区电路工作正常；若不能吸合，则说明 6、7 图区有故障。此时，应重点检查 SB2、SB1、KM1 自锁触头及线圈。

3）故障检测。用电阻测量法查找故障点：断开电源开关 QS，验明无电后，再将万用表调至 R×1 或 R×10 挡，测量 SA1 与 SB2 动断触头相连的 4 号线，若为无穷大，说明 4 号线开路，应连接好电路；若阻值为 0，则说明正常；再测量 4、5 号线之间的阻值，若为无穷大，则说明 SB2 动断触头没有接通，可排除故障；若阻值为 0，则说明正常；再把表笔接在 4、6 号线上，然后按下 SB1，观察指针的偏转情况，正常时阻值为 0 或很小；最后再测量 KM1 线圈的阻值，正常时为 1kΩ 左右，若为无穷大，则说明线圈断路，若为 0，则说明线圈短路。

2. 在检修机床电气故障的过程中应注意的问题

1）检修前应将机床上加工工件卸下来，并将现场清理干净。

2）将机床控制电源的开关关断，并检查电源是否被完全切断。

3）当需要更换熔断器的熔体时，必须选择与原熔体规格型号相同的熔体，不得随意扩大，更不可以用其他导体代替，以免造成意想不到的事故。

4）检修中如果机床保护系统出现故障，修复后一定要按技术要求、重新整定保护值，并要进行可靠性试验，以免发生失控，造成人为事故。

5）检修时，如要用兆欧表检测电路的绝缘情况时，应断掉被测支路与其他支路的联系，以免将其他支路的元件击穿，将事故扩大。

6）在拆卸元件及端子连线时一定要事先做好记号，避免在安装时发生错误。被拆下的线头要做好绝缘措施后包扎，以免造成人为的事故。

7）当机床线路检修完毕后，在通电试车之前，应再次清理现场，检查元件、工具有无遗忘在机床机体内，并用万用表 R×10 挡检测有无电源短路现象。

8）为防止出现新的故障，必须在操作者的配合下进行通电试车。

9）试车时应做好防护工作，并注意人身及设备安全。若需要带电调整时，应先检查防护器具是否完好。操作时需要遵照安全规程进行，操作者不得随便触及机床或电气设备的带电部分和运动部分。

3. 维修经验

1）通电检查时，最好将电磁吸盘拆除，用 110V、100W 的白炽灯作负载。一是便于观察整流电路的直流输出情况，二是因为整流二极管为电流器件，通电检查必须要接入负载。

2）通电检查时，必须熟悉电气原理图，弄清机床线路走向及元件部位。检查时要核对好导线线号，而且要注意做好防护安全和监护措施。

3）用万用表测电磁吸盘线圈电阻值时，要先调好零，选用低量程挡，因吸盘的直流电阻很小。

4）用万用表测直流电压时，要注意选用的量程和挡位，还要注意检测点的极性。选用量程可根据说明书所注电磁吸盘的工作电压和电气原理图中标注进行选择。

5）用万用表检测整流二极管，应断电进行。测试时，应拔掉熔断器 FU4，并将电磁吸盘与线路断开。

6）检修整流电路时，不可将二极管的极性接错，若接错一只二极管，将会发生整流器和电源变压器的短路事故。

五、故障检修评分

由教师或小组成员设置 2～4 个故障，再由学生检修，根据检修人员检修的实际情况，参照检修评分表（见表 12-6），进行故障检修评分。

表 12 - 6　　**M7130 型平面磨床故障检修评分表**

项目内容	技 术 要 求	配分	评 分 标 准		扣分
设备调试	调试步骤正确	10	调试步骤不正确	每步扣 2 分	
	调试全面	10	调试内容不全面	每项扣 3 分	
	明确故障现象	10	不能明确故障现象	每个故障点扣 3 分	
故障分析	在电气控制线路图上分析故障范围及产生故障的相关原因	25	错标或标不出故障范围	每个故障点扣 5 分	
			不能标出最小的故障范围	每个故障点扣 5 分	
故障排除	正确使用工具和仪表，找出故障点并排除故障	35	排除故障的思路不正确	每个故障点扣 3 分	
			故障点不能全部查出	每个扣 5 分	
			故障点不能全部排出	每个扣 5 分	
			排除故障的方法不正确	每个扣 2 分	
其他	排除故障时不能出现失误而扩大故障范围、损坏元器件，且在规定时间内完成任务	从总分中扣除	排除故障时产生新的故障但能排除	每个扣 5 分	
			产生新的故障且不能排除	每个扣 10 分	
			产生新的故障且损坏元器件	扣 20 分	
			不按时完成任务	每超过 1min 扣 1 分	
安全、文明生产	操作规范，符合安全、文明生产要求	10	操作不规范	扣 5 分	
			不符合安全、文明生产要求	扣 5～10 分	
备注	除其他项外，各项内容的最高扣分不得超过配分数			成绩	
开始时间		结束时间			

任务五　验收、展示、总结与评价

一、验收

根据 M7130 型平面磨床电气控制线路的安装与检修及理论学习情况，对各组学习情况分步进行验收。通过学习验收，对该项目的学习进行总结与评价，为今后的学习积累经验。

二、学习效果评价

通过对 M7130 型平面磨床的学习，各组根据学习情况，集体完成该任务的学习小结，并每组派出代表上台，以各种形式进行展示，汇报学习成果。各组在汇报展示时重点讲解在学习和施工过程中存在的困难和解决的方案，对作品的介绍及演示等方面，全班互动，增强学习效果。对各组学习效果进行评价，填入表 12 - 7 中。

表 12 - 7　　**学 习 效 果 评 价 表**

序号	项目	自我评价			小组评价			教师评价		
		10～8	7～6	5～1	10～8	7～6	5～1	10～8	7～6	5～1
1	理论学习									

续表

序号	项目	自我评价			小组评价			教师评价		
		10～8	7～6	5～1	10～8	7～6	5～1	10～8	7～6	5～1
2	电路安装效果									
3	故障检修情况									
4	自学能力									
5	学习互动									
6	时间观念									
7	质量成本意识									
8	安全文明生产									
9	创新能力									
10	汇报、展示									
总　评										
备　注										

三、教师点评与答疑

教师根据该项目的学习过程，及各组展示所提出的疑点，组织学生一起讨论解决。然后，对该项目的学习进行点评讲解，评定优良，提出今后学习过程中要注意的有关事项。

思考与练习

1. M7130 型平面磨床电气控制线路中，欠电流继电器 KA 和电阻器 R_2 的作用分别是什么？

2. M7130 型平面磨床采用电磁吸盘吸紧工件进行加工有什么优点？电磁吸盘为什么要用直流电而不是交流电？

3. M7130 型平面磨床电磁吸力不足可能会造成哪些后果？是如何防止这种现象发生的？

4. M7130 型平面磨床电磁吸盘退磁不好的原因有哪些？

5. 根据图 12-3，分析砂轮电动机不能启动的原因。

6. 电动机的日常维护保养有哪些内容？

项目十三　Z3050 型摇臂钻床电气控制线路

知识目标

（1）掌握 Z3050 型摇臂钻床的主要结构、运动形式及电力拖动要求；
（2）掌握 Z3050 型摇臂钻床电气控制原理图的分析；
（3）掌握 Z3050 型摇臂钻床的用途与电气控制线路的特点。

技能目标

（1）会操作 Z3050 型摇臂钻床；
（2）会正确安装 Z3050 型摇臂钻床电气控制线路；
（3）会调试与检修 Z3050 型摇臂钻床电气控制线路；
（4）加强对机床控制线路的安装、调试与检修技能。

素养目标

通过该项目的实施，增强对机床电气控制系统的认识和了解，熟悉常用机床的基本操作，培养认真观察、思考、分析和解决问题的能力，树立认真、细致的学习态度，增强自主探究和团结合作的良好意识。

任务一　Z3050 型摇臂钻床的主要结构、型号含义及控制要求

钻床是一种孔加工设备，可以进行钻孔、扩孔、铰孔、攻丝及修刮端面等多种形式的加工。按用途和结构分类，钻床可以分为立式钻床、台式钻床、多孔钻床、摇臂钻床及其他专用钻床等。在各类钻床中，摇臂钻床操作方便、灵活，适用范围广，具有典型性，特别适用于单件或批量生产带有多孔大型零件的孔加工，是一种主轴箱可在摇臂上前、后移动，并随摇臂绕内立柱 360°旋转的钻床。摇臂还可沿外立柱上、下升降，以适应加工不同高度的工件。较小的工件可安装在工作台上，较大的工件可直接放在机床底座或地面上。摇臂钻床广泛应用于单件和中小批量生产中，加工体积和重量较大的工件的孔。摇臂钻床的主要类型有滑座式和万向式两种。滑座式摇臂钻床是将基型摇臂钻床的底座改成滑座而成，滑座可沿床身导轨移动，以扩大加工范围，适用于锅炉、桥梁、机车车辆和造船等行业。万向摇臂钻床的摇臂除可作垂直和回转运动外，并可作水平移动，主轴箱可在摇臂上作倾斜调整，以适应工件各部位的加工。此外，还有车式、壁式和数字控制摇臂钻床等。下面以常用的 Z3050 型摇臂钻床为例进行分析。

一、Z3050 型摇臂钻床主要结构和运动形式分析

Z3050 型摇臂钻床的外形及结构如图 13-1 所示，其型号含义如图 13-2 所示。

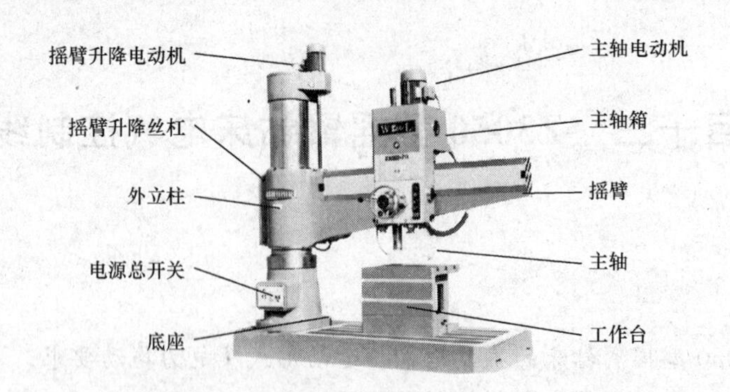

图 13-1 Z3050 型摇臂钻床的外形图

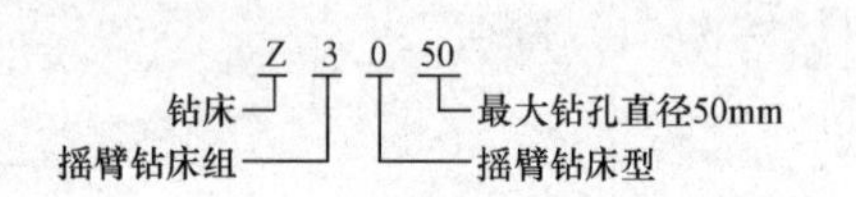

图 13-2 Z3050 型摇臂钻床的型号含义

Z3050 型摇臂钻床主要有底座、内外立柱、摇臂、主轴箱、工作台等部分组成。内立柱固定在底座上，它外面套着空心的外立柱，外立柱可绕不动的内立柱进行 360°旋转，摇臂一端的套筒部分与外立柱滑动配合，摇臂可沿外立柱上下移动，但不能绕外立柱转动，只能与外立柱一起相对内立柱旋转。

主轴箱安装在摇臂的水平导轨上，可由手轮操纵沿摇臂做前后移动。当需要钻削加工时，先将主轴箱固定在摇臂导轨上，摇臂固定在外立柱上，外立柱紧固在内立柱上。工件不大时可夹紧在工作台上进行加工，较大的工件需安装在夹具上加工，通过调整摇臂高度、回转及主轴箱位置，完成钻头的调准工作，转动手轮操控钻头进行钻削。

摇臂钻床的主要运动形式是主轴带动钻头的旋转运动；进给运动时钻头的上下运动；辅助运动时主轴箱沿摇臂水平移动；摇臂沿外立柱上下移动以及摇臂连同外立柱一起相对于内立柱的回转运动。

二、摇臂钻床电气拖动特点及控制要求

1）摇臂钻床运动部件较多，为了简化传动装置，采用多台电动机拖动。Z3050 型摇臂钻床采用 4 台电动机拖动，分别是主轴电动机、摇臂升降电动机、液压泵电动机和冷却泵电动机，这些电动机都采用直接启动方式。

2）为了适应多种形式的加工要求，摇臂钻床主轴的旋转及进给运动有较大的调速范围，一般情况下多由机械变速机构实现。主轴变速机构与进给变速机构均装在主轴箱内。

3）摇臂钻床的主运动和进给运动均为主轴的运动，为此这两项运动由一台主轴电动机拖动，分别经主轴传动机构、进给传动机构实现主轴的旋转和进给运动。

4）在加工螺纹时，要求主轴能正反转。摇臂钻床主轴正反转一般采用机械方法实现。因此主轴电动机仅需要单向旋转。

5）摇臂升降电动机要求能正反向运行。

6）内外主轴的夹紧与放松、主轴与摇臂的夹紧与放松可用机械操作、电气—机械装置，电气—液压或电气—液压—机械等控制方法实现。若采用液压装置，则需备有液压泵电动机，拖动液压泵提供压力油。液压泵电动机要求能正反向运行，并根据要求采用点动控制。Z3050 型摇臂钻床主轴与摇臂的夹紧与放松就是采用液压装置实现的。

7）摇臂的移动严格按照摇臂松开→移动→摇臂夹紧的程序进行。因此摇臂的夹紧与摇臂升降按自动控制进行。

8）冷却泵电动机带动冷却泵提供冷却液，只要求单向旋转。

9）具有联锁与保护环节以及安全照明、信号指示电路。

任务二　Z3050 型摇臂钻床电气控制线路分析

一、Z3050 型摇臂钻床电气控制线路原理图

Z3050 型摇臂钻床电气控制线路原理如图 13 - 3 所示，它由主电路、控制电路、照明与指示电路组成。主电路采用 380V 三相交流电源供电，控制电路用 110V 交流电源，机床局部照明电路用 24V 安全电压供电，信号指示电路用 6V 供电。

二、Z3050 型摇臂钻床主电路分析

Z3050 型摇臂钻床共有 4 台电动机，除冷却泵电动机采用断路器 QF2 直接启动外，其余三台电动机均采用接触器直接启动，其控制和保护电器见表 13 - 1。

表 13 - 1　主电路中的控制和保护电器

电动机名称及代号	控制元件	过载保护电器	短路保护电器
主轴电动机 M1	由接触器 KM1 控制单向运转	热继电器 FR1	低压断路器 QF1
摇臂升降电动机 M2	由接触器 KM2、KM3 控制正反转	短时工作（点动控制），不设过载保护	低压断路器 QF3
液压泵电动机 M3	由接触器 KM4、KM5 控制正反转	热继电器 FR2	低压断路器 QF3
冷却泵电动机 M4	由断路器 QF2 控制	低压断路器 QF2	低压断路器 QF2

Z3050 型摇臂钻床的 4 台电动机均为三相笼型异步电动机，功率分别是冷却泵电动机 0.09kW、液压泵电动机 0.75kW、主轴电动机 15kW、摇臂升降电动机 4kW。

1. 主轴电动机 M1

主轴电动机 M1 由接触器 KM1 控制，只要求单方向旋转，主轴的正反转由机械手柄操作，通过机械方式实现。M1 装于主轴箱顶部，拖动主轴及进给传动系统运转。热继电器 FR1 作为电动机 M1 的过载及断相保护，短路保护由低压断路器 QF1 中的电磁脱扣器装置来完成。

2. 摇臂升降电动机 M2

摇臂升降电动机 M2 由接触器 KM2 和 KM3 控制其正反转。由于电动机 M2 是间断性工作（点动控制），所以不设过载保护。

3. 液压泵电动机 M3

液压泵电动机 M3 用接触器 KM4 和 KM5 控制其正反转。由热继电器 FR2 作为过载及断相保护。该电动机的主要作用是拖动油泵供给液压装置压力油，以实现摇臂、立柱以及主轴箱的松开和夹紧。

4. 冷却泵电动机 M4

冷却泵电动机 M4 由断路器 QF2 直接控制，并实现短路、过载及断相保护。摇臂升降电动机 M2 和液压泵电动机 M3 共用断路器 QF3 中电磁脱扣器作为短路保护。

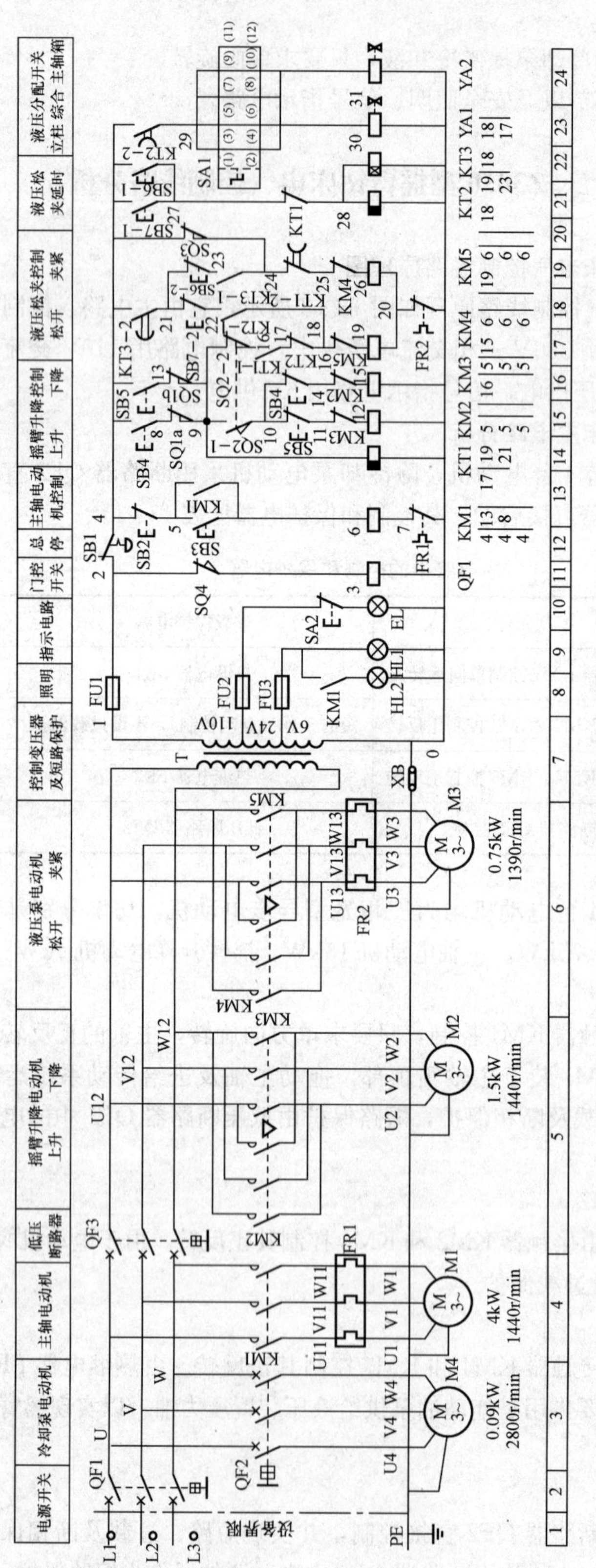

图 13-3 Z3050 型摇臂钻床电气控制线路原理图

电源配电柜装在立柱前下部，低压断路器 QF1 作为电源引入开关。冷却泵电动机 M4 装在靠近立柱的底座上，摇臂升降电动机 M2 装于立柱顶部，其余电气设备置于主轴箱或摇臂上。由于 Z3050 型摇臂钻床的内、外立柱间未装汇流排，因此在使用时不允许沿一个方向连续转动摇臂，以免发生事故。

三、Z3050 型摇臂钻床控制线路分析

控制线路电源由控制变压器 T 降压后供给 110V 电压，熔断器 FU1 作为短路保护。

1. 开机运行前的准备工作

为保证操作安全，本钻床具有“开门断电”功能。所以开车前应将立柱下部及摇臂后部的电气控制柜门关好，方能接通电源。合上 QF3（5 区）及总电源开关 QF1（2 区），则电源指示灯 HL1（9 区）亮，表示钻床的电气线路已进入带电状态。

2. 主轴电动机 M1 的控制

按下启动按钮 SB3（13 区），接触器 KM1 吸合并自锁，KM1 主触头（4 区）闭合，主轴电动机 M1 得电启动，KM1 辅助动合触头（8 区）闭合，指示灯 HL2（8 区）亮。按下停止按钮 SB2（13 区），接触器 KM1 失电断开，使主轴电动机 M1 停止旋转，同时指示灯 HL2 熄灭。

3. 摇臂升降控制

按下上升按钮 SB4（15 区）（或下降按钮 SB5），则时间继电器 KT1（14 区）通电吸合，其瞬时闭合的动合触头 KT1-1（17 区）闭合，接触器 KM4 线圈（17 区）通电，液压泵电动机 M3 正转启动，供给压力油。压力油经分配阀体进入摇臂的“松开油腔”，推动活塞移动，活塞推动菱形块，将摇臂松开。同时活塞杆通过弹簧片压下位置开关 SQ2，使其动断触头 SQ2-2（17 区）断开，动合触头 SQ2-1（15 区）闭合。前者切断了接触器 KM4 的线圈电路，KM4 主触头（6 区）断开，液压泵电动机 M3 停止工作。后者使交流接触器 KM2（或 KM3）的线圈（15 区或 16 区）通电，KM2（或 KM3）的主触头（5 区）接通 M2 的电源，摇臂升降电动机 M2 正转启动，带动摇臂上升（或下降）。如果此时摇臂尚未松开，则位置开关 SQ2 的动合触头则不能闭合，接触器 KM2（或 KM3）的线圈无电，摇臂就不能上升（或下降）。

当摇臂上升（或下降）到所需位置时，松开按钮 SB4（或 SB5），则接触器 KM2（或 KM3）和时间继电器 KT1 断电释放，M2 停止工作，随之摇臂停止上升（或下降）。由于时间继电器 KT1 断电释放，经 1～3s 的延时后，其延时闭合的动断触头 KT1-2（19 区）闭合，KM5 线圈通电，KM5 主触头（6 区）闭合，液压泵 M3 反转，随之泵内压力油经分配阀进入摇臂的“夹紧油腔”，使摇臂夹紧。在摇臂夹紧后，活塞杆推动弹簧片压下位置开关 SQ3，其动合触头（20 区）断开，KM5 断电释放，M3 最终停止工作，自动完成摇臂的松开→上升（或下降）→夹紧的整套动作。

行程开关 SQ1a（15 区）和 SQ1b（16 区）作为摇臂升降的上、下极限位置保护。当摇臂上升到限位位置时，压下 SQ1a 使其断开，接触器 KM2 断电释放，M2 停止运行，摇臂停止上升；当摇臂下降到极限位置时，压下 SQ1b 使其断开，接触器 KM3 断电释放，M2 停止运行，摇臂停止下降。

摇臂的自动夹紧由位置开关 SQ3 控制。如果液压夹紧系统出现故障，不能自动进行夹紧摇臂，或者由于 SQ3 调整不当，在摇臂夹紧后不能使 SQ3 的动断触头断开，都会使液压泵 M3 因长期过载运行而损坏。为此电路中设有 FR2，其整定值应根据电动机 M3 的额定电流进行整定。

摇臂升降电动机 M2 的正反转 KM2 和 KM3 不允许同时获电动作，以防止电源相间短路。为避免因操作失误、主触头熔焊等原因而造成短路事故，在摇臂上升和下降的控制电路中采用了接触器联锁和复合按钮联锁，以确保电路安全工作。

4. 立柱和主轴箱的夹紧与放松

立柱和主轴箱的夹紧或放松即可以同时进行，也可以单独进行，由转换开关 SA1（23、24 区）和复合按钮 SB6（或 SB7）（21 或 22 区）进行控制。SA1 有三个位置，扳到中间位置时，立柱和主轴箱的夹紧（或放松）同时进行；扳到左边位置时，立柱单独夹紧（或放松）；扳到右边位置时，主轴箱单独夹紧（或放松）。复合按钮 SB6 是松开控制按钮，SB7 是夹紧控制按钮。

（1）立柱和主轴箱同时夹紧与放松控制。

将转换开关 SA1 扳到中间位置，然后按下松开按钮 SB6，时间继电器 KT2、KT3 线圈（21、22 区）同时得电。KT2 的延时断开的动合触头 KT2-2（23 区）瞬时闭合，电磁铁 YA1、YA2 得电吸合。而 KT3 延时闭合的动合触头 KT3-2（18 区）经 1～3s 延时后闭合，电流经 KT3-2（18 区）→SB7-2（18 区）→KT2-1（18 区）→KM5 动断触头（17 区）→KM4 线圈→FR2 动断触头（18 区）形成回路，使接触器 KM4 得电吸合，液压泵电动机 M3 正转，供出的压力油进入立柱和主轴箱的松开油腔，使立柱和主轴箱同时松开。

松开 SB6，时间继电器 KT2、KT3 断电释放，KT3 延时闭合的动合触头 KT3-2（18 区）瞬时分断，接触器 KM4 断电释放，液压泵电动机 M3 停转。KT2 延时断开的动合触头（23 区）经 1～3s 延时后断开，电磁铁 YA1、YA2 线圈断电释放，立柱和主轴箱同时松开的操作结束。

立柱和主轴箱同时夹紧的工作原理与松开相似，只要按下夹紧按钮 SB7（21 区），使接触器 KM5 获电吸合，液压泵电动机 M3 反转即可。

（2）立柱、主轴箱的单独松开、夹紧。

如果希望单独控制主轴箱的夹紧和放松，可将转换开关 SA1 扳到右侧位置。按下松开按钮 SB6（或 SB7），时间继电器 KT2、KT3 线圈同时得电，这时只有电磁铁 YA2 单独通电吸合，从而实现主轴箱的单独松开（或夹紧）。

松开复合按钮 SB6（或 SB7），时间继电器 KT2、KT3 断电释放，KT3 通电延时闭合的动合触头瞬时分断，接触器 KM4 断电释放，液压泵电动机 M3 停转。经 1～3s 的延时后，KT2 延时断开的动合触头（23 区）分断，电磁铁 YA2 的线圈断电释放，主轴箱松开（或夹紧）的操作结束。

同理，把转换开关 SA1 扳到左侧，则使立柱单独松开或夹紧。

因为立柱和主轴箱的松开与夹紧是短时间的调整工作，所以采用点动控制。

5. 冷却泵电动机 M4 的控制

扳动低断路器 QF2，就可以接通或断开电源，操纵冷却泵电动机 M4 的工作或停止。

6. 照明、指示电路分析

照明、指示电路的电源也由控制变压器 T 降压后提供 24V、6V 的电压，由熔断器 FU2、FU3 作短路保护，EL 是照明灯，HL1 是电源指示灯，HL2 是主轴指示灯。

任务三　Z3050 型摇臂钻床电气控制线路的安装、调试与检修

一、施工准备

(1) 根据 Z3050 型摇臂钻床电气控制线路的工作原理的学习，参观学校或工厂钻床，结合小组情况，制定施工计划。

(2) 熟悉 Z3050 型摇臂钻床的主要结构及运动形式，了解该钻床的各种工作状态及各操作手柄、按钮、开关的作用，能对该钻床进行简单操作。

(3) 根据原理图（见图 13-3）绘制布置图、接线图，Z3050 型摇臂钻床电器元件安装位置如图 13-4 所示。

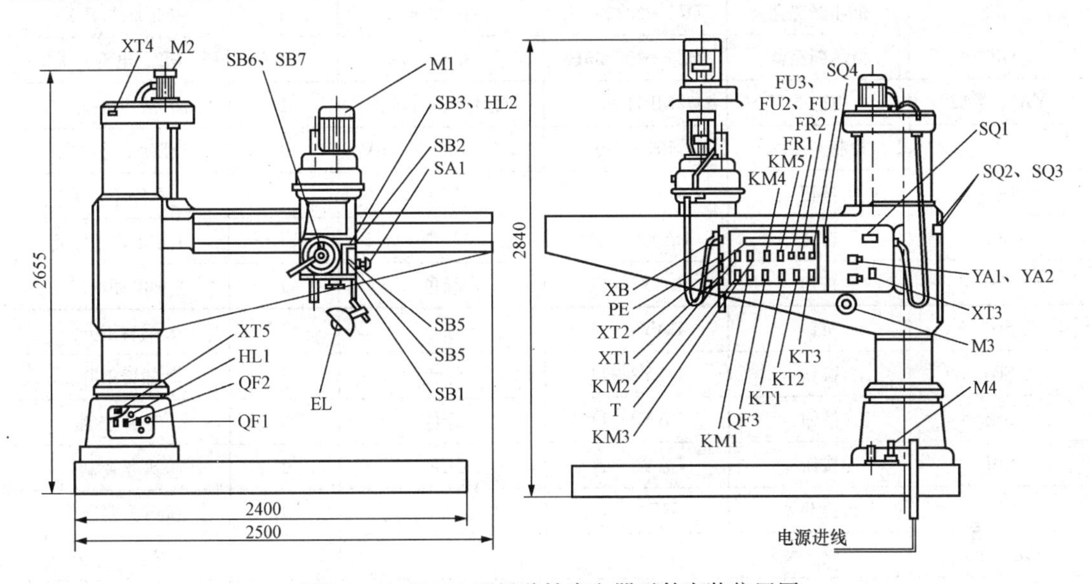

图 13-4　Z3050 型摇臂钻床电器元件安装位置图

(4) 根据图 13-3，列出安装 Z3050 型摇臂钻床所需要的工具、仪表、器材及元件清单。

1) 工具：电工刀、验电笔、斜口钳、剥线钳、尖嘴钳、活动扳手、大小螺钉旋具等。

2) 仪表：万用表、钳形电流表、兆欧表。

3) 器材：控制板、走线槽各种规格软导线、紧固体、金属软管、编码套管等。

4) 元件清单：见表 13-2。

表 13-2　Z3050 型摇臂钻床电器元件清单

代号	名称	型号	规格	数量	用途
M1	主轴电动机	Y112M—4	4kW、1440r/min	1	驱动主轴及进给
M2	摇臂升降电机	Y90L—4	1.5kW、1440r/min	1	驱动摇臂升降
M3	液压泵电动机	Y802—4	0.75kW、1390r/min	1	驱动液压系统
M4	冷却泵电动机	AOB—25	90W、2800r/min	1	驱动冷却泵
KM1	交流接触器	CJ0—20B	线圈电压 110V	1	控制主轴电动机

续表

代号	名称	型号	规格	数量	用途
KM2～KM5	交流接触器	CJ0—10B	线圈电压 110V	4	控制 M2、M3 正反转
FU1～FU3	熔断器	BZ—001A	2A	3	短路保护
KT1、KT2	时间继电器	JJSK2—4	线圈电压 110V	2	延时
KT3	时间继电器	JJSK2—2	线圈电压 110V	1	延时
FR1	热间继电器	JR0—20/3D	6.8～11A	1	M1 过载保护
FR2	热间继电器	JR0—20/3D	1.5～2.4A	1	M3 过载保护
QF1	低压断路器	DZ5—20/330FSH	10A	1	总电源开关
QF2	低压断路器	DZ5—20/330H	0.3～0.45A	1	M4 控制开关
QF3	低压断路器	DZ5—20/330H	6.5A	1	M2、电源开关
YA1、YA2	电磁阀	MFJ1—3	线圈电压 110V	2	液压分配
T	控制变压器	BK—150	380/110—24—6V	1	辅助电路供电
SB1	按钮	LAY3—11	红色		总停止开关
SB2	按钮	LAY3—11D	红色	1	主轴电动机停止
SB3	按钮	LAY3—11	绿色	1	主轴电动机启动
SB4	按钮	LAY3—11	绿色	1	摇臂上升
SB5	按钮	LAY3—11	绿色	1	摇臂下降
SB6	按钮	LAY3—11	绿色	1	松开控制
SB7	按钮	LAY3—11	绿色	1	夹紧控制
SQ1	行程开关	HZ4—22		1	摇臂升降限位
SQ2、SQ3	位置开关	LX5—11		1	摇臂松、紧限位
SQ4	门控开关	JWM6—11		1	门控
SA1	转换开关	LW6—2/8071		1	液压分配开关
HL1	信号灯	XD1	6V、白色	1	电源指示
HL2	指示灯	XD1	6V	1	主轴指示
EL	钻床工作灯	JC—25	40W、24V	1	钻床照明

二、Z3050 型摇臂钻床电气控制线路安装配线步骤

1）按照表 13-2 及施工计划，从仓库（材料区）领取材料，配齐所用电器元件，并检验元件的质量及性能。

2）在电气柜控制板上按布置图要求测绘画线，安装走线槽及挂上所有电器元件，并按照要求把已做好的元件符号标牌贴到对应的实物上。安装线槽时应按照测绘要求做到横平竖直、排列整齐匀称、间距合理、安装牢固以便于走线维护等。

3）在电气柜内控制面板上按控制线路原理图、接线图进行板前线槽布线，并在导线端部套编码管和接线鼻子，保证运行可靠及检修方便。

4）在电气柜外安装按钮及信号灯，进行电气柜外部布线。

5）柜内电器元件与柜外面板之间通过端子排及软伸缩管进行连接。

6）钻床机身元件、电动机与电气柜之间通过金属软管进行对接。

7）可靠连接电气柜、电动机和电器元件金属外壳的保护地线。

8）自检、互检。

三、Z3050型摇臂钻床安全操作规程

1）工作前对所用摇臂钻床进行全面检查，熟悉各按钮、开关和操作手柄的用途，搞清使用时的注意事项，方可操作。

2）严禁戴手套操作，女生发辫应挽在帽子内。

3）在启动摇臂钻床前，要对急停按钮等主要电器元件的位置性能做详细认真的检查，方可启动。

4）使用摇臂钻床时，摇臂回转范围内不准有障碍物。工作前，要检查摇臂是否是处于夹紧状态。

5）横臂和工作台上不准存放物件，被加工工件必须按规定卡紧，以防工件移位造成重大人身伤害事故和设备事故。

6）工件装夹必须牢固可靠。钻小件时，应用工具夹持，不准用手拿着进行加工。

7）使用自动走刀时，要选好进给速度，调整好行程限位块。手动进刀时，一般按照逐渐增压和逐渐减压的原则进行，以免用力过猛造成事故。

8）钻头上绕有长铁屑时，要停车清除。禁止用风吹、用手拉，要用刷子或铁钩清除。

9）精钻深孔时，拔取圆器和销棒，不可用力过猛，以免手撞在刀具上。

10）不准在旋转的刀具下翻转、卡压或测量工件，手不准触摸旋转的刀具。

11）工作结束时，将摇臂降到最低位置，主轴箱靠近立柱，并且都要卡紧。

四、摇臂钻床操作注意事项

1. 作业前的准备

1）上岗前，严格按安全、文明生产要求，穿戴好本岗的劳保用品，严禁戴手套。

2）工作前，先检查设备各系统是否正常，发现有异常时，要告诉负责人，并派维修人员修理，自己不能乱动，以免发生意外。

3）工作前对所用刀、夹、量具及加工件进行全面检查，确认无误后方可操作。

4）工作前先要熟悉所有加工工件的工艺规程及技术要求，明确本工序质量控制要点。

2. 作业中的注意事项

1）工件装夹具必须牢固可靠，夹具装夹面及定位面不允许有切屑、脏物。

2）严格按工艺文件规定的切削用量，不得任意改变。如需变更，要经技术部门同意后方可更改。

3）使用自动走刀时，必须调整好行程限位块。手动进刀时，手力应按渐增和渐减的原则操作，不允许用力过猛，以免造成事故。

4）当调整好主轴与夹具中心对准后，必须将变速箱绕立柱的回转升降，摇臂变速箱端面的回转、摇臂拖板沿摇臂导轨的移动、主轴回转盘绕摇臂拖板的回转等可动接合部分安全夹紧，才能进行加工工件操作。

5）钻头上绕有长铁屑时，要停车清除，禁止用手拉，要用刷子或铁钩清除。

6）装卸工件时，必须停车，或将刀具停在安全位置，以免手撞在刀具上。

3. 作业后的清理工作

1）下班前将机床运转部分停在起始位置，以免机件受力变形。

2）断开电闸，切断电源。

3）下班前将机床、刀、夹、量具清理干净，并涂上油（机床润滑点规定加油）。所用工具要按规定位置有序摆放。

4）将工作场地周围打扫干净，不允许地面有切屑、油、水或其他杂、脏物。

五、Z3050 型摇臂钻床电气控制线路施工验收

Z3050 型摇臂钻床施工完成后，进行验收，施工验收评分表参见表 13-3。验收时，应对下列项目进行检查：

1）按照 Z3050 型摇臂钻床元件清单逐个检查电气设备和电器元件的型号、规格和质量是否符合要求。

2）电器元件、设备的安装固定是否牢固、合理。

3）线路走向是否符合布线的工艺要求并套编码套管。

4）检查所有按钮、开关、指示灯的接线。

5）检查电动机及线路的绝缘情况、各整定值整定情况及各级熔断器的熔体情况。

6）对电气柜的安装进行常规检查：根据 Z3050 型摇臂钻床电气原理图，对电气柜逐线检查、核对线号。

7）用万用表欧姆挡对电气柜线路进行通短检查。在没有短路现象的前提下，接通电源开关，点动控制各电动机启动，检查各电动机的转向是否符合要求。

8）通电空转试验时，检查各电器元件、线路、电动机及传动装置的工作情况是否正常。

9）设备带负载运行时，用仪表测量电动机负载电流、电压是否与允许电流电压相匹配。

表 13-3　　Z3050 型摇臂钻床施工验收评分表

项目内容	配分	评分标准		得分
装前检查	10	(1) 电动机质量检查	每漏一处扣 5 分	
		(2) 电器元件漏查或错检	每处扣 2 分	
器材选用	10	(1) 电动机型号规格选择不当	每台扣 3 分	
		(2) 导线规格选用不符合要求	每处扣 3 分	
		(3) 穿线管型号选用不符合要求	扣 2 分	
		(4) 编码套管等附件选用不符合要求	扣 1 分	
元件安装	20	(1) 控制板内部电器元件安装不符合要求	每处扣 2 分	
		(2) 控制板外部电器元件安装不牢固	每处扣 2 分	
		(3) 损坏电器元件	每个扣 5 分	
		(4) 电动机安装不符合要求	每台扣 5 分	
		(5) 导线通道敷设不符合要求	每处扣 3 分	
布线	30	(1) 不按控制电路图、接线图接线	每处扣 5 分	
		(2) 控制板上导线敷设不符合要求	每根扣 2 分	
		(3) 控制板外部导线敷设不符合要求	每根扣 2 分	
		(4) 漏接接地线或接地不符合要求	扣 3～10 分	
		(5) 施工整体效果不美观、不规范	扣 3～10 分	

续表

<table>
<tr><td>项目内容</td><td>配分</td><td colspan="3">评 分 标 准</td><td>得分</td></tr>
<tr><td rowspan="4">通电试车</td><td rowspan="4">30</td><td colspan="2">（1）热继电器未整定或整定错误</td><td>每个扣 5 分</td><td rowspan="4"></td></tr>
<tr><td colspan="2">（2）熔体规格选用不当</td><td>每个扣 5 分</td></tr>
<tr><td colspan="2">（3）通电试车操作不熟练</td><td>扣 5～10 分</td></tr>
<tr><td colspan="2">（4）通电试车不成功</td><td>扣 5～20 分</td></tr>
<tr><td colspan="2">安全、文明生产</td><td colspan="2">违反安全文明生产规程，该项从总分中扣分</td><td>扣 5～30 分</td><td></td></tr>
<tr><td>定额时间</td><td colspan="4">14h，每超过 10min，从总分中扣 5 分，但该项扣分不超过 30 分</td><td></td></tr>
<tr><td>开始时间</td><td></td><td>结束时间</td><td></td><td>实际时间</td><td></td></tr>
<tr><td>备　注</td><td colspan="3"></td><td>成　绩</td><td></td></tr>
</table>

任务四　验收、展示、总结与评价

一、验收

根据 Z3050 型摇臂钻床电气控制线路的安装与检修、理论学习情况，对各组分步验收。通过学习验收，对该项目的学习进行总结与评价。

二、学习成果展示与学习效果评价

1. 学习成果展示

通过对 Z3050 型摇臂钻床该项目的学习，各组根据学习情况，集体完成该任务的学习小结，并每组派出代表上台，以各种形式进行汇报、展示，汇报学习成果。各组在进行展示时重点讲解在学习和施工过程中存在的困难和解决的方案，对作品的介绍及演示等方面，全班互动，促进学习效果。

2. 学习效果评价

根据整个学习过程，进行自评、互评和师评，见表 13 - 4。

表 13 - 4　　Z3050 型摇臂钻床学习效果评价表

序号	项目	自我评价			小组评价			教师评价		
		10～8	7～6	5～1	10～8	7～6	5～1	10～8	7～6	5～1
1	学习过程表现									
2	理论学习效果									
3	施工整体效果									
4	承担工作表现									
5	学习互动情况									
6	时间观念									
7	质量成本意识									
8	安全文明生产									

续表

序号	项目	自我评价			小组评价			教师评价		
		10～8	7～6	5～1	10～8	7～6	5～1	10～8	7～6	5～1
9	创新能力									
10	其　他									
总　评										
备　注										

三、教师点评与答疑

1. 点评

教师针对这次学习任务的过程及展示情况进行点评，以鼓励为主。

1）找出各组的优点进行点评，表扬学习任务中表现突出的个人或小组。

2）指出展示过程中存在的缺点，以及改进与提高的方法。

3）指出整个学习任务完成过程中出现的亮点和不足，为今后的学习提供帮助。

2. 答疑

在学生整个学习实施过程中，各学习小组都可能会遇到一些问题和困难，教师根据学生在展示时所提出的问题和疑点，先让全班同学一起来讨论问题的答案或解决的方法，如果不能解决，再由教师来进行分析讲解，让学生掌握相关知识。

思考与练习

1. Z3050 型摇臂钻床由哪些部分组成的？
2. Z3050 型摇臂钻床由几台电动机拖动？每台电动机的作用是什么？
3. 根据 Z3050 型摇臂钻床电气原理图（见图 13 - 3），分析摇臂下降的工作过程。
4. 根据 Z3050 型摇臂钻床电气原理图（见图 13 - 3），分析主轴放松的工作过程。
5. 若 Z3050 型摇臂钻床的摇臂不能夹紧，试分析可能是由哪些原因造成的。
6. Z3050 型摇臂钻床有哪些保护功能？分别是如何实现的？

项目十四　X62W 型卧式万能铣床电气控制线路

知识目标

（1）了解 X62W 型卧式万能铣床的用途，熟悉 X62W 卧式万能铣床的电气控制设备及工作原理；

（2）掌握 X62W 型卧式万能铣床的电力拖动特点，根据电气原理图分析各部分的工作过程。

技能目标

（1）熟悉 X62W 型卧式万能铣床的基本操作；

（2）熟悉 X62W 型卧式万能铣床电气控制线路的安装、调试、常见电气故障的排除；

（3）学会根据故障现象，排除故障的逻辑分析方法。

素养目标

通过项目的实施，了解生产机械安全操作规程，懂得 X62W 型卧式万能铣床的基本操作，熟悉电气控制系统与机械系统的相互联系，增强团队合作意识，养成自主学习的良好习惯。

任务一　X62W 型卧式万能铣床电气控制线路分析

铣床是用铣刀对加工工件进行铣削的机床，可用来加工平面、斜面和沟槽等，还可用来铣削直齿轮和螺旋面等。铣床的种类很多，按照结构形式和加工性能的不同，可分为卧式铣床、立式铣床、龙门铣床和各种专用铣床等。

万能铣床是一种通用的多用途机床，它可以用圆柱铣刀、圆片铣刀、角度铣刀、成型铣刀及端面铣刀等刀具对各种零件进行平面、斜面、螺旋面及成型表面的加工，还可以加装万能铣头、分度头和圆形工作台等机床附件来扩大加工范围。现以 X62W 型卧式万能铣床为例对其电气控制系统进行分析。

一、X62W 型卧式万能铣床的型号含义、结构及运动形式

X62W 型卧式万能铣床的型号含义如图 14 - 1 所示，其外形结构如图 14 - 2 所示，它主要由床身、主轴、悬梁、刀杆、支架、工作台、回转盘、横溜板、升降台、底座等几部分组成。床身固定在底座上，内装主轴传动机构和变速机构。床身顶部有水平导轨，上面装着带有一个或两个刀杆支架的悬梁。刀杆支架用来支撑铣刀心轴的一端，心轴的另一端则固定在主轴上，由主轴带动铣刀铣削。刀杆支架在悬梁上以及悬梁在床身顶部的水平导轨上做水平

移动，以便安装不同的心轴。在床身的前面有垂直导轨，升降台可沿着它上下移动。在升降台上面的水平导轨上，装有可在平行主轴线方向移动的溜板。溜板上部有可转动的回转盘，工作台就在溜板上部回转盘的导轨上做垂直于主轴线方向的移动。工作台安装在溜板的水平导轨上，可沿导轨作垂直于主轴轴线的纵向移动。此外，溜板可绕垂直线左右移动，所以工作台还能在倾斜方向进给，以加工螺旋槽。

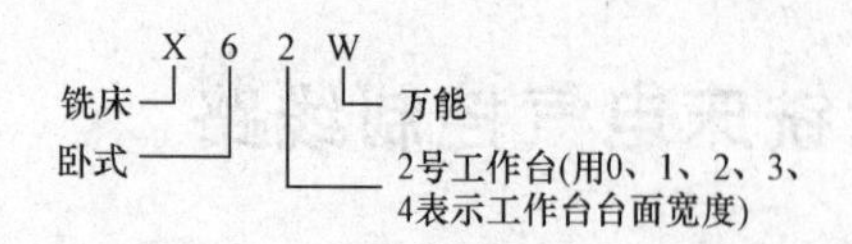

图 14-1 X62W 型卧式万能铣床的型号含义

(a)

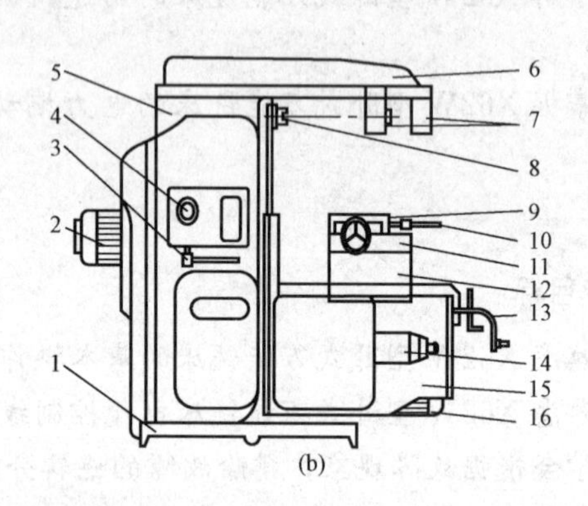

(b)

图 14-2 X62W 型卧式万能铣床的外形结构图

(a) 外形图；(b) 结构图

1—底座；2—主轴电动机；3—主轴变速手柄；4—主轴变速盘；5—床身；6—悬梁；7—刀杆支架；8—主轴；9—工作台；10—工作台纵向操作手柄；11—回转台；12—溜板；13—工作台升降及横向操作手柄；14—进给变速手柄及数字盘；15—升降台；16—进给电动机

二、电力拖动形式及控制要求

铣床的主轴运动和工作台进给运动分别由两台电动机拖动，并有不同的控制要求。

1. 主轴电动机 M1

主轴电动机 M1 采用直接启动控制方式，为了满足顺铣和逆铣，要求能够实现正反转。为减少负载波动时对铣刀转速的影响，在主轴上装有飞轮，使得转动惯性很大，为了提高工作效率，要求主轴电动机停车时有制动功能，该机床采用电磁离合器制动，以实现准确停车。为保证变速时齿轮易于啮合，要求变速时要有主轴电动机冲动控制，并由机械变速系统来完成。

2. 工作台进给电动机 M2

工作台进给电动机 M2 采用直接启动，为了满足工作台能实现前后、上下、左右六个不同方向的进给运动和快速移动，所以要求进给电动机 M2 能正反转，并通过操纵手柄和机械离合器相配合来实现，进给的快速移动是通过电磁铁和机械挂挡来完成的。为了扩大加工能力，在工作台上可加装圆形工作台，圆形工作台的回旋运动是由进给电动机经传动机械驱动的。但是，在同一时间内，只允许一个方向上的运动，通过机械和电气方式来联锁。

3. 冷却泵电动机 M3

在铣削加工时，由冷却泵电动机 M3 提供切削液对工件和刀具进行冷却。

4. 电气联锁措施

1）为防止刀具和铣床的损坏，要求只有主轴启动后，才允许有进给运动和进给方向的快速移动。

2）为了减小工件表面的粗糙度，只有进给停止后，主轴才能停止或同时停止。该铣床在电气上采用了主轴和进给同时停止的方式，但由于主轴运动惯性很大，实际上就保证了进给运动先停止，主轴运动后停止的控制要求。

3）六个方向的进给运动中任何时刻只能有一种运动，该铣床采用了机械操纵手柄和位置开关相配合的方式来实现六个不同方向的联锁。

三、X62W 型卧式万能铣床的电气控制线路分析

X62W 型卧式万能铣床电气控制线路原理如图 14 - 3 所示，该线路由主电路、控制电路和照明电路三部分组成。

1. X62W 型卧式万能铣床主电路分析

X62W 型卧式万能铣床由 3 台异步电动机拖动，它们分别是主轴电动机 M1、进给电动机 M2 和冷却泵电动机 M3。主轴电动机 M1 用来拖动主轴带动铣刀进行铣削加工，由接触器 KM3 控制主轴电动机 M1 的启动及正常运行；组合开关 SA4 控制主轴电动机 M1 的正反转；接触器 KM2 的主触头串联电阻 R 后与速度继电器配合，实现主轴电动机 M1 的反接制动停车，也可进行变速冲动控制。接触器 KM4、KM5 分别控制工作台进给电动机 M2 的正反转运动；接触器 KM6 控制快速移动电磁铁 YB 的通断，通过操纵手柄和机械离合器的配合，拖动工作台在前后、左右、上下六个方向的进给运动和快速移动。冷却泵电动机 M3 用来供应切削液，由接触器 KM1 控制冷却泵电动机 M3 的启停。

2. X62W 型卧式万能铣床控制电路分析

（1）主轴电动机 M1 在不变速状态下的控制。由于该机床设备多，线路复杂，为方便操作和确保安全，采用两地启停主轴电动机 M1。根据所用的铣刀，由转换开关 SA4（2 区）选择转向，合上电源开关 QS（1 区），按下按钮 SB1（11 区）或 SB2（12 区）启动按钮，接触器 KM3 线圈通电并自锁，主轴电动机 M1 启动运行。

当主轴电动机需要停止时，按下按钮 SB3（10、11 区）或 SB4（8、11 区），接触器 KM3 线圈失电，主触头断开，主轴电动机断电惯性运转，但速度继电器 KS 的正向触头 KS1 和反向触头 KS2 中有一个是闭合的，因此当接触器 KM3 断电后，反接制动接触器 KM2 线圈立即通电，进行反接制动。

（2）主轴变速冲动控制。主轴变速时，首先将主轴变速手柄轻轻压下，使它从第一道槽内拔出，然后拉向第二道槽。当落入第二道槽后，再旋转主轴变速盘，选好速度，将手柄以较快速度推回原位。若推不上时，再一次拉回来，推过去，直至手柄推回原位，变速操作才完成。

在上述变速操作中，就在将手柄拉到第二道槽或从第二道槽推回原位的瞬间，通过变速手柄连接的凸轮，将压下弹簧杆一次，而弹簧杆将碰撞变速冲动开关 SQ7（SQ7-1 在 7 区、SQ7-2 在 8 区），使其动作一次。这样，若原来主轴旋转着，则当变速手柄拉到第二道槽时，主轴电动机 M1 被反接制动，速度迅速下降。当选好速度，将手柄推回原位时，冲动开关又推动一次，主轴电动机 M1 低速反转，有利于变速后的齿轮啮合。这样就实现了不停车直接变速。若主轴电动机原来处于停车状态，则在主轴变速操作中，SQ7 第一次动作时，主轴

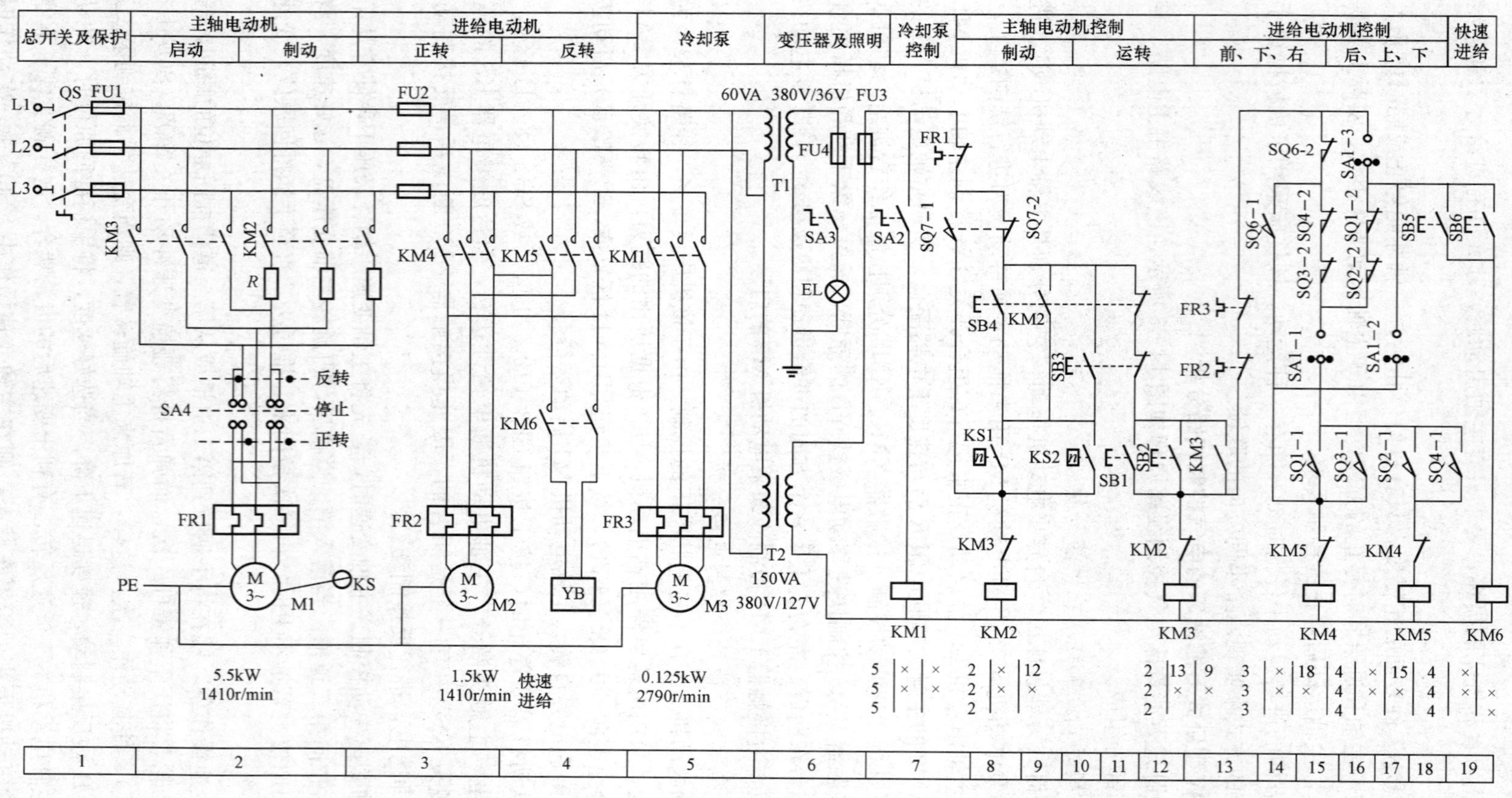

图 14-3 X62W 型卧式万能铣床电气控制线路原理图

电动机 M1 反转一次，SQ7 第二次动作时，M1 又反转一次，故也可停车变速。当然，要求主轴在新的转速下运行时，需重新启动主轴电动机。

(3) 工作台移动控制。工作台移动控制电路电源的一端串入接触器 KM3 的动合触头(13 区)，以保证只有主轴启动后工作台才能进给的联锁要求。进给电动机 M2 由接触器 KM4 和 KM5 分别控制正、反转。工作台移动方向由各自的操作手柄来选择。这里有两个操作手柄：一个为左右即纵向操作手柄，操作手柄有左、中、右三个位置，当将操作手柄扳到右时，通过其联动机构将纵向进给离合器挂上，同时将向右进给的按钮式限位开关 SQ1 压下，则 SQ1 动合触头 SQ1-1（15 区）闭合，而动断触头 SQ1-2（16 区）断开，当转到左时，SQ2 受压；另一个为前后（即横向）和上下（即升降）十字操作手柄，该手柄有五个位置，即上、下、前、后和中间零位，当转动十字操作手柄时，通过联动机构，将控制运动方向的机械离合器合上，同时压下相应的限位开关，若向下或向前转动，则 SQ3 受压，若向上或向后转动，则 SQ4 受压。

控制线路中的万能转换开关 SA1 为圆形工作台控制开关，它是一种二位式选择开关。当使用圆形工作台时，SA1-2 闭合，SA1-1、SA1-3 断开，当不使用圆形工作台而使用普通工作台时，SA1-1 和 SA1-3 均闭合，SA1-2 断开。SQ6 为进给变速冲动开关。

1) 工作台左右（纵向）移动。此时除了万能转换开关 SA1 置于使用普通工作台位置外(15 区 SA1-1 和 16 区 SA1-3 均闭合)，十字手柄必须置于中间零位。十字手柄控制情况见表 14-1，纵向操作手柄控制情况见表 14-2。若要工作台向右进给，则将纵向手柄扳向右，使得 SQ1 受压，SQ1-1（15 区）闭合，接触器 KM4 线圈得电，主触头闭合，进给电动机 M2 正转，实现工作台向右进给运动。如果操作者同时将十字手柄扳向其他工作位置，则 SQ4、SQ2 的动断触头中必定有一个断开，接触器 KM4 线圈就不能通电，实现了工作台左右移动同前后及上下移动之间的联锁。

表 14-1　十字手柄控制情况

手柄位置	位置开关动作	接触器动作	电动机 M2 转向	离合器搭合丝杠	工作台运动方向
上	SQ4	KM5	反转	上下进给丝杠	向上
下	SQ3	KM4	正转	上下进给丝杠	向下
中	—	—	停止	—	停止
前	SQ3	KM4	正转	前后进给丝杠	向前
后	SQ4	KM5	反转	前后进给丝杠	向后

表 14-2　纵向操作手柄控制情况

手柄位置	位置开关动作	接触器动作	电动机 M2 转向	传动链搭合丝杠	工作台运动方向
左	SQ2	KM5	反转	左右进给丝杠	向左
中	—	—	停止	—	停止
右	SQ1	KM4	正转	左右进给丝杠	向右

如果要快速移动，则须按下 SB5（18 区）或 SB6（19 区）不放，使接触器 KM6 线圈以点动方式通电，快速电磁铁线圈 YB 通电，接上快速离合器，工作台向右快速移动。当松开

SB5 或 SB6 后，就恢复向右进给状态。

在工作台左右安装了撞块。假设不慎向右进给至终端位置时，左右操作手柄就被右端撞块撞到中间停车位置，用机械方法使 SQ1 复位，从而使接触器 KM4 线圈断电，主触头断开，电动机 M2 停止运转，实现了限位保护。

工作台向左移动时电路的工作原理及分析方法与向右时相似，请读者自行分析。

2）工作台前后（横向）和上下（升降）移动。若要工作台向上进给，先将工作台左右进给手机扳到中间位置，再将十字手柄扳到上的位置，使 SQ4 受压，接触器 KM5 线圈通电，进给电动机 M2 反转，工作台向上进给。在接触器 KM5 线圈通电的路径中，动断触头 SQ2-2（16 区）和 SQ1-2（16 区）用于工作台前后及上下移动同左右移动之间的联锁。

若要工作台向下进给，则将十字手柄扳到“下”的位置，使 SQ3 受压，接触器 KM4 线圈通电，进给电动机 M2 正转，工作台向下进给。

同理，若要快速上升，按下按钮 SB5 或 SB6 即可。另外，也设置了上下限位保护用终端撞块。工作台的向下移动控制原理和分析方法与向上移动控制类似。

若要工作台向前进给，则只需将十字手柄扳向“前”，使 SQ3 受压，接触器 KM4 线圈通电，进给电动机 M2 正转，工作台向前进给。若要工作台向后进给，将十字手柄向后扳动即可。

3）主轴停车，快速移动工作台。可在主轴停止时进行快速移动，这时可将主轴电动机 M1 的换向开关 SA4 扳在停止位置，然后扳动所选方向的进给手柄，按下主轴启动按钮和快速按钮，KM4 或 KM5 及 KM6 线圈通电，工作台便可沿选定方向快速移动。

（4）工作台各运动方向的联锁。在同一时间内，工作台只允许向一个方向移动，各运动方向之间的联锁是利用机械和电气两种方法来实现的。

工作台向左、向右控制是同一手柄操作的，手柄本身起到左右移动的联锁作用。工作台的前后和上下四个方向的联锁，也是通过十字手柄本身来实现的。

工作台的移动同上下及前后移动之间的联锁是利用电气方法来实现的，电气联锁原理已在工作台移动控制原理分析中讲过。

（5）工作台进给变速冲动控制。与主轴变速类似，为了使变速时齿轮啮合良好，控制电路中设置了瞬时冲动控制环节。变速应在工作台停止移动时进行，操作过程是：先按下启动按钮 SB1（11 区）或 SB2（12 区），启动主轴电动机 M1，让 KM3 动合触头（13 区）闭合，然后拉出蘑菇形变速手柄，同时选择好所需要的进给速度，再把手柄用力往外一拉，并立即推回原位。

在手柄拉到极限位置时，其连杆机构推动冲动开关 SQ6，使 SQ6-2（15 区）断开，SQ6-1（14 区）闭合，由于手柄很快被推回原位，故 SQ6 短时动作，接触器 KM4 线圈短时间通电，其电流路径为 FR3（13 区）→SA1-3（16 区）→SQ1-2（16 区）→SQ2-2（16 区）→SQ3-2（15 区）→SQ4-2（15 区）→SQ6-1（14 区）→KM5 动断触头（15 区）→KM4 线圈（15 区），电动机 M2 完成瞬时冲动功能。

但是，在这种工作台往某一方向运动的情况下进行变速操作，由于没有使进给电动机 M2 停转的电气措施，因而在转动手轮改变齿轮传动时可能会损坏齿轮，所以，若左右操作手柄和十字手柄中只要有一个不在中间停止位置，此电路便被切断，不能进行进给变速冲动，此功能用电气方式来实现联锁。

(6) 圆形工作台控制。在使用圆形工作台时，要将圆形工作台万能转换开关 SA1 置于圆形工作台接通位置，即 SA1-2（17 区）闭合，SA1-1（15 区）、SA1-3（16 区）断开。且必须把左右操作手柄和十字操作手柄置于中间停止位置，然后按下主轴启动按钮 SB1（11 区）或 SB2（12 区），主轴电动机 M1 便启动，KM3 动合触头（13 区）闭合，电流经 FR2（13 区）→FR3（13 区）→SQ6-2（15 区）→SQ4-2（15 区）→SQ3-2（15 区）→SQ2-2（16 区）→SQ1-2（16 区）→SA1-2（17 区）→KM5 动断触头（15 区）→KM4 线圈（15 区），而进给电动机 M2 也因 KM4 的通电而运转。由于圆形工作台的机械传动已链接上，故它可以跟着旋转。

可见，在接触器 KM4 线圈接通的过程中，SQ1～SQ4 动断触头为联锁触头，起着圆形工作台与普通工作台三种移动的联锁保护作用。圆形工作台也可通过蘑菇形变速手柄变速。另外，当圆形工作台的万能转换开关 SA1 置于断开位置（SA1-1、SA1-3 闭合，SA1-2 断开），而左右及十字操作手柄置于中间零位时，也可用手动机械方式使它旋转。

(7) 冷却泵电动机的控制。冷却泵电动机 M3 的启停由万能转换开关 SA2（7 区）直接控制，无失电压保护功能，不影响安全操作。

3. 照明电路及保护环节的分析

机床的局部照明由控制变压器 T1 供给 36V 安全电压，灯开关为 SA3（6 区）。

主轴电动机 M1、进给电动机 M2 和冷却泵电动机 M3 为连续工作制，分别由 FR1、FR2、FR3 实现过载保护。当主轴电动机 M1 过载时，FR1 动作，其动断触头 FR1（7 区）断开，整个控制电路断电。当进给电动机 M2 或冷却泵电动机 M3 过载时，FR2 或 FR3 动作，FR2 动断触头（13 区）或 FR3 动断触头（13 区）断开，断开进给电动机 M2 或冷却泵电动机 M3 的控制电源。

由熔断器 FU1、FU2 实现主电路的短路保护，FU3 实现控制电路的短路保护，FU4 实现照明电路的短路保护。另外，还有工作台终端极限保护和各种运动的联锁保护，前面做了分析。

任务二　X62W 型卧式万能铣床电气控制线路的安装、调试与检修

一、施工准备

(1) 熟悉 X62W 型卧式万能铣床的主要结构及运动形式，了解该铣床的各种工作状态及各操作手柄、按钮、开关的作用，能进行简单的操作。

(2) 制定施工计划。施工计划重点说明小组的分工情况、施工步骤、时间分配、提高施工质量与效率的措施、注意事项等内容。

(3) 根据原理图（见图 14-3）绘制电器元件布置图、接线图。

(4) 根据图 14-3，列出安装 X62W 型卧式万能铣床电气控制线路所需要的工具、仪表、器材及元件清单。

1) 工具。电工刀、验电笔、斜口钳、剥线钳、尖嘴钳、活动扳手、大小螺钉旋具等。

2) 仪表。万用表、钳形电流表、兆欧表。

3) 器材。控制板、走线槽、各种规格软导线、紧固体、金属软管、编码套管等。

4) 元件清单。见表 14-3。

表 14-3 **X62W型卧式万能铣床电器元件清单**

序号	代号	名称	型号	规格	数量
1	M1	主轴电动机	JK02—51—4	5.5kW、1440/2880r/min	1
2	M2	工作台进给电动机	JO2—22—4	1.5kW、1410r/min	1
3	M3	液压泵电动机	JO42—4	0.125kW、2790r/min	1
4	KM1～KM3	交流接触器	CJ0—30	30A、127V	3
5	KM4～KM6	交流接触器	CJ0—10	10A、127V	3
6	FR1	热继电器	JR10—40/3	整定电流 14.8A	1
7	FR2	热继电器	JR10—40/3	整定电流 3.5A	1
8	FR3	热继电器	JR10—40/3	整定电流 0.5A	1
9	T1～T2	控制变压器	BK—200	380V/127、36V	2
10	FU1	熔断器	RL1—60/35	熔断器 60A、熔体 35A	3
11	FU2	熔断器	RL1—15	熔断器 15A、熔体 10A	3
12	FU3、FU4	熔断器	RL1—15	熔断器 15A、熔体 6A	2
13	SB1～SB6	按钮	LA2	5A、500V	6
14	QS	组合开关	HZ10—60/3	60A、3极、380V	1
15	SA1	转换开关	HZ1—10/3	10A、3极	1
16	SA2	开关	HZ1—5/1	5A、单极	1
17	SA3	开关	HZ1—5/1	5A、单极	1
18	SA4	组合开关	HZ13—133/3	20A、3极	1
19	EL	照明灯	K—2	36V、40W、螺口	1
20	KS	速度继电器	JY1	380V、2A	1
21	YB	牵引电磁铁	MQ1—5141	线圈电压 380V	1
22	SQ3、SQ4	行程开关	KX1—131	自动复位	2
23	SQ5～SQ9	行程开关	KX1—11K	开启式	5

二、现场施工与调试

1. X62W型卧式万能铣床控制线路的安装

(1) 根据表 14-3 备齐工具、仪表及材料。

(2) 根据小组施工计划，按布线工艺要求，进行 X62W 型卧式万能铣床电气控制线路的安装、布线。

(3) 安装完毕，先由小组验收，再交教师验收，施工评分表参见表 14-4。验收通过后，再进行通电试车。

表 14-4　X62W 型卧式万能铣床电气控制线路施工评分表

项目内容	配分	评分标准		得分
装前检查	10	(1) 电动机质量检查 (2) 电器元件漏查或错检	每漏一处扣 5 分 每处扣 2 分	
器材选用	10	(1) 导线选用不符合要求 (2) 穿线管选用不符合要求 (3) 编码套管等附件选用不符合要求	每处扣 3 分 扣 2 分 扣 1 分	
元件安装	20	(1) 控制板内部电器元件安装不符合要求 (2) 控制板外部电器元件安装不牢固 (3) 损坏电器元件 (4) 电动机安装不符合要求 (5) 导线通道敷设不符合要求	每处扣 2 分 每处扣 2 分 每个扣 5 分 每台扣 5 分 每处扣 3 分	
布线	30	(1) 不按控制线路图、接线图接线 (2) 控制板上导线敷设不符合要求 (3) 控制板外部导线敷设不符合要求 (4) 漏接接地线或接地不符合要求	每处扣 5 分 每根扣 2 分 每根扣 2 分 扣 3～10 分	
通电试车	30	(1) 热继电器未整定或整定错误 (2) 熔体规格选用不当 (3) 通电试车操作不熟练 (4) 通电试车不成功	每个扣 5 分 每个扣 5 分 扣 5～10 分 扣 5～20 分	
安全、文明生产		违反安全文明生产规程，该项从总分中扣分	扣 5～30 分	
定额时间	14h，每超过 10min，从总分中扣 5 分，但该项扣分不超过 30 分			
开始时间		结束时间	实际时间	
备　注			成　绩	

2. 机床电气调试

1）根据电动机的功率调整热继电器的整定值。

2）接通电源，合上电源开关 QS（1 区）。

3）将主轴电动机换向开关 SA4（2 区）扳到“正转”位置，按下启动按钮 SB1（11 区）或 SB2（12 区），使主轴电动机 M1 启动，然后立即轻按停止按钮 SB3（10 区）或 SB4（8 区），使主轴电动机 M1 惯性运转，观察主轴电动机的旋转方向是否符合要求，如果不符合要求，则调换主轴电动机 M1 的相序。

4）在主轴电动机停止状态进行主轴变速。观察主轴变速时是否有冲动现象，如果没有冲动，则检查、调整主轴变速冲动开关 SQ7 的位置。

5）启动主轴电动机 M1，将工作台左、右操作手柄扳向左，观察工作台进给方向是否向左进给。如果是向右，将操作手柄扳到中间位置，再将工作台上、下、前、后操作手柄向前，观察工作台是否向前进给，如果不是向前而是向后进给，说明进给电动机 M2 相序不正确，切断电源对调电动机 M2 的相序。如果向前进给，说明左、右进给位置开关 SQ1 和 SQ2 线相互接错，对调接线即可。同理，如果能向左进给，不向前而是向后进给，说明向下、向前进给位置开关 SQ3 和向上、向后位置开关 SQ4 的线相互接错，对调即可。

6）将工作台所有操作手柄置于中间位置，进行工作台变速，观察工作台变速时是否有冲动现象，如没有，检查调整主轴变速冲动开关 SQ6 位置。

三、注意事项

1）要充分观察和熟悉 X62W 型卧式万能铣床的工作过程，明确各开关、按钮的用途，能对该铣床进行正确的操作。

2）熟悉电器元件的安装位置、走线情况以及各操作手柄处于不同位置时，行程开关的工作状态和运动方向。

3）认真识读机床电气控制线路图，熟悉、掌握各个控制环节的原理及作用。

4）X62W 型卧式万能铣床的电气控制与机械结构的配合十分密切，因此要注意电气与机械的相互联系与影响。

四、X62W 型卧式万能铣床常见电气故障现象、可能原因及处理方法

根据 X62W 型卧式万能铣床的检修经验，结合控制线路图，列出其常见故障和处理方法，见表 14－5。

表 14－5　X62W 型卧式万能铣床常见电气故障现象、可能原因及处理方法

故障现象	可 能 原 因	处 理 方 法
主轴电动机停车后出现短时反向旋转的情况	速度继电器的弹簧调得过松，使触头分断过迟	重新调整速度继电器的弹簧，直到符合要求
按下停止按钮后主轴电动机不停	在按下停止按钮后，接触器 KM3 不释放，说明接触器 KM3 主触头熔焊	处理接触器 KM3 被熔焊的主触头或更换接触器 KM3
	在按下停止按钮后，KM3 能释放，KM2 吸合后有“嗡嗡”声，或转速过低，说明制动接触器 KM2 主触头只有两相通电，电动机不会产生反向转矩，使电动机缺相运行	重新接好接触器 KM2 主触头进出线接头，排除反接制动时缺相的问题
	在按下停止按钮后电动机能反接制动，但放开停止按钮后，电动机又再次启动，表明启动按钮在启动电动机 M1 后击穿	更换主轴电动机 M1 的启动按钮
主轴不能变速冲动	主轴变速行程开关 SQ7 位置移动、撞坏或断线	重新安装行程开关 SQ7，或有撞坏或断线现象，予以修复或更换
主轴电动机不能启动	控制电路熔断器 FU3 熔体熔断	更换熔断器 FU3 的熔体
	主轴电动机换相开关 SA4 在停止位置	将主轴电动机换相开关 SA4 转换到合适的位置
	按钮 SB1、SB2、SB3 或 SB4 的触头接触不良	紧固接触不良的按钮接线，修复、清理触头表面的氧化物和污垢
	主轴变速行程开关 SQ7 的动断触头接触不良	紧固行程开关 SQ7 的动断触头的接线，对触头进行修复及清除触头上的氧化物和污垢
	热继电器 FR1 动作，但没能复位	重新调整热继电器 FR1 的触头

续表

故障现象	可 能 原 因	处 理 方 法
主轴电动机停车时没有制动	在按下停止按钮后反接制动接触器 KM2 不能吸合	查找接触器 KM2 线圈不通电的原因并予以处理
	速度继电器的动合触头断开过早	查找速度继电器触头断开过早的原因并予以处理
	速度继电器或按钮支路出现故障，导致在操作主轴变速冲动手柄时有冲动，但主轴电动机停车时没有制动	处理速度继电器或按钮支路
	KM2、*R* 组成的制动回路存在缺两相故障	查找缺两相的原因并予以处理
工作台不能快速进给	由于线头脱落、线圈损坏或机械卡死而导致牵引电磁铁回路不通	如果线头脱落，则接好线；如果线圈烧坏，则更换线圈；如果机械卡死，则查找卡死原因并予以处理
	杠杆卡死或离合器摩擦片间隙调整不当	如果杠杆卡死，查找原因并予以处理；如果离合器摩擦片间隙调整不当，则重新调整离合器的间隙
工作台各个方向都不能进给	控制电路电压可能不正常	用万用表检查各个回路的电压是否正常，若控制电路的电压正常，可扳动手柄到任意运动方向，观察其相关的接触器是否吸合，若吸合则控制电路正常
	控制电路的接触器 KM3、KM4 不能吸合	查明接触器不能吸合的原因并处理
	接触器 KM3、KM4 主触头接触不良	紧固接触器主触头接线，清除表面污垢、氧化物，修复触头
	电动机接线脱落或绕组断路	重新接线或重新绕制、更换电动机绕组
工作台不能向上进给	接触器 KM5 不能动作	查找接触器 KM5 不能动作的原因并处理
	行程开关 SQ4-1 没有接通	查找行程开关 SQ4-1 不能接通的原因并处理
	接触器 KM4 的动断联锁触头接触不良	紧固 KM4 动断联锁触头的接线并清理或修理触头
	手柄位置不正确	查找手柄位置不正确的原因并处理
	机械磨损或位移使操作失灵，导致操作手柄的位置不正确	对机械磨损或位移操作失灵故障进行处理
工作台不能左右进给	纵向或垂直进给不正常，导致进给电动机 M2、主电路、接触器 KM4 和 KM5、行程开关 SQ1 和 SQ2 及与纵向进给相关的公共支路都不正常，因此工作台不能向左或向右进给	首先检查纵向或垂直进给是否正常。如果正常，则进给电动机 M2、主电路、接触器 KM1 和 KM4、SQ1、SQ2 及与纵向进给相关的公共支路都正常；如果不正常则应查 SQ6、SQ4、SQ3 等的动断触头，对有问题的触头进行修理或更换
	SQ6 变速冲动开关，因变速时手柄操作用力过猛而损坏	修复或更换行程开关 SQ6

五、故障检修评分

故障检修前，先设置2～4个故障。故障设置时，不得更改线路或更换不同型号的电器元件，尽量模拟实际使用中造成的自然故障，故障处理完后，要分析产生故障的根本原因，以避免频繁出现相同的故障。检修评分可参照表14-6。

表14-6　X62W型卧式万能铣床故障检修评分表

项目内容	技术要求	配分	评分标准		得分
设备调试	调试步骤正确	10	调试步骤不正确	每步扣2分	
	调试全面	10	调试内容不全面	每项扣3分	
	明确故障现象	10	不能明确故障现象	每个故障点扣3分	
设备操作	机床的操作正确	10	不能正确地操作机床设备	酌情扣1～10分	
故障分析	在电气控制线路图上分析故障范围及产生故障的相关原因	30	错标或标不出故障范围	每个故障点扣5分	
			不能标出最小的故障范围	每个故障点扣5分	
故障排除	正确使用工具和仪表，找出故障点并排除故障	30	排除故障的思路不正确	每个故障点扣3分	
			故障点不能全部查出	每个扣5分	
			故障点不能全部排出	每个扣5分	
			排除故障的方法不正确	每个扣5分	
其　他	排除故障时不能出现失误而扩大故障范围、损坏元器件，且在规定时间内完成任务	从总分中扣除	排除故障时产生新的故障	每个扣5分	
			产生新的故障且不能排除	每个扣10分	
			产生新的故障且损坏元器件	扣20分	
			不按时完成任务	每超过1min扣1分	
	操作规范，符合安全、文明生产要求		操作不规范	扣5分	
			不符合安全、文明生产要求	扣5～20分	
备　注	除其他项外，各项内容的最高扣分不得超过配分数			得分	
开始时间		结束时间			

任务三　验收、展示、总结与评价

一、验收

根据X62W型卧式万能铣床电气控制线路的安装与检修、理论学习情况，对各组分步验收。通过学习验收，对该项目的学习进行总结与评价。

二、学习效果评价

通过该项目的学习，各组根据学习情况及表14-7，集体完成该任务的学习小结，并每组派出代表上台，以各种形式进行汇报、展示，汇报学习成果。各组在进行展示时重点讲解在学习和施工过程中存在的困难和解决的方案，对作品的介绍及演示等方面，全班互动，促进学习效果。

表 14-7　　X62W 型卧式万能铣床学习效果评价表

序号	项目	自我评价			小组评价			教师评价		
		10～8	7～6	5～1	10～8	7～6	5～1	10～8	7～6	5～1
1	学习兴趣									
2	理论学习									
3	施工效果									
4	承担工作表现									
5	学习互动									
6	时间观念									
7	质量成本意识									
8	安全文明生产									
9	创新能力									
10	其他									
总　评										
备　注										

三、学习小结

该项目学习完后，每人根据自己学习过程中的表现、心得体会及教学效果评价，写一份学习小结，为以后的学习积累经验。

四、教师点评与答疑

1. 点评

教师针对这次学习任务的过程及展示情况进行点评，以鼓励为主。

1）找出各组的优点进行点评，表扬学习任务中表现突出的个人或小组。

2）指出展示过程中存在的缺点，以及改进与提高的方法。

3）指出整个学习任务完成过程中出现的亮点和不足，为今后的学习提供帮助。

2. 答疑

在学生整个学习实施过程中，各学习小组都可能会遇到一些问题和困难，教师根据学生在展示时所提出的问题和疑点，先让全班同学一起来讨论问题的答案或解决的方法，如果不能解决，再由教师来进行分析讲解，让学生掌握相关知识。

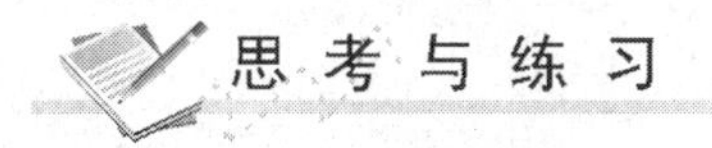

思考与练习

1. 分析 X62W 型卧式万能铣床电力拖动的特点及控制要求。

2. 分析 X62W 型卧式万能铣床电气控制线路的工作原理。

3. X62W 型卧式万能铣床控制线路中采用了哪些机械、电气联锁？为什么要有这些联锁？还有哪些保护措施？

4. X62W 型卧式万能铣床的工作台能在哪几个方向调整位置或进给？它们是如何实现的？

5. 若 X62W 型卧式万能铣床的主轴电动机不能启动，试分析可能会是哪些原因造成的。

6. 若 X62W 型卧式万能铣床工作台在各个方向都不能进给，试分析可能会是哪些原因造成的。

7. 若 X62W 型卧式万能铣床工作台能左右进给，但不能前后、上下进给，试分析可能造成的原因。

8. 若 X62W 型卧式万能铣床工作台能前后、上下进给，但不能左右进给，试分析可能会是哪些原因造成的。

9. X62W 型卧式万能铣床电气控制线路中为什么要设置变速冲动?

10. 若 X62W 型卧式万能铣床工作台不能快速移动，试分析其故障原因。

项目十五　T68型卧式镗床电气控制线路

知识目标

(1) 掌握T68型卧式镗床的主要结构、运动形式及电力拖动要求；
(2) 掌握T68型卧式镗床电气控制原理图的分析方法。

技能目标

(1) 熟悉T68型卧式镗床的用途与基本操作技巧；
(2) 学会正确安装与检修T68型卧式镗床电气控制线路；
(3) 熟悉机床调试与检修的步骤及方法。

素养目标

通过该项目的实施，加深对生产机械电气控制系统的了解，增强动手操作和解决实际问题的能力，培养学生勤于观察、思考、动手、分析、总结问题的良好习惯，树立认真、细致的学习态度，养成自主探究和团结合作的良好意识。

镗床是一种精密加工机床，主要用于加工精确的孔和孔间距离要求较为精确的零件。按照用途的不同，镗床分为卧式镗床、立式镗床、坐标镗床、金刚镗床和专用镗床，其中卧式镗床在生产中应用最多。卧式镗床具有万能特点，它不但能完成孔加工，而且还能完成车削端面及内外圆、铣削平面等。下面以T68型卧式镗床为例进行分析。

任务一　T68型卧式镗床电气控制线路分析

一、T68型卧式镗床的主要结构、型号含义及控制要求

1. T68型卧式镗床的型号含义和主要结构

T68型卧式镗床的型号含义、外形结构如图15-1所示，它主要由床身、前立柱、镗头架、后立柱、尾架、下溜板、上溜板、工作台等部分组成。

T68型卧式镗床的床身是一个整体铸件，在它的一端固定装有前立柱，在前立柱上装有可上下垂直移动的镗头架。镗头架上装有主轴、主轴变速箱、进给箱与操纵机构等部件。切削刀具固定在镗轴前端的锥形孔或平旋盘的刀具溜板上。在镗削加工时，镗轴可一面旋转，一面带动刀具做轴向进给运动。平旋盘只能旋转，装在其上的刀具溜板做径向进给运动。T68型卧式镗床的床身另一端固定装有后立柱，它可沿床身导轨在镗轴轴线方向做水平移动。后立柱导轨上安装有尾座，用来支撑镗轴的末端，尾座与镗头架同时升降，保证两者的

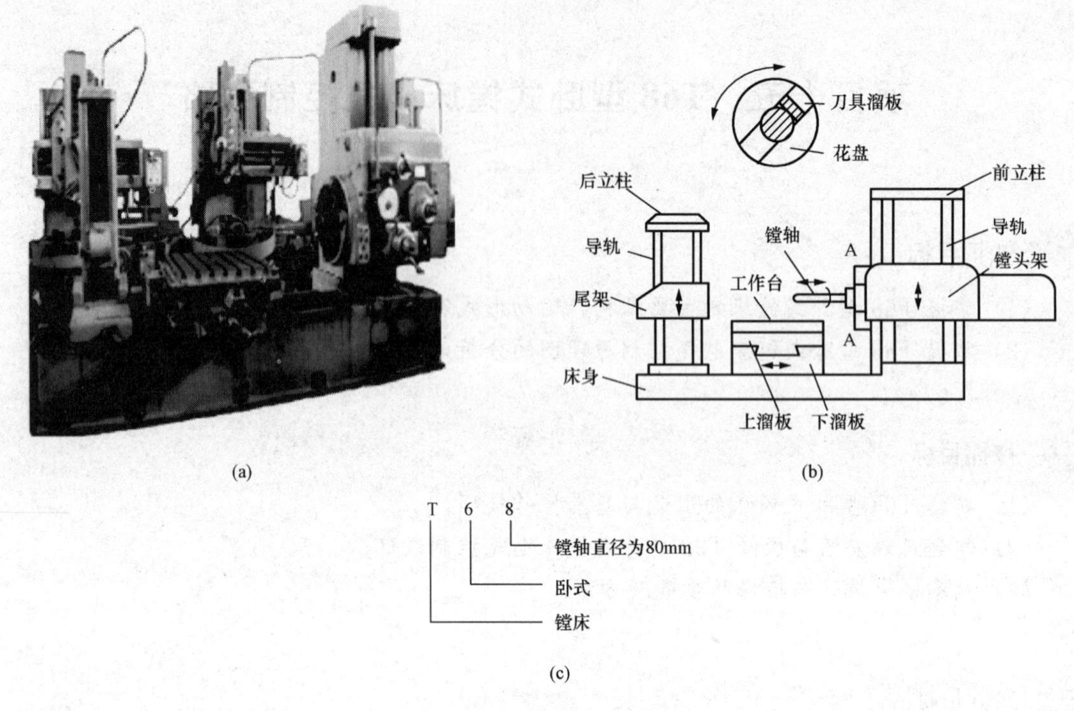

图 15-1　T68 型卧式镗床

(a) 外形图；(b) 外形结构图；(c) 型号含义

轴心在同一水平线上。工作台安装在床身导轨上，同下溜板、上溜板及可转动的工作台组成，工作台可在平行或垂直于镗轴轴线的方向移动，并可绕工作台中心回转。

2. T68 型卧式镗床的运动形式

镗床主要是用镗刀在工件上镗孔的机床，它包括主运动、进给运动和辅助运动。通常，镗刀的高速旋转为主运动，它是指镗轴或平旋盘的旋转运动。镗刀或工件的移动为进给运动，它主要是主轴和平旋盘的轴向进给、镗头架的垂直进给以及工作台的横向和纵向进给。辅助运动包括工作台的回转、后立柱的轴向移动、尾座的垂直移动以及各部分的快速移动等。

3. T68 型卧式镗床对电力拖动的要求

(1) T68 型卧式镗床的主运动和各种常速进给运动都由一台电动机拖动。T68 型卧式镗床快速进给运动由快速进给电动机来拖动。

(2) 主轴应有较大的调速范围，且要求为恒功率调速，通常采用机械与电气相结合的方式进行调速。

(3) 变速时，为使滑移齿轮顺利啮合，控制电路中还设有变速低速冲动环节。

(4) 主轴电动机能进行正反转及低速点动调整，以实现主轴电动机的正反转控制。

(5) 为保证加工精度，要求主轴电动机停车时能够迅速准确，主轴电动机应设有电气制动控制环节。

(6) 由于镗床的运动部件较多，故必须采取必要的联锁与保护措施。

二、T68 型卧式镗床电气控制线路分析

T68 型卧式镗床的电气控制线路如图 15-2 所示。图中 M1 是主轴电动机，它通过变速

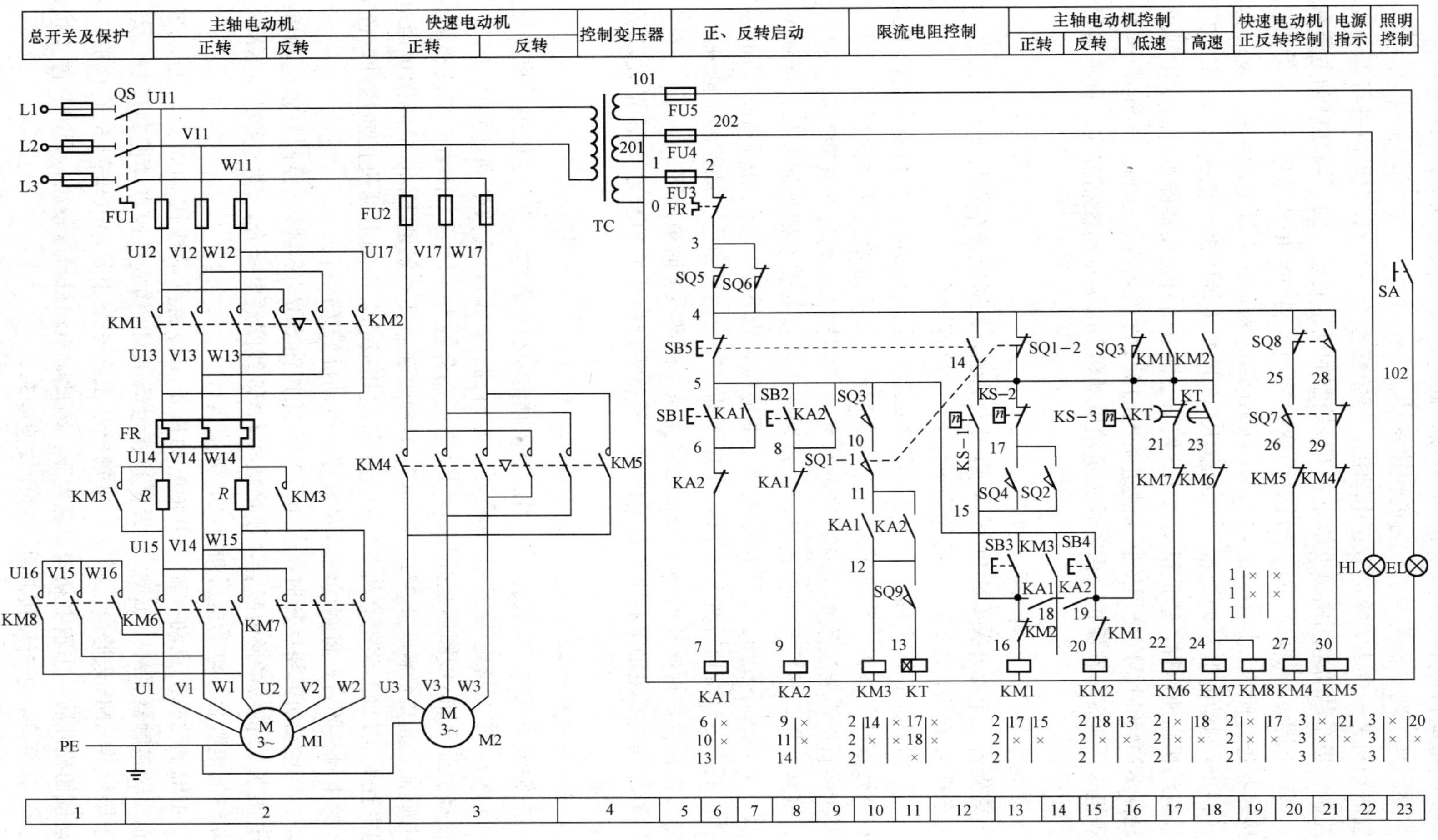

图 15-2　T68 型卧式镗床电气控制线路图

箱等传动机构拖动机床的主运动和进给运动，同时还拖动润滑油泵；M2 是快速移动电动机，它主要用来实现主轴箱与工作台的快速移动。

主轴电动机是一台 4/2 极的双速电动机，绕组接法为△/YY，它可以进行点动或连续正反转的控制，停车制动采用由速度继电器 KS 控制的反接制动。为了限制制动电流和减少机械冲击，M1 在制动、点动及主运动进给的变速冲动控制时均串入电阻 R。主轴电动机 M1 用 5 个接触器进行控制，其中接触器 KM1 和 KM2 分别控制主轴电动机正、反转运行，接触器 KM3 用于制动电阻 R 的短接，接触器 KM6 控制主轴电动机低速运行，KM7 和 KM8 控制主轴电动机高速运行，速度继电器 KS 控制主轴电动机正反转停车时的反接制动。

接触器 KM4 和 KM5 分别控制快速进给电动机 M2 的正反转运行，熔断器 FU2 对快速进给电动机 M2 实现短路保护。由于快速进给电动机 M2 为点动控制方式，故不需要设置过载保护。

1. 主轴电动机启动前的准备工作

(1) 首先合上电源开关 QS（1 区），以引入电源，此时电源指示灯 HL（22 区）亮，然后再合上照明开关 SA（23 区），局部照明灯 EL（23 区）亮。

(2) T68 型卧式镗床主轴变速过程与进给变速过程是相似的，主轴变速控制是由主轴变速手柄控制行程开关 SQ1、SQ2 实现，进给变速控制是由进给变速手柄控制 SQ3、SQ4 实现。镗床在运行中需要进给变速时，将进给变速手柄拉出，此时与其联动的行程开关 SQ3 不受压，SQ4 受压，然后转动变速盘，选择好速度，将变速手柄推回原位，手柄推回原位时 SQ3 受压，SQ4 不受压。若此时手柄推不回原位，则 SQ4 受压。选择好所需的主轴转速和进给量，通常主轴变速行程开关 SQ1 是压下的（动合触头闭合，动断触头断开），只有在主轴变速时才复位。行程开关 SQ2 是在主轴变速手柄推不上时被压下。

(3) 最后调整好主轴箱和工作台的位置。调整后行程开关 SQ5 和 SQ6 的动断触头均应处于接通状态。

2. 主轴电动机的控制

(1) 主轴电动机的正反转控制。当需要主轴电动机正转时，按下主轴电动机正转启动按钮 SB1（6 区），中间继电器 KA1 线圈通电并自锁（7 区），其两个动合触头（10、13 区）闭合，使接触器 KM3 线圈通电并吸合，KM3 的动合触头（14 区）闭合，又使接触器 KM1 线圈通电吸合，其动合触头 KM1（17 区）闭合，进而使接触器 KM6 的线圈也通电吸合。KM6 的主触头（2 区）将电动机 M1 的定子绕组接成△，主轴电动机正向启动，此时接触器 KM3 的主触头闭合，将制动电阻 R 短接，电动机低速运行。

同理，当电动机需要反转时，按下反转启动按钮 SB2（8 区），控制主轴电动机反转的中间继电器 KA2 的线圈通电吸合，使接触器 KM3 线圈通电吸合，随之接触器 KM2、KM6 的线圈相继通电吸合，电动机反向启动，低速运行。

(2) 主轴电动机的点动控制。主轴电动机正反转由点动按钮 SB3（13 区）、SB4（15 区）和正反转接触器 KM1、KM2 以及低速接触器 KM6 构成低速点动控制环节。点动控制时，由于接触器 KM3 未通电，因此，主轴电动机定子绕组是串入电阻 R 后接成△低速启动。点动按钮松开后，主轴电动机自然停车，若此时电动机转速较高，则可将停止按钮 SB6（6、12 区）按到底，进行反接制动，实现快速停车。

(3) 主轴电动机的低/高速转换控制。低速时主轴电动机 M1 的定子绕组接成△，而高速时主轴电动机 M1 的定子绕组接成 YY，转速提高一倍。若电动机处于停车状态，且需要电动机高速启动旋转时，将主轴速度选择手柄 SQ7（20、21 区）打到高速挡位，此时行程开关 SQ9 被压下，其动合触头 SQ9（11 区）闭合，若再按下启动按钮 SB1（6 区），KM1、KM3、KM6 接通，主轴电动机 M1 以△联结低速方式启动，接触器 KM3 线圈通电的同时，通电延时时间继电器 KT 的线圈也通电吸合。经过 1～3s 的延时后，其延时断开的动断触头 KT（17 区）断开，接触器 KM6 线圈失电，主触头断开，主轴电动机脱离电源；同时时间继电器延时闭合的动合触头 KT（18 区）闭合，使接触器 KM7、KM8 通电吸合，KM7、KM8（1、2 区）主触头闭合，将主轴电动机 M1 的定子绕组接成 YY 并重新接通三相电源，从而使主轴电动机由低速启动过渡为高速运行的自动控制。若电动机原来处于低速运转，则只需要将主轴速度选择手柄 SQ7 打到高速挡位，主轴电动机经过 1～3s 的延时后，将自动切换成高速挡运行。

（4）主轴电动机的停车与制动控制。主轴电动机 M1 在运行中可按下停止按钮 SB6 来实现主轴电动机 M1 的停车和制动控制。由停止按钮 SB6（6、12 区）、速度继电器 KS 的动合触头（12、13、16 区）以及接触器 KM1、KM2 和 KM6 构成主轴电动机的正反转反接制动的控制环节。

以主轴电动机 M1 在低速正转运行状态为例，此时 KA1、KM1、KM3、KM6 均通电吸合，速度继电器 KS 的正转动合触头 KS-3（16 区）闭合，为正转反接制动做准备。当按下停车按钮 SB6 时，其动断触头 SB6（6 区）先断开，使 KA1、KM3 断电释放，触头 KA1（13 区）、KM3（14 区）断开，接触器 KM1 线圈断电释放，KM1 主触头（2 区）断开，从而切断了主轴电动机正向电源。而另一触头 SB6（12 区）闭合，经 KS-3（16 区）触头使接触器 KM2 得电吸合，其触头 KM2（18 区）闭合，使接触器 KM6 线圈通电，于是主轴电动机定子绕组串入限流电阻 R 进行反接制动。当电动机转速降低到速度继电器 KS 释放值时，触头 KS-3（16 区）断开，使接触器 KM2、KM6 断电，反接制动过程结束，主轴电动机 M1 停车。

若主轴电动机已在高速正转状态下运行，按下按钮 SB6 后，KA1、KM3、KT 立即断电。随后使接触器 KM1 断电，KM2 通电，同时接触器 KM7、KM8 断电，KM6 通电。于是，主轴电动机定子绕组串入电阻 R，电动机定子绕组接成△，进行反接制动，直到速度继电器 KS 释放，反接制动结束，然后主轴电动机自由停车。

（5）主轴电动机的主轴变速与进给变速控制。T68 型卧式镗床的主运动与进给运动的速度变换，是用变速操作盘来调节改变变速传动系统而得到的。T68 型卧式镗床的主轴变速和进给变速既可在主轴与进给电动机中预选速度，也可在电动机运行过程中进行变速。变速时为便于齿轮的啮合，主轴电动机在连续低速的状态下进行。

1）变速操作过程。主轴变速时，首先将主轴变速操作盘上的操作手柄拉出，然后转动变速盘，选择好速度后，将变速操作手柄推回。在拉出与推回的同时，与变速手柄有联系的行程开关 SQ1 不受压而复位，使 SQ1-1（10 区）断开，SQ1-2（13 区）闭合，在主轴变速操作盘的操作手柄拉出没有推上时，SQ2 被压，其动合触头 SQ2（14 区）闭合。推上手柄时压合情况正好相反。

2）主轴运行过程中的变速控制。主轴在运行过程中需要变速时，可将主轴变速操作手柄拉出，此时行程开关 SQ1-1（10 区）不再受压而断开，使 KM3、KT 线圈断电而释放，接触器KM1（或KM2）线圈也随之断电释放，主轴电动机M1脱离电源而断电，但还会惯性旋转。由于SQ1-2（13区）闭合，而速度继电器的正转动合触头KS-3（16区）或反转动合触头KS-1（12区）早已闭合，所以使接触器KM2（或KM1）、KM6线圈通电吸合，主轴电动机M1在低速状态下串入制动电阻R进行反接制动。当转速下降到速度继电器复位时的转速（约100r/min）时，速度继电器的动合触头KS-1（或KS-3）断开，制动过程结束。此时便可以操作变速操作盘进行变速，变速后，将手柄推回复位，使SQ1受压，而SQ2不受压，SQ1-1（10区）闭合，SQ1-2（13区）、SQ2（14区）断开，使接触器KM3、KM1（或KM2）、KM6的线圈相继通电吸合。电动机按原来的转向启动，而主轴则在新的转速下运行。

变速时，若因齿轮啮合不上，变速手柄推不上时，行程开关SQ2处于被压下的状态，SQ2的动合触头（14区）闭合，速度继电器的动断触头KS-2（13区）也已经闭合，接触器KM1线圈经KM2动断触头（13区）、SQ2的动合触头（14区）、KS-2（13区）、SQ1-2（13区）接通电源，同时接触器KM6通电，电动机定子绕组接成△低速状态串入减压电阻R正向启动。当转速升高到接近120r/min时，速度继电器又动作，KS-2（13区）又断开，接触器KM1、KM6线圈断电释放，主轴电动机M1断电，同时KS-3（16区）闭合，KM2、KM6线圈通电，主轴电动机被反接制动。当转速降到100r/min时，速度继电器复位，KS-3（16区）断开，KS-2（13区）再次闭合，使接触器KM1、KM6线圈通电而再次吸合，主轴电动机M1在低速状态下串入减压电阻R启动。由此主轴电动机M1在100～120r/min的转速范围内重复动作，直到齿轮啮合完好后，主轴变速手柄推上、SQ2不被压、SQ1被压为止，触头SQ1-2（13区）断开，SQ2（14区）断开，变速冲动过程结束。

如果变速前主轴电动机处于停止状态，则变速后主轴电动机也处于停止状态；如果变速前主轴电动机处于低速运转状态，则由于中间继电器KA1或KA2仍处于通电状态，变速后主轴电动机仍会返回到△联结的低速运转状态；如果电动机变速前处于高速正转状态，那么变速后，主轴电动机仍先接成△，经过延时后，才变为YY高速正转状态。

进给变速控制和主轴变速控制过程相同，只是拉开进给变速手柄时，与其联动的行程开关是SQ3、SQ4。当手柄拉出时，SQ3不被压，SQ4被压；手柄推上复位时，SQ3被压而SQ4不被压。

3. 快速进给电动机的控制

为缩短辅助时间，机床各部件的快速移动，由快速移动操作手柄控制，通过快速移动电动机M2拖动。运动部件及其运动方向的确定由装设在工作台前方的操作手柄操作，而控制则用镗头架上的快速操作手柄控制。当将快速移动手柄向里推时，压合行程开关SQ7（20、21区），接触器KM4线圈（20区）通电吸合，快速进给电动机M2正转，通过齿轮、齿条等机械机构实现正向快速移动。松开操作手柄，SQ7复位，接触器KM4线圈断电释放，快速进给电动机M2停转。反之，将快速进给操作手柄向外拉时，压下行程开关SQ8（20、21区），接触器KM5（21区）线圈通电吸合，进给电动机M2反向启动，实现快速反向移动。

4. T68型卧式镗床的联锁保护

T68型卧式镗床的运动部件较多，为防止机床或刀具损坏，保证主轴进给和工作台进给不能同时进行，将行程开关SQ5（6区）、SQ6（7区）并联接在主轴电动机M1和进给电动机M2的控制电路中。SQ5（6区）是与工作台和镗头架自动进给手柄联动的行程开关，当手柄操作工作台和镗头架进给时，SQ5（6 区）受压，其动断触头断开。SQ6（7 区）是与主轴和平旋盘刀架自动进给手柄联动的行程开关，当手柄操作主轴和平旋盘刀架自动进给时，SQ6 受压，其动断触头 SQ6（7 区）断开。而主轴电动机 M1、快速进给电动机 M2，必须在 SQ5、SQ6 中至少有一个处于闭合状态下才能工作，如果两个手柄都处于进给位置，则 SQ5、SQ6 都断开，将控制电路切断，使主轴电动机停止，快速进给电动机也不能启动，从而实现联锁保护。

任务二　T68 型卧式镗床控制线路的安装

一、施工准备

（1）熟悉 T68 型卧式镗床的主要结构及运动形式，了解各种工作状态及各操作手柄、按钮、开关的作用，能对 T68 型卧式镗床进行简单的操作。

（2）制定施工计划。

（3）根据原理图（见图 15-2）绘制布置图、接线图。

（4）根据图 15-2，列出安装 T68 型卧式镗床所需要的工具、仪表、器材及元件清单。

1）工具：电工刀、验电笔、斜口钳、剥线钳、尖嘴钳、活动扳手、大小螺钉旋具等。

2）仪表：万用表、钳形电流表、兆欧表。

3）器材：控制用木板、走线槽、各种规格的软导线、紧固体、金属软管、编码套管等。

4）元件清单：见表 15-1。

表 15-1　T68 型卧式镗床电器元件清单

序号	代号	名称	型号	规　格	数量
1	M1	主轴电动机	JO2—51—4/2	5.5/7.5kW、1440/2880r/min	1
2	M2	快速进给电动机	JO2—32—4	3W、1430r/min	1
3	KM1～KM8	交流接触器	CJ0—40	40A、127V	8
4	FU1	熔断器	RL1—60	熔断器 60A、熔体 40A	3
5	FU2	熔断器	RL1—30	熔断器 30A、熔体 15A	3
6	FU3、FU4、FU5	熔断器	RL1—15	熔断器 15A、熔体 2A	3
7	FR	热继电器	JR10—40/3	整定电流 16A	1
8	KT	时间继电器	JS7—2A	线圈电压 127V、整定时间 3s	1
9	SB5	按钮	LA2	复合按钮、5A、500V	1
10	SB1～SB4	按钮	LA2	5A、500V	3
11	SQ1～SQ6	行程开关	KX1—11K	开启式	6
12	SQ7～SQ9	行程开关	KX1—11K	自动复位	3
13	QS	组合开关	HD2—60—3	60A、三极	1
14	SA	开关		照明灯开关	1
15	TC	控制变压器	JKB2—100	380V/127V/24V/6V	1

续表

序号	代号	名称	型号	规　格	数量
16	EL	照明灯	K—2	24V、40W、螺口	1
17	HL	指示灯	DX1	绿色、6V、0.15A	1
18	*R*	制动电阻	ZB2—0.9	0.9Ω	1
19	KS	速度继电器	JY1	380V、2A	1

二、现场施工与调试

1. T68 型卧式镗床电气控制线路的安装

（1）根据表 15-1 配齐所需电气设备和电器元件，备齐工具、仪表及材料。

（2）根据小组施工计划，进行 T68 型卧式镗床电气控制线路的安装。

（3）安装完后，根据电动机功率调整好热继电器的整定值，检查速度继电器的三对触头接线是否正确，调整好时间继电器 KT 的整定值，检查接地线接地是否接好。

（4）自检合格后，再由小组验收，然后交教师验收。验收通过后，再进行通电试车。

2. 电气调试

（1）接通电源，合上电源开关 QS。

（2）将主轴变速手柄置于低速挡，按下启动按钮 SB1，启动主轴电动机 M1，观察主轴电动机在低速时的旋转方向是否为正转；再按下 SB6，停止正转；然后再按下 SB2 观察主轴电动机是否是反转。

（3）将主轴变速手柄置于高速挡，按下启动按钮 SB1，启动主轴电动机 M1，观察主轴电动机在低速启动时的旋转方向，当主轴电动机由低速启动进入高速运行时，观察主轴在高速时的旋转方向与低速时的旋转方向是否相一致。如果不一致，则调换电源相序，使主轴电动机低、高速的旋转方向相一致。

（4）制动的检查。将主轴手柄扳到低速挡，按下启动按钮 SB1，使主轴电动机启动并达到额定转速。然后按下按钮 SB6，主轴电动机应迅速制动停车。如果不能有效制动，有可能是速度继电器的两对动合触头 KS-1、KS-3 的接线相互错误，需进行对调。

（5）在主轴电动机停止状态进行主轴变速。观察主轴变速时是否有冲动现象，如果没有冲动，则检查、调整主轴变速冲动开关 SQ2 的位置。

（6）在主轴电动机停止状态进行进给变速。观察进给变速时是否有冲动现象，如果没有冲动，则检查、调整进给变速冲动开关 SQ4 的位置。

（7）先切断主轴电动机 M1 的电源，再将工作台进给操作手柄扳到工作台自动进给位置，同时将镗轴进给操作手柄扳到自动进给位置。此时按下启动按钮 SB1 或 SB2，控制电路中的接触器都不能动作。如果动作，应调整 SQ5、SQ6 的位置，直到不动作为止。

（8）将快速进给手柄扳到正向（反向）移动，观察快速进给移动方向是否符合要求。如果与要求方向相反，对调快速进给电动机 M2 的相序。

三、注意事项

（1）要充分了解 T68 型卧式镗床控制电气线路的工作原理，观察和熟悉工作过程，能对 T68 型镗床进行简单操作。

（2）熟悉电器元件的安装位置、走线情况以及各操作手柄处于不同位置时位置开关的工作状态以及运动方向。

（3）T68型卧式镗床的电气控制与机械动作的配合十分密切，因此在出现故障时应注意电器元件的安装位置是否移位。

（4）修复故障恢复正常时，要能找出产生故障的原因，进而消除，以避免频繁出现相同的故障。

（5）主轴变速手柄拉出后主轴电动机不能冲动，或变速完毕，合上手柄后主轴电动机不能自动启动。

（6）通电现场，必须做好安全保障措施。

四、评分标准（见表15-2）

表15-2　　T68型卧式镗床施工评分标准

<table>
<tr><th>项目内容</th><th>配分</th><th colspan="4">评　分　标　准</th><th>得分</th></tr>
<tr><td rowspan="2">装前检查</td><td rowspan="2">10</td><td colspan="3">（1）电动机质量检查</td><td>每漏一处扣5分</td><td rowspan="2"></td></tr>
<tr><td colspan="3">（2）电器元件漏查或错检</td><td>每处扣2分</td></tr>
<tr><td rowspan="3">器材选用</td><td rowspan="3">10</td><td colspan="3">（1）导线选用不符合要求</td><td>扣5分</td><td rowspan="3"></td></tr>
<tr><td colspan="3">（2）穿线管选用不符合要求</td><td>扣3分</td></tr>
<tr><td colspan="3">（3）编码套管等附件选用不符合要求</td><td>扣2分</td></tr>
<tr><td rowspan="5">元件安装</td><td rowspan="5">20</td><td colspan="3">（1）控制板内部电器元件安装不符合要求</td><td>每处扣2分</td><td rowspan="5"></td></tr>
<tr><td colspan="3">（2）控制板外部电器元件安装不牢固</td><td>每处扣2分</td></tr>
<tr><td colspan="3">（3）损坏电器元件</td><td>每个扣5分</td></tr>
<tr><td colspan="3">（4）电动机安装不符合要求</td><td>每台扣5分</td></tr>
<tr><td colspan="3">（5）导线通道敷设不符合要求</td><td>每处扣3分</td></tr>
<tr><td rowspan="4">布线</td><td rowspan="4">30</td><td colspan="3">（1）不按控制电路原理图、接线图接线</td><td>每处扣5分</td><td rowspan="4"></td></tr>
<tr><td colspan="3">（2）控制板上导线敷设不符合要求</td><td>每根扣1分</td></tr>
<tr><td colspan="3">（3）控制板外部导线敷设不符合要求</td><td>每根扣1分</td></tr>
<tr><td colspan="3">（4）漏接接地线</td><td>扣10分</td></tr>
<tr><td rowspan="4">通电试车</td><td rowspan="4">30</td><td colspan="3">（1）热继电器、时间继电器整定错误</td><td>每个扣4分</td><td rowspan="4"></td></tr>
<tr><td colspan="3">（2）熔体规格选用不当</td><td>每个扣5分</td></tr>
<tr><td colspan="3">（3）通电试车操作不熟练</td><td>扣5～10分</td></tr>
<tr><td colspan="3">（4）通电试车不成功</td><td>扣5～20分</td></tr>
<tr><td colspan="2">安全、文明生产</td><td colspan="3">违反安全文明生产规程，该项从总分中扣分</td><td>扣5～30分</td><td></td></tr>
<tr><td>定额时间</td><td colspan="6">12h，每超过10min扣5分，该项扣分不超过30分</td></tr>
<tr><td>备　　注</td><td colspan="4">除定额时间外，各项内容的最高扣分不得超过配分分数</td><td>成绩</td><td></td></tr>
<tr><td>开始时间</td><td colspan="2"></td><td>结束时间</td><td></td><td>实际时间</td><td></td></tr>
</table>

五、T68型卧式镗床常见电气故障现象、可能原因及处理方法

根据T68型卧式镗床的检修经验，结合图15-2，将其常见故障和处理方法列入表15-3中。

表 15 - 3　　T68 型卧式镗床常见电气故障现象、可能原因及处理方法

故障现象	原因分析	处理方法
主轴电动机的实际转速比转速表指示转速增加一倍或减少一半	行程开关 SQ9 安装调整不当	重新安装调整行程开关 SQ9
主轴变速手柄拉出后，主轴电动机不能产生冲动	行程开关 SQ1-1（10 区）的动合触点由于质量不佳或绝缘被击穿，无法断开	更换损坏的行程开关
	行程开关 SQ1、SQ2 由于安装不牢固、位置偏移、触头接触不良等原因，触头 SQ1-2（13 区）、SQ2（14 区）不能闭合，这样使变速手柄拉出后，主轴电动机 M 或能反接制动，但到转速为 0 时，不能进行低速冲动	将行程开关 SQ1、SQ2 安装牢固，或修复行程开关 SQ1、SQ2 的触头
	速度继电器 KS 的动断触头 KS-2（13 区）不能闭合	查找速度继电器 KS-2 不能闭合的原因，予以处理
主轴电动机不能制动	速度继电器 KS 损坏，其正转动合触头 KS-3（16 区）、反转动合触头 KS-1（12 区）不能闭合	修理或更换速度继电器 KS
	接触器 KM1（15 区）或 KM2（13 区）的动断触头接触不良	修复接触器 KM1 或 KM2 的动断触头
主轴或进给变速时手柄拉开不能制动	主轴变速行程开关 SQ1 或进给变速行程开关 SQ3 的位置移动，以致主轴变速手柄拉开时 SQ1 或进给变速行程开关 SQ3 不能复位，即 SQ1-2（13 区）或 SQ3-2（16 区）不能闭合	重新调整行程开关 SQ1 和 SQ3，使其安装在合理位置
主轴电动机的转速没有低速挡或没有高速挡	行程开关 SQ9（11 区）的安装位置移动，造成 SQ9 始终处于接通或者断开的状态	重新安装调整行程开关 SQ9
	时间继电器 KT 或行程开关 SQ9 的触头接触不良或接线脱落，使主轴电动机只有低速没有高速；若 SQ9 始终处于接通状态，则主轴电动机只有高速没有低速	修复行程开关 SQ9 或时间继电器 KT 的触头，紧固接线
在机床安装接线后进行调试时产生双速电动机的电源进线错误	将三相电源在高速运行和低速运行时都接成同相序，造成电动机在高速运行时的转向与低速运行时的转向相反	重新引入三相电源线，注意区别高、低速接线
	电动机在△接法时，三相电源从 U2、V2、W2 引入，而 YY 接线时，三相电源从 U1、V1、W1 引入，导致电动机不能启动，使电动机发出嗡嗡声，并使熔断器熔断	重新引入三相电源线，对熔断的熔体进行更换

六、故障检修评分

故障设置时，由教师或小组成员设置 2～4 个故障点，设置故障时应充分考虑故障设置后对控制线路的影响，不能引起短路等故障，不能通电后引起故障范围扩大或有不安全的因素，不得更改线路或更换电器元件，尽量模拟实际使用中造成的自然故障。故障处理完后，要分析产生故障的根本原因，以避免频繁出现相同的故障。检修评分可参照表 15-4。

表 15-4　T68 型卧式镗床故障检修评分表

项目内容	技术要求	配分	评分标准		得分
设备调试	调试步骤正确	10	调试步骤不正确	每步扣 1 分	
	调试全面	10	调试内容不全面	每项扣 3 分	
	明确故障现象	10	不能明确故障现象	每个故障点扣 3 分	
设备操作	机床的操作正确	10	不能正确地操作机床设备	酌情扣 1～10 分	
故障分析	在电气控制线路原理图上分析故障范围及产生故障的相关原因	30	错标或标不出故障范围	每个故障点扣 5 分	
			不能标出最小的故障范围	每个故障点扣 2 分	
故障排除	正确使用工具和仪表，找出故障点并排除故障	30	排除故障的思路不正确	扣 3～15 分	
			故障点不能全部查出	每个扣 10 分	
			故障点不能全部排出	每个扣 5 分	
			排除故障的方法不正确	每个扣 2 分	
其他	排除故障时不能出现失误而扩大故障范围、损坏元器件，且在规定时间内完成任务	从总分中扣除	排除故障时产生新故障但能修复	每个扣 5 分	
			产生新的故障且不能排除	每个扣 10 分	
			产生新的故障且损坏元器件	扣 20 分	
			不按时完成任务	每超过 1min 扣 1 分	
安全、文明生产	操作规范，符合安全、文明生产要求		操作不规范	扣 5 分	
			不符合安全、文明生产要求	扣 5～10 分	
备注	除其他项外，各项内容的最高扣分不得超过配分			成绩	
开始时间		结束时间			

任务三　验收、展示、总结与评价

一、验收

根据 T68 型镗床电气控制线路的安装与检修及理论学习情况，分步进行验收。通过学习验收环节，对该项目的学习进行归纳与小结，为今后学习积累经验。

二、学习效果评价

通过该项目的学习，各组根据学习情况，集体完成该任务的学习小结，制作汇报展示材料，然后每组派出代表上台汇报、展示。各组在进行展示时重点讲解在学习和施工过程中存在的困难和解决的方案，对作品的介绍及演示等方面，全班互动，促进学习效果。参照表

15-5进行学习效果评价。

表15-5 一体化教学效果评价表

序号	项目	自我评价			小组评价			教师评价		
		10~8	7~6	5~1	10~8	7~6	5~1	10~8	7~6	5~1
1	学习主动性									
2	遵守纪律									
3	安全文明生产									
4	学习参与程度									
5	时间观念									
6	团队合作精神									
7	线路安装工艺									
8	质量成本意识									
9	改进创新效果									
10	学习表现									
总评										
备注										

三、教师点评与答疑

1. 点评

教师针对这次学习活动的过程及展示情况进行点评，以鼓励为主。

1）找出各组的优点进行点评，表扬学习任务中表现突出的个人或小组。

2）指出展示过程中存在的缺点，以及改进与提高的方法。

3）指出整个学习任务完成过程中出现的亮点和不足，为今后的学习提供帮助。

2. 答疑

在学生整个学习实施过程中，各学习小组都可能会遇到一些问题和困难，教师根据学生在展示时所提出的问题和疑点，先让全班同学一起来讨论问题的答案或解决的方法，如果不能解决，再由教师来进行分析讲解，让学生掌握相关知识。

思考与练习

1. 分析T68型卧式镗床电力拖动的特点及控制要求。

2. 分析T68型卧式镗床电气控制线路的工作原理。

3. 速度继电器触头KS-1（12区）、KS-2（13区）在电路中起什么作用？若把KS的动合触头与动断触头接反，电路会出现什么故障现象？

4. 在T68型卧式镗床主轴电动机停车制动的控制过程中，分析主轴电动机不能制动的原因可能有哪些。

5. 在分析 T68 型卧式镗床电气控制线路中，若把延时继电器 KT 的动合触头（18 区）与动断触头（17 区）位置接错，电路会出现什么现象？试分析。

6. 在 T68 型卧式镗床的主轴电动机高—低速转换的控制中，如何保证主轴电动机的高—低速转换后，主轴电动机的旋转方向不变？

项目十六 机床电气控制系统设计

知识目标

（1）掌握机床电气控制系统设计的基本原则和设计程序；

（2）掌握机床电气控制系统的一般设计方法与设计步骤；

（3）常用电器元件选择与使用。

技能目标

（1）能根据控制要求，完成一般机床控制系统的设计；

（2）能根据所设计的控制线路，正确地进行安装、调试与检修。

素养目标

通过机床电气控制系统设计项目的实施，能正确地分析电气控制线路图的工作原理，进行控制线路的安装、调试与检修，在此基础上，能根据控制要求，设计出一般的电气控制线路，系统地掌握电气控制线路的设计、安装、调试、检修技能。

任务一 机床电气控制系统设计的基本原则和设计程序

生产机械种类繁多，其电气控制方案各异，但电气控制系统的设计原则和设计方法基本相同。设计工作的首要问题是树立正确的设计思想和工程实践的观点，它是高质量完成设计任务的基本保证。

一、电气控制系统设计的基本任务、内容

电气控制系统设计的基本任务是根据控制要求设计、编制出设备制造和使用维修过程中所必需的图样、资料等。图样包括电气原理图、电气系统的组件划分图、元器件布置图、安装接线图、电气箱图、控制面板图、电器元件安装底板图和非标准件加工图等，另外还要编制外购件目录、单台材料消耗清单、设备说明书等文字资料。

电气控制系统设计的内容主要包含原理设计与工艺设计两个部分，设计内容主要有：

1. 原理设计内容

电气控制系统原理设计的主要内容包括：

1）拟订电气设计任务书。

2）确定电力拖动方案，选择电动机。

3）设计电气控制原理图，计算主要技术参数。

4）选择电器元件型号参数，列出元器件明细清单。

5）编写设计说明书。

电气原理图是整个设计的中心环节，它为工艺设计和制订其他技术资料提供依据。

2. 工艺设计内容

进行工艺设计主要是为了便于组织电气控制系统的制造，从而实现原理设计提出的各项技术指标，并为设备的调试、维护与使用提供相关的图样、资料。工艺设计的主要内容有：

1）设计电气总布置图、总安装图与总接线图。

2）设计组件布置图、安装图和接线图。

3）设计电气箱、操作台及非标准元件。

4）列出元件清单。

5）编写使用维护说明书。

二、电气控制系统设计的一般步骤

1. 拟订设计任务书

设计任务书是整个电气控制系统的设计依据，又是设备竣工验收的依据。设计任务的拟定一般由技术领导部门、设备使用部门和任务设计部门共同完成。电气控制系统的设计任务书中，主要包括以下内容：

1）设备名称、用途、基本结构、动作要求及工艺过程介绍。

2）电力拖动的方式及控制要求等。

3）电气联锁、各种保护要求。

4）自动化程度、稳定性及抗干扰要求。

5）操作台、照明、信号指示、报警方式等要求。

6）设备验收标准。

7）其他要求。

2. 确定电力拖动方案

电力拖动方案的选择是电气控制系统设计的主要内容之一，也是以后各部分设计内容的基础和先决条件。

所谓电力拖动方案是指根据零件加工精度、加工效率要求、生产机械的结构、运动部件的数量、运动要求、负载性质、调速要求以及投资额等条件去确定电动机的类型、数量、传动方式以及拟订电动机启动、运行、调速、旋转方向、制动等控制要求。电力拖动方案的确定主要从以下几个方面考虑：

（1）拖动方式的选择。电力拖动方式分独立拖动和集中拖动。电气传动的趋势是多电动机拖动，这不仅能缩短机械传动链，提高传动效率，而且能简化总体结构，便于实现自动化。具体选择时，可根据工艺与结构决定电动机的数量。

（2）调速方案的选择。大型、重型设备的主运动和进给运动，应尽可能采用无级调速，有利于简化机械结构、降低成本；精密机械设备为保证加工精度也应采用无级调速；对于一般中小型设备，在没有特殊要求时，可选用经济、简单、可靠的三相笼型异步电动机。

（3）电动机调速性质要与负载特性适应。对于恒功率负载和恒转矩负载，在选择电动机调速方案时，要使电动机的调速特性与生产机械的负载特性相适应，这样可以使电动机得到充分合理的应用。

3. 拖动电动机的选择

电动机的选择主要有电动机的类型、结构形式、容量、额定电压与额定转速。电动机选择的基本原则是：

1）根据生产机械调速的要求选择电动机的种类。

2）工作过程中电动机容量要得到充分利用。

3）根据工作环境选择电动机的结构形式。

应强调的是：在满足设计要求情况下要优先考虑采用结构简单、价格便宜、使用维护方便的三相交流异步电动机。

正确选择电动机容量是电动机选择中的关键问题。电动机容量计算有两种方法：一种是分析计算法，另一种是统计类比法。分析计算法是按照机械功率估计电动机的工作情况，预选一台电动机，然后按照电动机实际负载情况做出负载图，根据负载图校验温升情况，确定预选电动机是否合适，不合适时再重新选择，直到电动机合适为止。

电动机容量的分析计算在电动机的有关资料中有详细介绍，这里不再讲解。

在比较简单、无特殊要求、生产数量又不多的电力拖动系统中，电动机容量的选择往往采用统计类比法，或者根据经验采用工程估算的方法来选用，通常选择较大的容量，预留一定的裕量。

4. 选择控制方式

控制方式要实现拖动方案的控制要求。随着现代电气技术的迅速发展，生产机械电力拖动的控制方式从传统的继电接触器控制向 PLC 控制、CNC 控制、计算机网络控制等方面发展，控制方式越来越多。控制方式的选择应在经济、安全的前提下，最大限度地满足工艺的要求。

5. 设计电气原理图

设计电气控制原理图，并合理选用元器件，列出元器件明细清单。

6. 设计施工图

设计电气设备的各种施工图纸。

7. 编写说明书

编写设计说明书和使用说明书。

三、电气控制系统设计的基本原则

一般来说，当生产机械的电力拖动方案和控制方案确定以后，即可以进行电气控制线路的具体设计工作。对于不同的设计人员，由于其自身知识的广度、深度以及设计思路的不同，所设计的电气控制线路的形式灵活多变。因此，若要设计出满足生产工艺要求最合理的设计方案，就要求电气设计人员必须不断地扩展自己的知识面、开阔思路、总结经验。电气控制系统的设计一般应遵循以下原则：

1. 最大限度的实现生产机械和工艺对电气控制系统的要求

电气控制系统是为整个生产机械设备及其工艺过程服务的。因此，在设计之前，首先要弄清楚生产机械设备需满足的生产工艺要求，对生产机械设备的整个工作情况做全面细致的了解，同时深入现场调查研究，收集资料，并结合技术人员及现场操作人员的经验，为设计电气控制线路做准备。

2. 在满足生产工艺要求的前提下力求使控制线路简单、经济

(1) 尽量选择标准电器元件，尽量减少电器元件的数量，尽量选用相同型号的电器元件以减少备用品的数量，方便维护。

(2) 尽量选用标准的、常用的或经过实践检验的典型环节及基本电气控制线路。

(3) 尽量减少不必要的触头，以简化电气控制线路。

在满足生产工艺要求的前提下，使用的电器元件越少，电气控制线路中所涉及的触头数量也越少，因而控制线路就越简单，同时还可以提高控制线路工作的可靠性，降低故障率。

减少触头数目常用的方法有以下几种：

1) 合并同类触头。在图 16-1 中，图 16-1 (a)、(b) 两图实现的控制功能完全相同，但图 16-1 (b) 比图 16-1 (a) 少了一对触头。合并同类触头时应注意所用触头的容量应大于两个线圈电流之和。

2) 利用转换触头。利用具有转换触头的中间继电器将两对触头合并成一对转换触头，如图 16-2 所示。

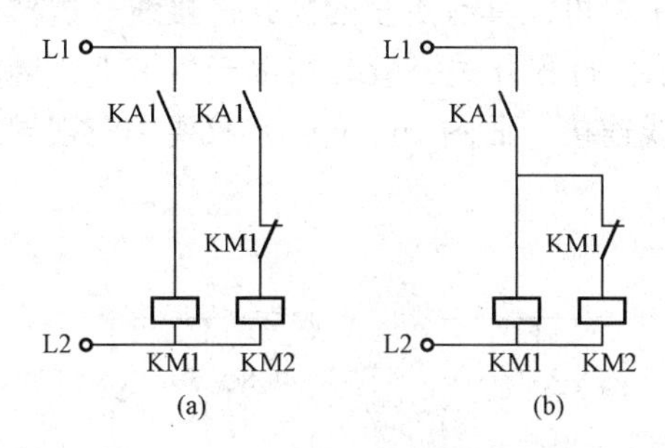

图 16-1　同类触头的合并

(a) 原设计线路；(b) 合并后的线路

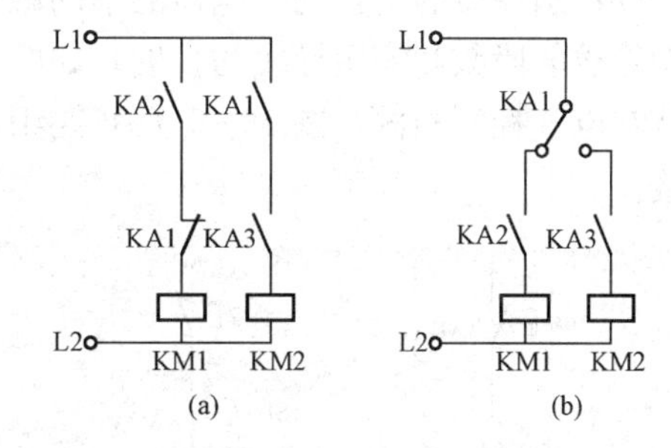

图 16-2　具有转换触头的中间继电器应用

(a) 原设计线路；(b) 优化后的线路

3) 利用半导体二极管的单向导电性减少触点数目。如图 16-3 所示。利用二极管的单向导电性可减少一个触头。这种方法只适用于控制线路所用的电源为直流电源的场合，在使用中还要注意电源的极性和电压的大小。

4) 利用逻辑代数的方法来减少触头的数目。如图 16-4 所示，图 16-4 (a) 中含有的触头数目为 5 个，其逻辑代数表达式为

$$K=A\overline{B}+A\overline{B}C$$

经逻辑化简后为

$$K=A\overline{B}$$

这样就可以将原图简化为只含有两个触头的线路，如图 16-4 (b) 所示。

(4) 尽量减少连接导线的数量和缩短导线的长度。在设计电气控制线路时，应根据实际环境情况，合理考虑并安排各种电气设备和电器元件的位置及实际连线，以保证各种电气设备和线路元件之间的连接导线数量最少，导线的长度尽可能短。

在图 16-5 中，仅从控制线路上分析，没有什么不同，但若考虑实际接线，图 16-5 (a) 的接线就不合理。因为按钮装在操作台上，接触器装在控制柜内，按图 16-5 (a) 的接法从控制柜到操作台需要引出四根导线。图 16-5 (b) 的接线更合理些，因为它将启动按钮和停止按钮直接相连，从而保证了两个按钮之间的距离最短，连线也最短，此时从控制柜到

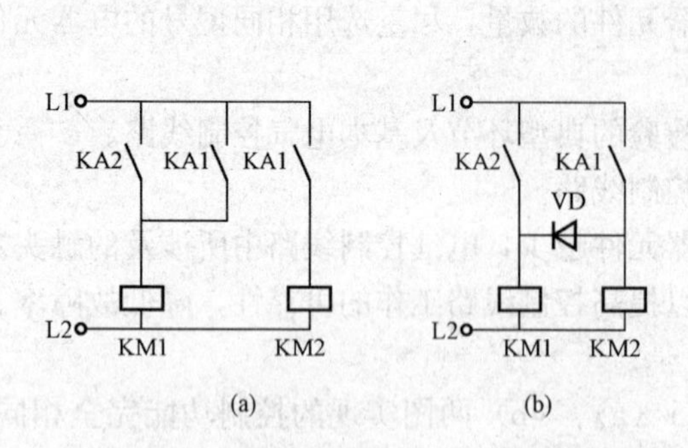

图 16-3 利用二极管简化控制线路

(a) 原设计图；(b) 简化后的线路图

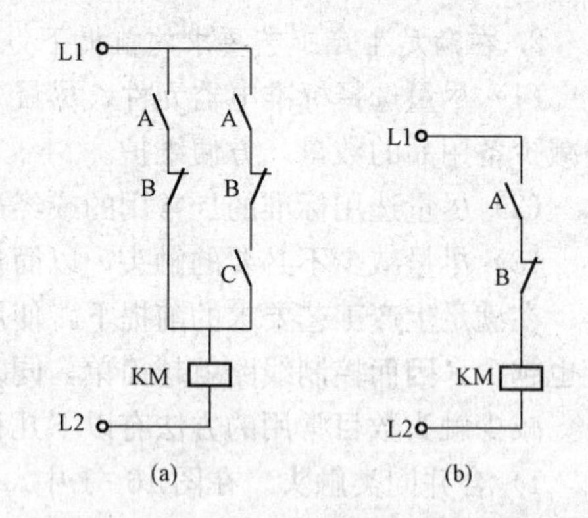

图 16-4 利用逻辑代数化简减少触头

(a) 原设计图；(b) 简化后的线路图

操作台只需引出三根导线。所以，一般都将启动按钮和停止按钮直接连接。

要特别注意的是：同一电器的不同触点在线路中尽可能具有更多的公共连接线，这样可减少导线的段数和缩短导线的长度，如图 16-6 所示。行程开关一般装在生产机械上，继电器装在电气控制柜内，图 16-6（a）要用四根长导线连接，而图 16-6（b）只要用三根导线连接。

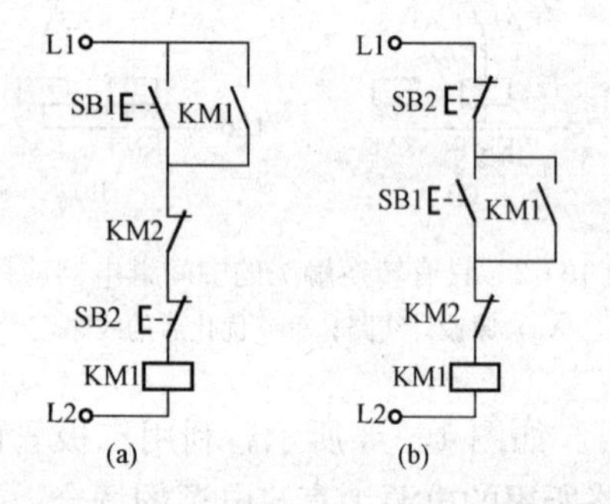

图 16-5 减少导线数量和缩短导线的长度

(a) 不合理的设计图；(b) 合理的线路图

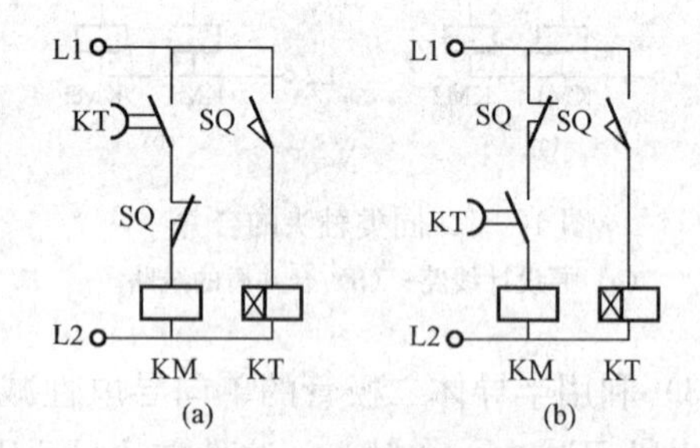

图 16-6 减少导线的数量

(a) 不合理的设计图；(b) 减少导线的线路图

（5）控制线路在工作时，除必要的电器元件必须通电外，其余的尽量不通电以节约电能，延长电器元件的使用寿命，图 16-7 所示是三相异步电动机定子绕组串接电阻减压启动控制线路图。图 16-7（a）在接触器 KM2 得电后，接触器 KM1 和时间继电器 KT 就失去了作用，不必再继续通电。若改成图 16-7（b），KM2 得电后，切断了 KM1 和 KT 的电源，控制线路就更为合理。

3. 保证电气控制线路工作的可靠性

保证电气控制线路工作的可靠性，最主要的是选择可靠的电器元件。同时，在具体的线路设计时要注意以下几点：

（1）正确连接电器元件的触头。同一电器元件的动合和动断触头靠得很近，如果它们分别接在不同的相线上，当触头接通或断开产生电弧时，可能会在两触头间形成飞弧造成两相电源的短路。如图 16-8 所示。图 16-8（a）所示线路中限位开关 SQ1 的动合触头 SQ1-1 接在电源 L2 相线上，动断触头 SQ1-2 接在电源的 L1 相线上。如果改画成图 16-8（b）的形

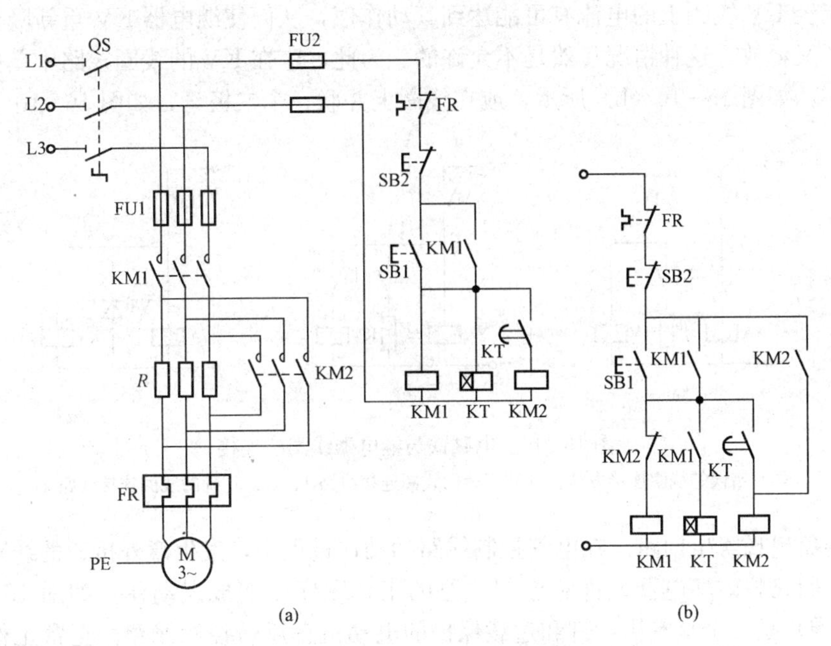

图 16 - 7　减少通电电器元件数目

（a）原设计线路；（b）改进后的控制电路

式，则由于两端的电位相同，不会造成电源短路。因此，在控制线路设计时，应将分布在线路不同位置的同一电器触头尽量接到同一个极或尽量共接同一等电位点，以避免引起短路。

（2）正确连接电器的线圈。

1）在交流控制线路中不允许串联接入两个电器元件的线圈，即使外加电压是两个线圈额定电压之和，也绝不允许，如图 16 - 9 所示。这是因为每个线圈上所分配到的电压与线圈的阻抗成正比，而两个电器元件的动作总是有先后之分，不可能同时动作。若接触器 KM1 先吸合，则线圈的电感量显著增加，其阻抗比未吸合的接触器 KM2 阻抗大，因此在 KM1 线圈上的压降增大，而使 KM2 的线圈电压达不到动作电压值，此时，KM2 线圈电流增大，有可能将线圈烧毁。

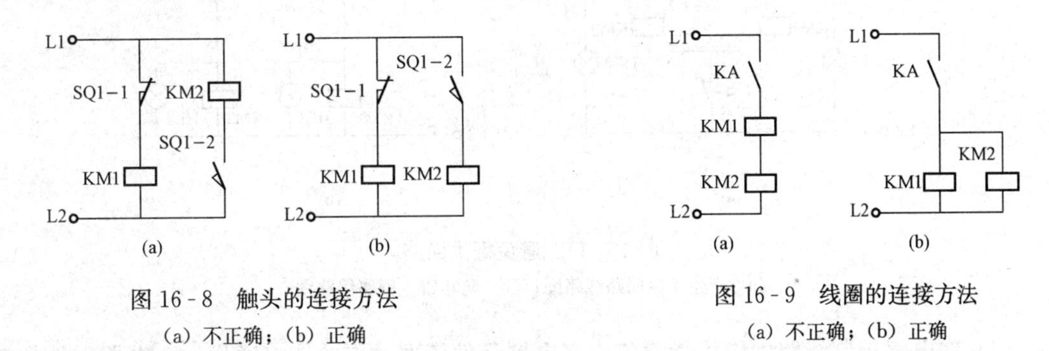

图 16 - 8　触头的连接方法

（a）不正确；（b）正确

图 16 - 9　线圈的连接方法

（a）不正确；（b）正确

2）两电感量相差悬殊的直流电压线圈不能直接并联，如图 16 - 10 所示。在图 16 - 10 中，YA 为电感量较大的电磁铁线圈，KV 为电感量较小的电压继电器线圈，当 KM 的动合触头断开时，由于电磁铁 YA 的线圈电感量较大，产生的感应电动势加在电压继电器 KV 的线圈上，流经 KV 线圈上的电流有可能达到其动作值，从而使继电器 KV 重新吸合，过一段时间后 KV 又释放，这种情况显然是不允许的。为此，应在 KV 的线圈线路中单独加一 KM 的动合触头，如图 16 - 10（b）所示，或在线圈上并联一个二极管，如图 16 - 10（c）所示。

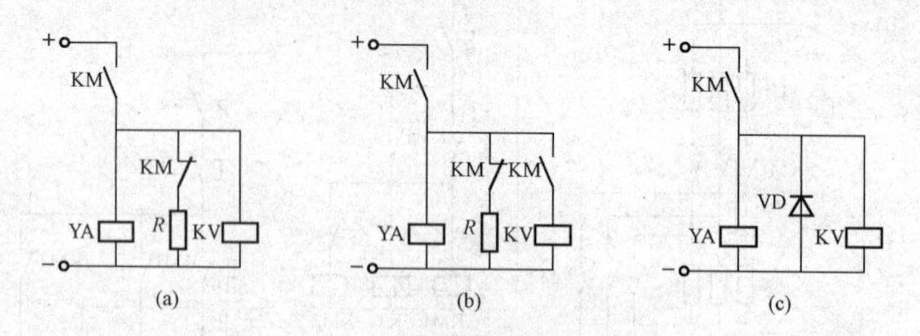

图 16 - 10　电磁铁与继电器线圈的连接

（a）错误的线圈连接方法；（b）正确的线圈连接线路 1；（c）正确的线圈连接线路 2

（3）避免出现寄生回路。在电气控制线路的动作过程中，发生意外接通的线路称为寄生回路。寄生回路将破坏电器元件和控制线路的工作顺序或造成误动作，如图 16 - 11 所示。图 16 - 11（a）是一个具有指示灯和过载保护的电动机正反转控制线路。正常工作时，能完成正、反转启动、停止和信号指示，但当热继电器 FR 动作时，产生寄生回路，电流流向如图中虚线所示，使正向接触器 KM1 不能释放，起不了保护作用。如果将指示灯与其相应接触器线圈关联，则可防止寄生回路，如图 16 - 11（b）所示。

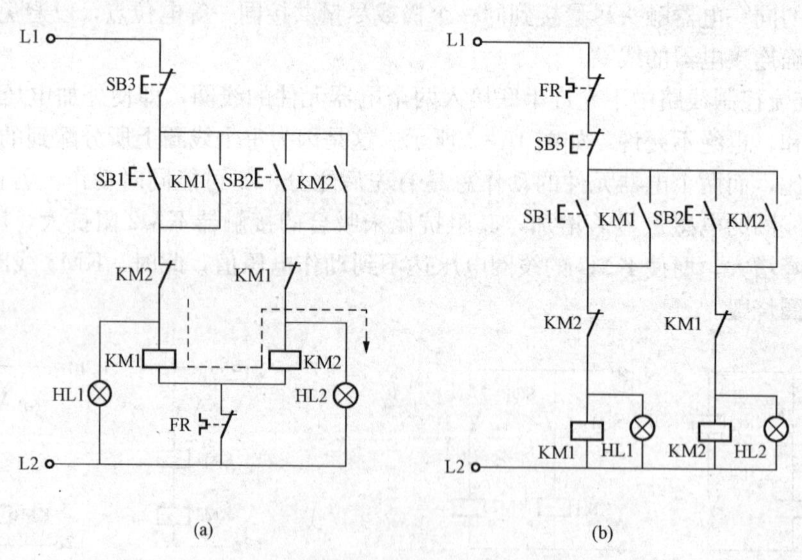

图 16 - 11　避免寄生回路

（a）产生寄生回路线路图；（b）防止寄生回路线路图

（4）在电气控制线路中应尽量避免许多电器元件依次动作才能接通另一个电器元件的控制线路，如图 16 - 12 所示。

（5）在频繁操作的可逆线路中，正、反转控制接触器之间一定要有电气联锁和机械联锁，以确保电路安全可靠运行。

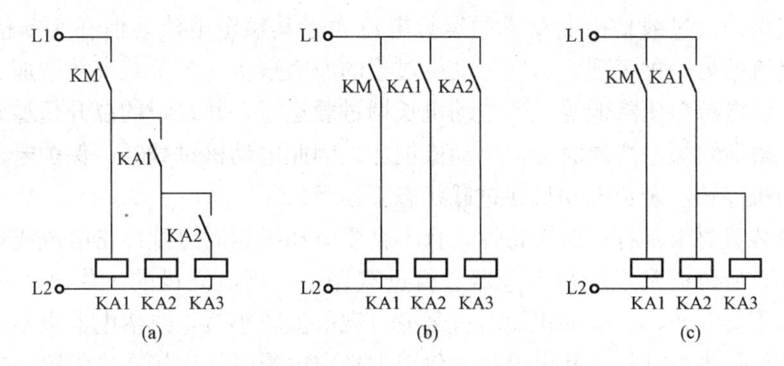

图 16-12　触头的合理使用

(a) 不合理；(b) 不合理；(c) 合理

(6) 设计的电气控制线路应能适应所在电网的情况，并以此来决定电动机的启动方式是直接启动还是减压启动。

(7) 在设计电气控制线路时，应充分考虑继电器触头的接通和分断能力。若要增加接通能力，可用多触头并联；若要增加分断能力，可用多触头串联。

4. 保证电气控制线路工作的安全性

电动机在运行过程中，除按生产机械的工艺要求完成各种正常运转外，还必须在系统发生故障或不正常工作情况下能自动切断电源停止运转，以防止和避免电气设备与机械设备的损坏，确保操作人员的人身安全。为此，在控制系统中应设置相应的保护环节，如短路保护、过电流保护、过载保护、欠电压保护、失电压保护、过电压保护以及直流电动机的弱磁保护等相关保护环节。

(1) 短路保护。当电动机绕组和导线绝缘遭到损坏或控制电器及线路发生故障时，线路可能出现短路现象。短路时产生的瞬间短路电流可达额定电流的几倍甚至几十倍以上，使电动机、控制电器及导线等电气设备因过电流而损坏，有时还会产生电弧而发生火灾。因此在发生短路故障时，保护电器必须立即动作，迅速将电源切断。

通常短路保护有熔断器短路保护和低压断路器短路保护。熔断器的熔体与被保护的线路串联，当线路正常工作时，熔断器通过电流但不起作用，相当于一根导线，由于其内阻较小，所以它的压降也较小，可忽略不计。当线路发生故障时，很大的电流流过熔体，使熔体立即熔断，切断电源，保护相应的电气设备。低压断路器动作电流按电动机额定电流的 1.2 倍来整定，当出现短路故障时，它立即动作，迅速切断相应设备的电源。

(2) 过电流保护。所谓过电流是指超过运行电动机或电器元件的额定电流，但比短路电流小、不超过额定电流 6 倍的电流。在过电流情况下，电器元件不是马上损坏，只要在达到最大允许温升之前，电流值能恢复正常，还是允许的。但过大的冲击负载，使电动机流过过大的电流，易损坏电动机，同时过大的电动机电磁转矩也会使机械的传动部件受到损坏，因此须进行过电流保护，以便在过电流发生时能瞬间切断电源。

过电流保护常用电磁式过电流继电器来实现，通常将过电流继电器线圈串接在被保护线路中，而电流继电器的动断触头串接在接触器线圈线路中，当线路电流达到其整定值时，过电流继电器动作，迅速切断接触器线圈电源，使接触器的主触头断开以切断电动机的电源。这种过电流保护一般用于直流电动机和绕线转子三相异步电动机的控制线路中。

（3）过载保护。过载是指电动机的运行电流大于其额定电流，但在1.5倍额定电流以内，它是过电流的另一种表现。引起电动机过载的原因很多，如负载突然增加、启动操作频繁、缺相运行、电源电压降低等。若电动机长期过载运行，其绕组的温升超过允许值而使绝缘材料变脆、寿命缩短，严重时会使电动机损坏。因此电动机过载时，保护电器应动作切断电源，使电动机停转，避免电动机在过载状态下运行。

过载保护装置要求具有反时限特性，且不会受电动机短时过载冲击电流或短路电流的影响而瞬时动作，所以通常采用热继电器进行过载保护。当电动机的工作电流等于额定电流时，热继电器不会动作；当电动机短时过载或过载电流较小时，热继电器也不会动作或经过较长时间才动作；当电动机过载电流达6倍以上额定电流时，串接在主线路中的热元件会在较短的时间内发热弯曲，使串接在控制线路中的热继电器动断触头断开，控制线路中的接触器失电，从而使电动机的电源被断开，达到过载保护的功能。

（4）失电压保护。生产机械在工作时，由于某种原因使电网突然停电，这时电源电压下降为零，电动机停转，生产机械的运动部件也随之停止运转。一般情况下，操作人员不可能及时拉开电源开关，若不及时采取措施，当电源电压恢复正常时，电动机有可能会自动启动运转，造成人身和设备事故，并引起电网过电流和瞬间网络电压下降等不正常现象。为防止电压恢复时电动机自行启动或电器元件自行投入工作而设置的保护称为失电压保护，又叫零电压保护。

在电气控制线路中，起失电压保护作用的电器有接触器、按钮和中间继电器等。这是因为当电网停电时，接触器和中间继电器线圈中的电流消失，电磁吸力减小至零，动铁芯释放，触头复位，切断了主电路和控制电路电源。当电网恢复供电时，若不重新按下启动按钮，电动机则不会自行启动。如果不是采用按钮而是采用不能自动复位的手动开关、行程开关来控制接触器或中间继电器时，必须采用专门的零电压继电器作为失电压保护。

（5）欠电压保护。当电网电压降低时，电动机便在欠电压下运行。由于电动机负载没有改变，所以欠电压下电动机转速下降，定子绕组的电流增加。此外由于电压的降低有时会引起控制电器释放，造成线路不正常工作，也可能导致人身或设备事故，或者由于欠电压的时间过长，将使电动机过热损坏。因此当电源电压下降到额定电压的60%～80%时，电动机电源将断开而停止工作，这种保护称为欠电压保护。

实现欠电压保护的电器是接触器和电磁式电压继电器，在机床电气控制线路中，只有少数线路专门装置了电磁式电压继电器起欠电压保护作用，而大多数控制线路，由于接触器已兼有欠电压保护功能，所以不必再加设欠电压保护电器。

（6）过电压保护。电磁铁、电磁吸盘等大电感负载及直流电磁机构、直流继电器等，在通断时会产生较高的感应电动势，使电磁线圈绝缘击穿而损坏。因此必须采取过电压保护措施。通常过电压保护是在线圈两端并联一个电阻、电阻串电容或二极管串电阻电路，以形成一个放电回路，实现过电压保护。

（7）电动机的弱磁保护。直流电动机必须在磁场具有一定强度时才能启动、正常运行。若在启动时，电动机的励磁电流大小，产生的磁场太弱，将会使电动机的启动电流很大；若电动机在正常运转过程中，磁场突然减弱或消失，电动机的转速将会迅速升高，甚至发生“飞车”现象，因此在直流电动机的电气控制线路中要采取弱磁保护。

弱磁保护是通过在电动机励磁线圈回路中串入欠电流继电器来实现的。在电动机运行过程中，当励磁电流过小时，欠电流继电器释放，其触头断开电动机电枢回路的接触器线圈线路，接触器线圈断电释放，接触器主触头断开电动机电枢回路，切断电动机电源，从而达到保护电动机的目的。

5. 机械设计与电气设计应相互配合

许多生产机械采用机电结合控制的方式来实现控制要求，因此要从工艺要求、制造成本、结构复杂性、使用维护方便等方面协调处理好机械和电气关系。

任务二　机床电气控制线路的设计方法与设计步骤

电气控制线路设计是原理设计的核心内容，各项设计指标通过它来实现，它又是工艺设计和各种技术资料的依据。电气控制原理图设计的方法主要有分析设计法和逻辑设计法两种，下面主要介绍用分析设计法设计电气控制原理线路。

一、用分析设计法设计电气原理图的基本步骤

对于一般电工操作人员，通常采用分析设计法设计电气控制原理线路，用分析设计法设计电气原理图的基本步骤是：

（1）根据所确定的拖动方案和控制方式，设计系统的原理框图。

（2）设计原理框图中各个部分的具体线路。设计时按主电路、控制电路、辅助电路、联锁与保护、总体检查、反复修改与完善的先后顺序进行。

（3）绘制总原理图。

（4）选用合适的电器元件，并列出明细清单。

设计过程中，可根据控制线路的简易程度灵活的选用上述步骤。

二、原理图设计中的一般要求

一般来说，电气控制原理图应满足生产机械加工工艺的要求，线路要具有安全可靠、操作和维修方便、设备投资少等特点。为此，必须正确地设计控制线路，合理地选择电器元件。原理图设计应满足以下要求：

1. 电气控制原理应满足生产工艺的要求

在设计之前必须对生产机械的工作性能、结构特点和实际加工情况有充分的了解，并在此基础上来考虑控制方式、启动、换向、制动及调速的要求，设置各种联锁及保护装置。

2. 控制线路电源种类与电压的要求

对于比较简单的控制线路，而且电器元件不多时，一般直接采用交流380V或220V电源，不用控制电源变压器。对于比较复杂的控制线路，应采用控制电源变压器，将控制电压降到110V或48V、24V。这种方案对维修、操作以及电器元件的工作可靠性均有利。

对于操作比较频繁的直流电力拖动的控制线路，常用220V或110V直流电源供电。直流电磁铁及电磁离合器的控制电路，常采用24V直流电源供电。

交流控制线路的电压必须是下列规定电压的一种或几种：6、24、48、110（优选值）、220、380V，频率50Hz。直流控制线路的电压必须是下列规定电压的一种或几种：6、12、24、48、110、220V。

3. 确保电气控制线路工作的可靠性、安全性

为保证电气控制线路可靠地工作，应考虑以下几个方面：

（1）电器元件的工作要稳定可靠，符合使用环境条件要求，并且动作时间的配合不致引起竞争。

复杂控制线路中，在某一控制信号作用下，线路从一种稳定状态转换到另一种稳定状态，常常有几个电器元件的状态同时变化，考虑到电器元件总有一定的动作时间，对时序线路来说，就会得到几个不同的输出状态。这种现象称为线路的“竞争”。而对于开关线路，由于电器元件的释放延时作用，也会出现开关元件不按要求的逻辑功能输出的可能性，这种现象称为“冒险”。

“竞争”与“冒险”现象都将造成控制线路不能按照要求动作，从而引起控制失灵。通常所分析控制线路电器的动作和触头的接通与断开，都是静态分析，没有考虑电器元件动作时间，而在实际运行中，由于电磁线圈的电磁惯性、机械惯性、机械位移量等因素，使接触器或继电器从线圈的通电到触头闭合，有一段吸合时间；线圈断电时，从线圈的断电到触头断开，有一段释放时间，这些称为电器元件的动作时间，是电器元件固有的时间，不同于人为设置的延时，固有的动作延时是不可控制的，而人为的延时是可调的。当电器元件的动作时间可能影响到控制线路的动作时，需要用能精确反映元件动作时间及其互相配合的方法来准确分析动作时间，从而保证线路正常工作。

（2）电器元件的线圈和触头的连接应符合国家有关标准规定。电器元件图形符号应符合最新国家标准的规定，绘制时要合理安排版面。例如，主电路一般安排在左面或上面，控制电路或辅助电路排在右面或下面，元器件目录表安排在标题上方。为读图方便，有时以动作状态表或工艺过程图形式将主令开关的通断、电磁阀动作要求、控制流程等表示在图面上，也可以在控制电路的每一支路边上标注出相应的控制目的。

4. 应具有必要的保护环节

控制线路在事故情况下，应能保证操作人员、电气设备、生产机械的安全，并能有效地制止事故的扩大。为此，在控制线路中要应采取一定的保护措施。常用的有漏电开关保护、过载、短路、过电流、过电压、失电压、联锁与行程保护等措施，必要时，控制线路中还可设置相应的信号指示灯。

5. 操作、维修方便

控制线路应从操作与维修人员的工作出发，力求操作简单、维修方便。

6. 控制线路力求简单、经济

在满足生产工艺要求的前提下，控制线路应力求简单、经济。尽量选用标准电气控制环节和线路，缩减电器的数量，采用标准件和尽可能选用相同型号的电器。

三、分析设计法

分析设计法是根据生产工艺的要求选择适当的基本控制环节（单元线路）或将比较成熟的线路按其联锁条件组合起来，并经补充、修改和完善，将其综合成满足控制要求的完整线路。当没有现成的典型环节时，可根据控制要求边分析边设计。

分析设计法的优点是设计方法简单，无固定的设计程序，它是在熟练掌握各种电气控制线路的基本环节、且具备一定的阅读与分析电气控制线路能力的基础之上进行的，容易为初学者所掌握，对于具备一定工作经验的电气技术人员来说，能较快地完成设计任务，因此在电气设计中被普遍采用；其缺点是设计出的方案不一定是最佳方案，当经验不足或考虑不周全时会影响线路工作的可靠性。为此，应反复审核线路工作情况，有条件时还应进行模拟试验，发现问题及时修改，直到线路动作准确无误，满足生产工艺要求为止。

下面以带运输机的电气控制系统为例来说明分析设计法的设计过程。

带运输机是一种连续平移运输机械，常用于粮食、矿山、沙场等生产流水线上，将物品从一个地方运送到另一个地方，一般由多条传送带组成，以改变运输的方向和斜度。带运输机属于长期工作制，不需调速，没有特殊要求也不需要正反转。因此，其拖动电动机多采用三相笼型异步电动机。若考虑事故情况下，可能有重载启动，启动转矩会较大，所以可以由三相双笼型异步电动机或绕线转子三相异步电动机拖动，也有的是二者配合使用。

【例 16-1】 带运输机控制线路的设计，其示意图如图 16-13 所示。带运输机的控制要求有：

（1）启动时，顺序为 M1、M2、M3，并要求有一定的时间间隔，以免货物在传送带上堆积，影响运输机的正常工作，和造成后面传送带运输机重载启动。

（2）停车时，顺序为 M3、M2、M1，以保证停车后传送带上不残存货物。

（3）当 1 号或 2 号出现故障停止时，3 号能随即停止，以免继续进料。

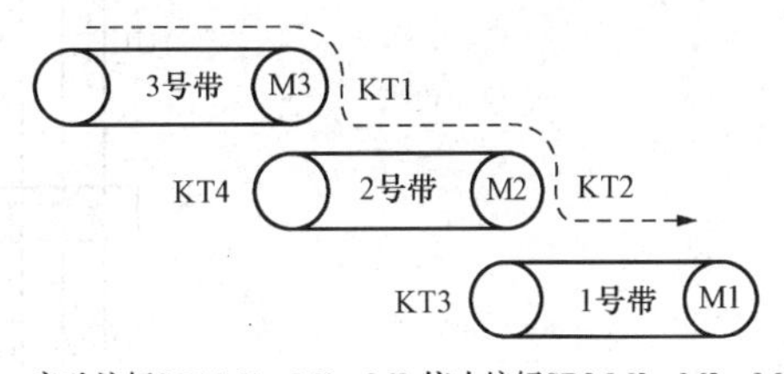

图 16-13　带运输机控制要求示意图

（4）有必要的保护措施。

根据控制要求，设计步骤如下：

1. 设计主电路

三条传送带的带运输机分别由三台电动机拖动，均采用三相笼型异步电动机。由于电网容量相对于三台电动机的容量来讲足够大，而且三台电动机又不同时启动，所以不会对电网产生较大冲击，可采用直接启动方式。由于带运输机启动不频繁，对于停车时间和停车的精度也没有太高要求，所以停车时可不用停车制动，采用自由停车方式。因此，用交流接触器 KM1、KM2、KM3 的主触头分别控制三台电动机 M1、M2、M3 的启动和停止。三台电动机都用熔断器作短路保护，用热继电器作过载保护，用低压断路器 QF 作引入电源的隔离开关。由此，设计出主电路如图 16-14 所示。

2. 设计基本控制电路

三台电动机分别由三个接触器控制其启动和停止。启动时，顺序为 M1、M2、M3，可用控制电动机 M1 的接触器的辅助动合触头去控制电动机 M2 的接触器的线圈，用控制电动机 M2 的接触器的辅助动合触头去控制电动机 M3 的接触器的线圈。停车时，顺序为 M3、M2、M1，把控制电动机 M3 的接触器辅助动合触头与控制 M2 的停止按钮相并联，把控制 M2 的接触器的辅助动合触头与控制 M1 的停止按钮相并联，其基本控制电路如图 16-15 所示。由图 16-15 可见，只有 KM1 线圈得电触头动作后，按下按钮 SB21，KM2 线圈才能通电动作，然后按下按钮 SB31，KM3 线圈通电动作，这样就实现了电动机的顺序启动。同理，只有 KM3 断电释放，再按下 SB22，KM2 线圈才能断电，然后按下按钮 SB12，KM1 线圈断电，这样就实现了电动机的逆序停车。

3. 控制电路进一步完善设计

图 16-15 所示的控制电路显然是手动控制，为了实现自动控制，带运输机的启动和停

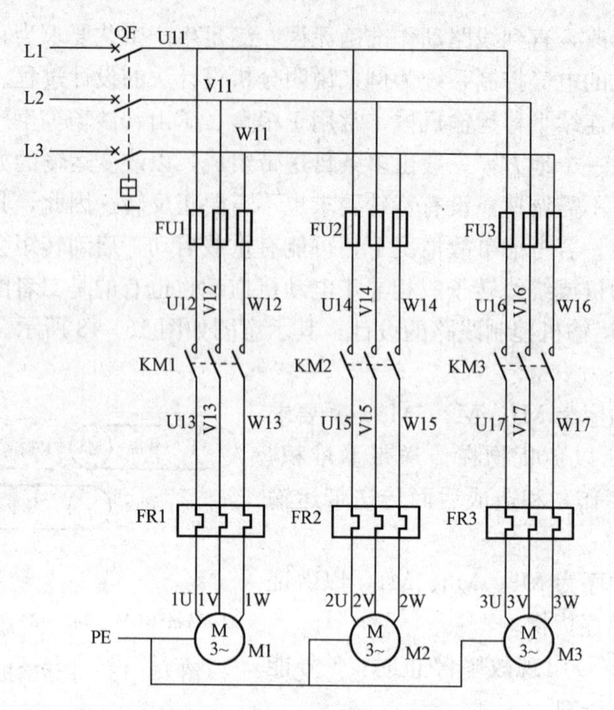

图 16-14　带运输机主电路图

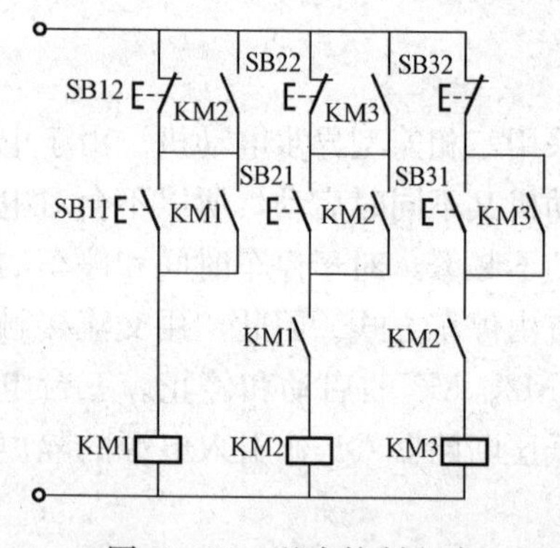

图 16-15　基本控制电路

车过程可以用行程参量和时间参量加以控制。由于传送带是回转运动，检测行程比较困难，而用时间参量比较方便。所以，可采用以时间为变化参量，利用时间继电器作为输出器件的控制信号。以通电延时的动合触头作为启动信号，以断电延时的动合触头作为停车信号，为使三条传送带自动地按顺序进行工作，采用了中间继电器 KA，其线路如图 16-16所示。要注意的是，时间继电器 KT2 的延时时间要大于 KT1 的延时时间，KT4 的延时时间得大于 KT3 的延时时间。

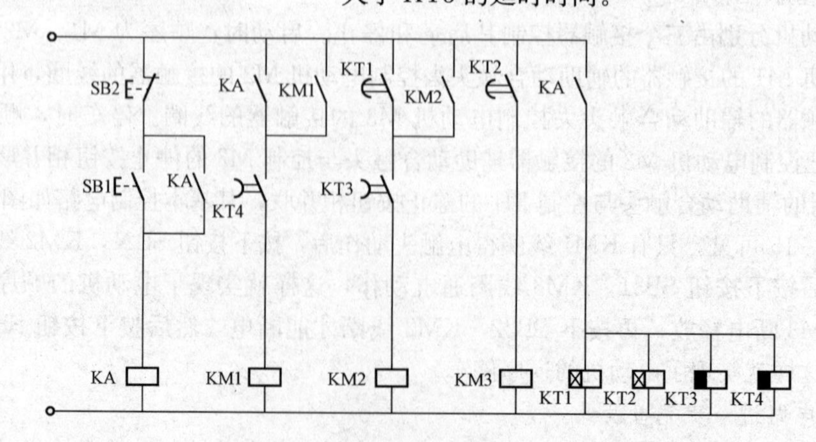

图 16-16　按时间自动顺序控制电路图

4. 设计联锁保护环节

按下按钮 SB2 发出停车指令时，KT1、KT2、KA 同时断电，其动合触头瞬时断开，接触器 KM1、KM2 若不加自锁，则 KT3、KT4 的延时将不起作用，KM1、KM2 线圈将瞬时断电，电动机不能按逆序停车，所以需加自锁环节。三个热继电器的动合触头均串联在 KA 的线圈线路中，这样，无论哪一条传送带发生过载，都能按 M3、M2、M1 逆序停车。线路的欠、失电压保护由中间继电器 KA 实现，如图 16-17 中的控制电路部分所示。

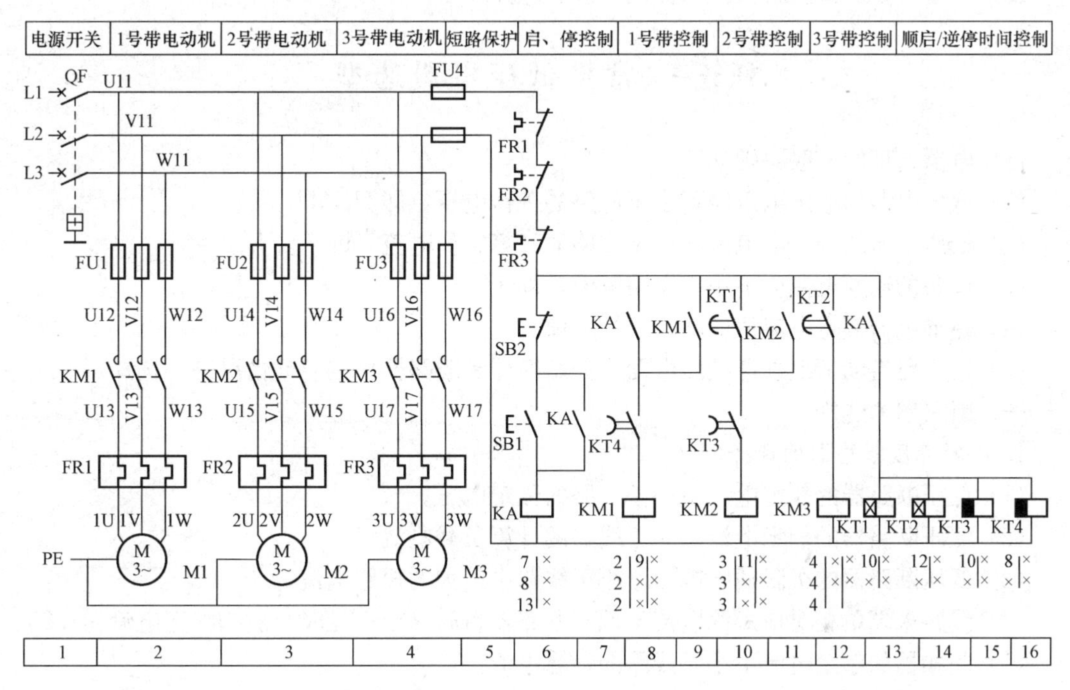

图 16-17　带运输机电气控制线路图

5. 线路的综合审查

完整的电气控制线路如图 16-17 所示。按下启动按钮 SB1（6 区），中间继电器 KA 线圈（6 区）通电吸合并自锁，KA 的一个动合触头（13 区）闭合，接通时间继电器 KT1～KT4，其中 KT1、KT2 为通电延时时间继电器，KT3、KT4 为断电延时时间继电器，所以，KT3（10 区）、KT4（8 区）的动合触头立即闭合，即为接触器 KM1 和 KM2 线圈的通电做准备。中间继电器 KA 的另一个动合触头（8 区）闭合，与 KT4 瞬时闭合延时断开触头（8 区）一起接通接触器 KM1，使电动机 M1 首先启动，经一段时间后，达到 KT1 的整定时间，则时间继电器 KT1（10 区）的动合触头闭合，使 KM2 通电吸合，电动机 M2 启动，再经一段时间，达到 KT2 的整定时间，则时间继电器 KT2 的动合触头（12 区）闭合，使 KM3 通电吸合，电动机 M3 启动，从而实现三台电动机的顺序启动功能。

按下停止按钮 SB2（6 区），继电器 KA 断电释放，四个时间继电器同时断电，KT1、KT2 的动合触头立即断开，KM3 失电，电动机 M3 最先停车。由于 KM2 自锁，所以，只有达到 KT3 的整定时间，KT3（10 区）断开，使 KM2 断电，电动机 M2 停车，最后，达到 KT4 的整定时间，KT4 的动合触头（8 区）断开，使 KM1 线圈断电，电动机 M1 停车。

四、逻辑设计法

逻辑设计法是利用逻辑代数来进行线路设计，从生产机械的拖动要求和工艺要求出发，将控制线路中的接触器、继电器线圈的通电与断电，触电的闭合与断开，主令电器的接通与断开看成逻辑变量，根据控制要求将它们之间的关系用逻辑关系式来表达，然后再化简，画出相应的线路图。

逻辑设计法的优点是能获得理想、经济的方案，但这种方法设计难度较大，整个设计过程较复杂，还要涉及一些新概念，在此不做具体介绍。

任务三 常见低压电器选型

低压电器选型的一般原则如下：

(1) 低压电器的额定电压应不小于回路的工作电压，即 $U_e \geqslant U_g$。

(2) 低压电器的额定电流应不小于回路的计算工作电流，即 $I_e \geqslant I_g$。

(3) 设备的遮断电流应不小于短路电流，即 $I_{zh} \geqslant I_{ch}$。

(4) 热继电器额定电流值应不小于计算值。

(5) 按回路启动情况选择低压电器。如熔断器和断路器可按启动情况进行选择。

一、断路器的选择

1. 一般低压断路器的选择

(1) 低压断路器的额定电压不小于线路的额定电压。

(2) 低压断路器的额定电流不小于线路的计算负载电流。

(3) 低压断路器的极限通断能力不小于线路中最大的短路电流。

(4) 线路末端单相对地短路电流÷低压断路器瞬时（或短延时）脱扣整定电流≥1.25。

(5) 脱扣器的额定电流不小于线路的计算电流。

(6) 欠电压脱扣器的额定电压等于线路的额定电压。

2. 配电用低压断路器的选择

(1) 长延时动作电流整定值等于0.8～1倍导线允许载流量。

(2) 3倍长延时动作电流整定值的可返回时间，不小于线路中最大启动电流的电动机启动时间。

(3) 短延时动作电流整定值不小于 $1.1\times(I_{jx}+1.35KI_{dem})$。其中，$I_{jx}$ 为线路计算负载电流；K 为电动机的启动电流倍数；I_{dem} 为最大一台电动机的额定电流。

(4) 短延时的延时时间按被保护对象的热稳定值校核。

(5) 无短延时时，瞬时电流整定值不小于 $1.1\times(I_{jx}+K_1KI_{dem})$。其中，$K_1$ 为电动机启动电流的冲击系数，可取1.7～2。

(6) 有短延时时，瞬时电流整定值不小于1.1倍下级开关进线端计算短路电流值。

3. 电动机保护用低压断路器的选择

(1) 长延时电流整定值等于电动机的额定电流。

(2) 6倍长延时电流整定值的可返回时间不小于电动机的实际启动时间。按启动时负载的轻重，可选用可返回时间为1、3、5、8、15s中的某一挡。

(3) 瞬时整定电流：三相笼型异步电动机时为8～15倍脱扣器额定电流；绕线转子三相

异步电动机时为3～6倍脱扣器额定电流。

4. 照明用低压断路器的选择

(1) 长延时整定值不大于线路计算负载电流。

(2) 瞬时动作整定值等于6～20倍线路计算负载电流。

二、漏电保护装置的选择

1. 形式的选择

一般情况下，应优先选择电流型电磁式漏电保护器，以求有较高的可靠性。

2. 额定电流的选择

漏电保护器的额定电流应大于实际负荷电流。

3. 极数的选择

家庭的单相电源，应选用二极的漏电保护器；若负载为三相三线，则选用三极漏电保护器；若负载为三相四线，则应选用四极漏电保护器。

4. 额定漏电动作电流的选择（即灵敏度选择）

为了使漏电保护器真正起到保护作用，其动作必须正确可靠，即应该具有合适的灵敏度和动作的快速性。

灵敏度，即漏电保护器的额定漏电动作电流，是指人体触电后流过人体的电流多大时漏电保护器才动作。灵敏度低，流过人体的电流太大，起不到保护作用；灵敏度过高，又会造成漏电保护器因线路或电气设备在正常微小的漏电下而误动作（家庭一般为5mA左右）。家庭装于配电板上的漏电保护器，其额定漏电动作电流宜为15～30mA；针对某一设备用的漏电保护器（如落地电扇等），其额定漏电动作电流宜为5～10mA。

快速性是指通过漏电保护器的电流达到动作电流时，能否迅速地动作。合格的漏电保护器动作时间不应大于0.1s，否则对人身安全仍有威胁。

三、热继电器的选择

选择热继电器作为电动机的过载保护时，应使选择热继电器的安秒特性位于电动机的过载特性之下，并尽可能地接近，甚至重合，以充分发挥电动机的能力，同时使电动机在短时过载和启动瞬间［$(4\sim7)I_{N电动机}$］时不受影响。

1. 热继电器的类型选择

一般场所可选用不带断相保护装置的热继电器，但作为电动机的过载保护时应选用带断相保护装置的热继电器；同时，要根据控制线路所选用的接触器型号，选择与之相匹配的热继电器。

2. 热继电器的额定电流及型号选择

根据热继电器的额定电流应大于电动机的额定电流，来确定热继电器的型号。

3. 热元件的额定电流选择

热继电器的热元件额定电流应大于电动机的额定电流。

4. 热元件的整定电流选择

根据热继电器的型号和热元件额定电流，能知道热元件电流的调节范围。一般将热继电器的整定电流调整到等于电动机的额定电流；对过载能力差的电动机，可将热元件整定值调整到电动机额定电流的0.6～0.8倍；对启动时间较长、拖动冲击性负载或不允许停车的电动机，热元件的整定电流应调整到电动机额定电流的1.1～1.15倍。

四、接触器的选择

1. 接触器类型的选择

接触器的类型应根据负载电流的类型和负载的轻重来选择，即是交流负载还是直流负载，是轻负载、一般负载还是重负载。

2. 主触头额定电流的选择

主触头的额定电流可根据经验公式计算：

$$I_{N主触头} \geqslant P_{N电动机}/(1\sim1.4)U_{N电动机}$$

如果接触器控制的电动机启动、制动或正反转频繁，一般将接触器主触头的额定电流降一级使用。

3. 主触头额定电压的选择

接触器铭牌上所标电压指主触头能承受的额定电压，并非吸引线圈的电压，使用时接触器主触头的额定电压应不小于负载的额定电压。

4. 操作频率的选择

操作频率就是指接触器每小时通断的次数。当通断电流较大及通断频率过高时，会引起触头严重过热，甚至熔焊。操作频率若超过规定数值，应选用额定电流大一级的接触器。

5. 线圈额定电压的选择

线圈额定电压不一定等于主触头的额定电压，当线路简单，使用电器少时，可直接选用380V或220V的电压，如线路复杂，使用电器较多时，可用24、48V或110V电压的线圈。

五、中间继电器的选择

中间继电器一般根据负载电流的类型、电压等级和触头数量来选择。

六、板用刀开关的选择

1. 结构形式的选择

根据在线路中的作用和在成套配电装置中的安装位置来确定结构形式。仅用来隔离电源时，则可选用不带灭弧罩的产品；如用来分断负载时，就应选用带灭弧罩的，而且是通过杠杆来操作的产品，如中央手柄式刀开关不能切断负荷电流，其他形式的可切断一定的负荷电流，但必须选带灭弧罩的刀开关。此外，还应根据是正面操作还是侧面操作，是直接操作还是杠杆传动，是板前接线还是板后接线来选择结构形式。

HD11、HS11用于磁力站中，不切断带有负载的线路，仅作隔离电流之用。

HD12、HS12用于正面侧方操作、前面维修的开关柜中，其中有灭弧装置的刀开关可以切断额定电流以下的负载线路。

HD13、HS13用于正面操作、后面维修的开关柜中，其中有灭弧装置的刀开关可以切断额定电流以下的负载线路。

HD14用于动力配电箱中，其中有灭弧装置的刀开关可以带负载操作。

2. 额定电流的选择

刀开关的额定电流，一般应不小于所关断线路中的各个负载额定电流的总和。若负载是电动机，就必须考虑线路中可能出现的最大短路峰值电流是否在该额定电流等级所对应的电动稳定性峰值电流以下（当发生短路事故时，如果刀开关能通以某一最大短路电流，并不因其所产生的巨大电动力的作用而发生变形、损坏或触刀自动弹出的现象，则这一短路峰值电流就是刀开关的电动稳定性峰值电流）。如有超过，就应当选用额定电流更大一级的刀开关。

七、熔断器式刀开关的选择

熔断器式刀开关除应按使用的电源电压和负载的额定电流选择外，还必须根据使用场合、操作方式、维修方式等选用，要符合开关的形式特点。如前操作、前检修的熔断器式刀开关，中央均有供检修和更换熔断器的门，主要供BDL型开关板上安装。前操作、后检修的熔断器式刀开关，主要供BSL型开关板上安装。侧操作、前检修的熔断器式刀开关，可供封闭的动力配电箱使用。

八、开启式负荷开关的选择

1. 额定电压的选择

开启式负荷开关（俗称瓷底胶盖刀开关或闸刀开关）用于照明线路时，可选用额定电压为220V或250V的二极开关；用于电动机的直接启动时，可选用额定电压为380V或500V的三极开关。

2. 额定电流的选择

用于照明线路时，开启式负荷开关的额定电流应等于或大于线路中各个负载额定电流的总和；若负载是电动机，开关的额定电流应取电动机额定电流的三倍，也可按表16-1直接来选择。

表16-1　HK系列开启式负荷开关技术数据

型号	额定电流（A）	极数	额定电压（V）	可控制电动机容量（kW）	配用熔丝规格			
					线径（mm）	成分（%）		
						铅	锡	锑
HK1	15	2	220	1.5	1.45～1.59	98	1	1
	30	2	220	3.0	2.30～2.52			
	60	2	220	4.5	3.36～4.00			
	15	3	380	2.2	1.45～1.59			
	30	3	380	4.0	2.30～2.52			
	60	3	380	5.5	3.36～4.00			
HK2	10	2	220	1.1	0.25	含铜量不少于99.9		
	15	2	220	1.5	0.41			
	30	2	220	3.0	0.56			
	15	3	380	2.2	0.45			
	30	3	380	4.0	0.71			
	60	3	380	5.5	1.20			

九、封闭式负荷开关的选择

封闭式负荷开关（俗称铁壳开关）用于控制一般电热、照明线路时，开关的额定电流应不小于被控制线路中各个负载额定电流的总和。当用来控制电动机时，考虑到电动机的全压启动电流为其额定电流的4～7倍，开关的额定电流应为电动机额定电流的3倍，或根据表16-2进行选择。

表 16-2 封闭式负荷开关可控制的电动机容量

开关额定电流（A）	15	20	30	60	100	200
可控制的电动机容量（kW）	2	2.8	4.5	10	14	28

十、组合开关（俗称转换开关）的选择

1. 用于照明或电热电路

组合开关的额定电流应不小于被控制线路中各负载电流的总和。

2. 用于电动机控制

组合开关的额定电流一般取电动机额定电流的 1.5～2.5 倍，且一般只作隔离开关而不作负荷开关用。

十一、熔断器的选择

1. 熔断器类型的选择

应根据使用场合选择熔断器的类型。电网配电一般用刀形触头熔断器；电动机保护一般用螺旋式熔断器；照明线路一般用圆筒帽形熔断器；保护用晶闸管器件则应选择半导体保护用快速式熔断器。

2. 熔断器规格的选择

（1）熔体额定电流的选择。

1）对于变压器、电炉和照明等负载，熔体的额定电流应略大于或等于负载电流。

2）对于输配电线路，熔体的额定电流应略大于或等于线路的安全电流。

3）在电动机回路中用作短路保护时，应考虑电动机的启动条件，按电动机启动时间的长短来选择熔体的额定电流。对启动时间不长的电动机，可按式（16-1）选取熔体的额定电流：

$$I_{N熔体}=I_{st}/(2.5\sim3) \tag{16-1}$$

式中 I_{st}——电动机的启动电流（A）。

对启动时间较长或启动频繁的电动机，按式（16-2）选取熔体的额定电流：

$$I_{N熔体}=I_{st}/(1.6\sim2) \tag{16-2}$$

对于多台电动机供电的主干母线处，熔体的额定电流可按式（16-3）计算：

$$I_N=(2.0\sim2.5)I_{Mmax}+\sum I_M \tag{16-3}$$

式中 I_N——熔体的额定电流（A）；

I_{Mmax}——多台电动机中容量最大的一台电动机的额定电流（A）；

$\sum I_M$——其余电动机的额定电流之和（A）。

电动机末端回路的保护，选用 aM 型熔断器，熔体的额定电流 I_N 稍大于电动机的额定电流。

4）电容补偿柜主电路的保护，如选用 gG 型熔断器，熔断体的额定电流 I_N 约等于线路计算电流 1.8～2.5 倍；如选用 aM 型熔断器，熔断体的额定电流 I_N 约等于线路电流的 1～2.5 倍。

5）线路上下级间的选择性保护，上级熔断器与下级熔断器的额定电流 I_N 的比等于或大于 1.6，就能满足防止发生越级动作而扩大故障的停电范围的要求。

6）保护半导体器件用熔断器，因熔断器与半导体器件串联，而熔断器熔体的额定电流

用有效值表示，半导体器件的额定电流用正向平均电流表示，因此，应按式（16-4）计算熔体的额定电流：

$$I_R \geqslant 1.57 I_{RN} \approx 1.6 I_{RN} \tag{16-4}$$

式中　I_R——熔体的额定电流（A）；

I_{RN}——半导体器件的正向平均电流。

7）熔断器降容使用。在20℃环境温度下，我们推荐熔体的实际工作电流不应超过额定电流值。选用熔断体时应考虑到环境及工作条件，如封闭程度、空气流动、连接电缆尺寸（长度及截面积）、瞬时峰值等方面的变化；熔断体的电流承载能力试验是在20℃环境温度下进行的，实际使用时受环境温度变化的影响。环境温度越高，熔体的工作温度就越高，其寿命也就越短。相反，在较低的温度下运行将延长熔体的使用寿命。

8）在配电线路中，一般要求前一级熔体比后一级熔体的额定电流大2～3倍，以防止发生越级动作而扩大故障停电范围。

（2）熔断器参数的选择。主要有熔断器的额定电压、额定电流和最大分断能力。

1）额定电压：$U_{N熔断器} \geqslant U_{N线路}$。

2）额定电流：$I_{N熔断器} \geqslant I_{N线路}$。

3）最大分断能力：熔断器的最大分断能力应大于被保护线路上的最大短路电流。

十二、无功补偿电容器的选择

实际应用线路中，大多为感性负载，为提高功率因数，通常采用在负载上并联电容器的方式来提高功率因数，无功补偿电容器的选择参见表16-3。

表16-3　无功补偿电容器的选择

补偿后 补偿前 $\cos\varphi_1$	补偿到 $\cos\varphi_2$ 时，每千瓦负荷所需电容器的千乏数							
	0.80	0.84	0.88	0.90	0.92	0.94	0.96	1.00
$\cos\varphi_1=0.30$	2.42	2.52	2.65	2.70	2.76	2.82	2.89	3.18
$\cos\varphi_1=0.40$	1.54	1.65	1.76	1.81	1.87	1.93	2.00	2.29
$\cos\varphi_1=0.50$	0.98	1.09	1.20	1.25	1.31	1.37	1.44	1.73
$\cos\varphi_1=0.54$	0.81	0.92	1.02	1.08	1.14	1.20	1.27	1.56
$\cos\varphi_1=0.60$	0.58	0.69	0.80	0.85	0.91	0.97	1.04	1.33
$\cos\varphi_1=0.64$	0.45	0.56	0.67	0.72	0.78	0.84	0.91	1.20
$\cos\varphi_1=0.70$	0.27	0.38	0.49	0.54	0.60	0.66	0.73	1.02
$\cos\varphi_1=0.74$	0.16	0.26	0.37	0.43	0.48	0.55	0.62	0.91
$\cos\varphi_1=0.76$	0.11	0.21	0.32	0.37	0.43	0.50	0.56	0.86
$\cos\varphi_1=0.80$	…	0.10	0.21	0.27	0.33	0.39	0.46	0.75
$\cos\varphi_1=0.86$	…	…	0.06	0.11	0.17	0.23	0.30	0.59

十三、变频器的选择

1. 恒转矩和风机水泵类选型区别

(1) 恒转矩类。负载具有恒转矩特性，需要电动机提供与速度基本无关的转矩——转速特性，即在不同的转速时转矩不变，如起重机、输送带、台车、机床等。

(2) 风机、水泵类。负载具有在低速下转矩减小的特性，以风机、泵类为代表的平方减转矩负载，在低速下负载转矩非常小，用变频器运转可达到节能的要求，比调节挡板、阀门可节能40%～50%。但速度提高到工频以上时，所需功率急剧增加，有时超过电动机、变频器的容量，所以不要轻易提高频率，此时请选用大容量的变频器。

2. 选用变频器规格时需注意的问题

一般情况下，同规格的电动机匹配相同规格的变频器即可满足需要。但在某些情况下，用户要按实际情况选用变频器，这样才能使整个系统更加安全可靠地工作。

十四、交流稳压器的选择

(1) 一般情况下，交流稳压器的负载功率因数（$\cos\varphi$）为0.8，即实际对外输出功率为额定容量的80%。

(2) 感性及容性负载环境下，选型时还应考虑负载的启动电流较大，对稳压器有较大的冲击影响，如何选型可参见表16-4。

表16-4 交流稳压器的选型安全使用系数

负载性质	设备类型	负载单元	安全系数		选择稳压器容量	
			SBW系列	SVC系列	SBW系列	SVC系列
纯阻性负载	电阻丝、电炉类设备	无要求	1	1.5	≥负载功率	≥1.5倍负载功率
感性负载	电梯、空调器、电动机类设备	设备数量少，每台功率大	2	3	≥2倍负载功率	≥3倍负载功率
		设备数量多，每台功率小		2.5		≥2.5倍负载功率
容性负数	计算机机房、广播电视等	设备数量少，每台功率大	1.5	2	≥1.5倍负载功率	≥2倍负载功率
		设备数量多，每台功率小		1.5		≥1.5倍负载功率
综合性负载	工厂、宾馆总配电及家具电器照明等	以最大感性负载来确定	感性负载的2倍加其他负载	感性负载的3倍加其他负载	≥2倍感性负载功率加其他负载	≥3倍感性负载功率加其他负载

注 选用的稳压器容量(kV·A)=负载功率(kW)×安全系数。

十五、二极和四极开关中N极型式的选用

(1) 电源进线开关中性线的隔离，不是为了防止三相回路内中性线过电流或这种过电流引起的人身电击危险，而是为了消除沿中性线导入的故障电位对电气检修人员的电击危险。

(2) 为减少三相回路“断零”事故的发生，应尽量避免在中性线上装设不必要的开关或

触头，即在保证电气检修安全条件下，尽量少用四极开关。

（3）不论为何种接地系统，单相电源进线开关都应能同时断开相线和中性线。

任务四　电气控制系统设计实例

为了熟悉电气控制系统设计过程，本节通过某车床电气控制系统的设计实例，说明电气控制系统完整的设计过程。

一、车床的主要结构及电气控制线路设计要求

1. 车床的主要结构

车床属于普通的小型机床，性能优良，应用较广泛。其主轴电动机的正反转由两组机械式摩擦片离合器控制实现，主轴电动机的制动采用液压制动器，进给运动的纵向（即左右）运动、横向（即前后）运动及快速移动均由一个手柄操作控制。可完成对工件最大直径为630mm，工件最大长度为1500mm的加工。

2. 电气控制的要求

（1）根据工件的最大长度要求，为了减少辅助工作时间，要求配备一台主轴电动机和一台刀架快速移动电动机，主轴电动机的启、停要求两地操作控制。

（2）车削时刀具和工件产生的高温，可由一台普通冷却泵电动机提供冷却液进行冷却。

（3）根据整个生产线状况，要求配备一套局部照明装置及必要的工作状态指示灯。

二、电动机的选择

根据前面的设计和本任务对电气控制线路的控制要求可知，本设计需配备三台电动机，分别为以下三种。

1. 主轴电动机M1

型号选定为Y160M-4，其主要性能指标为额定功率11kW、额定电压380V、额定电流22.6A、额定转速1460r/min。

2. 冷却泵电动机M2

型号选定为JCB-22，性能指标为额定功率0.125kW、额定电流0.43A、额定转速2790r/min。

3. 快速移动电动机M3

型号选定为Y90S-4，性能指标为额定功率1.1kW、额定电流2.7A、额定转速1420r/min。

三、电气控制线路图的设计

1. 主电路的设计

（1）主轴电动机M1。根据设计要求，主轴电动机的正、反转由机械式摩擦片离合器控制实现，且根据车削工艺的特点，同时考虑到主轴电动机的功率较大，可确定M1采用单向直接启动控制方式，由接触器KM1进行控制。对M1设置过载保护，并安装电流表，根据指示电流监视其车削量。由于向车床供电的电源开关要装熔断器，所以电动机M1无需用熔断器进行短路保护。

（2）冷却泵电动机M2及快速移动电动机M3。根据前面电动机选型可知，冷却泵电动机M2功率及额定电流均较小，因此可用交流中间继电器KA来进行控制；快速移动电动机

M3，用接触器 KM2 控制。在设置保护时，考虑到 M3 属于短时（点动）运行，故不需设置过载保护。M2、M3 都只要具有单一方向的运行，不需要有正反转的功能。

综合以上的考虑，绘制出车床的主电路如图 16-18 所示。

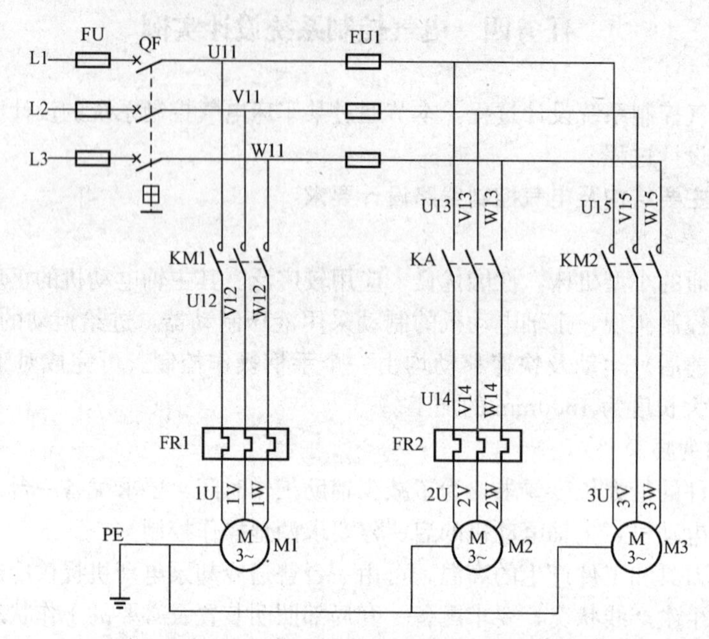

图 16-18　车床电气控制线路主电路图

2. 控制电源的设计

考虑到安全可靠和满足照明及指示灯的要求，采用控制变压器 T 供电，其一次侧为交流 380V，二次侧为交流 110V、36V、6.3V。其中 110V 给控制电路供电，36V 给车床局部照明线路进行供电，6.3V 给指示电路进行供电。此车床的电源控制电路电源变压器为 BK-100，其参数为 100VA、380V/110、36、6.3V。

3. 控制电路设计

（1）主轴电动机 M1 的控制电路设计。根据设计要求，主轴电动机要求实现两地控制。因此，可在机床的床头操作板上和刀架拖板上分别设置启动按钮 SB3、SB1 和停止按钮 SB4、SB2 来进行控制。

（2）冷却泵电动机 M2 和快速移动电动机 M3 的控制电路设计。根据设计要求和 M2、M3 需完成的工作任务，确定 M2 采用单向启、停控制方式，M3 采用点动控制方式。

综合以上的考虑，绘出该车床的控制电路如图 16-19 所示。

4. 局部照明及信号指示线路的设计

局部照明设备用照明灯 EL、灯开关 SA 和照明回路熔断器 FU3 组合来实现局部照明功能。

信号指示线路由两路构成：一路为三相电源接通指示灯 HL2，在电源开关 QF 接通以后立即发光，表示机床线路已处于供电状态；另一路指示灯 HL1，表示主轴电动机是否运行。两路指示灯 HL1 和 HL2 分别由接触器 KM1 的辅助动合和动断触头进行控制。

由此绘出车床的照明及信号指示电路如图 16-19 所示。

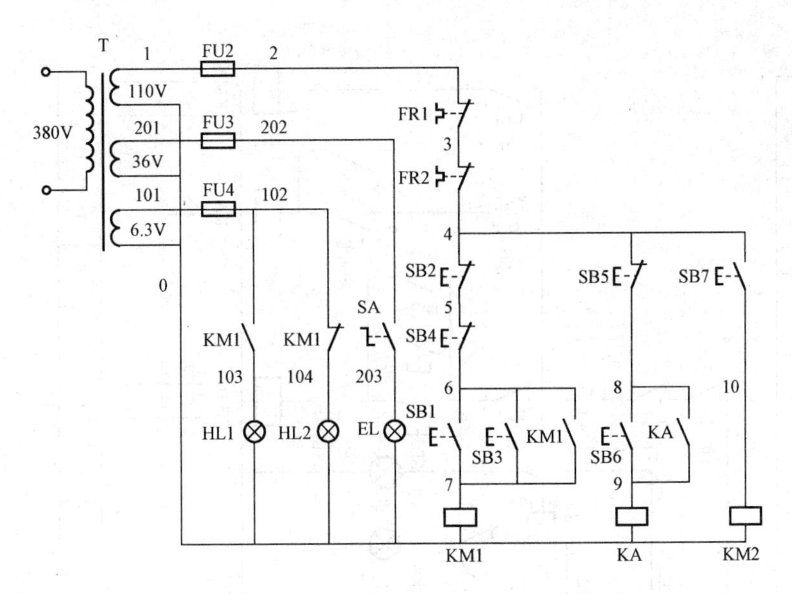

图 16-19　车床电气控制电路及辅助电路图

5. 电气控制线路的综合审查

根据所设计的车床电气控制线路主电路和辅助电路，对其进行综合完善，得到图 16-20 所示的车床电气控制线路图。

根据该车床电气控制要求，在主电路中，增加了对电动机 M1 安装监视电流表，根据指示的电流监视其车削量，因此，在主电路中接有电流互感器与电流表；在控制电路中，增设了急停按钮 SB8（11 区），当车床出现意外时，可按下 SB8，迅速让车床停止工作；把装在刀架拖板上的停止按钮 SB2 下移到启动按钮 SB1 的下面，这样减少一根从控制柜到刀架拖板的连接导线。

四、电器元件的选择

在电气图样设计完毕之后，就可以根据电气原理图进行电器元件的选择工作。本设计中需选择的电器元件主要有以下几种。

1. 电源开关 QF 的选择

QF 的作用主要是引入电源，作隔离开关用，因此 QF 的选择主要考虑电动机 M1～M3 的额定电流和启动电流。由前面已知 M1～M3 的额定电流数值，通过计算可得额定电流之和为 25.73A，同时考虑到 M2、M3 虽为满载启动，但功率较小，M1 虽功率较大，但为轻载启动。所以，QF 最终选低压断路器型号为 DZ47—3P 30A。

2. 热继电器 FR 的选择

根据电动机的额定电流进行热继电器的选择。根据前面已知电动机 M1 和 M2 的额定电流，现选择如下：

FR1 选用 JR0—40 型热继电器。热元件额定电流 25A，额定电流调节范围为 16～25A，工作时调整在 24A。

FR2 选用 JR0—20 型热继电器。热元件额定电流 0.64A，额定电流调节范围为 0.40～0.64A，工作时调整在 0.45～0.5A。

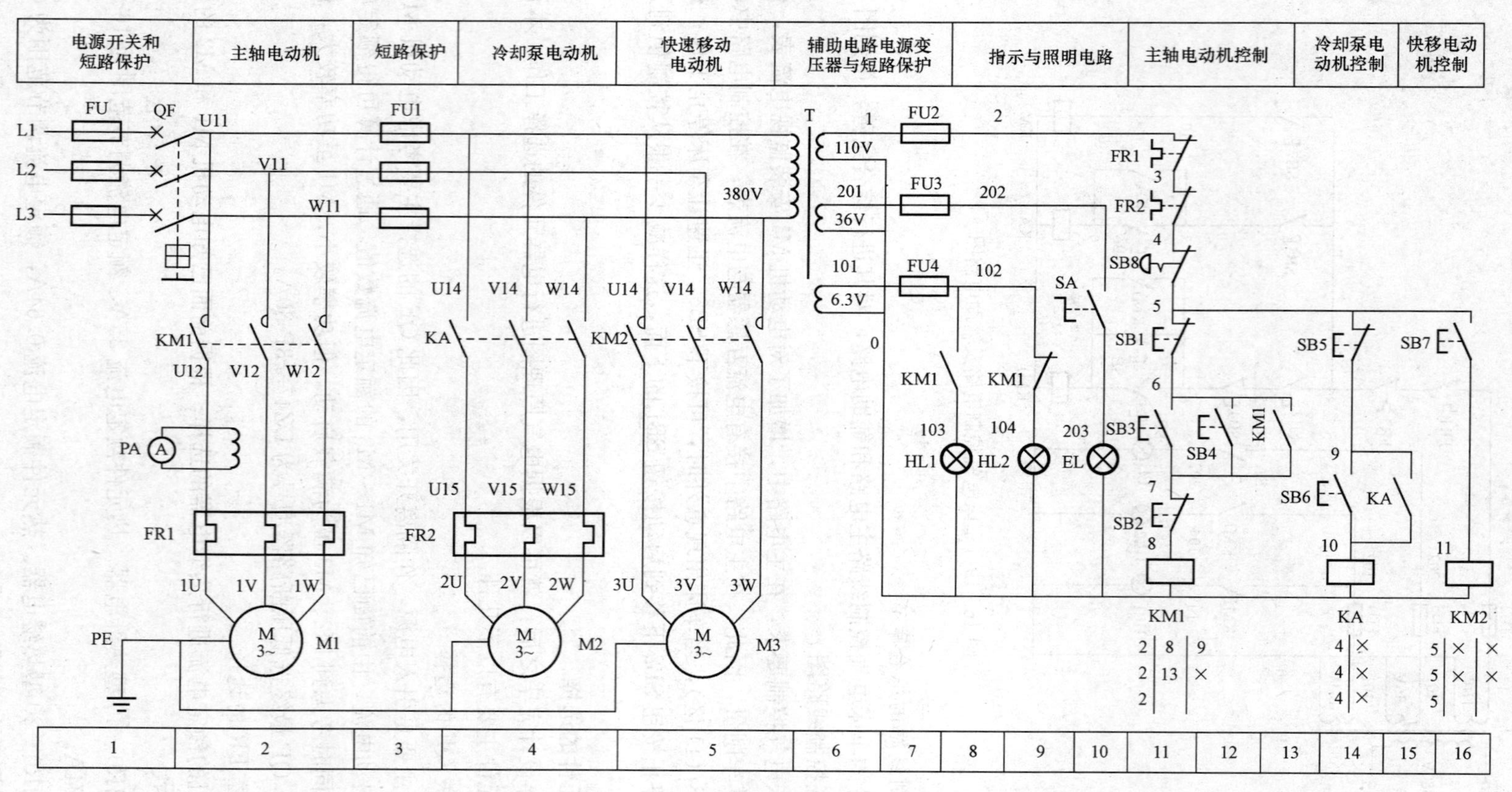

图 16-20 审查、完善后的车床电气控制线路图

3. 接触器的选择

根据负载回路的电压、电流，接触器所控制回路的电压及所需触点的数量等来进行接触器的选择。

本设计中，接触器KM1主要对电动机M1进行控制，而M1的额定电流为22.6A，控制线路电源为110V，需使用辅助动合触头两对，辅助动断触头一对。所以，接触器选择CJ10—40型接触器，主触头额定电流为40A，线圈电压为110V。接触器KM2用来控制电动机M3，而M3的额定电流为2.7A，因此，可选用型号为CJ10—10的接触器。

4. 中间继电器的选择

本设计中，由于M2的额定电流很小，因此，可用交流中间继电器代替接触器进行控制。这里，KA选择JZ7—44型中间继电器，动合、动断触头各4对，额定电流为5A，线圈电压为110V。

5. 熔断器的选择

根据熔断器的额定电压、额定电流和熔体的额定电流等进行熔断器的选择。该车床设计中涉及的熔断器有4个：FU1、FU2、FU3、FU4。这里主要分析FU1的选择，其余类似。FU1主要对M2和M3进行短路保护，M2和M3额定电流分别为0.43、2.7A。因此，可选择额定电流为10A的熔体。

根据使用场合，熔断器选择为RL1—15/10。

6. 按钮的选择

根据需要的触头数目、动作要求、使用场合、颜色等进行按钮的选择。本设计中，SB1、SB3、SB6选择LA—18型按钮，颜色为黑色；SB2、SB4、SB5也选择为LA—18型按钮，颜色为红色；SB7的选择型号也相同，但颜色为绿色，SB8作急停按钮用，可选择型号为LA23—ZT的按钮。

7. 照明灯及指示灯的选择

照明灯EL选择JC2，交流36V、40W，与灯开关SA成套配置；指示灯HL1和HL2选择ZSD—0型，指标为6.3V、0.25A，颜色分别为红色和绿色。

8. 控制变压器的选择

控制变压器的具体计算、选择请参照有关书籍。在本设计中，控制变压器选择BK—100，其参数为100VA、380V/110、36、6.3V。

综合以上的选择，给出该车床的电器元件明细见表16-5。

表16-5　车床电器元件明细

名称	符号	型号	规　格	数量
三相异步电动机	M1	Y160M—4	11kW、380V、22.6A1460r/min	1
三相异步电动机	M2	JYB—22	0.125kW、380V、0.43A、2790r/min	1
三相异步电动机	M3	Y90S—4	1.1kW、380V、2.7A、1400r/min	1
低压断路器	QF	DZ47—3P 30A	三极、500V、30A	1
交流接触器	KM1	CJ10—40	40A、线圈电压110V	1
交流接触器	KM2	CJ10—10	10A、线圈电压110V	1

续表

名称	符号	型号	规　格	数量
中间继电器	KA	JZ7—44	5A、线圈电压 110V	1
热继电器	FR1	JR0—40	热元件额定电流 25A、整定电流 24A	1
热继电器	FR2	JR0—20	热元件额定电流 0.64A、整定电流 0.45～0.5A	1
熔断器	FU1	RL1—15	500V、熔体 10A	3
熔断器	FU2	RL1—15	500V、熔体 2A	1
熔断器	FU3、FU4	BLX—1	1A	2
控制变压器	T	BK—100	100VA、380V/110V、36V、6.3V	1
按钮	SB8	LA23—ZT	5A、红色	1
按钮	SB1、SB3、SB6	LA—18	5A、黑色	3
按钮	SB2、SB4、SB5	LA—18	5A、红色	3
按钮	SB7	LA—18	5A、绿色	1
信号指示灯	HL1、HL2	ZSD—0	6.3V，HL1 绿色、HL2 红色	2
照明灯及开关	EL、S	JC2	36V、40W	1
交流电流表	PA	62T2	0～50A、直接接入	1

五、绘制电器元件布置图和电气安装接线图

根据电器元件选择的原则，依据安装工艺要求，并结合车床的电气原理图的控制顺序对电器元件进行合理布局，要做到连接导线最短，避免导线交叉。

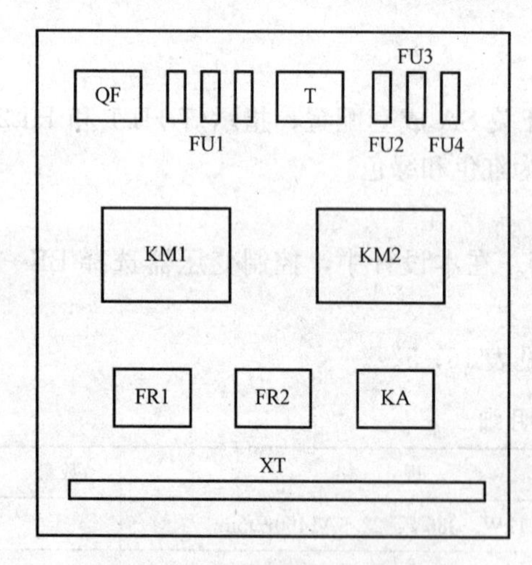

图 16-21　车床电器元件布置图

根据所设计的车床电气控制原理图（见图 16-20），结合实际情况，设计车床电气控制线路电器元件布置图，如图 16-21 所示。

布置图完成之后，再依据电气安装接线图的绘制原则及相应的注意事项进行电气安装接线图的绘制。电气安装接线如图 16-22 所示。

六、检查和调整电器元件

根据表 16-5 所列的元件，配齐电气设备和电器元件，并结合前面所讲述的内容，逐件对其检验、检查和调整电器元件。

七、现场施工

根据图 16-20～图 16-22 及表 16-5，制订施工计划，进行该车床的电气控制电路施工。

八、调试运行

电气控制电路安装完工后，进行设备调试。调试前，先要清理场地，设定好各元件的参数（如熔体规格、热继电器的整定值等），且断开负载；然后根据设计任务书，逐一检查电路功能是否满足设计要求；经调试正常之后，最后接上负载运行，综合检查各项性能是否达标。

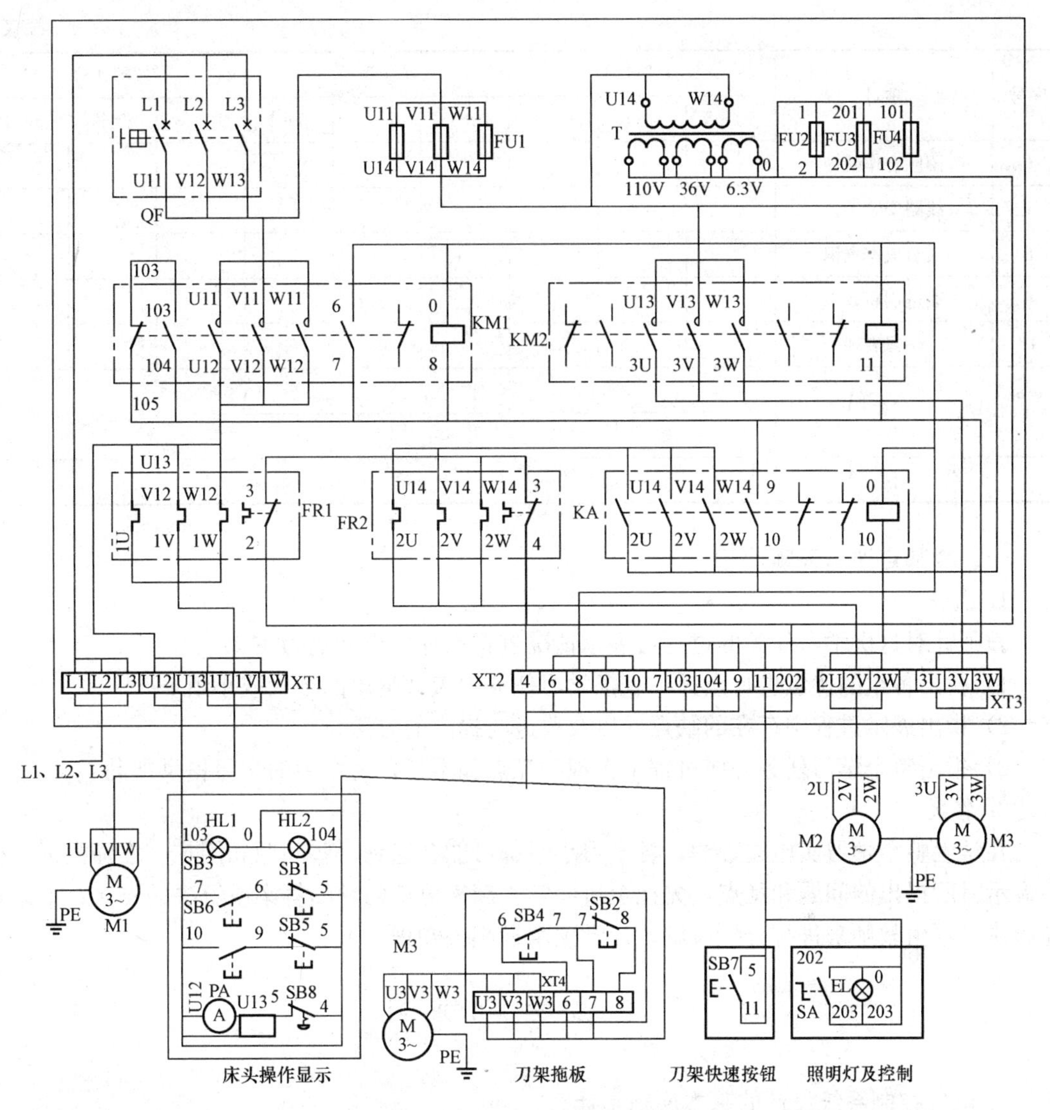

图 16-22　车床电气安装接线图

九、验收与评价

完成前面步骤之后，对所完成产品进行验收与评价。学习效果评价参见表 16-6。

表 16-6　　**学习效果评价表**

序号	项目	自我评价			小组评价			教师评价		
		10～8	7～6	5～1	10～8	7～6	5～1	10～8	7～6	5～1
1	学习主动性									
2	遵守纪律									
3	安全文明生产									
4	学习参与程度									
5	时间观念									

续表

序号	项目	自我评价			小组评价			教师评价		
		10～8	7～6	5～1	10～8	7～6	5～1	10～8	7～6	5～1
6	团队合作精神									
7	线路安装工艺									
8	质量成本意识									
9	改进创新效果									
10	学习表现									
总评										
备注										

十、教师点评与答疑

1. 点评

教师针对这次学习任务的过程及展示情况进行点评，以鼓励为主。

1）找出各组的优点进行点评，表扬学习任务中表现突出的个人或小组。

2）指出展示过程中存在的缺点，以及改进与提高的方法。

3）指出整个学习任务完成过程中出现的亮点和不足，为今后的学习提供帮助。

2. 答疑

在学生整个学习实施过程中，各学习小组都可能会遇到一些问题和困难，教师根据学生在展示时所提出的问题和疑点，先让全班同学一起来讨论问题的答案或解决的方法，如果不能解决，再由教师来进行分析讲解，让学生掌握相关知识。

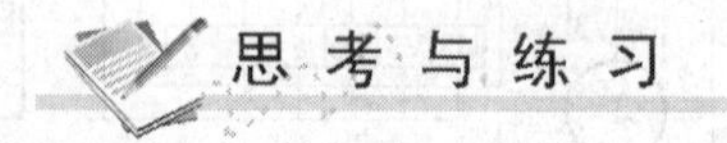

思考与练习

1. 电气控制系统设计的基本原则是什么？

2. 正确合理地选择电动机容量有何意义？

3. 如何根据设计要求选择拖动方案与控制方式？

4. 在电气控制系统中，常用的保护环节有哪些类型？各自的作用是什么？

5. 某电动机要求只有在接触器 KM1、KM2、KM3 中任何一个或两个动作时才能运转，而在其他条件下都不运转，试采用经验设计法设计其控制线路。

附录　常用电器的图形符号

名称	图形符号	文字符号	名称	图形符号	文字符号
单极控制开关	或	SA	接触器主触头		KM
一般手动开关			接触器辅助动合触头		
组合开关		QS	接触器辅助动断触头		
低压断路器		QF	中间继电器线圈		KA
三极隔离开关		QS	中间继电器动合触头		
行程开关动合与动断触头		SQ	接触器辅助动断触头		
行程开关复合触头			欠电流继电器线圈	$I<$	KA
常开与常闭按钮		SB	过电流继电器线圈	$I>$	
复合按钮			电流继电器动合触头		
急停按钮			电流继电器动断触头		
钥匙操作式按钮			欠电压继电器线圈	$U<$	KV
接触器线圈		KM	过电压继电器线圈	$U>$	

续表

名称	图形符号	文字符号	名称	图形符号	文字符号
电压继电器动合触头		KV	速度继电器动合触头	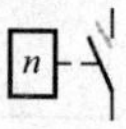	KS
电压继电器动断触头			压力继电器常开触头	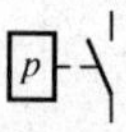	KP
热继电器热元件	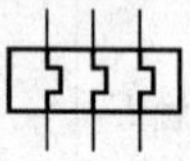	FR	熔断器		FU
热继电器动合触头	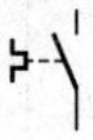	FR	电磁铁	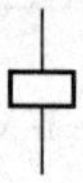 或	YA′
热继电器动断触头	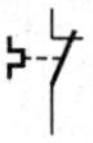		电磁吸盘		YH
通电延时时间继电器线圈	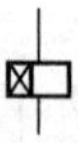	KT	信号（指示）灯		HL
断电延时时间继电器线圈	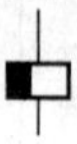		照明灯		EL
瞬时闭合的动合触头			电流互感器		TA
瞬时闭合的动断触头			电压互感器	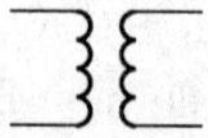	TV
延时闭合瞬时断开的动合触头	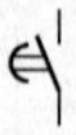		接插器		X
瞬时闭合延时断开的动合触头	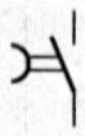		单相变压器	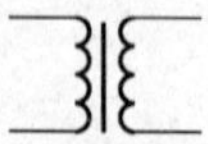	TC
瞬时断开延时闭合的动断触头			三相笼型异步电动机		M
延时断开瞬时闭合的动断触头			绕线转子三相异步电动机		

续表

名称	图形符号	文字符号	名称	图形符号	文字符号
他励直流电动机	 M	M	直流测速发电机	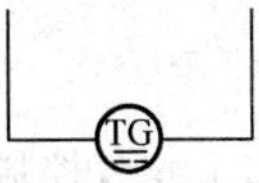 TG	TG
并励直流电动机	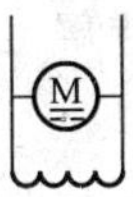 M		电铃	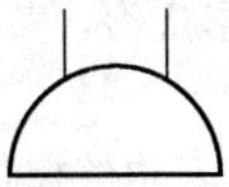	HA
串励直流电动机	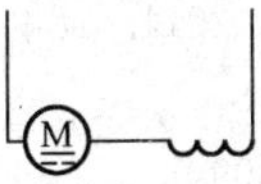 M		电磁制动器	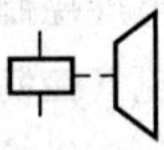	YB
发电机	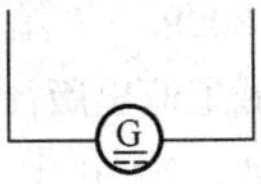 G	G	电磁阀	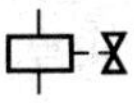	YV

参 考 文 献

[1] 何亚平．工厂电气控制技术［M］．北京：清华大学出版社，2013.
[2] 段树成，李庆海，黄北刚，姚宏兴．工厂电气控制电路实例详解［M］．北京：化学工业出版社，2012.
[3] 张晓娟．工厂电气控制设备［M］．北京：电子工业出版社，2007.
[4] 赵明．工厂电气控制设备［M］．2版．北京：机械工业出版社，2011.
[5] 俞艳．工厂电气控制实训［M］．北京：人民邮电出版社，2009.
[6] 汤煊琳．工厂电气控制［M］．北京：北京理工大学出版社，2009.
[7] 邱俊．工厂电气控制技术［M］．北京：中国水利水电出版社，2009.
[8] 田淑珍．工厂电气控制设备及技能训练［M］．2版．北京：机械工业出版社，2012.
[9] 熊幸明．工厂电气控制技术［M］．2版．北京：清华大学出版社，2009.